Ägyptologische Abhandlungen

Herausgegeben von Ursula Rößler-Köhler

Band 59

1997

Harrassowitz Verlag · Wiesbaden

Rolf Krauss

Astronomische Konzepte und Jenseitsvorstellungen in den Pyramidentexten

1997

Harrassowitz Verlag · Wiesbaden

Gedruckt mit Unterstützung der Deutschen Forschungsgemeinschaft.

Die Deutsche Bibliothek – CIP-Einheitsaufnahme

Krauss, Rolf:
Astronomische Konzepte und Jenseitsvorstellungen in den Pyramidentexten / Rolf Krauss. – Wiesbaden : Harrassowitz, 1997
(Ägyptologische Abhandlungen ; Bd. 59)
ISBN 3-447-03979-5
ISBN 978-3-447-03979-6

Kreuzberger Ring 7c-d, D-65205 Wiesbaden,
produktsicherheit.verlag@harrassowitz.de

Gedruckt auf alterungsbeständigem Papier.
Druck und Verarbeitung: BoD, Hamburg
Printed in Germany

ISSN 0568-0476
ISBN 3-447-03979-5
ISBN 978-3-447-03979-6

Inhaltsverzeichnis

Abgekürzte Titel XI

Index der PT- und CT-Stellen XIII

§ 1-14 I. Einleitung 1

II. Lage und Funktion des ḫꜣ-Kanals
§ 15 Wissenschaftsgeschichtliche Einleitung 14
§ 16 Lage des ḫꜣ-Kanals „oben" am Himmel 17
§ 17 Beziehungen zwischen dem ḫꜣ-Kanal und der wjꜣ-Barke des Re 18
§ 18 Re als Durchfahrer des ḫꜣ-Kanals 21
§ 19 Gestalt des ḫꜣ-Kanals 22
§ 20 Nördliche und südliche Seite des ḫꜣ-Kanals 24
§ 21 ḫꜣ-Kanal und westliche Seite des Opfergefildes 27
§ 22 Lage des ḫꜣ-Kanals in bezug auf die „Unvergänglichen Sterne" 28
§ 23 Überquerung des ḫꜣ-Kanals zum Binsengefilde 29
§ 24 Überquerung des ḫꜣ-Kanals durch Thot-Mond sowie durch das Horusauge und Horus selbst 31
§ 25 Überquerung des ḫꜣ-Kanals in Richtung Osten und Nordosten 34
§ 26 ḫꜣ-Kanal und südliches Binsen- bzw. südliches Opfergefilde 37
§ 27 Überquerung des ḫꜣ-Kanals durch Seth 39
§ 28 Kreuzen auf dem ḫꜣ-Kanal seitens der Horusform Morgenstern (nṯr dwꜣw) 40
§ 29 Gesamtverlauf des ḫꜣ-Kanals am Himmel 45
§ 30 Zusammenfassung der Merkmale des ḫꜣ-Kanals 48
§ 31 Der ekliptikale Streifen als mögliches astronomisches Vorbild des ḫꜣ-Kanals 49
§ 32a Merkmalsvergleich zwischen ekliptikalem Streifen und ḫꜣ-Kanal 56

§ 32b ḫ3-Kanal und Milchstrasse 63
§ 33 Zur Gleichsetzung von ḫ3-Kanal und ekliptikalem Streifen im grösseren astronomischen Rahmen 65

III. Zum „Rückwärtsblicker“ und anderen Fährleuten des ḫ3-Kanals
§ 34 Zu den Namen der Fährleute und ihrer Genossen 67
§ 35 Die Charakterisierung des himmlischen Fährmanns durch sein rückwärts- oder vorwärts gerichtetes Sehen 69
§ 36 Hinweise auf die lunare Natur des „Rückwärtsblickers“ in den PT und CT 76
§ 37 Zwnṯw als Fährmann des ḫ3-Kanals 79
§ 38 Zusammenfassung 84

IV. Die „Unvergänglichen Sterne“: jḫmjw skjw
§ 39 Wissenschaftsgeschichtliche Einleitung 86
§ 40 Einleitende Bemerkungen zu msḫtjw als „Unvergänglicher Stern“ in PT 458a-c 89
§ 41 Zur Übersetzung von sbš in PT 458a 91
§ 42 Die Reinigung m msḫtjw in PT 458b 93
§ 43 Zusammenfassung: PT 458a-c 98
§ 44 Lokalisierung der „Unvergänglichen“ Sterne im nördlichen bzw. nordöstlichen Himmel nach PT (441) 99
§ 45 Die „Unvergänglichen Sterne“ als „nördliche Götter“ nach PT (503) 100
§ 46 Qualifizierung der „Unvergänglichen Sterne“ als „Nördliche des pt-Himmels“ 101
§ 47 sb3 wᶜtj als ein im Osten aufgehender und sehr hoch steigender „Unvergänglicher Stern“ 104
§ 48 sb3 wᶜtj als hoch über Osiris positionierter Stern 109
§ 49 Die „Unvergänglichen Sterne“ und der „Gegenhimmel“ Naunet 117
§ 50 Definition der „Unvergänglichen Sterne“ als Sterne nördlich vom ḫ3-Kanal bzw. ekliptikalen Streifen 120

V. wᶜrt und jw ᶜ3 als Ort der „Unvergänglichen Sterne“
§ 51 Die wᶜrt als Ort der „Unvergänglichen Sterne 127

§ 52 Zur Interpretation von wᶜrt und jw ᶜꜣ 128

VI. Sterne als Ruderer in der Sonnenbarke
§ 53 Wissenschaftsgeschichtliche Einleitung 131
§ 54 Die nẖẖw-Sterne als Insassen der Sonnenbarke 132
§ 55 nẖẖw-Sterne und pšrw-Rᶜw 133
§ 56 Die pšrw Rᶜw als Synonym für die „Unvergänglichen Sterne“ 136
§ 57 Die jmjw-ẖt Rᶜw als Synonym für nẖẖw 137
§ 58 Die šmsw Rᶜw 139
§ 59 Zusammenfassung der Aussagen über nẖẖw, pšrw Rᶜw und šmsw Rᶜw 142
§ 60 Die „Unvergänglichen Sterne“ als Ruderer der Sonnenbarke 142
§ 61 Zur astronomischen Interpretation der Rudererfunktion der „Unvergänglichen Sterne“ 144

VII. Sꜣḥ-Orion, Spdt-Sothis und NN als ihr Begleiter.
§ 62 Allgemeines 146
§ 63 PT (625) als ein nicht auf Sꜣḥ-Orion zu beziehender Spruch 146
§ 64 „Vater der Götter“ als Epitheton von Sꜣḥ-Orion 148
§ 65 Himmlische Lokalisierung von Sꜣḥ-Orion 148
§ 66 Sꜣḥ-Orion im Binsengefilde und Spdt-Sothis als himmlische Führerin 151
§ 67 Die stellare Umgebung von Sꜣḥ-Orion nach PT (738) . . . 156
§ 68 Heliakischer Untergang von Sꜣḥ-Orion? 158
§ 69 Jahreszeitlich-saisonales Verhalten des Sꜣḥ-Orion in Gemeinschaft mit NN als seinem Begleiter 160
§ 70 Der „Grosse Stern“ (sbꜣ ᶜꜣ) als rmnwtj-Begleiter von Sꜣḥ-Orion 163
§ 71 Rückkehr des getöteten Osiris als Sꜣḥ-Orion 165
§ 72 Die „Geburt“ des Sꜣḥ-Orion 169
§ 73 Zur Gleichsetzung von Isis und Spdt-Sothis 173

VIII. Sꜣḥ-Orion und sbꜣ ᶜꜣ aus astronomischer Sicht
§ 74 Wissenschaftsgeschichtliche Einleitung 181
§ 75 Zur Identifizierung des Sꜣḥ nach antiken Quellen 183

§76 Zur Identifizierung des S³ḥ unter Berücksichtigung der Präzession ... 187
§77 Die Anthessche These über Rigel (ß Orionis) als ursprüngliche Form von S³ḥ-Orion ... 193
§78 Ägyptologische Argumente zugunsten der Gleichsetzung von S³ḥ und Orion ... 196
§79 Astronomische Erklärung des sb³ ᶜ³ nach Wainwright ... 197
§80 Versuch einer astronomischen Deutung des sb³ ᶜ³ ... 204

IX. Zur Definition und Lokalisierung der Dat/Dewat in den PT
§81 Wissenschaftsgeschichtliche Einleitung ... 207
§82 Die Dat als himmlischer Bereich ... 209
§83 Die Dat als Bewegungsbereich von S³ḥ-Orion ... 210
§84 Die himmlische Dat nach Sethes Auffassung von PT (252) 212
§85 Zusammenfassung ... 214

X. nṯr dw³w-Morgenstern und Horus Dati als verwandte Horusform
§86 Wissenschaftsgeschichtliche Einleitung ... 216
§87 Horus als Morgenstern in PT (437) ... 218
§88 Zur Lokalisierung des Morgensterns im Binsengefilde ... 220
§89 Der vierfältige Horus von PT (519) ... 222
§90 Der Datische Horus als Form des Morgensterns ... 226
§91 Zusammenfassung ... 233

XI. Seth als Himmelsbewohner
§92 Seth als Bewohner des nördlichen Himmels ... 235
§93 Seth als Planet Merkur ... 236
§94 Seth als Bewohner des niederen Himmels ... 237

XII. Zur Lage der Stätten des Horus und des Seth
§95 Einleitung ... 239
§96 Himmlische Lokalisierung der Stätten des Horus und des Seth ... 239
§97 Verhältnis der Sonne zu den Stätten des Horus und des Seth 243
§98 Die „Hohen Stätten" (j³wt q³jwt) ... 244
§99 Versuch einer astronomischen Identifizierung der Stätten des Horus und des Seth ... 246

§ 100 Der Morgenstern in der Horus-Jat 248

XIII. sḥdw-Sterne, sḥdw-Himmel und msqt sḥdw
§ 101 Wissenschaftsgeschichtliche Einleitung 254
§ 102 Zu den Aussagen über einzelne sḥd-Sterne 255
§ 103 Zu den Aussagen über sḥdw-Sterne 256
§ 104 Zu den Aussagen über den sḥdw genannten Teil des Himmels 257
§ 105 Ambivalente Aussagen über sḥdw 259
§ 106 Angaben der CT zu den sḥdw-Sternen 259

XIV. Zur kosmologischen Identität des Horusauges
§ 107 Wissenschaftsgeschichtliche Einleitung 261
§ 108 Das verwundete Horusauge und der ẖꜣ-Kanal 262
§ 109 Mögliche Lokalisierung eines Horusauges in der Dat nach PT (668) 264
§ 110 Horusauge und sḥdw-Sterne 265
§ 111 Beziehung eines Horusauges zum „Auge des Re" 265
§ 112 Horusauge und Älterer Horus 269
§ 113 PT 2061b als Hinweis auf das Horusauge? 269
§ 114 Horusauge und Morgendämmerung 270
§ 115 Zusammenfassung: Die beiden Horusaugen in den PT . . 270
§ 116 Astronomische Aussagen zum Horusauge in den CT . . . 271
§ 117 Zusammenfassung: Das Horusauge in den CT 274

XV. Zusammenfassung der Ergebnisse und Ausblick auf offene Fragen
§ 118 Topographie des pyramidentextlichen Himmels 275
§ 119 Fixsterne als Himmelsbewohner 277
§ 120 Mond und Planeten als Himmelsbewohner 279
§ 121 Schicksal des als Fixstern versternten Toten 279
§ 122 Schicksal des als Planet versternten Toten 282
§ 123 Soziale Unterschiede im stellaren Jenseits 283
§ 124 Zum Verhältnis zwischen solarem und stellarem Jenseits 284
§ 125 Allgemeines zur pyramidentextlichen Astronomie 285
§ 126 Zur Erklärung des Götterkreises um Osiris 297

ASTRONOMISCHE LITERATUR UND RECHENPROGRAMME

Meeus, J., Astronomical Formulae for Calculators. Monografien over Astronomie en Astrofysica. Vol. 4. Hove und Brüssel. o.J.

Neugebauer, Paul V., Tafeln zur astronomischen Chronologie III. Leipzig 1925.

–, Astronomische Chronologie I. Berlin 1929.

–, Tafeln zur astronomischen Chronologie I. Sterntafeln. Leipzig 1911.

Pietschnig, M./Vollmann, W., Urania-Star. Wien 1992.

Schoch, Karl, Planetentafeln für Jedermann. Berlin 1927.

ABGEKÜRZTE TITEL

Allen, James P., The Inflection of the Verb in the Pyramid Texts. BA II. Malibu 1984.

Bonnet, Hans, Reallexikon der ägyptischen Religionsgeschichte. Berlin 1952.

Buck, Adriaan de, The Egyptian Coffin Texts I-VII. Chicago 1935–1961.

Edel, Elmar, Altägyptische Grammatik I.II. Analecta Orientalia 34.39. Rom 1955/1964.

Faulkner, Raymond O., The Ancient Egyptian Pyramid Texts. Oxford 1969.

–, The Ancient Egyptian Pyramid Texts. Supplement of Hieroglyphic Texts. Oxford 1969.

–, The Ancient Egyptian Coffin Texts I-III. Warminster 1973-1978.

Mercer, Samuel, The Pyramid Texts I-IV. New York 1952.

Neugebauer, O. / Parker, R. A., Egyptian Astronomical Texts I-III. London 1960-1969.

Sethe, Kurt, Die altägyptischen Pyramidentexte I-III. Leipzig 1908-1922. Reprint Hildesheim 1960.

–, Übersetzung und Kommentar zu den altägyptischen Pyramidentexten I-VI. Glückstadt 1962

Speleers, Louis, Traduction, Index et Vocabulaire des Textes des Pyramides égyptiennes. Brüssel 1934.

KÜRZEL

Allen, IVPT
Bonnet, RÄRG
Buck, CT
Edel, AG
Faulkner, AECT
Faulkner, AEPT
Mercer, PT
Neugebauer/Parker, EAT
Sethe, APT
Sethe, ÜKPT
Speleers, TP

Index der PT- und CT-Stellen

PT	§	PT	§
5b	90	595a	108
132a-d	57	597a	34
148a-149d	49, 90	597a-598c	97
151a-c	68	600c	108
186a-c	69	632a-633b	73
250a-251d	48	658d-659a	103
266a-b	42	698a-d	111
272a-274c	84	723a	65
289b	32 A 203	727a	104
296b	93	732a	55
301b-c	112	749c-e	48
327a-336b	54	751a-b	51
334c-335a	96	759b-c	48
347c	87	799a-805b	28
357b	87	802b	48, 82
362a-c	90	817b-818c	22, 44
383a-c	35	819a-822c	71, 72
387a-c	24, 38	871a-874b	88
389b-390b	82	876a-b	47
392d	58	877c-878b	47, 90
406c	32 A 204	882a-883d	70, 83
408c	64	889b-e	102
449b	104	907a-b	104
458a-c	40-43	908c-g	48
469a	19 A 62	915b-916b	98
493b	35	948a-905b	96
517a	35	958a	65
543a-544b	18	959a	65
549a-f	24, 108	959c	65

CT		§
	214c	92
	225n	92
	253a	20
	323b	116
	387a-400f	126
	389-390	128
VI	24n	52
	196t-u	92
	253m-n	49
	319a, c-d	128
	350f-i	106
	350q	47

CT		§
VII	11l	52
	19s-t	126
	20m-n	126
	25h-i	84
	52b	35
	192e	32a A 204
	305g-h	116
	380a-b	116
	408g-409j	92
	458m-n	20
	491h	106
	501e-h	116
	504b	116

I. Einleitung

1. Ziel dieser Arbeit ist es, die Aussagen der Pyramidentexte über das himmlische Jenseits und die Bewohner des Himmels einem astronomisch möglichst konkreten Verständnis näher zu bringen. Fragen der Datierung und Quellenscheidung, der literarischen Form und der Verwendung der PT als Ritualtexte, klammere ich nach Möglichkeit aus.[1] Es ist allgemein anerkannt, dass in den PT sehr viele astronomiehaltige Aussagen vorkommen, die aber wie auch andere Aussagebereiche der PT inhaltlich schwer verständlich sind. Im folgenden Abschnitt gebe ich eine Übersicht über bisherige Interpretationen, soweit sie die von mir behandelten Themen des himmlischen Jenseits und seiner Akteure berühren.

2. Maspero ging im Rahmen der Erstausgabe und Übersetzung der PT im allgemeinen nicht auf astronomische Fragen ein und äusserte sich erst später zu Themen wie den „Unvergänglichen Sternen" (jẖmjw skjw) und dem Binsengefilde (sẖt jꜣrw). Eine Ausnahme ist seine Erklärung von šdšd n pt in PT 539a als >vulve du ciel<, wobei er im Querschnitt des šdšd die entsprechende anatomische Form wiedererkannte.[2] Diesen Gedanken äusserte später auch Sethe, wenn auch ohne auf Maspero hinzuweisen.[3] Brugsch, der seinerzeit beste Kenner der astronomischen Texte und Abbildungen der Spätzeit und des NR, konnte sich nur noch am Rande mit den astronomiehaltigen Aussagen der PT befassen;[4] an Masperos Interpretationen vermisste er das richtige astronomische Verständnis.[5] Immerhin ist Masperos Textauffassung der von Brugsch zumindest im Fall des astronomischen Textes PT 251a-b (W) überlegen. Brugsch hat hier folgende Über-

1 Zu diesen Fragen und ganz allgemein zu den PT vgl. man beispielsweise die mit Literaturverweisen versehenen Artikel von H. Kees, Handbuch der Orientalistik I.1.2 (1970) 52ff, und H. Altenmüller, LÄ V (1984) 14ff.

2 G. Maspero, RT 5 (1884) 6 Anm. 4.

3 Sethe, ÜKPT III 112.

4 H. Brugsch, Die Ägyptologie (1891) 321-323.

5 H. Brugsch, Die Ägyptologie (1891) 321-323.

setzung vorgeschlagen: >du nimmst ein(?) deinen Sitz am Himmel mit den Planeten des Himmels, du bist siehe da! der Abendstern<.[6] Die gleiche Stelle hatte Maspero, durchaus im Sinne heutiger Interpretation, so übersetzt:[7] >tu prends ta place au ciel parmi les étoiles, car tu es une étoile „unique“<.

3. Erman hat für seine zuerst 1905 erschienene Monographie „Die ägyptische Religion“ auch die PT ausgewertet. Er gliederte die Darstellung am Leitfaden einiger in den PT häufiger vorkommenden Themen: Soziale Exklusivität des himmlischen Jenseits, Aufstieg des Toten zum Himmel als Vogel, Einsetzung am Himmel als Stern in Gesellschaft mit Re als Ruderer im Sonnenboot, der Tote als Himmelsherrscher und kannibalischer Jäger der Sterngötter, hauptsächlicher Wohnort der Verklärten im Nordosten des Himmels unter den „Unvergänglichen (Sternen)“ bzw. im Speisenfelde oder im Felde Earu, Überqueren der himmlischen Grenzgewässer. Dabei referierte Erman lediglich über diese Themen, ohne im allgemeinen Ansätze zu sachlichen Erklärungen zu wagen. Davon ausgenommen ist die im Anschluss an Borchardt gegebene und ägyptologiegeschichtlich wichtige Definition der jḫmjw skjw als Zirkumpolarsterne sowie Ermans eigener Vorschlag, es könne sich bei den himmlischen „Inseln“ um dunkle Flecken in der Milchstrasse handeln.[8]

Systematisierend hat Erman das sozial exklusive himmlische Jenseits von einem sozial allgemeinen osirianischen Jenseits unterschieden: >Zu den hier geschilderten Vorstellungen vom Leben nach dem Tode ist dann noch eine andere hinzugetreten, die ursprünglich nebensächlich, im Laufe der Zeit alles überwuchert hat. Das ist die Lehre von dem verstorbenen Gotte Osiris als dem Könige und Vorbilde aller Toten[9]<. ... >... selbst in dem ältesten Bestande der Totenliteratur, in den Pyramidentexten, finden sich schon überall Sprüche, in denen der Tote dem Osiris gleichgesetzt wird<.[10] Erman sah eine Vermischung der stellaren und chthonisch-osirianischen Jenseitskonzepte: >An verschiedenen Vorstellungen, die sich kreuzten,

6 Brugsch, a.O. 322.

7 Maspero, RT 4 (1883) 42.

8 A. Erman, Die ägyptische Religion (1909) 107f.

9 Erman, a.O. 110.

10 Erman, a.O. 113.

war ja ohnehin kein Mangel ... und nun wurde der Wirrwarr vollkommen<.[11]

Mithin finden wir bei Erman, wie später auch bei Breasted und Kees, das interpretatorische Konzept der zunächst getrennten, später vermischten zwei Schichten von Jenseitsvorstellungen, von denen die stellare Schicht sozial exklusiv gewesen wäre, die chthonisch-osirianische Schicht aber sozial allgemein. Erman berücksichtigte bei dieser Interpretation nicht die in den PT ohne erkennbare historische Vorstufen präsente Gleichsetzung von Osiris mit dem Sternbild Orion.

Ausserhalb der Jenseitswelt räumte Erman den stellaren Vorstellungen nur eine geringe Rolle ein:[12] >Die anderen Gestirne [neben Sonne und Mond] spielen in der Religion keine Rolle. Zwar nennt man die Planeten „Horus“ (Mars z.B. ist der rote Horus) und in einzelnen markanten Sternen und Sternbildern findet man beliebte Götter wieder: der Sothisstern, unser Hundsstern, wird für Isis in Anspruch genommen, die Königsgestalt des Orion gilt auch als Osiris und die sogenannten Horussöhne sieht man neben dem grossen Bären stehen. Aber das alles ist nicht viel mehr als Spielerei, und ein wirklicher Sternenkultus hat sich niemals in Ägypten entwikkelt<.

Ermans Urteil über die Nichtexistenz eines Sternenkultus mag richtig sein, aber zumindest für die geistige Welt der Pyramidentexte und auch der Sargtexte haben die von ihm genannten Sterne und Sternbilder eine wesentliche und keine lediglich spielerische Bedeutung gehabt.

4. Die geschilderten Ansätze nahm Breasted in seinem Erman gewidmeten und 1912 erschienenen Buch „Development of Religion and Thought in Ancient Egypt“ auf und führte sie weiter.[13] Er erkannte in dem nach Ermans Verständnis einheitlichen stellaren Jenseits der PT zwei historisch verschiedene Komponenten: >Two ancient doctrines of this celestial hereafter have been commingled in the Pyramid Texts: one represents the dead as a star, and the other depicts him as associated with the Sun-god, or even becoming the Sun–god himself. It is evident that these two beliefs, which

11 Erman, a.O. 114.
12 Erman, a.O. 14.
13 Vgl. J. H. Breasted, Development (1912) V.

we may call the stellar and the Solar here-after, were once in a measure independent, and that both have then entered into the form of the celestial hereafter which is found in the Pyramid texts. ... While there are Utterances in the Pyramid Texts which define the stellar notion of the here-after without any reference to the Solar faith, and which have doubtless descended from a more ancient day when the stellar belief was independent of the Solar, it is evident that the stellar notion has been absorbed in the Solar<.[14]

Auch laut Breasted sollen die osirianischen Vorstellungen ursprünglich keine Beziehung zum himmlischen Jenseits gehabt haben: >There is nothing in the Osiris myth, nor in the character or later history of Osiris, to suggest a celestial hereafter<.[15] Nach einer Vermutung Breasteds wären es heliopolitanische Priester gewesen, die zuerst die osirianische Jenseitslehre solarisiert hätten, dann aber auch eine Osirianisierung der solaren Konzepte hätten hinnehmen müssen.[16] An astronomisch-inhaltlichen Erklärungen zu den PT bietet Breasted eine modifizierte Fassung der Ermanschen Definition der „Unvergänglichen Sterne“ als Zirkumpolarsterne.[17]

5. Kees knüpfte in seinem 1926 in 1. Auflage erschienenen Buch „Totenglauben und Jenseitsvorstellungen der alten Ägypter“ ausdrücklich an Erman und Breasted an.[18] Wie seine Vorgänger sah auch er im Konzept des solaren Jenseits etwas historisch anderes als im Konzept vom stellaren Jenseits.[19] Wie Erman und Breasted wertete auch Kees das osirianische Jenseits als ursprünglich chthonisch. Vielleicht angeregt durch eine Bemerkung von Breasted über die Dat als das ursprüngliche unterirdische Herrschaftsgebiet des Osiris[20], charakterisierte Kees das Reich des Osiris als >Inneres der Erde, ... Gegenhimmel ... oder den Nachthimmel<.[21] Über diese Verbin-

14 Breasted, a.O. 101 f.
15 Breasted, a.O. 142.
16 Breasted, a.O. 149.
17 Breasted, a.O. 101.
18 Kees, Totenglauben (1926) VII.
19 Kees hat dieses Thema in praktisch gleicher Auffassung auch im Handbuch der Orientalistik 1. Bd, Ägyptologie, 2. Abschnitt (1952) 31-36, abgehandelt.
20 Breasted, Development (1912) 144 Anm. 2.
21 Kees, Totenglauben (1926) 206 f.

dung zur Dat, so vermutete Kees, >... scheint Osiris zu einer Gleichsetzung gekommen zu sein, deren sekundärer Charakter völlig klar ist, die aber für eine spätere theologische Ausnutzung sehr ergebnisreich war, nämlich mit dem vornehmsten der Sternbilder, dem Orion<.[22] Kees zog nicht den doch auch möglichen Schluss, dass Osiris in primärer Weise zum Sternenhimmel gehören könnte, eben weil die Dat als angenommener ursprünglicher Herrschaftsbereich des Gottes unlösbar mit Nachthimmel und Gegenhimmel verbunden sein soll. Wie seine Vorgänger, so setzte auch Kees die jẖmjw skjw mit den Zirkumpolarsternen gleich;[23] ihm eigen ist die Idee der Lokalisierung der Horischen Stätten im Zenit des Himmels.[24]

6. Den von Breasted und Kees in den PT gesehenen Unterschied zwischen solaren und stellaren Jenseitsvorstellungen hat Barta 1980 ausdrücklich kritisiert:[25] >[Kees] kommt ... zu dem Schluss, dass sich die solare Jenseitsvorstellung zwar den alten Sternglauben nutzbar gemacht hat, indem man das Heer der Sterne als Untertanen des Sonnengottes ansah, dass jedoch im übrigen die heliopolitanische Lehre vom Osten zwangsläufig mit dem Paradies der unvergänglichen Sterne am Nordhimmel kollidieren musste<. Unter Rückgriff auf ein neueres ägyptologisches Konzept zu den altägyptischen Zeitvorstellungen, gab Barta seiner Kritik folgende Wendung: >Der Ägypter der Pyramidenzeit hätte danach jedenfalls zwei sich gegenseitig ausschliessende Vorstellungen über die Art eines jenseitigen Lebens entwickelt, nämlich einmal die Idee eines linear-statischen Daseins unter den Zirkumpolarsternen im Norden und zum andern die einer zyklisch-dynamischen Existenz im Gefolge des Sonnengottes<. Nach Barta gilt jedoch, dass >die Zirkumpolarsterne sowohl ihrer Funktion als auch ihrer Lokalisierung nach voll und ganz in das Geschehen beim täglichen Zyklus der Sonne einbezogen (sind). Das Jenseitsschicksal des Königs im Alten Reich folgt danach also einer einheitlichen Vorstellung, die ausschliesslich solar geprägt ist. Die Konzeption einer stellaren Konkurrenz mit einem Paradies am Nordhimmel findet sich dagegen in den Pyramidentexten nicht<.

22 Kees, a.O. 207.
23 Kees, a.O. 133.
24 Kees, a.O. 137.
25 W. Barta, ZÄS 107 (1980) 1-4.

7. In dem nach einzelnen Themen gegliederten Kommentar zu den PT von Speleers finden sich auch Abschnitte über astronomische Fragen.[26] Speleers begnügte sich damit Passagen mit astronomischen Aussagen zusammenzustellen, machte aber keine tiefgehenden Versuche die himmlischen Akteure zu identifizieren.[27] Ausführlich besprach er verschiedene Formen des Sonnengottes (Re, Atum, Chepre), zu denen er auch Horus zählte.[28] Überraschenderweise zog Speleers den Schluss, dass auch im Seth der PT ein prinzipiell astraler Gott zu erkennen sei: >Admettant maintenant que Hor n'est qu'une forme du soleil; que doit être Seth, son rival et son adversaire? A priori, il sera son pendant au ciel; quelques §§ le prouvent péremptoirement.... Quoiqu'il en soit, rien ne nous permet, en ce moment de déterminer avec certitude la nature de Seth, sauf par quelques vagues allusions<.[29] Er vermutete schliesslich, dass Seth in den PT nicht nur einem einzigen Stern entspricht und verwies auf die Sterne von msẖtjw/Ursa maior, deren Zusammenhang mit Seth bekannt ist.

8. In seinem Kommentar zu den PT ging Sethe fallweise auch auf astronomische Fragen ein, ohne sich aber um eigentlich astronomische Interpretationen zu bemühen. Es ist zu beachten, dass sich Sethe im allgemeinen nicht sehr tief in die Astronomie eingearbeitet hat. Diese Aussage gilt trotz seiner Arbeiten über den Sonnenlauf (1928) und die Zeitrechnung (1919/20). Wie ich dem im Göttinger Seminar für Ägyptologie aufbewahrten Teil des Briefwechsels zwischen Sethe und Borchardt entnommen habe, holte sich Sethe bei technisch-astronomischen Fragen Rat bei Borchardt.[30] In seinem Kommentar zu den PT analysierte Sethe vor allem den Begriff der Dat/Dewat, welchen himmlischen Ort er sowohl am oberirdischen als auch am unterirdischen Himmel lokalisierte.[31] Auch vermutete er beiläufig die Identi-

26 L. Speleers, Comment faut-il lire les Textes des Pyramides Égyptiennes? (1934) 38-55. Auch in anderen Kapiteln, wie z.B. „Le monde céleste", a.O. 20-38, handelt Speleers astronomische Themen ab.

27 Speleers, a.O. 43.

28 Speleers, a.O. 45-53.

29 Speleers, a.O. 54.

30 Dieser Briefwechsel ist unveröffentlicht. Ich habe den Briefwechsel gesichtet und gelegentlich daraus zitiert, vgl. R. Krauss, Ägypten und Levante 3 (1992) 78 Anm. 21.

31 Sethe, ÜKPT I 49-52.

tät der msqt sḥdw mit der Milchstrasse und des Gottes Zwnṯw mit einer Sternschnuppe.[32] Von methodischem Interesse ist seine Vermutung, dass im kꜣ pt/„Stier des pt-Himmels" von PT 332a, der seit dem NR als „Horus, Stier des pt-Himmels" bekannte Planet Saturn zu erkennen sei.[33] Soweit ich sehe, hat er aber nicht daran gedacht, das methodische Prinzip dieser Vermutung auf den Gott Seth zu übertragen, der gleichfalls seit dem NR als Verkörperung des Planeten Merkur bezeugt ist. Und schliesslich begnügte sich Sethe hinsichtlich der Gleichsetzung zwischen Osiris und Orion mit der Aussage: >Der Orion als Sitz des Osiris ist ja allbekannt<.[34]

Mit einem Zitat von Anthes sei diese Kritik an Sethe relativiert:[35] >Hier wie sonst immer müssen wir bedenken, dass Sethe durch den Tod verhindert wurde, seinen Kommentar zu überarbeiten und Widersprüche auszugleichen<.

9. Für Mercers Übersetzung und Kommentierung der PT verfasste der Astronom Robert E. Briggs den Exkurs „Astronomy".[36] Seine hyperkritischen Ausführungen zur Astronomie in den PT hat er mit nicht zur Sache gehörenden abfälligen Bemerkungen über christliche Jenseits- und Himmelsvorstellungen gewürzt. Prinzipiell musste sich Briggs als Nichtägyptologe auf Mercers Übersetzung der PT ins Englische verlassen, die ihrerseits bekanntlich eher eine Übersetzung von Sethes deutscher Übertragung als eine eigene Leistung darstellt. Beispielsweise qualifizierte Briggs die „Unvergänglichen Sterne" von PT 1080a-d als zirkumpolar, >as clearly implied by calling them „not setting, not tiring, and not drawn out of the water"<. Briggs urteilt hier falsch, weil er Mercers „setting" für skj/„vernichten, zugrunde richten" wörtlich genommen hat[37], während Sethe in seiner

32 Sethe, ÜKPT I 315; II 2O; IV 301, V 150f.

33 Sethe, ÜKPT II 15.

34 Sethe, ÜKPT I 93.

35 R. Anthes, ZÄS 102 (1975) 1.

36 Briggs, in Mercer IV 38ff. – R. Anthes, in: Fs. Schott (1968) 1, bezeichnet Briggs als Astronomen. Nennungen eines Astronomen Robert E. Briggs konnte ich in astronomischen Bibliographien bis zum Jahr 1967 finden.

37 Mercer, PT I 187.

Übersetzung dieser Stelle „untergehen“ metaphorisch gemeint haben kann.[38]

Ohne ausreichende Begründung sprach sich Briggs gegen eine Reihe von bis dahin in der Ägyptologie geltenden Auffassungen aus. Briggs zufolge wäre in den PT unter Sꜣḥ nicht das Sternbild Orion und unter msḫtjw nicht das Sternbild Ursa maior zu verstehen, stattdessen soll es sich dabei um Einzelsterne handeln. Die Zusammenfassung von Einzelsternen zu Sternbildern wollte Briggs ausschliesslich als Leistung der Babylonier anerkennen und zwar als Leistung, die in Ägypten nicht viel früher als zur Zeit von Ramses VI. rezipiert worden wäre. Ferner soll es in der Pyramidenzeit noch kein System dekanaler Sterne gegeben haben. Auch sei in nṯr dwꜣw/Morgenstern nicht Venus-Morgenstern zu erkennen, sondern im Rahmen eines protodekanalen Systems der jeweils hellste Stern am morgendlichen Osthimmel.[39] Briggs’ merkwürdig schiefe Urteile wurden seinerzeit von Anthes als >sound conclusions< begrüsst und wirken noch heute nach.[40]

10. In seinen seit den 50er Jahren erschienenen Arbeiten zur „Theologie des 3. Jahrtausends“ analysierte Anthes astronomische Aussagen der PT. Dabei galt sein Interesse eher der Mythologie der göttlichen Himmelsbewohner als den mit ihnen verknüpften Jenseitsvorstellungen.[41] Wie ansatzweise schon Speleers,[42] so zeigte Anthes 1959, dass es für die aus der Spätzeit bekannte Vorstellung von Horus als Himmelsgott mit Sonne und Mond als Augen keine alten Belege gibt.[43] Gleichzeitig fand er Hinweise auf Identifikationen von Horus mit einem Stern, mit der Sonne und dem Mond. Etwa ein Jahrzehnt später hielt er seine frühere Gleichsetzung von Horus mit der Sonne für voreilig und wollte die Identifizierung mit dem Mond ganz streichen. Das historische Verhältnis zwischen dem Horusstern als Himmelskönig und dem Sonnengott Re als Himmelsherrscher, verstand er als Ablösung des Sterns durch die Sonne und datierte diesen Vorgang in

38 Sethe, ÜKPT IV 347.

39 Briggs, in: Mercer IV 46.

40 R. Anthes, ZÄS 100 (974) 77.

41 Vgl. die unter diesem Titel zusammengestellte Liste Anthesscher Aufsätze in Studia Aegyptiaca 9 (1983) 13f.

42 L. Speleers, Comment faut-il lire les Textes des Pyramides Égyptiennes? (1934) 85f.

43 R. Anthes, JNES 18 (1959) 185-190.

die Zeit von Djedefre bis Chephren.[44] Während das Konzept eines Sonnengottes offensichtlich an die Sonne als kosmische Realität anknüpft, nahm Anthes keinen entsprechenden kosmischen Ursprung des Himmelsherrn Horus an:[45] >... die Vorstellung von Horus als dem Herrn des Himmels (ist) sicher nicht aus der Anschauung heraus, sondern als die rein spekulativ durchgeführte Übertragung des ägyptischen Königtums auf den Himmel, als die mythologische Deutung einer Himmelserscheinung entstanden ..., die bei der Begründung des Königtums und als dessen wesentlicher Bestandteil stattfand. Diese theologische Schöpfung begriff den Horus als Trinität von Namensträger, Himmelsherrscher und irdischen König, ob er nun als Stern oder als Sonne verstanden wurde<.

Aus Gesprächen, die ich noch Anfang der 80er Jahre mit Anthes führte, weiss ich, dass er sich nicht tief genug in die Astronomie eingearbeitet hatte, um astronomische Sachfragen selbständig beurteilen zu können.[46] Einen irreführenden Hinweis von Fachastronomen zum Aufgangsverhalten der Sterne Rigel und Sirius konnte er daher ungeprüft übernehmen und zur Grundlage einer weitreichenden Hypothese machen.[47] Ausgehend von der Annahme einer Identität des Sternes Sirius, nicht nur mit der Göttin Sothis, sondern auch mit dem Gott Horus, setzte er die Fehlinformation in folgender Weise um:[48] >Der Stern Rigl, der vorgestellte Fuss des Orion, ging um 3000 v.Chr. für den Beobachter in Heliopolis anderthalb Stunden vor dem Sirius auf und zwar genau an der gleichen Stelle wie dieser. So war er als pars pro toto des Orion schon in der Aufgangskonstellation des Neujahrstages Wegbereiter und Vorläufer des Sirius so wie in den folgenden Monaten am Sternenhimmel die volle Gestalt des Orion. Mythologisch gedeutet war dieses Verhältnis das des irdischen Vorgängers des NN, der als Osiris im Orion verkörpert war, zu seinem Sohne NN, der nun als Verklärter im Sirius als Horus der Himmelsherrscher erschien, zugleich aber seines irdischen Vaters Nachfolger wurde als Osiris im Orion<. Seine auf Stellen in den PT und CT gegründete These von Horus als einer Komponente des

44 R. Anthes, in: Fs. Ricke (1971) 55f.

45 R. Anthes, ZÄS 100 (1974) 77.

46 Damals leistete ich ihm auch technische Hilfe bei der Abfassung seines in ZÄS 110 (1981) erschienenen Artikels; vgl. a.O. 12 Anm. 5.

47 Siehe §77.

48 R. Anthes, ZÄS 100 (1975) 5f.

Sternes Sirius führte ihn dazu, ein im Sirius vereintes zugleich männliches und weibliches Doppelwesen Sothis-Horus zu postulieren. Dagegen lehnte er die sonst in der Ägyptologie schon für die PT angenommene Identität der Isis mit Sirius-Sothis ab.

Die Anthessche Hypothese bietet eine Erklärung der Beziehung zwischen Osiris und Orion, in der scheinbar konkrete astronomische Angaben (Sterne Rigel und Sirius, Azimute und Zeiten ihrer Aufgänge) mit einer fiktiven ägyptischen Mythologie (Orion und Sirius als verstorbener und nachfolgender König) kombiniert sind.

11. Neugebauer und Parker berücksichtigten in den von ihnen zwischen 1960 und 1969 veröffentlichten drei Bänden „Egyptian Astronomical Texts" keine astronomiehaltigen Passagen der PT und CT. Mit Ausnahme der mythologischen Texte im Kenotaph Sethos I. bzw. in pCarlsberg I haben die Autoren die Bände der EAT ausschiesslich den Dekanen, Sternuhren und späten Tierkreisdarstellungen gewidmet.

12. Im Jahre 1966, drei Jahre vor der Publikation seiner Übersetzung der Pyramidentexte, veröffentlichte Faulkner den Artikel „The King and the Star Religion in the Pyramid Texts", der bis heute die Standardbearbeitung des Themas geblieben ist.[49] Faulkner ging aus von der seit Breasted geläufigen Annahme >(of) a very ancient stratum of stellar religion, in which the stars were regarded as gods or as the souls of the blessed dead<.[50] In den PT unterschied er >two distinct strata ... one stratum is concerned entirely with the circumpolar stars and the northern sky ... the other stratum is entirely concerned with the constellation of Orion and the star Sothis, the Morning Star and the Lone Star ...<.[51] Faulkner konstatierte ein geringfügiges Überlappen der beiden Schichten, war aber der Meinung, dass ihre Inhalte verschieden seien:[52] >... one deals only with the ultimate abode of the dead King in the northern sky, the other, the Lone Star apart, appears to be concerned with those celestial bodies which mark the passage of time in the course of the year, and some comment on their relation with the dead King

49 R. O. Faulkner, JNES 25 (1966) 153-161.

50 Faulkner, a.O. 153.

51 Faulkner, a.O. 160.

52 Faulkner, a.O. 161.

seems called for. ... the King may ... be thought of as sharing in the responsibility for regulating times and seasons<.

Faulkner hat im Sinne der von Erman begründeten ägyptologischen Tradition die jḫmjw skjw ohne Vorbehalte mit den Zirkumpolarsternen identifiziert und die jḫmjw wrḏw mit den nicht-zirkumpolaren Sternen. Dementsprechend verstand er unter „nördlichem Himmel“ die Zone der Zirkumpolarsterne. Zwar nahm Faulkner an, dass die Sterne im allgemeinen als Seelen der Toten galten, doch vermutete er für die Pyramidenzeit eine Beschränkung auf die königlichen Toten.

Die Gleichsetzung Sꜣḥ = Orion war für Faulkner eine Selbstverständlichkeit. Die Identifizierung von nṯr dwꜣw und Venus-Morgenstern schien ihm nur geringe Schwierigkeiten zu bieten, während er für den „Lone Star“ (sbꜣ wꜥtj) die Gleichsetzung mit Venus-Abendstern vorgeschlagen hat.

13. Eine Untersuchung der in den PT häufig vorkommenden kosmologischen Begriffe hat Allen 1989 vorgelegt.[53] Im Anschluss an die ägyptologische Tradition fasst er beispielsweise die msqt sḥdw als Milchstrasse auf und die jḫmjw skjw als Zirkumpolarsterne.[54] Abweichend von seinen Vorgängern versteht Allen die Dat/Dewat fast ausschliesslich als chthonisches Toponym.[55]

14. Auf die referierten ägyptologischen Thesen zu astronomischen Konzepten in den PT gehe ich im folgenden fallweise ein. Im allgemeinen ist meine Arbeit durch die besprochenen thematischen Vorgaben von Erman, Breasted und Kees bestimmt, hinzu kommt vor allem die Anthessche These von der ursprünglich stellaren Natur des Gottes Horus. Im Laufe meiner Bearbeitung der PT hat sich eine dreifache Gruppierung der mich interessierenden Themen ergeben. Einmal handelt es sich um Aussagen über den Nordhimmel und seine Bewohner, dann um Aussagen über den Südhimmel und seine Bewohner und schliesslich um Aussagen über Himmelsbewohner, die sich zwischen der südlichen und der nördlichen Himmelsregion bewegen. Diese Gruppierung spiegelt eine den Vorstellungen der PT

53 J. P. Allen, The Cosmology of the Pyramid Texts, in: Yale Egyptological Studies 3 (1989) 1-28.

54 Allen, a.O. 4, 7.

55 Allen, a.O. 20-25.

inhärente astronomische Systematik wieder, wie sie auch Faulkner prinzipiell erkannt hat.

Für meine Argumentation wichtig ist die in Abschnitt II gegebene Analyse der Aussagen über den ḫꜣ-Kanal als Grenze des nördlichen Himmels, in dem sich ihrerseits die „Unvergänglichen Sterne" aufhalten. In Absatz II präsentiere ich zuerst das Textmaterial zusammen mit einer allgemein gehaltenen inhaltlichen Analyse und lege im unmittelbaren Anschluss daran ein astronomisches Modell für den sogenannten „Krummen Kanal" bzw. ḫꜣ-Kanal vor. In den späteren Abschnitten halte ich diese Scheidung von allgemeiner und speziell astronomischer inhaltlicher Analyse nicht bei, sondern greife dann auf die bereits vorhandenen astronomischen Ergebnisse zurück.

In den einzelnen Abschnitten über astronomiehaltige Aussagen der PT gehe ich jeweils nur auf die unmittelbaren astronomischen Konsequenzen ein. Erst am Schluss der Untersuchung bespreche ich den inneren Zusammenhang der auf Jenseits und Astronomie bezogenen Vorstellungen. Die zu untersuchenden Aussagen nehme ich immer dann aus ihren Kontexten heraus, wenn eine solche Isolierung ohne Verfälschung der Aussage möglich ist. Ich habe in jedem Fall die Frage der Isolierbarkeit untersucht, worauf ich aber im Text nur gelegentlich hinweise. Bei der grammatischen Analyse schliesse ich mich unter Berücksichtigung neuerer Auffassungen an Sethes Kommentar, Edels Altägyptische Grammatik und Allens „The Inflection of the Verb in the Pyramid Texts" an.

Soweit es mir notwendig schien, habe ich mich in die Astronomie eingearbeitet. Als wertvolles Hilfsmittel stand mir eine Drehbare Sternkarte für das Jahr 2400 v.Chr. und die Breite von Memphis zur Verfügung, die Oliver Fabel, Wilhelm–Foerster-Sternwarte Berlin, für mich konstruiert hat[56]. Als Grundlage für astronomische Berechnungen benutzte ich die in der Bibliographie genannten und für Historiker, Philologen und andere astronomische Laien bestimmten Werke von J. Meus, P. V. Neugebauer und K. Schoch. Bei der Überarbeitung des Ms. für den Druck habe ich das am Wiener Planetarium entwickelte astronomische Rechenprogramm URANIA-STAR eingesetzt[57] und mit seiner Hilfe meine früheren Berechnungen

56 Zu Begriff und Konstruktion einer Drehbaren Sternkarte, siehe P. V. Neugebauer, Astronomische Chronologie I (1929) 146-149.

57 Siehe H. Mucke, Ägypten und Levante 3 (1992) 125-128.

kontrolliert. Schliesslich konnte ich mich bei der Vorbereitung des Ms. zum Druck auf freundliche Ratschläge von Kurt Locher stützen, dessen neuere Forschungsergebnisse über das Verhältnis zwischen dem klassischen Sternbild Orion und dem altägyptischen Sternbild Sꜣḥ ich nachträglich eingearbeitet habe.[58]

Im Jahre 1992 legte ich das Ms. dem Fachbereich Orientalistik der Universität Hamburg als Habilitationsarbeit vor. Im Rahmen meines Habilitationsverfahren hat Prof. Hartwig Altenmüller die Arbeit als 1. Gutachter gelesen; die anderen Gutachter waren die Professoren John Baines, Erik Hornung und Dieter Kurth.

Prof. Ursula Rössler-Köhler hat die Arbeit in die von ihr herausgegebenen Ägyptologischen Abhandlungen aufgenommen. Die Deutsche Forschungsgemeinschaft bewilligte einen Druckkostenzuschuss, ohne den ein Erscheinen in Buchform nicht möglich gewesen wäre.

58 Siehe vor allem § 74.

II. Lage und Funktion des ḫꜣ-Kanals

15. Wissenschaftsgeschichtliche Einleitung. – Die älteste mir bekannte Interpretation des z. B. in PT 1228c (P)  geschriebenen Gewässernamens gab Breasted 1912:[1] >It was called the „Lily-lake", and it was long enough to possess „windings", and must have stretched far to the north and south along the eastern horizon<. In improvisierter Weise fasste Breasted ḫꜣ als „Lily" auf und den Gewässernamen selbst als Konstruktion im indirekten Genetiv. Vielleicht dachte Breasted bei „Lily" an das mit der Lotushieroglyphe, SL M 12, geschriebene Wort ḫꜣw/Kräuter, Blumen (WB III 221). Seiner Auffassung widerspricht die von Bayoumi unterstrichene Tatsache, dass die Lotushieroglyphe in den PT nicht zur Schreibung des fraglichen Gewässernamens benutzt wurde.[2]

Die Übersetzung „gewundener See", für die auch mögliche Lesung mr nḫꜣ (Substantiv mit Adjektiv) kann ich zum erstenmal 1926 bei Kees nachweisen, der sich für seine Deutung insbesondere auf die in PT 2061c genannten qꜣbw–Biegungen/ Windungen dieses Gewässers berufen hat.[3] Beispielsweise hatte zwar auch Junker im Sinne von Kees nḫꜣ (Adjektiv oder Substantiv) gelesen, das Wort aber unübersetzt gelassen.[4] Hinsichtlich der topographischen Verhältnisse wollte sich Kees nicht festlegen:[5] >Wird in der allerdings stets sehr schwankenden Himmelstopographie dieser See selbst an die Ostseite des Himmels verlegt, so sollen weiter an seiner Ostseite die Stätten der Gefilde der Seligen liegen, wo die Götter wohnen. Der Ägypter bezeichnet sie mit dem Namen „Feld der Opfergaben" oder „Binsengefilde"<.

In seinem Kommentar zu den Pyramidentexten gab Sethe eine sachlich von Breasted und Kees abweichende und besser durchdachte Interpreta-

1 Breasted, Development (1912) 105.
2 A. Bayoumi, Champ (1940) 5 Anm. 1.
3 Kees, Totenglauben (1926) 110 Anm. 1.
4 H. Junker, Die Onuris-Legende (1917) 78: „See nḫꜣ".
5 Kees, Totenglauben (1926) 110.

tion:[6] >Dass es kein See, sondern ein Wasserlauf sein soll, zeigt das Ideogramm  (595ff. 1228c, 1441a) aus dem Junker die Bedeutung „gewunden“ für das Beiwort nḫꜣ erschlossen hat,[7] und die Erwähnung der „Windungen“ (2061c); mr hängt ja auch offenbar etymologisch mit der Hacke  zusammen, resp. mit der damit ausgeübten Handlung des Grabens, es ist ein „Graben“<.[8] Dieser Argumentation stimme ich zu und übernehme sie. Da  in den PT selbst mit  wechselt und in PT 1138d (M) der Gewässername  geschrieben ist,[9] transkribiere ich in diesem Zusammenhang für  oder  durchweg mr und nicht šj.

Anders als Kees äusserte sich Sethe hinsichtlich der Topographie des „gewundenen Kanals“ in eindeutiger Weise: >Die Lage ... im Osten des Himmels geht aus 595-600. 1162c (Aufstieg zum Himmel). 1345c (die Sonne besteigt dort ihr Schiff wie [in 340d]) 1541a. 2172c (wie 1345c) klar hervor. ... Dieser Wasserlauf hatte ost-westliche (resp. westöstliche) Richtung, seine südliche Seite ist für den zum Himmel Aufsteigenden „diese“, seine nördliche „jene Seite“, zu der er gelangen will (13776c. 595-600).< Sethe lässt es offen, wie weit dieser Kanal nach Westen führen soll.

Speleers fasste den Gewässernamen als indirekten Genetiv auf und übersetzte ähnlich wie schon Breasted >Lac du Lotus<.[10] Weill nahm unter Verweis auf WB III 218, die Schreibung von ḫꜣ mit der Muschelhieroglyphe SL[11] L 6 ernst und verstand >Lac de l'huître< („Austernsee“);[12] zu dieser Fehldeutung hat bereits Bayoumi alles Nötige gesagt.[13] Bayoumi selbst schloss aus den Nisbeformen anderer Gewässernamen in den PT, wie šj zꜣbj, šj dwꜣtj und mr mnʿj, auf eine Nisbeform *mr nḫꜣj.[14] Eine entsprechende Form, die Bayoumi selbst nicht erkannt hat, liegt in PT 1346a (P)

6 Sethe, ÜKPT II 44.
7 Der Verweis auf Junker scheint ein „slip of the pen“ zu sein, jedenfalls kann ich bei Junker keine entsprechende Stelle finden. Vermutlich meinte Sethe: Kees, Totenglauben (1926) 110.
8 Zu mr: Kanal, vgl. W. Schenkel, LÄ III (1980) 310-312.
9 Vgl. A. Gardiner, Grammar, 3rd Ed., 491, SL N 37, Anm. 2.
10 Speleers, TP, 362; ähnlich auch L. H. Lesko, Two Ways (1972) 128.
11 Gardiner, SL L 6.
12 R. Weill, Roseaux (1936) 23 Anm. 2.
13 Bayoumi, Champ (1940) 5.
14 Bayoumi, Champ (1940) 5.

und 543b (T) vor.[15] Bei der Definition des Gewässers als Kanal kam Bayoumi zu einem der Setheschen Auffassung ähnlichen Ergebnis, ging aber hinsichtlich der Topographie des Gewässers über Sethe hinaus:[16] >... le canal Nḫꜣ commence du côté oriental du ciel et se trouve entre le Champ des Offrandes au nord et le Champ des Souchets au sud. ... on ne peut pas douter de la présence du canal dans le nord du ciel, ce qui constituera la deuxième partie de son cours, et c'est probablement à son extrémité vers l'ouest que le canal débouche dans un champ appelé ḫꜣḫꜣ ...<. Wie später begründet, dürfte Bayoumis Auffassung von der Einmündung des Kanals in ein im Westen gelegenes Gefilde nicht richtig sein.

Unter Berücksichtigung der Meinungen von Kees und Sethe, wenn auch im Widerspruch dazu, definierte S. Hassan den >Meandering Stream< als >a body of water encircling the celestial paradise<.[17] Ich begnüge mich hier mit dem Hinweis auf eine von Hassans Schlussfolgerungen, die den offensichtlich richtigen Ergebnissen von Sethe und Bayoumi widerspricht, dass nämlich die nördliche Seite des ḫꜣ-Kanals die südliche Seite des Himmels sei.

Um 1950 verglich Schott den „Gewundenen/Krummen Kanal“ der PT mit den üblicherweise nicht im rechten Winkel auf die Umfassungsmauern führenden Aufwegen der Pyramidenanlagen.[18] Dieser meiner Meinung nach unbegründete Ansatz wird auch heute noch in der Literatur über die Pyramidenanlagen mitgeführt.[19]

1966 argumentierte Altenmüller dafür,[20] den Kanalnamen als Konstruktion im indirekten Genetiv aufzufassen und im ḫꜣ-Kanal der PT sowie dem „Messersee“ und „Flammensee“ späterer Texte ein und dasselbe Toponym zu erkennen: >Ihre verschiedenen Schreibungen bilden nur graphische Varianten für die Bezeichnung des gleichen mythischen Gewässers, das im Alten und Mittleren Reich als mr nj ḫꜣ, „See des Vernichtens“ verstanden wurde, und im Neuen Reich als „Messersee“ mr nḫꜣ.wj umgedeutet er-

15 WB III 224.17; Edel, AG §§514; 452.
16 Bayoumi, Champ (1940) 18, 21.
17 S. Hassan, Excavations at Giza VI.I (1949) 6-10.
18 S. Schott, Pyramidenkult (1950) 185f.
19 Vgl. R. Drenkhahn, LÄ I (1975) 555f, mit Literaturverweisen; zuletzt zu diesem Thema s. R. Stadelmann, Die ägyptischen Pyramiden (1985) 137.
20 H. Altenmüller, ZÄS 92 (1966) 86-95.

scheint. Sein Name tritt in der Spätzeit, vielleicht unter dem Einfluss der Bezeichnung der „Flammeninsel“ jw nsrsr, als „Flammensee“ (mr nsj.wj, š nsr.t) in den Texten des Totenbuchs auf<.[21] Dieser Auffassung schliesse ich mich hinsichtlich der Identität von ḫꜣ–Kanal, „Messersee“ und „Flammeninsel“ an und transkribiere im folgenden in konventioneller Weise mr nj ḫꜣ.[22]

Im Zusammenhang mit seiner Bearbeitung der PT hat Barta auch über den ḫꜣ-Kanal gehandelt.[23] Wie Breasted, aber anders als Sethe und Bayoumi, vermutete er, dass >der Necha-Kanal ... das Binsengefilde in nordsüdlicher Richtung durchzogen zu haben [scheint]<.

1985 legte Davis eine Deutung des mr nḫꜣ als „Shifting Waterway“ und Milchstrasse vor.[24] Im Sinne dieser These soll der ägyptische Nordhimmel den konkav von der Milchstrasse umschlossenen Himmelsbereich mit dem nördlichen Himmelspol darstellen, der Südhimmel dagegen den auf der konvexen Aussenseite der Milchstrasse liegenden Bereich. Auf die sachlich-astronomischen Schwierigkeiten der Davisschen Erklärung gehe ich später ein. Sehr bedenkenswert ist der Kommentar von Davis zum Namen des Kanals:[25] >Although it is traditionally translated „Winding Waterway“, I would prefer something like „Shifting Waterway“ since related words do not describe anything that winds or bends but rather apply to things that shift or sway or pivot or revolve about a fixed point, such as a plumb bob, pendant, pendulous breasts, flail, balance, or pair of scales – a series of images that admiraby reflect the gyrations of the Milky Way around the North Pole from day to day throughout the year<. Die von Davis vorgeschlagene Etymologie passt auch sehr gut zu meiner in §§31.32 begründeten sachlichen Deutung des Kanals als ekliptikaler Streifen.

16. Lage des ḫꜣ-Kanals „oben“ am Himmel. – Mit diesem Thema beginne ich eine Durchmusterung der Belege für den ḫꜣ-Kanal in den PT, um Infor-

21 Zur Aufspaltung des „Messersees“ in einen kosmischen, mythischen und irdischen Bereich, s. J. Assmann, Liturgische Lieder an den Sonnengott (1969) 271-272. Zu hypothetischen irdischen Gegenstücken dieses Kanals, s. auch Mercer, PT IV 64.

22 So auch U. Luft, Studia Aegyptiaca IV (1978) 34-35, ohne Verweis auf Altenmüller.

23 W. Barta, Pyramidentexte (1981) 88-89; ders., ZÄS 107 (1980) 3.

24 V. L. Davis, Archaeoastronomy 9, Suppl. JHA 16 (1985) S102-S104.

25 V. L. Davis, a.O. S102.

mationen über Lage und Funktion dieses himmlischen Gewässers zu gewinnen. In PT (624) liegt ein Himmelsaufstieg vor: NN steigt auf Šw nach oben bzw. auf dem Flügel des Chepres, dann werden zwei in der Sonnenbarke befindliche Falken angerufen.

PT 1759b:[26] [f]ꜣ.ṯn Nt. sṯz.ṯn s(j) r[27] mr nj ḫꜣ,
1760a: wdd.ṯn Nt. m nṯrw jpw jḫmjw-sk(jw).
1759b: möget ihr Nt. tragen, möget ihr sie hochheben/erheben zum ḫꜣ-Kanal,
1760a: ihr sollt[28] setzen die Nt. unter jene Götter, die „Unvergänglichen Sterne".

Im Sinne dieser Verse liegt der ḫꜣ-Kanal „hoch" am Himmel. Da der Kontext von einem Aufstieg zum Himmel handelt, lässt sich für den ḫꜣ-Kanal eine östliche Lage vermuten, entsprechend dem Osten als dem in den PT üblichen Aufstiegsort.[29] Die räumliche Kontaktstellung des Kanals zu den „Unvergänglichen Sternen" ist in den zitierten Versen möglich; offen bleibt hier, ob ḫꜣ-Kanal und „Unvergängliche Sterne" unmittelbar benachbart sind bzw. aneinander angrenzen. Andere und noch zu besprechende Stellen der PT enthalten eindeutige Aussagen zu dieser Frage.

17. Beziehungen zwischen dem ḫꜣ-Kanal und der wjꜣ-Barke des Re.[30] – Nach zwei Belegen besteigt NN die wjꜣ-Barke des Re an den Uferländern des ḫꜣ–Kanals wie auch Re selbst dort in seine Barke einsteigt.[31] PT (548) be-

26 Text nach Nt; s. Faulkner, Supplement 14. Der Paralleltext bei N ist stark zerstört.
27 Möglicherweise hat r hier nur die Bedeutung „in Richtung von".
28 So nach Allen, IVPT § 170B.
29 Vgl. J. Assmann, LÄ II (1977) 1208f, s. v. Himmelsaufstieg, mit dem Hinweis auf die Bindung des Himmelsaufstiegs an die Ost-West-Achse des Sonnenlaufes.
30 Zu den Barken des Re in den PT, s. J. Sainte Fare Garnot, L'Hommage aux dieux (1954) 262 Anm. I; R. Anthes, ZÄS 82 (1957) 77-89; J. Assmann, LÄ VI (1984) 1088-1089, s. v. Sonnengott; K. A.Kitchen, LÄ I (1975) 619ff, s. v. Barke (B.).
31 Unergiebig für die Fragestellung sind PT 922b, 1687a, 1709a und 2045a, als Stellen, die ausser der Tatsache des Einsteigens in die wjꜣ-Barke, keine weiteren relevanten Angaben zu enthalten scheinen.

richtet zunächst darüber, wie Nut dem toten König hilft, dann beginnt ein isolierbarer Abschnitt:

PT 1345c:[32] hꜣ.f m wjꜣ mr[33] Rꜥw ḥr jdbw mr nj ḫꜣ
c: er (NN) wird einsteigen in die wjꜣ-Barke wie Re,[34] an den Uferländern des ḫꜣ-Kanals.[35]

Ähnlich heisst es in dem verwandten Spruch PT (697),[36] dass Nut dem NN hilft, dann folgt ein neuer Abschnitt mit einer Aussage über NN und die wjꜣ-Barke:

PT 2172c:[37] [hꜣ]jj[38] N. m wjꜣ mr Rꜥw ḥr jdbw njw mr[39] nj ḫꜣ
c: Dass N. einsteigen wird, ist in die wjꜣ-Barke, wie Re, an den Uferländern des ḫꜣ-Kanals.

Aus zwei Textstellen lässt sich ableiten, dass der Einstieg in die wjꜣ-Barke auf einer bestimmten Seite des Kanals erfolgt. Einigermassen umständlich ist dies in PT (569) ausgesagt. Zuerst ist ohne topographische Präzisierung vom Einsteigen in die Barke die Rede:

PT 1439a:[40] ḫsf w jzt.k nt jḫmjw-skjw jr ḫnt.k
b: ḫsf.k w sn jr rḏjt hꜣ P. m wjꜣ.k pw
c: ḫsf w rmṯw jr mwt
d: ḫsf.k w hꜣw P. pn m wjꜣ.k pw

32 Text nur bei P.
33 Vgl. Edel, AG § 762.
34 Nach dem Kontext dürfte eine prospektive Aussage vorliegen.
35 An beiden hier besprochenen Stellen wird jdbw/Uferländer benutzt, vgl. Sethe, ÜKPT IV 191 und WB I 153. S. Hassan, Giza VI.I (1946) 9 Anm. 1, übersetzte dies als >riverbank< und schloss unter dieser Voraussetzung weiter auf eine entsprechende flussähnliche Form des ḫꜣ-Kanals.
36 Vgl. Sethe, ÜKPT V 271.
37 Text nur bei N.
38 Ich deute hꜣjj als prospektive Form, was jedenfalls zum Kontext passt; ähnlich fasst auch Faulkner, AEPT 305, die Stelle auf. Zur Möglichkeit, dass das auslautende jj seine Existenz einem Kontakt des Stamm-j mit einem folgenden j verdankt, s. Allen, IVPT § 62 B.
39 Geschrieben mit SL N 37; wie oben erläutert transkribiere ich „mr“.
40 Text nach P; M und N benutzen die Negationspartikel ꜣ statt w; vgl. Edel, AG § 820.

1440a: ḫsf w rmṯw jr wnm t
b: ḫsf.k w hꜣw P. pn m wjꜣ.k pw

Für die Übersetzung dieser Passage machten Sethe,[41] Speleers,[42] Faulkner,[43] Satzinger[44] und Allen[45] Vorschläge, die in Details voneinander abweichen. Ich gehe davon aus, dass die Sätze mit ḫsf w Bedingungen für Re darstellen und die Sätze mit ḫsf.k w die Konsequenzen daraus, wenn auch nicht unbedingt als „wenn – dann“, sondern abgeschwächt als „einerseits – andererseits“.

1439a: nicht soll deine Mannschaft gehindert werden dich zu rudern –
b: du sollst sie nicht daran hindern, diesen P. in deine wjꜣ-Barke einsteigen zu lassen;
c: nicht sollen Menschen am Sterben gehindert werden –
d: nicht sollst du verhindern, dass dieser P. in deine wjꜣ-Barke einsteigt;
1440a: nicht sollen Menschen gehindert werden, Brot zu essen -
b: nicht sollst du verhindern, dass dieser P. in deine wjꜣ-Barke einsteigt.

Auf diese Drohungen folgt als neues Thema die Gleichsetzung des NN mit Sksn und schliesslich die Mitteilung, dass NN den ḫꜣ-Kanal überquert. Unmittelbar daran schliesst die Aussage, dass NN nicht zurückgehalten wurde und Re bzw. die wjꜣ-Barke des Re erreicht hat. Ähnlich ist die Situation auch in PT 1250d, wo NN vor dem Erreichen der wjꜣ-Barke[46] mit Hilfe des Fährmanns Zwnṯw einen anonymen Kanal überquert, bei dem es sich wegen der sonstigen Verbindung der wjꜣ-Barke mit dem ḫꜣ-Kanal wahrscheinlich um eben diesen Kanal handelt.

Mithin befindet sich der Einstiegsort des Re in die wjꜣ-Barke am ḫꜣ-Ka-

41 Sethe, ÜKPT V 360f, 366f.
42 Speleers, TP 173.
43 Faulkner, AEPT 222.
44 H. Satzinger, Die negativen Konstruktionen im Alt- und Mittelägyptischen (1968) 65.
45 Allen, IVPT § 280 (zu PT 1438c-d).
46 Die Barke wird als wjꜣ … n nṯr bezeichnet. Sethe, ÜKPT V 151, kommentiert dies mit den Worten >"der Gott“, wie so oft der Sonnengott. Zu der Bezeichnung seines Schiffes in dieser Weise als „Schiff des Gottes“, vgl. 1143a<.

nal. Da Re nach dem Einstieg seine Tagesfahrt beginnt, sollte dieser Teil des Kanals in der Nähe des östlichen Horizontes liegen. Während die Vorstellungen der PT über den täglichen Sonnenlauf auf einer Realität gründen, ist die Himmelsreise des Toten imaginiert und allenfalls in eine reale topographische Umgebung versetzt. Wenn NN, laut der zitierten Auffassung Sethes,[47] den ẖꜣ-Kanal im allgemeinen von Süden nach Norden überquert, dann erfolgt nach den beiden zuletzt besprochenen Texten sein Einstieg in die wjꜣ-Barke am nördlichen, nicht am südlichen Ufer des Kanals. Ob dieser Kanal von Nord nach Süd oder von Ost nach West oder sonstwie verläuft, geht aus den bisher besprochenen Texten nicht klar hervor. Wenn der Kanal von Nord nach Süd verlaufen würde, müsste er eine entsprechende Öffnung nach Westen haben, um die weitere Tagesfahrt der Sonnenbarke zu ermöglichen.

18. Re als Durchfahrer des ẖꜣ-Kanals. – Nach PT (334) fährt Re möglicherweise den ganzen Tag auf dem ẖꜣ-Kanal, der dann eine entsprechende Erstreckung von Ost nach West haben müsste:

PT 543a:[48] jnḏ ḥr.k Rꜥw nm pt ḏꜣ Nwt,
b: nm.n.k mr nj ẖꜣ
c: nḏr.n n.f NN sd.k, n[49] T. js pw nṯr zꜣ nṯr,
544a: T. pw wnb pr m kꜣ,
b: wnb nbw pr m nṯrw.

Sethe übersetzte:[50] >Gegrüsst seist du, o Re, Durchquerer des Himmels, Durchfahrer der Nut. Du hast den gewundenen Wasserlauf durchquert. NN. hat sich deinen Schwanz gepackt, denn NN. ist ja ein Gott, der Sohn eines Gottes. NN ist eine Blume, die aus dem Kꜣ hervorgekommen ist, eine goldene Blume, die aus dem Natronort (Nṯr.w) hervorgekommen ist<. Sein Kommentar dazu lautet:[51] >den „gewundenen Wasserlauf“, der Himmel

47 Sethe, ÜKPT II 44.
48 Text nur bei T.
49 Zur Konjunktion n, „weil“, „denn“ in den PT s. allgemein Edel, AG § 757f.
50 Sethe, ÜKPT III 20; in der Übersetzung dieser Stelle folgt ihm weitgehend Faulkner, AEPT 107f.
51 Sethe, ÜKPT III 21.

und Erde trennt, hat der Sonnengott bereits passiert und mit ihm der Tote, der sich dabei an den Stierschwanz gehängt haben will<. Hier schliesst Sethe offensichtlich auf einen nord-südlichen Verlauf des unbestimmt schmal gedachten und am Horizont liegenden Kanals, den Re nur zu Beginn seiner Fahrt in ost-westlicher Richtung überquert, um dann auf anderen Gewässern die Reise fortzusetzen. Sethes Interpretation über Lage und Verlauf des ḫꜣ-Kanals erweist sich im folgenden als nicht stichhaltig, auch ist sie nicht verträglich mit der damit konkurrierenden anderen Auffassung Sethes vom ost-westlichen Verlauf des Kanals.

Da NN den Schwanz des Sonnenstiers packt, dürfte er der Sonne in einiger Entfernung folgen. Die in PT 543c-544b gegebene Begründung für die Handlung von NN, kann darauf verweisen, dass NN dem Re in Form der wnb-Blume am Himmel folgt, vermutlich also in Gestalt eines als wnb bezeichneten Sterns. Im Text könnte daran gedacht sein, dass ein solcher Stern den Re am Taghimmel begleitet und unter diesen Umständen unsichtbar ist. Es kann aber auch ein am Westhimmel nach Sonnenuntergang aufleuchtender Stern gemeint sein, der bei seinem anschliessenden Untergang dem Re folgt. In diesem Sinne übersetze ich das erste sḏm.n.f adverbial und das zweite substantivisch:

PT 543b: nachdem du (=Re) den ḫꜣ-Kanal durchfahren hast,
c: da war es, dass sich NN deinen Schwanz gepackt hat,
denn T. ist ja ein Gott und Sohn eines Gottes
544a: dieser T. ist ein(e) wnb(-Blume), herausgekommen aus Kꜣ
b: ein(e) goldene wnb-(Blume), herausgekommen aus Nṯrw.

Wenn diese Übersetzung und auch die Interpretation richtig sind, dann besagt der Text, dass sich die Sonne bis zum Abend im ḫꜣ-Kanal bewegt. Der Kanal würde mithin nicht nur im Osten liegen, sondern sich bis zum Westen des Himmels erstrecken. Mit Vorbehalt meine ich ferner schliessen zu können, dass der ḫꜣ-Kanal nur am sichtbaren Himmel verläuft und nicht unter die Horizonte reicht.

19. Gestalt des ḫꜣ-Kanals. – Nach Sethes schlüssiger Argumentation ist der ḫꜣ-Kanal ein grabenähnlicher Kanal und kein See[52]. Über die Gestalt

52 Sethe, ÜKPT III 21.

dieses Kanals unterrichten die Determinative von mr nj ḫꜣ, die Bayoumi erstmals zusammengestellt und auch ausgewertet hat.[53]

(1) kein Determinativ: 594b (T), 594d (T), 594e (T), 594f (T), 595a (T), 596a (T), 597b (T), 599a (T), 599d (T), 600b (T); 1162c (P); 1345c (P); 1376c (P); 1382a (P); 1541a (P); 2235b (JP II).[54]

(2) Determinativ: 340d (W); 343a (T); 469a (N); 594e (N), 594f (N), 599d (N); 802a (N); 1084b (P,M,N); 1102d (P,M,N); 1138d (M); 1162c (N); 1376c (N); 1377c (N); 1759b (Nt);[55] 2061c (N); 2172c (N);

(3) Determinativ (gerade): 352a (P); 543b (T); 594b (N), 594d (N), 595b (N), 597b (N), 599a (N); 802 (P,M); 1138d (P); [1382a (N)]; 1441a (P); 1704a (M); [1737a (M)].

(4) Determinativ (schräg): 594f (P), 599b (P); [1574c (P)].

(5) Determinativ (schräg und gewunden): 359b (P) ; 469a (W) ; 594b (P) ; 594e (P) ; 596b (P) ; 594d (P) ; 594f (P) ; 595b (P) ; 597b (P) ; 599a (P) ; 599d (P) ; 600b (P) ; 1376c (M) ; 1377c (M) ; 1441 a (P) ; 1441a (M) .

Bayoumi vermutete einen mythologischen und/oder astronomischen Hintergrund für diese Sonderformen:[56] >Ces formes bizarres n'auraient pas été réservées pour le canal ḫꜣ, et employées tant de fois si elles ne répondaient pas à une conception précise soit dans la mythologie soit dans le groupement des constellations telles qu'elles étaient imaginées par les Égyptiens, soit plus probablement dans les deux domaines à la fois<. Über diese sehr allgemein gehaltenen Vermutungen ging Bayoumi nicht hinaus. Immerhin hat er den nach PT 1205b mit dem ḫꜣ-Kanal in Verbindung stehenden Kanal pꜣꜥt bzw. mnꜥj mit der Milchstrasse identifiziert und zwar unter der falschen Voraussetzung ihres durchweg nord-südlichen Verlaufs.[57]

53 A. Bayoumi, Champ (1946) 19. – Zu den Schreibungen siehe auch S. Hassan, Giza VI.I (1946) 8 und H. Gauthier, Dictionnaire des noms géographiques contenus dans les textes hiéroglyphiques III (1926) 52.

54 Faulkner, Supplement 68.

55 Faulkner, Supplement 14.

56 Bayoumi, Champ (1940) 19.

57 Bayoumi, Champ (1940) 8, 23.

Von den Sonderformen verlaufen fast alle schräg zu den Textkolumnen, wobei die Kanalformen auch in sich gewunden sein können. Demnach scheint der Kanal gegenüber einem ungenannten und vermutlich himmlischen Bezugssystem nicht gerade, sondern schräg zu verlaufen. Vielleicht weist der Kanal auch Mäander oder Biegungen auf.[58] In diesem Sinne lässt sich PT 2061c zitieren, eine Stelle, die im Kontext einer Himmelfahrt steht; ein hier ausgesprochener Wunsch lautet:

PT 2061b:[59] mn N. jr.k r[60] ẖrj ẖt pt m sbꜣt nfrt
c: ḥr qꜣb(w) mr nj ḫꜣ;
b: mögest du dauern, o N., an der Unterseite des pt-Himmels, zusammen mit (als?) der schönen Sternin
c: auf den qꜣbw-Windungen des ḫꜣ-Kanals.

Die Übersetzung von sbꜣt durch „(weiblicher) Stern" erfordert einen besonderen Kommentar. Meiner Meinung nach erklären Erman und Grapow im WB das sbꜣt von PT 2061b irrtümlich als „Sternbild, Sternhaufen";[61] diese Stelle ist der einzige Beleg den das WB für sbꜣt kennt.[62] Ein dem WB unbekannter Beleg für sbꜣt findet sich dagegen auf Louvre 2272, wo eindeutig „weiblicher Stern" gemeint ist[63].

20. Nördliche und südliche Seite des ḫꜣ-Kanals. – Die Ufer des ḫꜣ-Kanals werden im Plural als jdbw bezeichnet,[64] im Singular heisst das Kanalufer

58 Gerade Wasserläufe waren den alten Ägyptern kaum bekannt, da es bekanntlich aus physikalischen Gründen keinen natürlichen Wasserlauf gibt, der auf einer längeren Strecke gerade fliesst.

59 Text nur bei N erhalten.

60 Vgl. Edel, AG §760a.

61 WB IV 83.6.

62 Offensichtlich im Anschluss an das WB zitiert Edel, AG §252, sbꜣt als Beispiel für einen auf -t endenden Kollektivbegriff. – (Bjꜣ) sbꜣt als scheinbar weiteres Beispiel nennt D. Meeks, Année lexicographique 2 (1978) 316, (78. 3421). Allerdings sagt Faulkner in Meeks Referenzpublikation AECT II 239, Sp. 666 n. 16: >Lit. „iron of a star"; for the female sbꜣt „star" cf. Pyr. §2061; here the word has taken the det. of sbꜣ „teach"<. Ob im sbꜣt von CT VI 294p mit Faulkner tatsächlich das Femininum zu sbꜣ/Stern zu erkennen ist, bleibt unklar, vgl. E. Graefe, Wortfamilie (1971) 22f.

63 Meeks, a. O., 3 (1979) 246 (79. 2495).

64 PT 1345c und PT 2172c.

spt oder pf gs (jene Seite) bzw. pn gs (diese Seite).[65] Aus den Sargtexten flechte ich hier zwei Belege ein, die topographische Angaben zum ḫꜣ-Kanal enthalten.[66] CT V 253a nennt sp.tj šj nj ḫꜣ, >die beiden Ufer des ḫꜣ-Kanals/ Sees<. Damit sollten in den CT das nördliche und das südliche Ufer gemeint sein, da in den CT der ḫꜣ-„Kanal/See" von Süden nach Norden überquert wird und ein östliches oder westliches Ufer unbekannt ist.[67] Über das nördliche Ufer heisst es in einer Art Spruchüberschrift in CT VII 458m-n:[68] spt mḥtjt njt šj (oder: mr) nj ḫꜣ, nwt.s n rḫ ṯnw, >Nördliches Ufer des ḫꜣ-Sees (oder: -Kanals), seine Städte sind zahllos<. Es ist sinnvoll diese Stelle so zu interpretieren, dass sich das Nordufer in grosser Länge erstreckt und an seinen Uferbänken wie auch im Hinterland zahllose „Städte" liegen.[69] Im Fall eines von Süden nach Norden verlaufenden Kanals bliebe die Aussage über zahllose Städte am Nordufer unverständlich. Man würde dann allenfalls erwarten: „östliches bzw. westliches Ufer im nördlichen Teil des Kanals" o.ä.

In PT (555) ist die nördliche Seite des ḫꜣ-Kanals eindeutig von der südlichen Seite unterschieden. Der zweite Teil dieses Spruches handelt von der Überquerung des Kanals durch den hungernden und dürstenden NN. Zu seiner Hilfe werden vier Göttinnen angerufen und schliesslich auch Thot-Mond.

65 Spt mr nj ḫꜣ ist in den PT zweimal belegt, fragmentarisch in PT 2214c, vollständig in PT 469a: jnḏ ḥr.k njw ḥr spt mr nj ḫꜣ, >Heil dir Strauss auf dem Ufer des ḫꜣ-Kanals<. Ziel des NN ist hier das Opfergefilde, so dass das in PT 469a gemeinte spt-Ufer das südliche sein kann.

66 Zu den CT-Stellen über den ḫꜣ-Kanal, vgl. B. Altenmüller, Synkretismus (1975) 328.

67 Vgl. z.B. CT VI 26.

68 B3C, B4C. Die Varianten B9C, B1L, B3L schreiben spr r mḥtj/mḥt<t> njt šj nj ḫꜣ, >Ankommen im Norden des ḫꜣ-Sees<. Wegen des falschen Gebrauchs von njt (maskulines mḥtj, aber feminines njt), ist gegenüber diesen Varianten die Version von B3C und B4C vorzuziehen.

69 Nt/Stadt als Himmelstoponym kommt auch in PT 514d vor; vgl. R. Anthes, ZÄS 86 (1961) 15f und Sethe, ÜKPT II 381, mit dem Hinweis auf CT II 388d-e, wo das Binsengefilde als nt/Stadt des Re erklärt wird. Ein wahrscheinlicher weiterer Beleg für nt als Himmelstoponym ist PT 1074c, s. Faulkner, Supplement 10. Ob die „Städte" von PT 1475b himmlisch sind? Sethe, ÜKPT V 424, hält sie für irdisch.

PT 1376a:[70] ṯzjj[71] ꜥḥw, zmꜣjj mẖnwt.f,
b: n zꜣ[.j][72],[j]n (J)tm(w), ḥqr jbj.j[73], jbj.j ḥqr[74],
c: m pn gs rsj j mr nj ẖꜣ
1377a: Ḏḥwtj jmj-ḏr[75] šw nj bꜣt.f[76]
b: dj P. tp ꜥnḏ ḏnḥ[.k
c: m pf gs mḥtj nj mr nj ẖꜣ[77]].
1376a: Verknüpfet die Taue, vereiniget seine Fähren,
b: für [meinen] Sohn – sagt Atum – der hungrig und durstig ist, der durstig ist [und hungrig],
c: auf dieser südlichen Seite des ẖꜣ-Kanals.[78]
1377a: Thot, „befindlich im Bereich des Schutzes seines Busches“,[79]
b: setze den N. auf der Spitze [deines] Flügels
c: [auf jene nördliche Seite des ẖꜣ-Kanals].

Sethe hat aus diesem Text geschlossen, dass >die südliche Seite [des ẖꜣ–Kanals] für den zum Himmel Aufsteigenden „diese Seite (pn gs)“ ist, seine nördliche „jene Seite (pf gs) zu der er gelangen will<.[80] Wenn NN auf >dieser südlichen Seite< des ẖꜣ-Kanals hungert und dürstet, so will er offen-

70 Text nach P; zu den Varianten nach M und N siehe die folgenden Fussnoten.

71 Allen, IVPT § 53, deutet ṯzjj und zmꜣjj als auf die vier vorher genannten Göttinnen bezogene pluralische Imperative.

72 Sethe, ÜKPT V 311 hält zꜣ n Jtmj als indirekten Genetiv für >kaum denkbar< und versteht n tm als (j)n (J)tm(w). Dem folge ich und lege Atum die Imperative sowie die Anrede an Thot in den Mund. Allen, IVPT §§ 53, 578, versteht zꜣ n tm als indirekten Genetiv und lässt den Sprecher mithin unbezeichnet.

73 Nach Sethe, ÜKPT V 311, und nach Allen, IVPT §§ 773, 778, liegen in jbj.j Stative vor.

74 Dieses ḥqr fehlt bei P, steht aber bei M und N.

75 Edel, AG § 812.

76 Nach Sethe, APT II 251, ist die Lesung von bꜣt.f/„sein Busch“ bei P nicht klar; nach APT III 79, soll aber doch bꜣt.f richtig sein. Bei M und N steht bꜣt tf/„dieser Busch“.

77 Bei P zerstört; ergänzt nach M und N.

78 In ÜKPT V 305, 311, hat Sethe in der Übersetzung „südlich“ in PT 1376c und „nördlich“ in PT 1377c vergessen, bezieht sich aber im Kommentar auf diese Richtungsangaben.

79 Sethe deutet dies auf Thot als Vogelfänger (Seelenfänger) im Versteck eines Busches, wozu das hier nicht zitierte Spruchende PT 1378c passt; s. auch S. Schott, Pyramidenkult (1950) 176.

80 Sethe, ÜKPT II 44f.

sichtlich zur Behebung dieses Zustandes auf >jene nördliche Seite< des Kanals. In diesem Sinne identifizierte Sethe die hier genannte Nordseite des ḫꜣ-Kanals" mit dem Opfergefilde;[81] unausgesprochen dürfte er dabei die wörtliche Bedeutung von sḫ(w)t ḥtp als „Feld(er) der Opfer (speise)" vorausgesetzt haben. Auch Bayoumi und Barta interpretierten diese Stelle in Sethes Sinn,[82] ohne über seine Argumentation hinauszugehen. Es ist aber fraglich, dass es nur im Opfergefilde und nicht auch im Binsengefilde zu essen und zu trinken gegeben haben soll. In den folgenden Abschnitten versuche ich daher die Lokalisierung des Opfergefildes auf der Nordseite des ḫꜣ-Kanals unabhängig von Sethes Argumentation abzuleiten.

Sethe erklärte den „Flügel des Thot" als Mondsichel.[83] Bis auf weiteres folge ich ihm darin, möchte aber modifizierend vorschlagen, dass der singularische Flügel nur eine Hälfte der Sichel meint, während das dualische Flügelpaar (ḏnḥ.wj) von PT 1176a beide Hälften bzw. die komplette Mondsichel bezeichnen kann.[84]

21. ḫꜣ-Kanal und westliche Seite des Opfergefildes. – Im stark zerstörten Spruch PT (613) werden ohne direkten Zusammenhang die westliche Seite des Opfergefildes und eine implizierte Überquerung des ḫꜣ-Kanals erwähnt. Die Reste des Textanfangs lassen untereinander keine Zusammenhänge erkennen. Zusammenhängend ist erst der Schluss von PT 1736f und PT 1737a, worauf wieder eine Lücke folgt.

PT 1736f:[85] /////////////// jr sḫt ḥtp,
1737a: [jj][86] rf jr.f Hḏhḏ mẖntj nj mr nj ḫꜣ,
b: /////////////////////////////////
1738a: /////////////////////
b: //// M. ḥr gs jmntj nj sḫt ḥtp ḫꜣ nṯr.wj ꜥꜣ.wj

81 Sethe, ÜKPT V 311.

82 A. Bayoumi, Champ (1940) 18; W. Barta, ZÄS 107 (1980) 3.

83 Sethe, ÜKPT II 120; so auch Bonnet, RÄRG 811. Ist der „Arm" von Thot-Mond in PT 535c (N) ein Synonym des „Flügels", wie es für die zwei Arme des Thot in CT VII 25h-i zu gelten scheint?

84 Vgl. ḏnḥ im obigen Zitat bzw. ꜥnḏ in PT 1429b.

85 Text nur bei M belegt.

86 Ergänzung nach Sethe, ATP II 416.

c: sḏm M. j.ḏd.s[n] ////////////////////////////////
1736f: ///////////////////// zum Opfergefilde,
1737a: [es kommt] zu ihm Hḏhḏ, der Fährmann des ẖꜣ-Kanals,
b: //
1738a: ///
b: //// M. (ḥr) westliche(n) Seite des Opfergefildes,[87] hinter den zwei grossen Göttern,
c: M. hört, was sie sagen(?) //////

Die syntaktische Einheit der Genetivphrase gs jmntj nj sḫt ḥtp und die darin enthaltene Aussage von der Existenz einer westlichen Seite des Opfergefildes sind vom zerstörten Kontext und von der Bedeutung von ḥr unabhängig. Offen bleibt jedoch, was der Text über NN und die westliche Seite des Opfergefildes ausgesagt hat, desgleichen wie das westliche Opfergefilde in bezug auf den ẖꜣ-Kanal liegt.

22. Lage des ẖꜣ-Kanals" in bezug auf die „Unvergänglichen Sterne". – Nach PT (520) will NN die mẖnt-Fähre benutzen, um am Himmel zu den „Unvergänglichen Sternen" überzusetzen.

PT 1222c:[88] sḏꜣ.f jr gs pw ntj jẖmjw skjw,
d: wn.f mm sn
c: Möge er übersetzen zu der Seite auf der die „Unvergänglichen Sterne" sind,
d: so dass er unter ihnen ist.

Zwar ist nicht ausdrücklich gesagt, um welches Gewässer es sich handelt, doch bringen Ḥqrr und Mꜣ-ḥꜣ.f die Fähre. Als Fährmann kommt Mꜣ–ḥꜣ.f/Rückwärtsblicker auch noch in PT 597 vor, wo NN ihn ausdrücklich als Fährmann des ẖꜣ-Kanals anruft. Also ist auch das Gewässer, das NN laut PT 1222c-d mit Hilfe von Ḥqrr und „Rückwärtsblicker" überqueren will, nach aller Wahrscheinlichkeit der ẖꜣ-Kanal. Die Kanalseite, zu der NN

87 Wegen des zerstörten Kontextes lässt sich für ḥr nicht zwischen folgenden Bedeutungen entscheiden: „auf/in" (räumlich); „in Richtung auf, von dem Orte X her"; vgl. Edel, AG §765 a.b.

88 Transkription nach P; M bietet nur unwesentliche Abweichungen.

übersetzen will, ist nicht nach einer Himmelsrichtung bezeichnet, sondern als jene Seite auf der sich die „Unvergänglichen Sterne" aufhalten. Dass damit die nördliche Seite des Himmels gemeint ist, geht aus der mehrfach belegten Beziehung der „Unvergänglichen Sterne" zum nördlichen Himmel hervor: a) PT 818c (P,M,N): nṯrw jpf mḥtjw, jḫmjw skjw, jene nördlichen Götter, die „Unvergänglichen Sterne"; b) PT 1000c-d (N): ... gs jꜣbtj nj pt m ꜥj.s mḥtj mm jḫmjw skjw, ... (die) östliche Seite des pt-Himmels in seinem nördlichen Bereich unter den „Unvergänglichen Sternen"; c) PT 1080a-b (P): nṯrw jpw mḥtjw pt, jḫmjw skjw, jene Götter, die Nördlichen des pt-Himmels, die „Unvergänglichen Sterne"; d) PT 1220a-b (P): ... ꜣḫw, jḫmjw skjw, mḥtjw pt, ... die Achu-Geister, die „Unvergänglichen Sterne", die Nördlichen des pt-Himmels[89].

Da sich die „Unvergänglichen Sterne im Norden des Himmels" laut PT 1216+1220 bzw. PT 749d-e im Opfergefilde aufhalten, bestätigt sich Sethes Vermutung, dass NN dem Opfergefilde als seinem Ziel zustrebt, wenn er nach PT 1376a-1377c zur nördlichen Seite des ḫꜣ-Kanals übersetzen will.

23. Überquerung des ḫꜣ-Kanals zum Binsengefilde. – Der Himmelfahrtstext PT (505) enthält einen Anruf an den himmlischen Fährmann; es ist nicht klar, welche himmlische Station NN in der Situation des Anrufs bereits erreicht hat.

PT 1091a:[90] Ḥr.f-ḥꜣ.f, ḏꜣ P. r sḫt jꜣrw

....

1092a: ḏꜣ sw, dj sw m sḫt jꜣrw;

1091a: (Oh) „Rückwärtsblicker", fahre den P. über zum Binsengefilde;

....

1092a: fahre ihn über, setze ihn ins Binsengefilde;

In PT (616) ruft der König indirekt die Fähre an, um zum Binsengefilde übergesetzt zu werden.

89 Siehe auch Faulkner, AEPT 81 Anm. 16, zu PT 405a (W): ꜥꜣ(w) mḥtjw pt: die Grossen, die Nördlichen des pt-Himmels.

90 Text nach P, älterer Text bei P in 1. sg.; M bietet nur orthographische Varianten, N ist zerstört.

PT 1743a:[91] ḏd mdw: j jmj ḫfᶜ[92] mḫntj nj sḫt jꜣrw[93]
b: jn[94] nw[95] n M., ḏꜣ.k M.
1743a: Oh (du), „befindlich in der Faust" des Fährmanns des Binsengefildes!
b: Bringe dieses dem M., mögest du den M. übersetzen!

In PT (517) ist es ein „gerechter Schiffsloser", der von einer Station seines Himmelsaufstieges aus zum Binsengefilde übersetzen will.[96]

PT 1188a:[97] ḏd mdw ḏd;
j ḏꜣ jwj mꜣᶜ,
b: mšntj sḫt jꜣrw,
....
1191a:[98] ḏꜣ P. pn jr sḫt st nfrt [nṯr ᶜꜣ]
1188a: Worte weiter sprechen.
O, der übersetzt den gerechten Schiffslosen,
b: Fährmann des Binsengefildes,
....
1191a: Setze diesen P. zum Gefilde [der Binsen[99]] zugehörig zum schönen Sitz des [grossen Gottes].

Nach den besprochenen Texten überquert der „Rückwärtsblicker" den Himmel auch zum Binsengefilde. Die Texte sagen nicht klar, ob der ḫꜣ-Kanal auf dem Weg vom Opfergefilde im Norden zum Binsengefilde im Süden überquert wird.

91 Text nur bei M.
92 Offensichtlich Umschreibung des Ruders, das der Fährmann hält.
93 Genetivus objectivus: Fährmann, „der das Binsengefilde befährt" oder „der zum Binsengefilde fährt"?
94 Imperativ.
95 Das neutrische nw bezieht sich auf die Fähre.
96 Vgl. Sethe, ÜKPT V 81.
97 Text nach P. M und N schreiben mḫntj und schliessen sḫt jꜣrw im indirekten Genetiv an.
98 Text nach P; bei P ist das bei M und N erhaltene nṯr ᶜꜣ zerstört. M und N verzichten auf pn nach dem Königsnamen und schliessen nṯr ᶜꜣ im indirekten Genetiv an.
99 So nach Sethe, ÜKPT V 84.

24. Überquerung des ḫꜣ-Kanals durch Thot-Mond sowie durch das Horusauge und Horus selbst. – PT (359) und die Variante (475) enthalten die Themen vom Kampf zwischen Horus und Seth sowie von der Gefährdung des Horusauges; diese Themen sind verknüpft mit der Überquerung des ḫꜣ-Kanals durch NN.

PT 594a:[100] jhj.n.Ḥrw n jrt.f, jhj.n.Stš n ḫrwj.f,
b: sṯp jrt Ḥrw ḥr m pf gs nj mr nj ḫꜣ,
c: jnḏ.s ḏt.s m ꜥj Stš
d: mꜣ.n.s Ḏḥwtj m pf gs nj mr nj ḫꜣ,
e: sṯp jrt Ḥrw m pf gs nj mr nj ḫꜣ
f: ḥr tp ḏnḥ Ḏḥwtj m pf gs nj mr nj ḫꜣ;
PT 594a: Dass Horus geschrieen hat, war wegen seines Auges, dass Seth geschrieen hat, war wegen seiner Hoden,
b: als (indem) das Auge des Horus aufspringt auf jener Seite des ḫꜣ-Kanals,
c: (da) rettet es sich vor der Hand des Seth;
d: es war auf jener Seite des ḫꜣ-Kanals, dass Thot es gesehen hat,
e: als das Auge des Horus aufgesprungen ist auf jener Seite des ḫꜣ-Kanals,
f: als es gefallen ist auf den Flügel des Thot auf jener Seite des ḫꜣ-Kanals.

Demnach fand der Kampf, bei dem sich Horus und Seth gegenseitig verstümmelten, auf der nördlichen Seite (pf gs) des ḫꜣ-Kanals statt bzw. auf der östlichen Seite des Himmels und zugleich nördlich vom ḫꜣ-Kanal. Man vergleiche PT 1227a-c, wo NN dem „Rückwärtsblicker" in dessen Eigenschaft als Fährmann des ḫꜣ-Kanals das gerettete Horusauge bringt. Die lokalisierenden Angaben sind in PT 594 a-f einigermassen präzis; der Kampf fand demnach nicht etwa in der Mitte des Himmels oder im Westen statt. Was Seth angeht, so muss er nach dem Kampf nicht auf der nördlichen Seite geblieben sein. Thot-Mond befand sich anscheinend zur Zeit des Kampfes oder kurz danach auf der nördlichen Seite des ḫꜣ-Kanals, so dass das Horusauge auf seinen Flügel aufspringen konnte, mit welchem Körperteil vermutlich die Mondsichel gemeint ist.

100 Text nach T, die Varianten nach P und M sind nur orthographisch.

In der Situation von PT (359) wollen Thot und in seiner Begleitung befindliche anonyme Götter den ḫꜣ-Kanal von Süden nach Norden überqueren. Um in der gleichen Richtung übergefahren zu werden, ruft NN den „Rückwärtsblicker“ an. Für den Fall, dass der Rückwärtsblicker den NN nicht übersetzt, will NN auf dem Flügel des Thot übersetzen. Bei ihrer Überquerung des ḫꜣ-Kanals von Süden nach Norden gelangen Thot-Mond, die anonymen Götter und NN, in den östlichen Himmel.

Als Mittel zur Überquerung von himmlischen Gewässern kommen der oder die Flügel des Thot in drei weiteren Texten vor. PT (270) beginnt mit einem Anruf an den als Fährmann des ḫꜣ-Kanals bekannten „Rückwärtsblicker“.

PT 387a:[101] jtm.k[102] jr.k[103] ḏꜣ(jw)[104] W., sṯp.f
b: d(j).f sw tp ḏnḥ Ḏḥwtj,
c: swt ḏꜣ.f[105] W. jr gs pf.
387a: Setzest du den W. nicht über, so springt er auf,
b: so setzt er sich auf den Flügel des Thot
c: und er wird W. übersetzen nach jener Seite.

Wie in PT (359) überquert NN auch hier den ḫꜣ-Kanal mittels des Flügels des Thot. Sethe hat swt/er in PT 387c als direkten Hinweis auf Thot verstanden.[106] Ich halte es für wahrscheinlich, dass hier swt auf ḏnḥ bezogen und hier sachlich an einen Transport auf der Mondsichel gedacht ist. Offen bleibt, ob ein tieferer Unterschied zwischen Thot und seinen Flügeln vorausgesetzt ist.

Als weiterer relevanter Text enthält PT (515) einen Anruf an Horus und Thot:

101 Text nach W; P, M, N bieten bis auf eine Ausnahme nur orthographische Varianten. In PT 387c steht bei P allein: jr gs pf ꜣḫt.

102 Vgl. Edel, AG §§ 1033, 1118, zu jtm im einleitungslosen Konditionalsatz.

103 Zur Verstärkung des Imperativs durch jr vgl. Edel, AG § 616.

104 Vgl. Edel, AG § 741 zum Negativkomplement; speziell zu PT 387a, s. Edel, AG § 1118.

105 Zu futurischem sḏm.f nach selbständigem Personalpronomen, vgl. Edel, AG § 175c und Allen, IVPT §§ 222, 224 B.

106 Sethe, ÜKPT II 114.

PT 1176a:[107] ḏd mdw; smꜥ.wj Ḥrw, ḏnḥ.wj Ḏḥwtj,
b: ḏꜣjj[108] P. pn, jmj[109] jwjj sw;
1176a: Spruch. (Ihr) zwei Stangen des Horus, (ihr) zwei Flügel des Thot,
b: setzet über den P., lasset ihn nicht schifflos sein.

Sethe fasst die smꜥ.wj-Schiffsstangen als >Beine des Horus mit den Fängen< auf, >parallel mit den in den Pyr. so oft als Transportmittel für den Toten über die Gewässer des Himmels genannten Flügeln des Thot<.[110] Als ungewöhnlich bezeichnete er, >dass hier nicht die Götter selbst, sondern diese ihre Teile angerufen werden<.

Es bleibt offen, ob an dieser Stelle der ḫꜣ-Kanal gemeint ist. Sagen lässt sich, dass Horus und Thot-Mond das betreffende Gewässer gemeinsam überqueren und dass Thot-Mond zumindest in PT (359) und (270) den ḫꜣ-Kanal allein überquert. Auch in PT (566) ist es Horus, der zusammen mit Thot angerufen wird, damit er den NN über ein nicht näher genanntes himmlisches Wasser setzt:

PT 1429a:[111] ḏd mdw; sḏꜣ[112] P. pn ḥnꜥ.k, Ḥrw
b: ḏꜣ sw, Ḏḥwtj, m tp ꜥnḏ.k,
c: Skr js, ḫntj Mꜣꜥt;
d: nj[113] Ḥrw sḏr[114] ḫꜣ mr, nj Ḏḥwtj jwj.j,[115]
e: nj ḥm jwjw[116] P. pn, P. pw ḫr jrt Ḥrw.

107 Text nach P. M und N bieten nur kleinere orthographische Varianten; N ersetzt an einer Stelle N. durch sw.
108 Zu diesem Dual s. Edel, AG § 599.
109 Zu diesem Dual s. Edel, AG §§ 599, 1110.
110 Sethe, ÜKPT V 71f. Darin folgten ihm Erman und Grapow, WB IV 130.12,13; zu smꜥ s. auch Faulkner, AEPT 190, Utt. 515 n. 1.
111 Text nach P; N grösstenteils zerstört.
112 Zu sḏꜣ: bringen, s. WB IV 378.
113 Vgl. Edel, AG § 1092 zur Lesung der Negation nj.
114 Allen, IVPT § 528, übersetzt den Stativ sḏr als >is lying<. Nach WB IV, 391, ist die Bedeutung „liegen" für sḏr aber erst seit M.R. belegt. Folglich sollte man sḏr in diesem Fall eher durch „die Nacht verbringen/schlafen" übersetzen.
115 Zur Negation dieser Stative s. Allen, IVPT § 577-578.
116 Passives sḏmw.f; s. Allen, IVPT § 528.

1429a: Spruch. Bringe diesen P. mit dir, Horus,
b: setze ihn über, Thot, auf der Spitze deines Flügels,
c: wie Sokar, der gebietet in der Mꜣꜥt-Barke;
d: nicht ist Horus schlafend hinter dem Kanal, nicht ist Thot schifflos;
e: aber dieser P. ist nicht schifflos gelassen/geworden, P. nämlich trägt das Horusauge.

Sethe interpretierte sḏr ḥꜣ mr metaphorisch, ohne direkten Bezug auf einen himmlischen Kanal.[117] Man kann aber in mr eine Anspielung auf den mr nj ẖꜣ sehen, da NN auch behauptet, das Horusauge zu bringen, das nach PT (359) in enger räumlicher Beziehung zum ẖꜣ-Kanal steht.

Nach den ausgewerteten Texten gehört Thot-Mond zu den häufigen Überquerern des ẖꜣ-Kanals. Diese Aussage gilt je nach enger oder weiter Identifizierung zwischen Thot und seinen Flügeln. Nach den besprochenen Belegen setzt Thot–Mond von der Südseite des Kanals auf dessen Nordseite über. Im Falle von Horus sagen die PT nicht direkt, welches Gewässer er überquert. Dass auch Horus den ẖꜣ-Kanal überquert, ist aus seiner Vergesellschaftung mit Thot-Mond als Kanalüberquerer zu schliessen. In den besprochenen Zusammenhang gehört auch der inhaltlich sehr schwierige Spruch PT (591) = 1612a-1614c. In diesem Fall sollen die beiden ḏr.tj-Weihen den NN auf dem Flügel des Thot auf die nördliche Seite (pf gs) des ẖꜣ-Kanals bringen.[118]

25. Überquerung des ẖꜣ-Kanals in Richtung Osten und Nordosten. – Nach dem in § 24 besprochenen Text PT (359) und der Variante (475) ist es der Osten des Himmels, in dem die mit Hilfe der Flügel des Thot erfolgte Überquerung des ẖꜣ-Kanals nach jener Seite (pf gs), also nach der nördlichen Seite, endet.[119]

Die Überquerung des ẖꜣ-Kanals in Richtung zum östlichen Himmel fin-

117 Sethe, ÜKPT V 355, hat dieses ḥꜣ mr mit ḥꜣw-mr/Pöbel u. ä. verbunden: >Das sḏr ḥꜣ mr, das Horus nicht erlitten haben soll, ist das, was der Tote auch nicht erleiden will und wovor ihn Horus in 1429a bewahren soll ...<. Diese Deutung ist möglich, aber man sollte sich dabei nicht auf ḥꜣw-mr berufen, das laut WB a.O. erst ab Dyn. 18 belegt ist.

118 Vgl. Sethe, ÜKPT V 155-156.

119 So auch in der oben vermerkten Variante PT 387c P.

det sich auch in den Schilfbündelsprüchen. Nach Sethe handelt es sich dabei um Texte, >die ursprünglich garnicht zusammengehört haben und nur wegen des gleichen Gegenstandes, den sie betrafen, zusammengeraten sind<.[120] Anthes hat die Schilfbündeltexte für seine 1974 erschienene Untersuchung über das ursprüngliche Verhältnis von Harachte und Re ausgewertet und kam in logisch nicht schlüssiger Weise zu dem Ergebnis, dass Harachte hier ein Stern und zwar der Sirius sei.[121] Seine Argumentation lässt sich so formulieren: „Wenn Horus (entsprechend einer früheren Annahme) ein Stern ist, speziell der Sirius, dann ist auch Harachte als Horusform ein Stern und der Sirius“. Den Widerspruch in seinem Ergebnis, dass NN als Harachte der Sirius ist, gleichzeitig aber Spdt-Sirius die Schwester des NN heisst, löste er durch eine Hypothese über die männlich-weibliche Doppelnatur des Sirius auf.[122]

Im gleichen Jahr wie der Artikel von Anthes erschien eine Neuübersetzung und metrische Bearbeitung des ältesten Schilfbündeltextes PT (263)W von Fecht.[123] Im Gegensatz zu Sethe erkannte Fecht einen sinnvollen Aufbau von PT (263); dies spricht gegen die Sethesche Quellenscheidung in diesem Spruch. Eine Analyse der die Schilfbündeltexte einleitenden Litaneien hat Barta 1975 veröffentlicht;[124] damit setzte sich später Altenmüller korrigierend auseinander.[125] Nach Altenmüller spiegeln die Litaneien die Nachtfahrt des Sonnengottes als Harachte von Westen nach Osten und die Tagfahrt des Sonnengottes als Re von Osten nach Westen. Angesichts der seit dem Beginn des NR (Senenmut-Grab TT 353) belegten Gleichsetzung von Mars und Harachte, halte ich es für möglich, dass dieser himmlische Gott in den Schilfbündel-Texten den Planeten Mars vertritt.[126] Im Anschluss daran, könnte man auch die anderen in den Schilfündelsprüchen genannten Horusformen provisorisch als Planeten deuten. Die Fahrten von Re und Harachte sowie der anderen Horusformen scheinen im ḫꜣ-Kanal

120 Sethe, ÜKPT II 25.
121 R. Anthes, ZÄS 100 (1974) 77-82.
122 Anthes, ZÄS 100 (1974) 79 Anm. 16; vgl. Exkurs.
123 G. Fecht, SAK 1 (1974) 179-195.
124 W. Barta, SAK 2 (1975) 39-48.
125 H. Altenmüller, in: Hommages à François Daumas (1986) 1-15.
126 Vgl. Neugebauer/Parker, EAT III (1969) 179. Einen entsprechenden Hinweis meinerseits diskutiert J. Baines, JARCE 27 (1990) 11 Anm. 60.

stattzufinden; sicher ist, dass NN in den auf die Litanei folgenden Textstükken fast aller Schilfbündelsprüche den gefluteten ḫꜣ-Kanal nach Osten überquert[127], und die Himmelsreise mithin aus zwei Etappen zu bestehen scheint.[128] Ein für diese Textgruppe typischer Umstand ist die Überflutung der himmlischen Gefilde bzw. der himmlischen Kanäle, vielleicht als physische Voraussetzung für das Übersetzen des NN über den ḫꜣ-Kanal. Die Überquerung des ḫꜣ-Kanals durch NN ist imaginiert, da sie sich auf NN als verklärten Toten bezieht, nicht auf einen mit ihm gleichgesetzten tatsächlichen Himmelskörper. Topographische Schlussfolgerungen aus der Tatsache, dass nach PT (359) und der Variante (475) eine allgemein von Norden nach Süden gerichtete Überquerung des ḫꜣ-Kanals durch Thot-Mond in den Osten des Himmels führt bzw. dass der Kanal in nur imaginierter Weise mit dem Ziel des Osthimmels überquert werden soll, stelle ich für die in den §§ 31.32 ausgeführte astronomische Interpretation des ḫꜣ-Kanals zurück.

Schliesslich gehe ich hier darauf ein, dass NN nach PT (481) zum Osten des Himmels fährt, gleichzeitig aber auch zur nordöstlichen Seite des Himmels, wo sich die „Unvergänglichen Sterne“ befinden. Nach Sethe stellt PT (481) eine Variante der Schilfbündeltexte dar, wobei die Einleitung (PT 999a) singulär ist und in PT 1000c-1001a >nur in einzelnen Worten Anklänge an die anderen Texte des Kreises< vorliegen.[129] Einleitend steht die Aufforderung an den „Rückwärtsblicker“ den N. überzusetzen.

PT 999a:[130] ḏd mdw; Jww, Ḥr.f-ḥꜣ.f ḏꜣ N.
999a: Worte sprechen; Jww, Ḥr.f-ḥꜣ.f,[131] setze N. über.

Darauf folgt ein Zitat aus den Schilfbündeltexten, an das die Beschreibung der Überfahrt des NN anschliesst.

127 Nicht in PT (473), sonst aber in allen Texten, die Sethe, ÜKPT II 27-34, zusammengestellt hat.

128 Zu den zwei Etappen der Himmelsreise vgl. G. Fecht, SAK 1 (1974) 182f.

129 Sethe, ÜKPT IV 282.

130 Text nach N. P und N sind teilweise zerstört, aber soweit erhalten bieten sie keine wesentlichen Abweichungen von N.

131 Zur Identität von Jww und Ḥr.f-ḥꜣ.f, siehe § 36.

PT 1000c: d̲33 N. jr ˤḥˤ.f ḥr gs j3btj nj pt
d: m ˤj.s mḥtj mm jḫmjw skjw
c: Dass N. überfährt ist bis er steht auf der östlichen Seite des pt-Himmels,
d: auf seiner nördlichen Seite unter den „Unvergänglichen Sternen“;

Aus der einleitenden Anrufung des „Rückwärtsblickers“ ist auf eine Überquerung des ḫ3-Kanals zu schliessen. Die Überquerung führt in den Nordosten des pt-Himmels bzw. unter die „Unvergänglichen Sterne“. Sethe fasste im Kommentar zu PT 1000d den Osten des Himmels auf als eine Etappe auf dem Weg zu den als Zirkumpolarsternen verstandenen „Unvergänglichen Sternen“:[132] >Vermutlich fehlt etwas oder das (m ˤj.s mḥtj) ist mit ḥr gs j3btj n pt parallel zu verstehen: „der Tote fährt über, bis er im Osten steht, und dann weiter bis er in der nördlichen Gegend steht“. Vielleicht ist 1000d eine Verbalhornung eines Wortlautes, der von den Göttern im Osten des Himmels redete ...<.

Es gibt weder für eine Textlücke, noch für eine Verbalhornung eindeutige Anzeichen und daher halte ich die mittlere von Sethes Erklärungen für am ehesten korrekt. Die umständliche Formulierung des von NN erreichten Zieles, kann aus der Rücksicht auf den als Zitat aufgenommenen Schilfbündelspruch folgen. In den Schilfbündelsprüchen endet die Himmelsreise in der Achet, also im Osten, bei vorheriger Überquerung des ḫ3-Kanals möglicherweise auf der nördlichen Seite dieses Kanals. Man könnte schliesslich annehmen, dass hier in PT (481) die Reise nach Erreichung des aus den Schilfbündelsprüchen bekannten Zieles weitergeht und erst im entfernter liegenden Bereich der „Unvergänglichen Sterne“ endet. Eher liegen die Dinge nach dem Wortlaut des Textes so, dass sich zwar NN im Sinne der Schilfbündelsprüche auf die Reise zu Re in der Achet macht, nach Überquerung des ḫ3-Kanals nicht zur Achet geht, sondern an der erreichten horizontnahen Stelle nördlich des ḫ3-Kanals im östlichen Himmel bleibt.

26. ḫ3-Kanal und südliches Binsen- bzw. südliches Opfergefilde. – In dem textgeschichtlich nicht einheitlichen Spruch PT (504) folgen auf anfäng-

132 Sethe, ÜKPT IV 284.

liche Stationen eines Aufstiegs zum Himmel die Vorbereitungen zum Eintritt in das Binsengefilde. Die Schilderung der Bewegung im Binsengefilde und anschliessend im Opfergefilde wird unterbrochen durch einen Einschub aus der Schilfbündellitanei. Dieser Einschub ist aber sachlich mit der Bewegung in den Gefilden verzahnt durch die Gleichsetzung des NN mit dem Ḥrw nṯrw der Schilfbündellitanei. Sethe urteilte, dass der mit PT 1083c beginnende Text >der die Wanderung über den Himmel zum Gegenstand hat ... nichts mit dem Vorhergehenden zu tun hat<.[133] Es ist aber offensichtlich so, dass diese >Wanderung am Himmel< sachlich sinnvoll an die Stationen des Aufstiegs im Osten anschliesst. Mithin handelt es sich hier nicht um eine gedankenlose Kompilation von Zitaten, wie Sethe meinte.

PT 1083c:[134] bꜣgs, jdr[135] ṯw m wꜣt.f
1084a: šzp.f n.f ꜥj rsj nj sḫt jꜣrw
b: wbꜣ mꜣꜥ, jꜣḫ mr nj ḫꜣ
....
1086a: d(j)[136] sḫn.wj pt n M. pn, Ḥrw nṯrw
b: ḏꜣjj.f[137] rf ḫr Rꜥw jr ꜣḫt
c: šzp.f n.f nst.f jmjt sḫt jꜣrw
1087a: hꜣ.f rf jr ꜥj rsj nj sḫt ḥtp;
1083c: O bꜣgs-Pflanze, entferne dich aus seinem Weg,
1084a: damit er für sich ergreife die südliche Seite des Binsengefildes;
b: geöffnet ist der mꜣꜥ(-Kanal), überschwemmt ist der ḫꜣ-Kanal
....
1086a: gelegt sind die beiden Schilfbündel des pt-Himmels für diesen M., den Ḥrw nṯrw,
b: damit er auch[138] überfährt zu Re zur Achet,[139]

133 Sethe, ÜKPT IV 356.

134 Text nach P; orthographische Varianten bei M und N. Bei P stand ursprünglich die 1.sg., später in 3. sg. verändert; das j der 1. sg. blieb an einigen geänderten Stellen des Textes erhalten.

135 Vgl. Allen, IVPT § 759.

136 Vgl. Allen, IVPT § 828 B.

137 Vgl. Allen, IVPT § 776 (6).

138 So Sethe, ÜKPT IV 357.

139 Zur Übersetzung vgl. Altenmüller, Fs. Daumas 9.

c: damit er nehme für sich seinen Thron befindlich im Binsengefilde;
1087a: möge er hinabsteigen zur südlichen Gegend des Opfergefildes.

Ich fasse den Text so auf, dass NN den ḫꜣ-Kanal in Richtung zur Achet überquert, dann weiter ins südliche Binsengefilde und später von dort aus ins südliche Opfergefilde geht. Auf die dadurch aufgeworfenen himmelstopographischen Fragen gehe ich später ein und bemerke nur noch, dass sich der Morgenstern auch nach PT 1719 f und anderen Stellen inmitten des Binsengefildes aufhält.[140]

27. Überquerung des ḫꜣ-Kanals durch Seth.[141] – PT (719) behandelt einen Himmelsaufstieg. In allgemeiner Weise heisst es zunächst, dass Geb (Erde) den NN gibt und Nut (Himmel) ihn empfängt. Zu den Umständen des Aufstieges gehören das Öffnen der Himmelstüren, das Aufhacken der Erde und Darreichen des wdn-Opfers. Nach einer kleinen Lücke steht rḏ n.k ḥnmmt (mögen(?) dir die ḥnmmt-Sonnenmenschen[142] geben), darauf folgt die hier interessierende Stelle.

PT 2235b:[143] ḏꜣj[144] ṯw Stš m[145] mr nj ḫꜣ;
b: Möge(?) dich Seth über den ḫꜣ-Kanal setzen;

Der Rest des Textes steht in keinem erkennbaren direkten Zusammenhang mit der Überquerung des ḫꜣ-Kanals. Die Richtung der Überfahrt ist nicht explizit angegeben und auch nicht implizit aus dem Ziel des NN zu erschliessen, da laut PT 2234c als Ziel in lediglich allgemeiner Weise der pt-Himmel genannt ist. Immerhin sei daran erinnert, dass Seths systematischer Platz innerhalb des pt–Himmels der Norden ist (siehe § 92).

In diesem Zusammenhang sei auf CT V 212b-214c (Sp. 407, vgl. auch Sp. 408) verwiesen, mit der an den >Fährmann der bꜣw-Seelen von Heliopolis<

140 Vgl. § 88.
141 In diesen Zusammenhang gehört wahrscheinlich auch PT (615).
142 Zu den ḥnmmt vgl. A. H. Gardiner, Ancient Egyptian Onomastica I (1947) 98*-100*, 111*-112*.
143 Text nach JP II; s. Faulkner, Supplement 68.
144 Transitiver Gebrauch von ḏꜣj mit ṯw als Objekt.
145 Zu ḏꜣj m vgl. WB IV 512.19; zu ḏꜣj vgl. ferner P. Lacau, in: Mercer, PT IV 143.

gerichteten Aufforderung den NN zum südlichen Himmel zu bringen und dann zum nördlichen Himmel, damit NN den Seth als ngꜣw-Rind in den nördlichen Himmel setzen kann. Die Stelle lässt sich so verstehen, dass es sich dabei um Überquerungen des ḫꜣ-Kanals handelt und Seth in diesen Fällen als Passagier vom Süden zum Norden gefahren wird.

28. Kreuzen auf dem ḫꜣ-Kanal seitens der Horusform „Morgenstern" (nṯr dwꜣw). – PT (437) stellt einen Himmelfahrtstext dar. Sethes Urteil darüber lautet:[146] >ein vom Priester gesprochener auch in den Sprüchen 483. 610 stark umgestaltet vorliegender, aus vielen Stücken zusammengestoppelter Text, wie sich schon aus den vielen Widersprüchen und dem sinnlosen Hinundher der Gedanken ergibt<. Es ist richtig, dass Teile dieses Textes in den PT weit verstreut sind. Die folgende Synopsis listet die Parallelen nach Sethes Einteilung in die Stücke (1) – (8) auf:

	PT (437)	PT (483)	PT (610)
1)	PT 793a-794d*	1012a-d	1710a-1711d
2)	795a-e	1013a-d	1712a-c
3)	796a-797b	1014a-1015b	1713a-1714b
4)	798a-b	---	1715a-1716b
5.a)	799a-c	---	1720a-c**
b)	800a-d	---	1720d-1721a**
c)	801a-802b	1016a.d.b	1721a/b/1720c
d)	802c-803c	1017a/b	1717a-1718b
6)	804a-805b	1015 a/c	1719a-f
7)	805 c/d	1018a/c	1722a/c
8)	806c-808b	1019a.b	1723a-d

* = eine isolierte Parallele dazu findet sich auch in PT (532) 1259a-1261a;
** = unvollständig.

In diesem Text unterbrechen Einschübe öfter den geradlinigen Gedankengang. Ob aber diese Einschübe Sethes abwertendes Urteil über ein „Hinundher der Gedanken" verdienen, lasse ich auf sich beruhen. Für unsere Zwecke sind nur die Abschnitte (5) und (6) wichtig, die nach Sethe als

146 Sethe, ÜKPT IV 11.

>Aufstieg zum Himmel< und >Göttliche Geburt des Toten und Einsetzung zum Himmelsherrscher< isolierbar sind.

PT 799a:[147] wn[148] n.k sbꜣ m pt jr ꜣḫt,
b: nḥrḥr[149] jb nṯrw m ḫsf.k[150],
c: šd.sn ṯw jr pt m bꜣ.k, jbꜣ.tj jm.sn,
800a: prr.k jr pt m Ḥrw ḥr(j) šdšd pt,
b: m sꜥḥ.k pn pr m rꜣ nj Rꜥw,
c: m Ḥrw ḫntj ꜣḫw,
d: ḥms.tj ḥr ḫndw.k bjꜣj;
801a: bjꜣj.k r.k jr pt,
b: ḏsr n.k wꜣwt pḏwt, sjꜥ(w)t n Ḥrw,
c: snsn jb nj Stš jr.k, wr js[151] nj Jwnw,
802a: nm n.k[152] mr nj ḫꜣ m mḥtj Nwt,
b: m sbꜣ ḏꜣj Wꜣḏ-wr ḫrj ḫt Nwt
c: sq[153] ḏꜣt ḏrt.k jr bw ḫrj Sꜣḥ
803a: rḏj.n n.k jḥ[154] pt ꜥ(j).f
b: wšb.k m šbw nṯrw, wšb.sn jm,
c: stj Ddwn jr.k, ḥwn šmꜥj, pr m tꜣ-stj,
d: d(j).f n.k snṯr, kꜣpw nṯrw jm,
804a: ms.n.ṯw zꜣ.tj bj.tj tp.tj.fj nb.tj wrt,
b: njs.n.ṯw Rꜥw m jskn nj pt,
c: m Ḥrw ḫntj mnjt.f, Sꜣtwtj, nb Sbjwt,
d: m zꜣb ꜥḏ-mr pḏwt, m Jnpw ḫntj tꜣ wꜥb,
805a: dj.f ṯw m nṯr dwꜣw ḥrj-jb sḫt jꜣrw,
b: ḥms.tj ḥr ḫndw.k;

147 Transkription nach P; M und N bieten keine wesentlichen Abweichungen von P.
148 Passives sḏm.f.
149 WB II 299.
150 ḫsf mit m konstruiert: einer Person entgegengehen, sich ihr nähern; s. WB III 337.
151 js könnte hier „in der Tat“ bedeuten, vgl. Edel, AÄG § 822; ich lasse js hier unübersetzt.
152 Vgl. Edel, AG §§ 600, 619.
153 Vgl. Allen, IVPT § 736, s.v. sqj.
154 WB V 97; Sethe, ÜKPT IV 28.

Sethe übersetzte diese Passage indikativisch,[155] Faulkner dagegen teils optativisch,[156] teils progressiv. Weil die Einleitung des Spruches eine noch nicht vollzogene Himmelsreise andeutet, habe ich die Aussagen prinzipiell wie Faulkner aufgefasst.

799a: Geöffnet wird für dich ein Tor im/am pt-Himmel zur Achet,
b: (und) das Herz der Götter freut sich bei deinem Nahen;
c: mögen sie dich zum pt-Himmel nehmen in Form deiner bꜣ-Seele,
so dass du bꜣ-Seele bist unter ihnen,
800a: so dass du emporsteigst zum pt-Himmel als Horus,
der über dem šdšd des pt-Himmels ist,
b: in dieser deiner Würde,
die gekommen ist aus dem Munde des Re,
c: als Horus, an der Spitze der Achu
d: so dass du sitzest auf deinem festen[157] Thron.

Am Anfang dieser Himmelsreise soll sich ein sbꜣ-Tor im/am pt-Himmel zur Achet öffnen, wo sich anonyme Götter über das Nahen des NN freuen. Mithin sind pt–Himmel und Achet durch Türen voneinander getrennt. Es sind diese Götter in der Achet, die den NN durch die Achet hindurch und dann höher in den pt–Himmel führen sollen. Für Sethe waren diese Stationen schwierig einzuordnen,[158] wohl weil er Achet als „Horizont" verstand, vor dem wiederum kein Teil des „Himmels" liegen sollte. Bei dieser Station der Himmelsreise wird NN als bꜣ–Seele bezeichnet, beim anschliessenden weiteren Aufstieg heisst er aber Horus ḥr(j) šdšd pt.[159] Da diese Himmelsreise noch sehr viel weiterführt, kann man schliessen, dass šdšd pt in geringer Höhe am Himmel zu suchen ist. Dazu vergleiche man die Hilfe, die Horus ḥrj šdšd nach PT 1036a-1038 dem NN beim Himmelsaufstieg leistet. Sachlich wäre hier eine am Himmel tiefe Position dieses Horus sinnvoll. Wenn es sich in unserem Text um die Beschreibung einer Morgensichtbarkeit der Venus handelt – wie aus dem Text insgesamt hervorgeht –

155 Sethe, ÜKPT IV 9ff.
156 Faulkner, AEPT 144f.
157 Vgl. WB I 439.15-18.
158 Vgl. Sethe, ÜKPT IV 2.
159 Vgl. §2 zu Masperos und Sethes Deutung von šdšd.

dann wäre ḥrj šdšd in der Tat auf die geringe Höhe des Planeten über dem (südöstlichen) Horizont zu beziehen,[160] die für die ersten Wochen einer Morgensichtbarkeit der Venus charakteristisch ist.[161] Zu Horus ḥrj šdšd gehört ein Thron, der nach den hier gemachten Annahmen von dem später genannten Thron im Binsengefilde zu unterscheiden wäre. Hierarchisch ist NN als Horus ḥrj šdšd von Re abhängig, gilt aber seinerseits als Herr der Achu.

801a: mögest du dich entfernen zum pt-Himmel,
b: (denn) freigemacht sind dir die Wege der Bogen,
die aufsteigen lassen zu Horus.

Sinnstörend ist bei der Schilderung des weiteren Aufstiegs in PT 801b die Erwähnung von Wegen, die zu Horus hinaufführen. Wie verträgt sich diese Zielangabe mit der Tatsache, dass NN selbst als Horus oder Horusform am Himmel aufsteigt? In der Parallelstelle PT 1016c heisst es nach M und N: njs Rᶜw jr.k m jskn pt; (d) jᶜ.n.k n nṯr; snsn Stš jr.k, (Re beruft dich als jskn des pt–Himmels; es ist, dass du zum nṯr-Gott aufsteigst; Seth verbrüdert sich dir). Die merkwürdige Variante /// [sns]n [Ḥrw] jr.k in PT 1016d (P), scheint anzudeuten, dass hier die Textüberlieferung hinsichtlich der Identität der beteiligten Götter unsicher ist oder es ist gemeint, dass verschiedene Horusformen beteiligt sind.

c: möge das Herz des Seth sich mit dir verbrüdern,
der Grosse von Heliopolis;

Bei diesem Teil des Aufstiegs, den NN als Horus ḥr(j) šdšd pt beginnt und an dessen Ende er sbꜣ dꜣj wꜣḏ-wr ḫrj ḫt Nwt heisst, verbrüdert sich Seth mit ihm. Daraus ist auf Anwesenheit des Seth im betroffenen Himmelsbereich zu schliessen, entsprechend der bekannten Helferrolle, die Seth beim Himmelsaufstieg ausüben kann.[162] Die Situation passt zum Beginn einer Morgensichtbarkeit von Venus, wenn der Planet an Merkur vorbeiziehen kann,

160 Diese Lokalisierung gilt, wenn Venus bei Beginn der Sichtbarkeit noch im südlichen Bogen der Ekliptik stand, wie in § 32 erklärt.

161 Die grösste westliche Elongation wird im Mittel erst 64 Tage nach Beginn der Sichtbarkeit erreicht, s. Neugebauer, Tafeln zur astronomischen Chronologie III 65.

162 Vgl. PT 390, PT 2100.

vorausgesetzt Merkur befindet sich gleichfalls in Morgensternphase und Seth ist bereits in den PT mit Merkur gleichgesetzt.[163]

802a: befahre für dich den ḫꜣ-Kanal im Norden der Nut,
b: als Stern der das Meer befährt, das unter dem Bauch der Nut ist;
c: möge die Dat deine Hand[164] lenken zum Aufenthaltsort des Sꜣḥ/Orion;
803a: nachdem der jḥ-Stier des Himmels dir seine Hand gegeben hat,[165]

Meine Lesung und Übersetzung dieser Stelle sind im Wechselspiel von sachlicher und sprachlicher Interpretation entstanden. Leider hilft hier die verderbte Parallele in PT 1016 b nicht. Sethe hat in PT 802a ein sḏm.n.f gelesen und übersetzt „Du hast den gewundenen Wasserlauf überfahren ...".[166] Möglich scheint hier allenfalls ein durch sḏm.n.f ausgedrücktes Verhältnis der Vorzeitigkeit zu sein: „nachdem du den ḫꜣ-Kanal befahren hast ...".[167] Aber nachdem die Befahrung des ḫꜣ-Kanals im Norden der Nut abgeschlossen ist, kann nach meinem Verständnis keine Annäherung an Sꜣḥ-Orion stattfinden; dies könnte allenfalls gelten nachdem die Befahrung begonnen hat, aber noch nicht abgeschlossen ist. Später werde ich die hier angedeutete astronomische Deutung der Angaben von PT 802a-c ausführen. Hier soll der provisorische Schluss genügen, dass der ḫꜣ-Kanal im Norden des Nwt-Himmels verläuft und nach dem Zusammenhang von PT 820a-c auch in der Gegend des Sternbildes Sꜣḥ-Orion.

b: mögest du dich nähren von der Nahrung der Götter, von der sie sich nähren;

163 Bei der hier als Modell genommenen Morgensichtbarkeiten der Venus in den an 2406 vChr anschliessenden Zyklen, zog Venus beispielsweise im März 2414 v.Chr. an Merkur vorbei.

164 Zu diesem Ausdruck vgl. Sethe, ÜKPT IV 28, und R. Anthes, ZÄS 102 (1975) 8.

165 Zu PT 803a als ein nach dem Hauptsatz stehender Umstandssatz, vgl. allgemein Edel, AG § 1031 und Allen, IVPT § 422. Nach Edel, AG § 541 könnte PT 803a futurisch zu übersetzen sein.

166 Sethe, ÜKPT IV 10.

167 Vgl. Edel, AG § 1030.

c: der Geruch des Ddwn ist an dir, des oberägyptischen Jünglings, der aus tꜣ-stj gekommen ist,
d: und er gibt dir den Weihrauch,
mit dem die Götter beräuchert werden;
804a: geboren hat dich das Kinderpaar des bj.tj, befindlich an seinem Kopf, die beiden Herren, Besitzer der Grossen;
b: Re wird dich rufen als jskn des pt-Himmels,
c: als Horus ẖntj mnjt.f, der von Sꜣtwt, Herr von Sbjwt,
d: als sꜣb, ꜥḏ-mr pḏwt, als Anubis, an der Spitze des reinen Landes,
805a: möge er dich einsetzen als Morgenstern inmitten des Binsengefildes,
b: mögest du sitzen auf deinem Thron.

Wie schon gesagt trennte Sethe PT 804a-805b als Stück (6) von den vorhergehenden Versen PT 799a-803c als Stück (5) ab. In PT 804a sah er die tatsächliche Geburt des NN ausgesprochen, was bei wörtlicher Auffassung auf einen anderen NN zielen müsste als auf jenen, vom dem zuvor die Rede war. Aus Sethes Auffassung folgt, dass NN >von Rechts wegen dem Geb gleichgesetzt sein müsste<.[168] Einer Gleichsetzung mit Geb widerspricht es aber, dass Re eben diesen NN als Morgenstern einsetzt. Da der Morgenstern bekanntlich eine Horusform ist und zwei Generationen (Geb:Nut, Osiris:Isis) den Horus von Shu und Tefnut als zꜣ.tj bj.tj trennen, deute ich PT 804a als metaphorischen Ausdruck der Abstammung vom ersten Götterpaar, vergleichbar der Bezeichnung des Horus als Sohn des Atum in PT 874b und 881b. Damit entfällt Sethes Argument gegen die Zusammengehörigkeit der Stücke (5) und (6). Zugunsten meiner Annahme weise ich vor allem darauf hin, dass die in PT 805a-b ausgesagte Einsetzung des NN als Morgenstern im Binsengefilde den sinnvollen Abschluss der Himmelsreise darstellt, die in PT 799a beginnt. Wie in § 86-91 ausgeführt ist im „Morgenstern" der PT der Planet Venus in Morgensternphase zu verstehen.

29. Gesamtverlauf des ẖꜣ-Kanals am Himmel. – Sethe und Bayoumi folgerten aus den PT, dass der ẖꜣ-Kanal von Osten nach Westen bzw. umgekehrt verläuft (s. § 15). Es ist unklar, was sich Sethe mit seiner Formulierung

168 Sethe, ÜKPT IV 31f.

über die >Lage des [Kanals] im Osten des Himmels< gedacht hat[169]. Wollte er in diesem Fall den Kanal allgemein auf die östliche Seite des Himmels beschränken oder dachte er nur an ein im äussersten Osten liegendes Kanalstück?

Schwierig ist die schon zitierte Deutung Bayoumis von PT 2173c-d: >c'est probablement à son extrémité vers l'ouest que le canal débouche dans un champ appelé Ḫꜣḫꜣ dont les textes des Pyramides ne donnent aucune autre indication<[170]. Im betreffenden Spruch heisst es im Kontext der Fahrt des NN im Sonnenschiff:

PT 2173c:[171] ẖnt N. m ḥntj
d: jṯ N. ḥpt jr sḫt ḫꜣḫꜣ;
c: N. est transporté dans une barque ḥntj,
d: N. saisit le gouvernail vers les Champs de Ḫꜣḫꜣ

Im Paralleltext PT (548), >der grossen Teils fast wörtlich mit [PT (697)] übereinstimmt<[172] lautet die entsprechende Stelle:

PT 1346a:[173] jẖnw P. pn m ḥnbw
b: jṯ.f ḥpt jr sḫt Nnwtj,
c: r ẖntj-tꜣ pw nj sḫt jꜣrw.

Sethe übersetzte[174]: >a: N. fährt in dem Blitzschiffe b: und bringt das ḥpt–Schiffsgerät darin zu dem [der im[175]] Gefilde des Bewohners des untern Himmels (Unterwelt) wohnt c: zu jenem Landende [lies: Landanfang[176]] (ẖntj-tꜣ) des Gefildes der Binsen<[177].

In einer mir plausibel erscheinenden Weise hat Sethe in Nnwtj eine Be-

169 Sethe, ÜKPT II 44.
170 Bayoumi, Champ (1940) 21.
171 Text nur bei N; Übersetzung von Bayoumi, Champ (1940) 21.
172 Sethe, ÜKPT V 271.
173 Text nur bei P.
174 Sethe, ÜKPT V 270f.
175 Sinngemäss ist der autographierte Text so zu ergänzen.
176 Autographisch: „Landende“. – Nach Sethe, ÜKPT V 276, ist ẖntj tꜣ ein einziges Wort wegen der Stellung des pw.
177 Anders Allen, Cosmology (1989) 13.

zeichnung des Sonnengottes vermutet[178]: >... kann wohl nur Re als der, welcher nachts in der Unterwelt haust, sein<[179]. Für 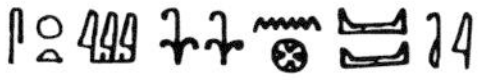 in 1346b steht in 2173c  Sethe bemerkt, dass  >aus einem älteren  verderbt sein könnte<[180]. Ausserdem verweise ich auf  in PT 2173c, das als Determinativ für ein sḫt-Gefilde sonst nicht belegt ist, aber von einem verderbten Nnwtj aus PT 1346b stammen kann. Mithin ist gegen Bayoumi aus PT 2173d nicht zu schliessen, dass der ḫꜣ-Kanal am westlichen Himmel in ein Gefilde namens ḫꜣḫꜣmündet.

Sethe versuchte auch das Verhältnis zwischen dem Gefilde des Nnwtj und dem Binsengefilde zu klären. Er sah die Möglichkeiten, die beiden Gefilde gleichzusetzen oder das Binsengefilde als zweites, weiteres Ziel der Fahrt zu erklären. Auf alle Fälle >würde es sich hier dann um die Nachtfahrt zum Sonnenaufgang handeln<[181]. Diese allgemeine Schlussfolgerung halte ich zwar für richtig, aber die beiden Gefilde müssen nicht voneinander verschieden sein. „Gefilde des Nnwtj" kann eine Umschreibung für das Binsengefilde sein, da der Sonnengott bekanntlich enge Beziehungen zum Binsengefilde hat[182]. Weil die Tagesfahrt des Sonnengottes im Binsengefilde beginnt, kann dort auch die Nachtfahrt enden.

Abweichend von Sethes und Bayoumis prinzipieller Auffassung, aber im Sinne von Breasted[183] und auch von Sethes oben zitierter einmaliger Äusserung über die östliche Lokalisierung des Kanals, folgerte Barta[184], dass der ḫꜣ-Kanal am Rande des Osthimmels von Süden nach Norden verläuft und auf diese Weise die von Barta auch im Osthimmel lokalisierten Gebiete des Opfergefildes und Binsengefildes miteinander verbindet.

Soweit ich verstehe beruht diese Interpretation auf Voraussetzungen, die sich wie folgt formulieren lassen: a) das Opfergefilde ist ausschliesslich im Osten lokalisiert; eine mögliche Erstreckung nach Westen bleibt ausser acht; b) auch das Binsengefilde als morgendlicher Reinigungsort der Sonne

178 Sethe, ÜKPT V 275.
179 Allen, Cosmology (1989) 14, geht in seiner Diskussion des Gegenhimmels auf diese spezielle Frage nicht ein.
180 Sethe, ÜKPT V 275.
181 Sethe, ÜKPT V 275.
182 Vgl. Bayoumi, Champ (1940) 43.
183 Breasted, Development (1912) 105.
184 W. Barta, ZÄS 107 (1980) 3.

ist ausschliesslich im Osten lokalisiert; eine mögliche Erstreckung nach Westen und die Lokalisierung des Orion im Binsengefilde sowie der Verlauf des Kanals nördlich vom Orion bleiben unberücksichtigt; c) die „Unvergänglichen Sterne" im Opfergefilde sind im nordöstlichen Himmel lokalisiert, die Verbindung der „Unvergänglichen Sterne" mit dem nördlichen Himmel bleibt im allgemeinen unberücksichtigt. Wegen der Mehrdeutigkeit und Unvollständigkeit dieser Voraussetzungen ist die daraus abgeleitete Schlussfolgerung auf die Lage am Rande des Osthimmels nicht verbindlich.

30. Zusammenfassung der Merkmale des ḫ3-Kanals. – Es gibt einige wenige andere Merkmale des ḫ3-Kanals, die ich nicht besprochen habe, weil sie für die Frage nach der konkreten Lage und Funktion dieses himmlischen Kanals nichts zu bringen scheinen. In CT IV 308 b wird ein nördliches sb3-Tor des ḫ3-Kanals genannt, was mit Wahrscheinlichkeit auch die Existenz eines südlichen Tores impliziert.[185] Ferner heisst es beispielsweise einleitend in PT 1162a-c, dass NN beim Himmelsaufstieg im Wasser des ḫ3-Kanals watet. Ähnlich ist NN laut PT 1138d zu Fuss im ḫ3-Kanal unterwegs[186]. Es könnte sich in beiden Fällen um eine Phase des Himmelsaufstiegs handeln, die die Überfahrt über den Kanal einleitet. Aber das ist nur eine Vermutung und wenn diese Stellen Informationen über die konkrete Lage und Funktion des ḫ3-Kanals enthalten, dann ist mir das entgangen.

Aus den PT habe ich folgende Merkmale des ḫ3-Kanals erschlossen: a) morgens besteigt der Sonnengott Re seine Barke am Kanalufer; b) ein vom Morgenstern befahrenes Kanalstück verläuft im Nordhimmel und zwar nördlich vom Orion; c) der Kanal hat ein nördliches und ein südliches Ufer; ein östliches oder westliches Ufer wird nicht erwähnt; d) der Kanal verläuft nicht gerade, sondern nach den Determinativen in einem Bogen bzw. schräg gegenüber einem nicht bekannten, nach Lage der Dinge vermutlich himmlischen Bezugssystem; e) der Kanal hat q3bw-Biegungen; f) auf der nördlichen Seite des Kanals befinden sich die „Unvergänglichen Sterne"

185 Man erwartet, dass ein Tor des als ekliptikaler Streifen verstandenen ḫ3–Kanals unter anderem für die Sonne bestimmt ist. Ferner erwartet man die Beziehung eines solchen Tores zu den verschiedenen Toren der Sonne, wie sie z.B. in CT II 368 a-b genannt sind.

186 Vgl. Sethe, ÜKPT V 236.

und mithin auch das Opfergefilde, während auf der Südseite das Binsengefilde liegt; g) der Kanal wird von Süd nach Nord bzw. von Nord nach Süd überquert; h) in einigen Fällen führen von Süden nach Norden gerichtete Überquerungen des Kanals auf die Ostseite des Himmels; i) Überquerer des Kanals sind der himmlische Fährmann und sein Genosse, ferner Thot-Mond bzw. seine Flügel und Horus (?), Horus-Morgenstern, Seth, das Horusauge(?), Zwnṯw, anonyme Götter und NN; j) der Kanal wird gewisser Gründe wegen überquert, etwa um zum Nahrungsüberfluss des Opfergefildes am Nordufer zu kommen oder um mit Seth wegen des Horusauges zu sprechen.

31. Der ekliptikale Streifen als mögliches astronomisches Vorbild des ḫꜣ-Kanals. – Die als a) – j) aufgeschlüsselten Merkmale des ḫꜣ-Kanals entsprechen fast allesamt und weitestgehend Merkmalen des ekliptikalen Streifens. Im folgenden erläutere ich die Eigenschaften des ekliptikalen Streifens, soweit dies für die Zwecke dieser Arbeit sinnvoll erscheint.

Die Erde beschreibt eine Umlaufbahn um die Sonne. Als Folge dieser Bewegung scheint sich die Sonne im Laufe eines Jahres in einem Bahnstreifen vor dem Hintergrund des Fixsternhimmels von West nach Ost zu bewegen, also entgegengesetzt der täglichen Auf-und Untergangsbewegung aller Himmelskörper; pro Tag legt die Sonne im Mittel 1° zurück, was ungefähr ihrem doppelten scheinbaren Durchmesser entspricht. Diese jährliche scheinbare Sonnenbahn nennt man heute Ekliptik[187]. Auch der Mond und die Planeten bewegen sich in diesem Bahnstreifen von Westen nach Osten, allerdings mit untereinander und gegenüber der Sonne verschiedenen Geschwindigkeiten sowie mit untereinander verschiedenen nördlichen und südlichen Abweichungen von der Streifenmitte. Wie Abb. 1 verdeutlicht ist die Ekliptik gegenüber dem Himmelsäquator geneigt; man könnte dies auch so formulieren, dass die Himmelsachse nicht rechtwinklig auf der Ebene der Ekliptik steht. Die Neigung der Ekliptik beträgt heute 23°.5, in der Pyramidenzeit betrug sie ca. 24°.[188]

187 Zur Begriffsgeschichte vgl. NN. Rehm, RE V (1905) 2209.

188 Zu einer für Ägytologen bestimmten Aufbereitung des Begriffes der Schiefe der Ekliptik, s. R. Krauss, Sothis- und Monddaten (1985) 46. Zur Schiefe der Ekliptik nach den antiken Astronomen vgl. Rehm, RE V (1905) 2211f.

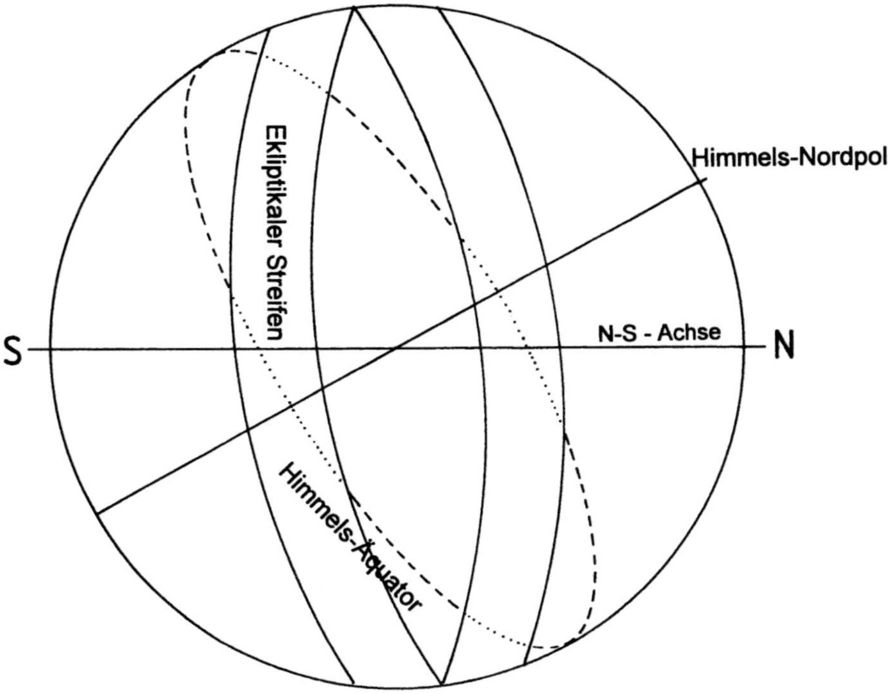

Abb. 1
Himmelsäquator und ekliptikaler Streifen
Breite von Memphis

Infolge ihrer Schiefe verläuft die Ekliptik nicht parallel zu den täglichen Bahnen der Himmelskörper, einschliesslich der täglichen Sonnenbahn selbst. Am Horizont verschieben sich ständig die Aufgangs- und Untergangspunkte der Ekliptik bzw. ändert ein am Himmel befindlicher Ekliptikbogen ständig seine Lage gegenüber einem sich an den Himmelsrichtungen orientierenden Beobachter. In der Darstellungsform einer drehbaren Sternkarte führen die Abb. 2a-d vor, welche extremen Lagen die Ekliptik um 2400 v.Chr. und auf der Breite von Memphis einnehmen konnte. Die Abbildungen zeigen den (Nacht-) Himmel, der in Memphis innerhalb der Horizontlinie zur jeweils genannten Zeit sichtbar war. Weitere Linien in den Zeichungen sind die Ekliptik als Mittellinie des ekliptikalen Streifens, ferner die den Himmel geometrisch halbierende Linie O-Z-W

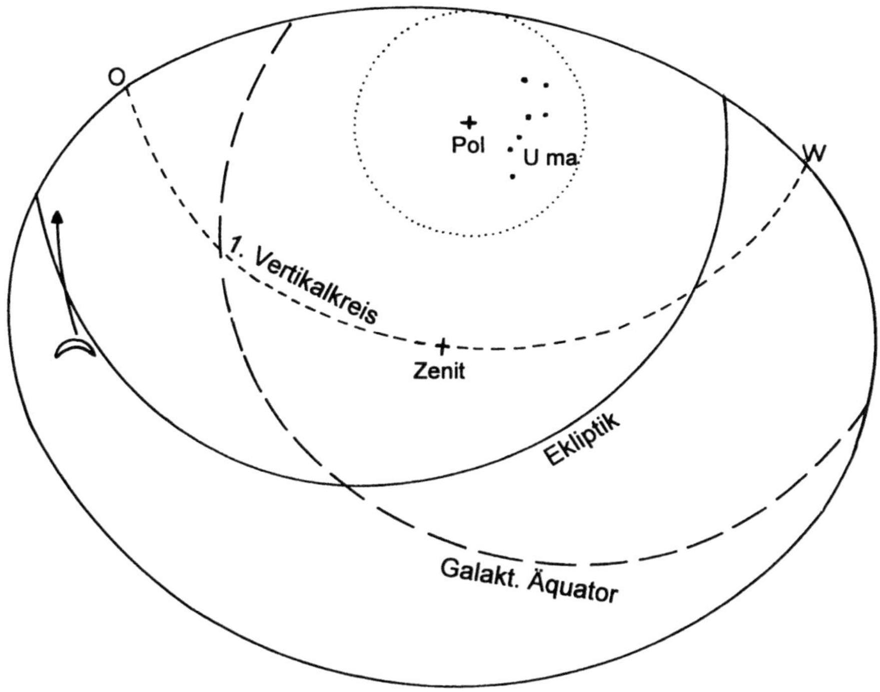

Abb. 2a
Lage der Ekliptik auf der Breite von Memphis
Ende Januar jul., 6h morgens, um 2400 v. Chr.

vom Ostpunkt über den Zenit zum Westpunkt[189] sowie der galaktische Äquator als Mittellinie der Milchstrasse und schliesslich die Kreiszone der Zirkumpolarsterne um den nördlichen Himmelspol (+). Eingezeichnet sind auch die Sternbilder Ursa maior und (falls sichtbar) Orion sowie der Einzelstern Sirius. Die Kürzel O und W beziehen sich auf die Himmelsrichtungen. Aufgrund der Verzerrungen in einer drehbaren Sternkarte zeigen die Abbildungen 2a-d die geometrische Halbierung des sichtbaren Himmels durch die Linie O-Z-W nicht direkt. Gleichfalls wegen dieser Verzerrung sind auch die Flächen im Süden der Karte unverhältnismässig grösser als die im Norden.

189 Die Linie O-Z-W entspricht dem „Ersten Vertikalkreis" in moderner astronomischer Terminologie.

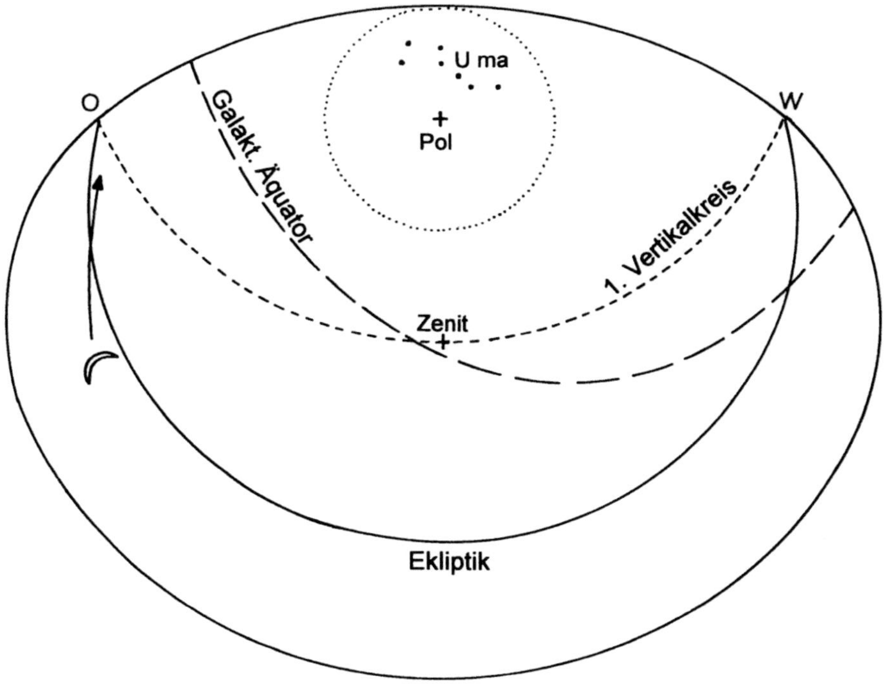

Abb. 2b
Lage der Ekliptik auf der Breite von Memphis
Mitte Mai jul., 4h morgens, um 2400 v. Chr.

Die Abb. 2a-d zeigen, dass der ekliptikale Streifen im allgemeinen gegenüber dem rechtwinkligen System der Himmelsrichtungen „schief" verläuft, weswegen sich die Schnittstelle von Ekliptik und Horizont ständig verlagert. Diese Verlagerung hat zur Folge, dass sich der Winkel zwischen Horizont und auf- oder absteigender Ekliptik ständig ändert.

Abb. 3 illustriert die Änderung des Ekliptikwinkels am Osthorizont von 20 h abends bis 4 h morgens zur Zeit des Sommersolstizes und für die Breite von Memphis. Es handelt sich um eine schematische Darstellung, bei der die Winkel der Ekliptik am Horizont richtig sind, die sphärische Verzerrung des Linienverlaufs aber unberücksichtigt bleibt.[190] Hier geht die

190 Die schematische Darstellung täuscht einen Schnittpunkt des 22 h- mit dem 20 h-Ast vor. K. Locher macht mich darauf aufmerksam, dass es solche Schnittpunkte prinzipiell gibt, aber nicht in der gewählten Jahreszeit am nächtlichen Osthimmel.

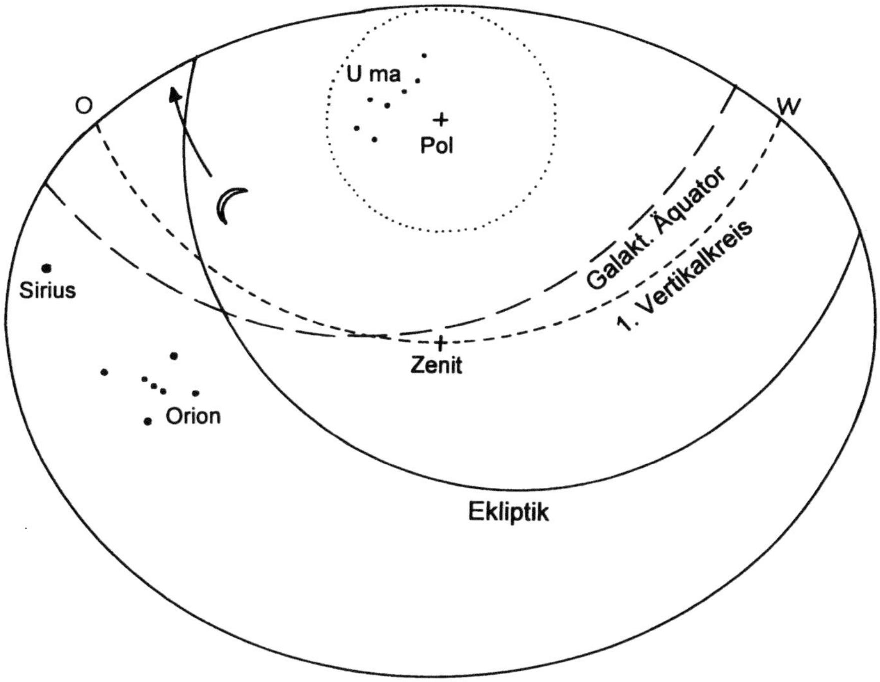

Abb. 2c
Lage der Ekliptik auf der Breite von Memphis
Ende Juli jul., 4h morgens, um 2400 v. Chr.

Ekliptik an jedem Tag zweimal durch jeden östlichen Punkt, der vom Süden aus gezählt zwischen 116°.84 und 63°.65 liegt. Die Berechnung gilt für die Jetztzeit; die Abweichung von den antiken Werten kann vernachlässigt werden[191].

Unter der Voraussetzung, dass man aufgrund von Merksternen den Verlauf der Ekliptik kennt, lassen sich die beschriebenen Lageveränderungen am Himmel ablesen. Günstig ist der häufige Fall, dass der Mond und ein oder mehrere Planeten zu sehen sind, aus deren Position man die Lage und andeutungsweise auch die Breite des ekliptikalen Streifens direkt ablesen kann. Dabei ist zu beachten, dass die Mondbahn gegenüber der Ekliptik um 5° geneigt ist und sich der Mond daher maximal bis um das ca. zehnfa-

191 Berechnet nach J. Meeus, Formulae 44.

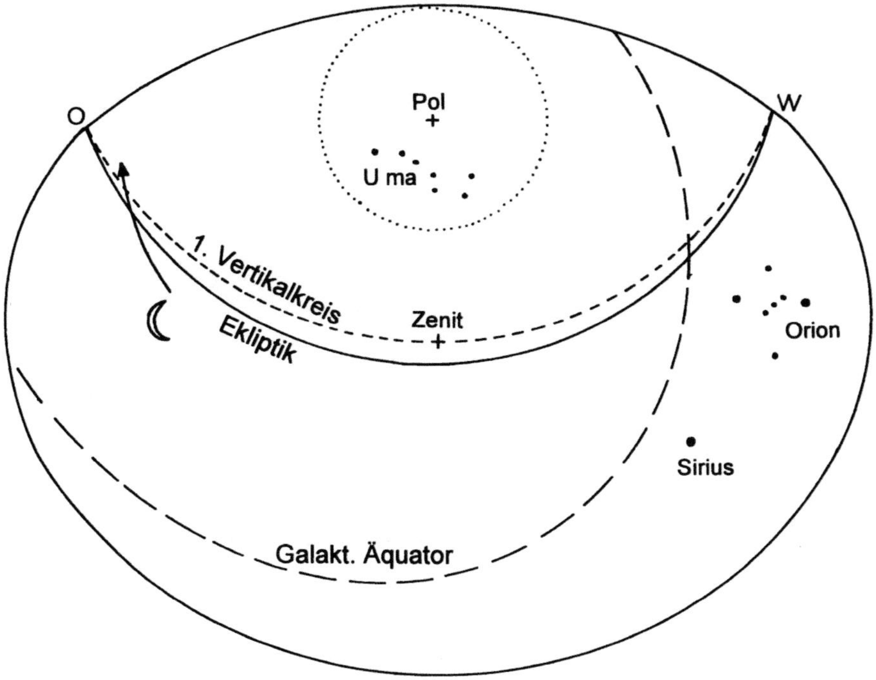

Abb. 2d
Lage der Ekliptik auf der Breite von Memphis
Ende Oktober jul., 5h morgens, um 2400 v. Chr.

che seines mittleren scheinbaren Durchmessers nach jeweils einer Seite von der Mittellinie des ekliptikalen Streifens entfernen kann[192].

Um später die Überquerungen der Ekliptik durch den Mond erklären zu können, habe ich in Abb. 2 a-d hypothetische Knotendurchgänge des abnehmenden Mondes am morgendlichen Osthimmel markiert, die sich nicht auf die genannten Termine beziehen, sondern allgemein zu verstehen sind. In der bezeichneten Position nimmt der Mond ab. Der Knotendurchgang kann von S nach N oder umgekehrt erfolgen.

Wie Abb. 4 verdeutlicht schneidet die Mondbahn die Ekliptik in zwei Punkten, den sog. Knoten[193]. Der eine Knoten heisst „aufsteigender" (☊),

192 Der mittlere scheinbare Durchmesser des Mondes schwankt zwischen 29'24" und 33'33" und liegt damit bei ca. 1/2°.

193 Vgl. J. Herrmann, dtv-Atlas zur Astronomie (1973) 50 B.

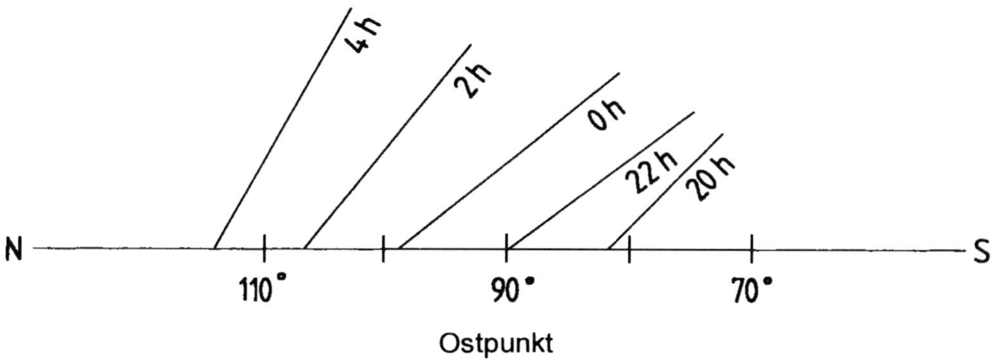

Abb. 3
Schema der Änderung des Ekliptikwinkels am Horizont

weil der Mond die Ekliptik dort von unten (= Süden) nach oben (= Norden) überquert, der andere Knoten heisst analog „absteigender Knoten" (☋). Binnen 28 Tagen schneidet der Mond die Ekliptik in den zwei Knoten je einmal[194]. Da sich der Mond in der Ekliptik nach Osten bewegt, erfolgt die Überquerung der Ekliptik entweder aus SW nach NO oder aus NW nach SO und damit in beiden Fällen aus westlicher Richtung[195]. Gegenüber dem Horizont des Morgenhimmels verschiebt sich die Position der Knoten von einem Monat zum andern um ca. 30°. Folglich wären am morgendlichen Osthimmel pro Jahr ca. 3 sukzessive Durchgänge durch den aufsteigenden Knoten zu beobachten und ein halbes Jahr später ca. 3 sukzessive Durchgänge durch den absteigenden Knoten.

Bei der Bewegung der äusseren und inneren Planeten im ekliptikalen Streifen, weichen die inneren Planeten Merkur und Venus stärker nach Norden oder Süden ab als die äusseren Planeten[196]. Würde man sich an die Auffassung der antiken Astronomen halten, so wäre mit einem ca. 12° brei-

194 Die Zeit zwischen zwei Durchgängen durch den aufsteigenden Knoten ist als drakonitischer Monat definiert, dessen Länge 27 Tage, 5 Stunden und 5 Minuten beträgt.

195 Die Position der Knoten liegt nicht fest, sondern verlagert sich pro Jahr um ca. 20° gegenläufig zur Mondbewegung, ein Umlauf der Knoten dauert 18.61 Jahre.

196 Vgl. H. Mucke, Geozentrische Zonen der hellen Planeten. Österreichische Akademie der Wissenschaften. Math.-naturwiss. Kl., SB, Abt. II, Math., Physik. und Techn. Wiss., Bd. 101, Heft 10 (1982) 563-589.

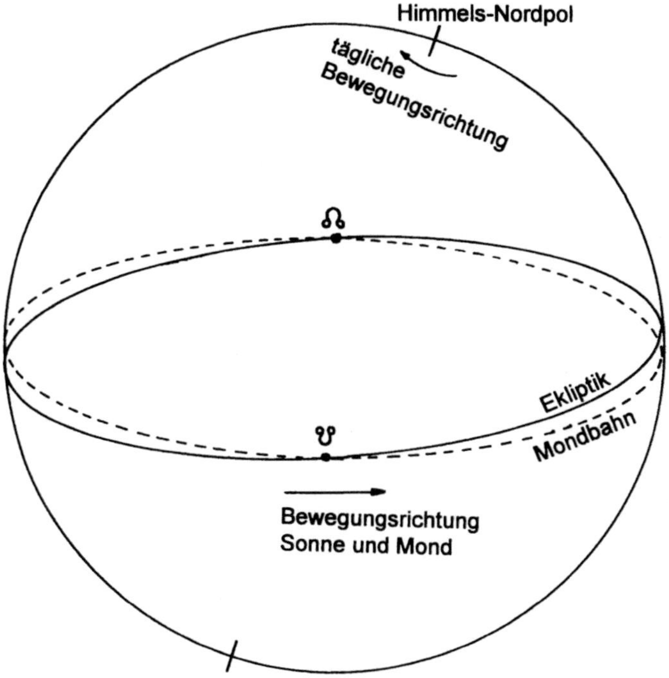

Abb. 4
Neigung der Mondbahn gegen die Ekliptik

ten ekliptikalen Streifen zu rechnen[197]. Für Altägypten ist die antike Massangabe aber irrelevant, da die Gradmessung unbekannt war. Die Ägypter können den ekliptikalen Streifen durch die nördlichen und südlichen Extrempunkte der Mondbahn festgelegt haben, wobei sie ohne Gradmessung auskamen, indem sie sich an Merksternen orientierten.

32a. Merkmalsvergleich zwischen ekliptikalem Streifen und Milchstrasse einerseits und ḫꜣ-Kanal andererseits. – Nach a) in der Merkmalliste, besteigt der Sonnengott Re seine Barke morgens am ḫꜣ-Kanal, um über den Tageshimmel zu fahren. Da sich die Sonne per definitionem immer in einem Punkt der Ekliptik befindet, koinzidiert der Einstiegsort der Sonne mit einem Punkt der Ekliptik bzw. des ekliptikalen Streifens. Der nicht ge-

197 H. Gundel, RE X A (1972) 478.

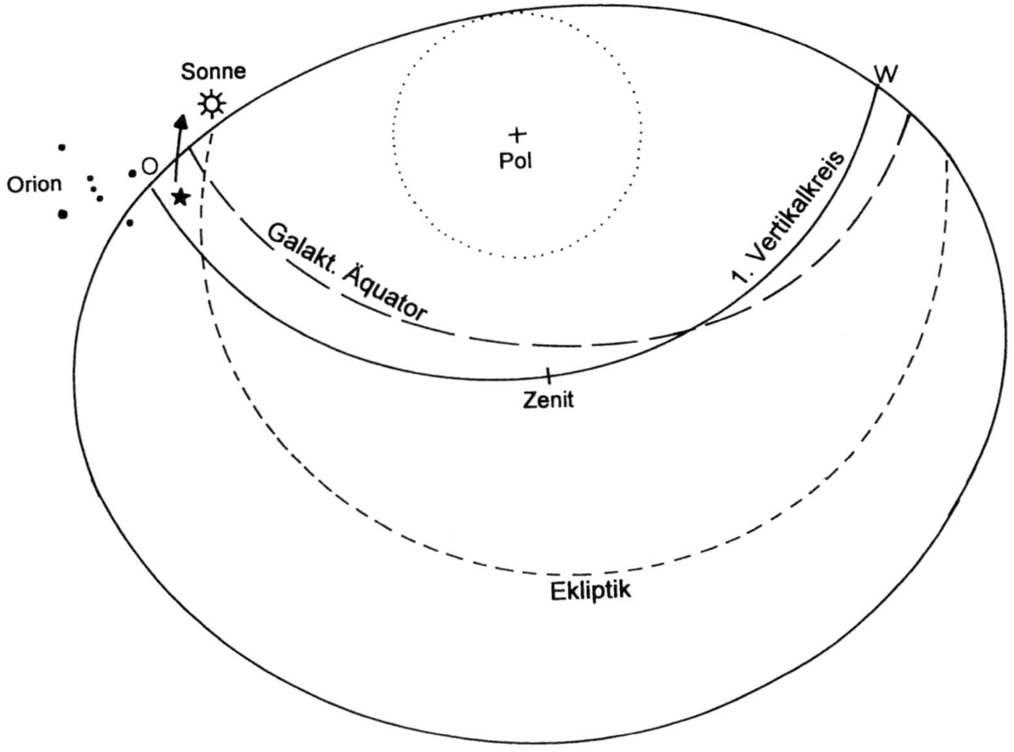

Abb. 5a
→: ekliptikale Bewegungsrichtung von Sonne und Morgenstern (*)

rade Verlauf des Kanals nach d) kann als Schiefe der Ekliptik ausgedeutet werden.

Der allgemein ost-westliche Verlauf des ḫ3-Kanals und die Teilung des Himmels durch den Kanal in einen nördlichen und südlichen Bereich nach b), c) und f) der Merkmalliste, gilt auch für den ekliptikalen Streifen. Da sich der ekliptikale Streifen über den ganzen Himmel erstreckt, kann man im Norden und Süden von diesem Streifen nochmals eine östliche und eine westliche Hälfte unterscheiden, entsprechend dem östlichen und westlichen Teil des Opfergefildes.

Nach i) überquert Thot-Mond bzw. die Mondsichel als sein Flügel den ḫ3-Kanal, wobei der Mond den NN von der südlichen Seite des Kanals auf die nördliche Seite bringt, aber auch auf die nördliche Seite und zugleich in den Osten des Himmels. Die erste Variante scheint dem Ver-

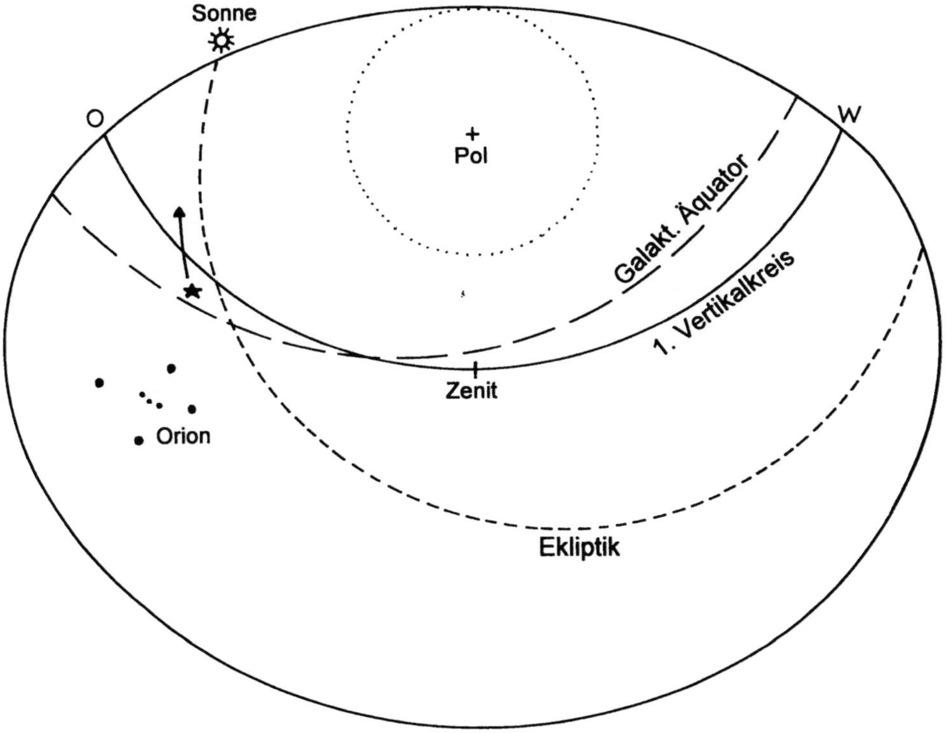

Abb. 5b

ständnis keine Schwierigkeiten zu bieten, bei der zweiten Variante ist nicht ohne weiteres klar, wie die nach Norden gerichtete Kanalüberquerung zugleich in den Osten des Himmels führen kann. Setzt man die Identifikation des ḫꜣ-Kanals mit dem ekliptikalen Streifen voraus, dann kommt der Mond bei jeder Kanalüberquerung von Westen und befindet sich in einer östlicheren Position, nachdem er die Ekliptik im aufsteigenden Knoten überquert hat. Zu dieser Situation vergleiche man die entsprechenden Positionen des Mondes in den Abb. 2a-d und die Erklärung der Knotenbewegung zu Abb. 4. Astronomisch gibt es für die von Süden nach Norden führende Überquerung des ḫꜣ-Kanals durch Thot-Mond, nur die eine Erklärung, dass der Mond in diesem Fall die Ekliptik im aufsteigenden Knoten überschreitet.

Die in PT 802a-c geschilderte Befahrung des ḫꜣ-Kanals seitens des Morgensterns und die Annäherung dieses Sterns an Orion, betrifft die Merkmale b) und h). Laut Merkmal b) verläuft der ḫꜣ-Kanal vom sommerlichen

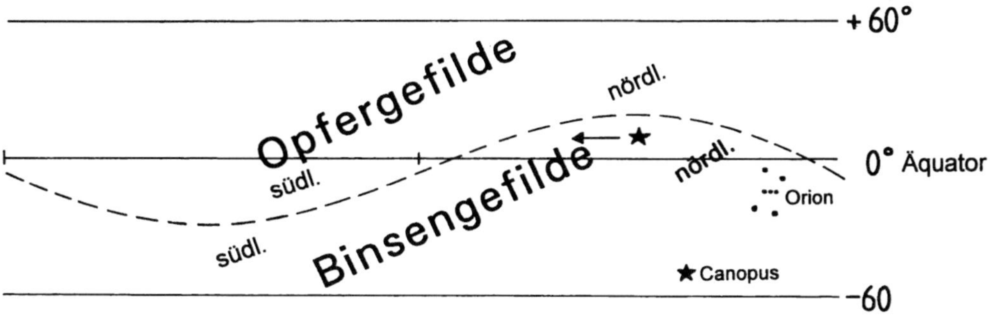

Abb. 5 c
*Morgenstern = *; --- = Ekliptik*

nordöstlichen Aufgangspunkt der Sonne bis in den Bereich nördlich des Orion. Der Verlauf entspricht der Lage des ekliptikalen Streifens in diesem Himmelsbereich. Die Annäherung des Morgensterns an Orion lässt sich alle paar Jahre beobachten; aus den letzten Jahren zitiere ich die Fälle von 1977, 1980, 1982, 1988 und 1990[198]. Dabei näherte sich der Morgenstern im Verlauf von einigen Wochen dem Orion von Westen her. Orion stand nicht allzu hoch am östlichen Morgenhimmel, denn nur in dieser niedrigen Position kann sich der auf den Osthimmel beschränkte Morgenstern in der Nähe des Orion bewegen. Wenn es heute zu diesem Zusammentreffen von Morgenstern und Orion kommt, so ist dies im Hochsommer der Fall. Infolge der Präzession liegen die entsprechenden Daten in der Epoche der Pyramidentexte früher[199]. Die Abb. 5 a-c illustrieren die Bewegung des Morgensterns in der Nähe von Orion im Jahre 2406 v.Chr.[200] Mehr oder weniger gleichartige Situationen gab es jeweils alle n x 8 Jahre vor und nach diesem Datum; ähnliche Situationen konnten auch in dazwischenliegenden Jahren vorkommen.

Entsprechend Abb. 5a konnte ein Beobachter in Memphis am 5. Mai jul. in 2406 v.Chr., 1 Stunde vor Sonnenaufgang, den Morgenstern westlich

198 Man vergleiche die entsprechenden Jahrgänge der astronomischen Jahrbücher, z.B. H.-U. Keller, Das Himmelsjahr 1977 – 1990 (1976 -1989).

199 Zur Präzession vgl. J. Herrmann, dtv-Atlas zur Astronomie (1973) 62f, und R. Krauss, Sothis- und Monddaten (1985) 46, für eine ägyptologische Aufbereitung.

200 Die Sternpositionen sind berechnet mit dem Programm Urania-Star; die Graphik beruht auf der von Oliver Fabel konstruierten drehbaren Sternkarte.

vom Orion sehen. Von Orion war zu diesem Zeitpunkt der Schulterstern Bellatrix (γ Orionis) aufgegangen, während seine anderen Sterne noch unter dem Horizont standen.

Abb. 5b zeigt die Veränderung der Situation bis zum 30. Mai des gleichen Jahres 2406 v.Chr., wieder 1 Stunde vor Sonnenaufgang. Die Sterne des Orion stehen jetzt vollständig über dem Horizont, während Venus-Morgenstern und Sonne weiter nach Osten gewandert sind. Schliesslich zeigt Abb. 5 c die Mitte August gegebene Situation. Venus-Morgenstern steht in dem in jener Epoche höchsten (nördlichsten) Punkt der Ekliptik. Dieser Sachverhalt verdeutlicht die für Abb. 5 c gewählte äquatoriale Himmelskarte in geeigneter Weise; gleichzeitig lässt sich auch die hier in § 32a besprochene Topographie von Binsen- und Opfergefilde vor Augen führen. Vor und nach der in Abb. 5 c illustrierten Position bewegt sich Venus-Morgenstern (während der morgendlichen Sichtbarkeit) im nördlichen Himmel, da die Aufgangsstelle nördlich vom Ostpunkt liegt. Dies gilt etwa ab Anfang Juni 2406 v.Chr., also sehr kurz nach der Situation von Abb. 5 b. Soweit der ḫꜣ-Kanal laut PT 820 a-c vom Morgenstern befahren wird, entspricht der Kanal der nach Abb. 5 a-c von Venus-Morgenstern zurückgelegten Strecke der Ekliptik.

Offen kann hier bleiben, ob NN als Horusform in PT (437) von Anfang an als Stern verstanden ist oder erst im Verlauf seiner Himmelfahrt zu einem Stern wird, etwa dann wenn er sbꜣ ḏꜣj wꜣḏ wr ẖrj ẖt Nwt/ „Stern, der das Meer befährt an der Unterseite der Nut“ heisst. Astronomisch ist es selbstverständlich so, dass es sich bei dem „Stern, der das Meer befährt an der Unterseite der Nut“ und beim nṯr dwꜣw/ „Morgenstern“ um ein und denselben Stern handelt, auch wenn er innerhalb PT (437) verschiedene Namen trägt. Die unterschiedlichen Benennungen des Morgensterns in den PT knüpfen vielleicht an die verschiedenen Elongationen und Helligkeiten des Planeten im Verlauf einer Morgensternphase an.

Im Anschluss an die bisherigen Ergebnisse lassen sich auch die Angaben in PT (504) erklären, wo NN von der südlichen Seite des Binsengefildes in den südlichen Teil des Opfergefildes überwechselt, ohne dass ein nördlicher Teil des Binsengefildes als Zwischenstation genannt ist. Sethe stellte sich das topographische Verhältnis der beiden Gefilde so vor, dass das Opfergefilde westlich vom Binsengefilde liegt und mithin die beiden südlichen Teile benachbart sind[201]. Das verträgt sich aber nicht mit Sethes zitierter eigener Auffassung vom ost-westlichen Verlauf des ḫꜣ-Kanals, der seinerseits wiederum die beiden Gefilde trennt. Sethe deutete schliesslich das in PT 1087a genannte Hinabsteigen auf den Abstieg im Westen, nachdem NN zuvor im Osten aufgestiegen sei[202]. Etwas gewaltsam erwog er schliesslich, ob sḫt ḥtp hier >nicht geradezu „Gefilde des Untergehens“ zu übersetzen ist<. Diese Deutung liefe darauf hinaus, dass das Opfergefilde die sich von Nord nach Süd erstreckende westliche Hälfte des Himmels wäre, was nicht zu den Aussagen über den Verlauf des ḫꜣ-Kanals und seine Lagebeziehung zum Opfergefilde passen würde. Wie Abb. 5 c zeigt, ist es gegen Sethes Auffassung sinnvoller, das südliche Opfergefilde und das südliche Binsengefilde auf den entsprechenden Seiten des im Südhimmel verlaufenden ekliptikalen Streifens bzw. ḫꜣ-Kanals zu suchen. Das nördliche Binsengefilde liegt dann auf der Südseite des nördlichen Ekliptikbogens und das nördliche Opfergefilde nördlich davon[203]. Opfergefilde und Binsengefilde sind in den PT wahrscheinlich als p.tj/„Zwei Himmel“ zusammengefasst[204]; der Plural p.wt/Himmel von PT 514b bleibt inhaltlich unklar.

Ausser der besprochenen Bewegung des Morgensterns im ḫꜣ-Kanal ist ferner für die astronomische Identifizierung wichtig, dass auch Seth nach j) den ḫꜣ–Kanal überquert. Geht man provisorisch von der seit dem Beginn des NR bezeugten Identität von Seth und Planet Merkur aus[205], dann liegt für PT 2235b die astronomische Deutung nahe, dass hier Merkur-Seth den ekliptikalen Streifen überquert. Zu erwähnen ist in diesem Zusammenhang,

201 Sethe, ÜKPT IV 356.

202 Sethe, ÜKPT IV 358.

203 Nördlicher und südlicher Teil des Binsengefildes sind ausdrücklich in CT II 388k-m genannt. Ferner ist in PT 289b die Rede von sḫ.tj ḥtp, also „Zwei Opfergefilden“, wie beispielsweise auch in CT II 206c, IV 26g und IV 59r. Man vergleiche CT III 174b, wo möglicherweise der südliche Teil des Nordhimmels und damit implizit des Opfergefildes genannt ist.

204 Nach PT 406c durchquert der König die beiden Himmel insgesamt (p.tj tm.tj). Zur Erklärung von p.tj als Opfer- und Binsengefilde hat J. Leclant, LÄ I (1975) 1157 Anm. 31, auf CT VII 192e verwiesen: jw n.f p.tj tm.tj, sḫt ḥtp (sḫt) jꜣrw: zu ihm kommen die beiden Himmel insgesamt, das Opfergefilde, das Binsen–(gefilde)<. – Nach Faulkner, AEPT 107, Utt. 332 n. 3, soll auch PT 541c in diesen Zusammenhang gehören.

205 Neugebauer/Parker, EAT III (1969) 180.

dass nach CT I 259a-c ein männliches Nilpferd im ẖꜣ-Kanal harpuniert wird. A. Behrmann hat sich gegen eine Verbindung dieses Nilpferds mit Seth ausgesprochen[206]. Immerhin könnte man jetzt auf die Verbindung des Seth mit dem ẖꜣ-Kanal verweisen, doch bleibt auch unter dieser neuen Voraussetzung die Identität des Nilpferds von CT I 259a-c mit Seth fraglich. Auf die durch die Gleichsetzung von Seth und Merkur aufgeworfenen Fragen gehe ich später noch ausführlich ein.

Schliesslich hat der ẖꜣ-Kanal nach Merkmal d) bzw. nach PT 2061b-c qꜣb(w)–Windungen oder qꜣb(w)-Biegungen[207], auf denen sich NN zusammen mit einem als sbꜣt nfrt bezeichneten (weiblichen) Stern bewegen soll. Als konkrete Entsprechung für sbꜣt nfrt scheint mir der Planet Venus besonders geeignet. Zum einen gibt es Hinweise dafür, dass mit dem „Horusauge“ soweit es sich am Himmel befindet, der Planet Venus gemeint ist (§ 107 ff) und zum andern kann das grammatisch feminine sbꜣt nfrt von PT (2061b) auf das grammatisch feminine Horusauge (jrt Ḥrw) zielen. Ich vermute, dass es sich bei den qꜣbw–Biegungen um eine Ausdeutung der bei der Rückläufigkeit der Planeten entstehenden Schleifenbildungen handelt.[208]

Im Sinne einer Arbeitshypothese schlage ich des weiteren vor, die Bewegungen der Horusformen nach den für die Interpretation so schwierigen Schilfbündelsprüchen als solche der (äusseren) Planeten und der Sonne im ekliptikalen Streifen zu erklären. Die gegenseitigen Besuche der Horusformen und der Sonne in der Achet, können sich auf die Bewegungen dieser Himmelskörper zwischen zwei Konjunktionen beziehen. Die in den Texten genannte und ostwärts gerichtete Bewegung lässt sich als Bewegung dieser Himmelskörper durch die Ekliptik und vor dem Hintergrund der Fixsterne verstehen. In besonderer Weise gilt dies für den Planeten Mars, der während einer Sichtbarkeitsperiode einen grossen Teil der Ekliptik

206 A. Behrmann, Das Nilpferd in der Vorstellungswelt der alten Ägypter I (1989) Dok. 122a.

207 Zur Übersetzung „Windung“ s. WB V, 9. – Unter Verweis auf Speleers, TP 221, übersetzte Bayoumi, Champ (1940) 19f, qꜣbw durch Mäander. Die qꜣbw–Windungen des Zweiwegebuches auf die S. Hassan, Giza VI.I (1940) 6, verweist, sind sprachlich mit den qꜣbw von PT 2061c identisch. Im Zweiwegebuch handelt es sich nach den Darstellungen um Biegungen oder Windungen von Wegen.

208 Vgl. Abb. 15a zu Schleifenbildungen der Venus.

durchwandert. Jupiter und Saturn, die beiden anderen äusseren Planeten, durchwandern während einer Sichtbarkeitsperiode nur ca. ein 12.tel bzw. ein 30.tel der Ekliptik. Zu beachten ist, dass die äusseren Planeten die ostwärts gerichtete Bewegung zwischen zwei Konjunktionen mit morgendlichen Sichtbarkeiten am Osthimmel beginnen – also rechts/östlich von der Sonne – und mit abendlichen Sichtbarkeiten am Westhimmel – also links/westlich von der Sonne beenden.

32 b. ḫꜣ-Kanal und Milchstrasse. – Nach meiner Meinung genügen die diskutierten Vergleichspunkte – unter Ausschluss der zuletzt besprochenen Vermutungen über die qꜣbw-Windungen und die astronomische Bedeutung der Schilfbündelsprüche – um den ḫꜣ-Kanal eindeutig mit dem ekliptikalen Streifen zu identifizieren. Allerdings gibt es, entsprechend dem Vorschlag von V. L. Davis (§ 15), auch Berührungspunkte zwischen Milchstrasse und ḫꜣ-Kanal. Gegen Davis ist aber zu beachten, dass der Sonnengott laut PT den Kanal nicht von Nord nach Süd oder umgekehrt überquert,[209] sondern den Kanal in der Längsrichtung befährt. Zu beachten ist ferner, dass alle in den PT und CT genannten solaren, lunaren und planetarischen Phänomene, die auf die Milchstrasse bezogen werden könnten, in erster Linie Phänomene der Ekliptik darstellen. Diese Phänomene ereignen sich deswegen zweimal jährlich (Sonne) oder zweimal monatlich (Mond) auch in der Milchstrasse, weil die Ekliptik die Milchstrasse in Bereichen schneidet, die 180° voneinander entfernt liegen. Während beispielsweise die Aussagen über den ḫꜣ-Kanal als Einstiegsort des Sonnengottes in seine Barke selbstverständlich sind und jeden Tag gelten, wenn man den Kanal mit dem ekliptikalen Streifen identifiziert, würden dieselben Aussagen bei Gleichsetzung des Kanals mit der Milchstrasse nur zweimal im Jahr gelten.

Auf Schwierigkeiten für die Positionen der Dekangestirne, die sich aus der Hypothese ergeben, hat Davis bereits selbst hingewiesen. Der Versuch, diese Schwierigkeiten durch eine Verschiebung der traditionell-ägyptologisch polnah lokalisierten „nördlichen“ Sternbilder zur Ekliptik hin zu lö-

209 V. L. Davis, JHA 16 (1985) S102: >... the Sun god and/or his son, the dead king, cross from south to north (PT 1376-7)<. Diese Übersetzung ist nicht richtig, vgl. Sethe, ÜKPT V 311 und § 20 oben.

sen, ist nicht akzeptabel.[210] Die Davissche Hypothese impliziert schliesslich neue und widersinnig erscheinende Bedeutungen der altägyptischen Himmelsrichtungen. Wie die Abb. 2 a-d andeuten, kann die Milchstrasse in ägyptischen Breiten und in der Epoche der PT im Laufe ihrer täglichen Bewegung den Nachthimmel in einen ungefähr nördlichen und südlichen Bereich aufteilen, wobei nördlich und südlich im traditionellen Sinn gemeint sind. Dies würde dazu passen, dass durch den ḫ3-Kanal am Himmel ein nördlicher und südlicher Bereich geschieden wird. Aber es gibt auch Situationen in denen sich die Milchstrasse dem altägyptischen Horizont von NO über S nach SW bzw. von SO über S nach NW anschmiegt, was 1 h bis 2 h vor den in Abb. 2 a.d markierten Situationen der Fall ist. Bei entsprechenden Lagen der Milchstrasse nimmt der nach Davis als „nördlich" zu bezeichnende Himmel den gesamten sichtbaren Nachthimmel ein, der seinerseits durch die traditionellen Himmelsrichtungen in einen nördlichen und südlichen Teil gegliedert ist. Eine andere Frage ist, wie sich die „südlichen" bzw. „nördlichen" Sterne als Ruderer in der Sonnenbarke (vgl. § 61) im Sinne von Davis auf die Innen- bzw. Aussenseite der Milchstrasse beziehen könnten. Angesichts dieser widersprüchlichen Implikationen, verglichen mit der selbstverständlichen Erklärbarkeit solarer, lunarer und planetarischer Phänomene in der Ekliptik, statt in der Milchstrasse, scheint mir die Gleichsetzung des ḫ3-Kanals mit dem ekliptikalen Streifen statt mit der Milchstrasse evident zu sein. Hinzu kommt, dass jetzt Wells unter Berücksichtigung der These von Davis die über die Erde gebeugte Figur der Himmelsgöttin Nut als Bild der Milchstrasse erklärt hat.[211] Diese ansprechende Erklärung ist als grosszügiges Modell konzipiert und sollte an Detailaussagen der PT und CT festgemacht werden.[212] Milchstrasse und ḫ3-Kanal kann man nicht gleichsetzen, wenn man die Milchstrasse als Nut erklärt: Jegliche identifizierende Beziehungen zwischen Nut und ḫ3-Kanal fehlen und beispielsweise aus PT 802a (§ 28) folgt klar, dass Nut und ḫ3-Kanal verschieden sind, weil der ḫ3-Kanal im Norden der Nut lokalisiert ist.

210 Anstelle dieser willkürlichen neuen Lokalisierungen ziehe ich die sinnvoll begründete Identifizierung der nördlichen Sternbilder durch K. Locher, JHA 16 (1985) S152f, definitiv vor.

211 R. A. Wells, SAK 19 (1992) 305 ff.

212 Vgl. §§ 28, 48.

33. Zur Gleichsetzung von ḫꜣ-Kanal und ekliptikalem Streifen im grösseren astronomischen Rahmen. – In der babylonischen Astronomie und im Anschluss daran auch in der griechischen Astronomie wurde der scheinbare jährliche Bahnstreifen von Sonne und Mond als sogenannter Tierkreis (Zodiakus) beschrieben und entsprechend den zwölf Monaten eines Jahres in zwölf Tierkreisbilder eingeteilt[213]. Der Tierkreis als astronomiegeschichtliche Form des ekliptikalen Streifens lässt sich erst in der spätzeitlichen ägyptischen Astronomie als Übernahme aus der babylonischen Astronomie nachweisen[214]. Der ekliptikale Streifen kann – wenn auch ohne Beziehung zum Tierkreis – schon vor der Spätzeit in der ägyptischen Astronomie bekannt gewesen sein. Einem Beobachter des Mondes hätte sich gezeigt, dass der Mond in einem bestimmten Bahnstreifen zwischen den Fixsternen wandelt. Ein solcher Beobachter sollte ferner erkannt haben, dass sich die Planeten im Bahnstreifen des Mondes bewegen. Schwieriger war die Erkenntnis, dass sich die Sonne gleichfalls in diesem Bahnstreifen bewegte. Die PT sprechen sich zum Thema Sonnenbahn nicht mit wünschenswerter Klarheit aus und es bleibt offen, ob für die Sonne nur die täglichen horizontalen Anfangs- oder Endstationen im ḫꜣ-Kanal von Bedeutung sind bzw. wie die jährliche Sonnenbewegung aufgefasst und ausgedrückt wurde. Von den Merkmalen a) bis j) ist lediglich a) auf die Sonne bezogen und zwar auf ihren morgendlichen Aufgang. Die anderen Merkmale gelten der Lage des Orion und der „Unvergänglichen Sterne“ relativ zum ḫꜣ-Kanal sowie den Kanalüberquerungen durch Thot-Mond und andere Gottheiten. Da die Aussagen der PT eher an den ekliptikalen Streifen anknüpfen, wie er durch die Bewegungen des Mondes und der Planeten definiert ist, kann die Frage nach der Beziehung zwischen ḫꜣ-Kanal und täglicher Sonnenbahn zunächst ausgeklammert werden. Ich verweise aber auf CT I 270e-271c, wonach die Fahrt über den Himmel in der Sonnenbarke und mit Hilfe der beiden Schiffsmannschaften des Re ausschliesslich im ḫꜣ-Kanal vonstatten zu gehen scheint; möglicherweise impliziert dies, dass sich die Sonne auf der gesamten Länge des ḫꜣ-Kanals bewegte. Auf alle Fälle waren die Ägypter der Pyramidenzeit zur Erfassung eines rund um die Himmelskugel führenden Streifens in der Lage, da sie in den Dekanster-

213 H. Gundel, RE X A (1972) 487-498, 705-709.
214 Neugebauer/Parker, EAT I (1960) 97.

nen einen vergleichbaren Sterngürtel kannten. Neugebauer und Parker haben aus der spät bezeugten Angabe über die jährlich 70tägige Unsichtbarkeit der Dekansterne gefolgert, dass die Dekansterne in einem Gürtel südlich von der Ekliptik zu suchen sind[215]. Gegen die Neugebauer/Parkersche Definition richtete sich in den letzten Jahren die wohlbegründete Kritik von Kurt Locher, dessen Ergebnisse zugunsten eines ungefähr parallel zum Himmelsäquator der Epoche von 2500 v.Chr. liegenden Dekangürtels sprechen[216]. Dagegen sind die in den 80er Jahren von R. Böker gegen Neugebauer und Parker vorgeschlagenen Identifizierungen von Sternen und Sternbildern mit Dekanen unmethodisch und zum Teil absurd[217].

215 Neugebauer/Parker, EAT I (1960) 97.

216 S. zuletzt K. Locher, International Congress of Egyptology Turin 1991. Abstracts, 272f.

217 R. Böker, Centaurus 27 (1984) 189-217. – Absurd ist Bökers Vorschlag, a. O. 215, den Dekan štwj („Zwei Schildkröten") mit den Magellanschen Wolken (Kapwolken) gleichzusetzen, >die allerdings in Ägypten unsichtbar sind ... Die Kenntnis dieser beiden Wolken dürfte auch in der nördlichen Oikumene weit verbreitet gewesen sein, denn es ist auffällig, wie eifrig sich die Wissenschaft seinerzeit bemüht hat, die Schildkrötenvorstellung für den ihr sichtbaren Teil des Sternhimmels zu retten<.

III. Zum Rückwärtsblicker und anderen Fährleuten des ḫꜣ-Kanals

34. Zu den Namen der Fährleute des ḫꜣ-Kanals. – Es geht mir in diesem Abschnitt um eine bestimmte astronomische Erklärungsmöglichkeit für den „Rückwärtsblicker" sowie Zwnṯw als Fährleute des ḫꜣ-Kanals und zwar unter der Voraussetzung der Erklärung des ḫꜣ-Kanals als ekliptikaler Streifen. Dementsprechend behandle ich das Thema der Fährleute nur insoweit wie diese Erklärungsmöglichkeit betroffen ist.

Der wichtigste von den in den PT namentlich identifizierten Fährleuten des ḫꜣ-Kanals ist Mꜣ-ḥꜣ.f (7 Belege[1]) bzw., wie er auch heisst, Ḥr.f-ḥꜣ.f (6 Belege[2]); dazu treten als Varianten mit je einem Beleg Ḥr.f-m-ḫnt.f, Ḥr.f-m-mḥꜣ.f[3], Ḥꜣ.f-m-ḥꜣ.f[4] und Ḥꜣ.f zusammen mit M-ḥꜣ.f[5]. Der ähnliche Name Mꜣ-m-ḥr.f (Sehen/Sicht ist in seinem Gesicht) in Neith 702 muss sich nicht unbedingt auf den „Rückwärtsblicker" beziehen; ich halte es für erwägenswert, ob an dieser Stelle Ḫntj-jrtj (Der vorne zwei Augen hat) gemeint ist.[6]

In PT 1441a heisst Ḥr.f-ḥꜣ.f ausdrücklich mḫntj nj mr nj ḫꜣ (Fährmann des ḫꜣ-Kanals), wie auch Mꜣ-ḥꜣ.f in PT 597a-b und 599a-b. In ein und demselben Text trägt Ḥr.f-ḥꜣ.f alias Mꜣ-ḥꜣ.f folgende Beinamen: mḫntj pt (Fährmann des pt-Himmels), mḫntj Nwt (Fährmann der Nut), mḫntj nṯrw (Fährmann der Götter)[7]. Als Mꜣ-ḥꜣ.f führt er die Beinamen jmj ḫnw

1 Vgl. Speleers, TP 318; Faulkner, AEPT 321; auf die relative Häufigkeit des Mꜣ-ḥꜣ.f in den PT machte Sethe aufmerksam in ÜKPT II 116.

2 Vgl. Speleers, TP 357, unter Einschluss von Ḥꜣ.f-mḥꜣ.f und Ḥr.f-m-mḥꜣ.f; Faulkner, AEPT 323.

3 PT 493b, W, P, M. – N schreibt Ḥr.f-m-ḥꜣ.f.

4 PT 517a.

5 PT 1585a Nt; Variante N: N-ḥꜣ.f.

6 Vgl. §35 Ende.

7 PT 383a-c; ob in mḫntj nṯrw eine Anspielung auf die eine Überfahrt wünschenden anonymen Götter von PT (359) vorliegt?

Nwt[8](„der im Innern der Nut“), kꜣ nṯrw[9] (Stier der Götter) und als Ḥr.f-ḥꜣ.f heisst er jrj ꜥꜣ Wsjr[10] (Türhüter des Osiris). Einmal trägt Ḥr.f-ḥꜣ.f den Namen 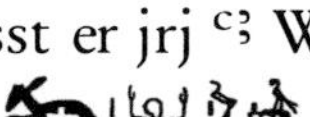 (Jww)[11], was an 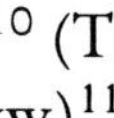 Jw[12] als Fährmann des Opfergefildes erinnert. Schliesslich kann es sich bei Hḏhḏ, der auch als ein Fährmann des ḫꜣ-Kanals gilt, um ein Synonym des Rückwärtsblickers handeln. Hḏhḏ wird in PT 1737a ausdrücklich als Fährmann des ḫꜣ-Kanals bezeichnet, allerdings führt er diese Bezeichnung nicht in PT 913c. Unter diesen Umständen kann Hḏhḏ als ein Genosse des Rückwärtsblickers gelten.

Die Benennung des Fährmanns nur als mḫntj[13] in PT (475) lässt sich wegen inhaltlicher Parallelität dieses Spruches zu PT (359) auf den dort genannten Mꜣ-ḥꜣ.f beziehen. Die allgemeine Bezeichnung mḫntj sḫt jꜣrw[14]/„Fährmann des Binsengefildes“ kann man an Ḥr.f-ḥꜣ.f anknüpfen, weil auch dieser laut PT 1091a zum Binsengefilde fährt. Ob auch nwrw, mḫntj sḫt pꜣꜥt[15] mit einer Form des himmmlischen Fährmannes zu verbinden ist, bleibt unklar. Ganz allgemein gehalten und nicht weiter zu analysieren ist die Benennung des himmlischen Fährmanns als ḏꜣ[16], „der welcher überfährt“.

Als einen von Mꜣ-ḥꜣ.f zu unterscheidenden Genossen nennt PT 1222b einen Ḥqrr[17]. In welchem Zusammenhang Ḥm und Smt[18], ein Fährmannspaar im ḫꜣ–Kanal, zum Rückwärtsblicker und seinem Genossen stehen, ist offen[19]. Als Varianten dieser Namen kommen Jḥmtj und Smtj[20] vor, wobei

8 PT 597b; vgl. Sethe, ÜKPT III 111.

9 PT 925c, P, M, N.

10 Ausdrücklich ist Ḥr.f-ḥꜣ.f der jrj ꜥꜣ Wsjr (Türhüter des Osiris) in PT 1201a. Von daher lässt sich auch der jrj ꜥꜣ nj Wsjr und njs/Rufer in PT 1157b als Ḥr.f-ḥꜣ.f verstehen.

11 PT 999a.

12 PT 1193a.

13 PT 946a.

14 PT 1188b; PT 1743a.

15 PT 1183a.

16 PT 1188a; vgl. G. Maspero, RT 7 (186) 161 Anm. 1: >une sorte de Charon<.

17 In den CT heisst ein Genosse des Rückwärtsblickers ꜥqn, vgl. Bidoli, Fangnetze (1976) 29.

18 PT 1382b-c; ob eine Verbindung zu dem Wort ḥmj/Steuermann, WB III 81. 14–15, besteht? Zu Smtj vgl. Faulkner, AEPT, Utt. 678 n.2 mit Verweis auf WB IV 144.8.

19 Für diese Gruppe von Fährmännern scheint es bezeichnend zu sein, dass sie dem zum Himmel aufsteigenden NN seinen Zauber abfordern; vgl. auch Sethe, ÜKPT II 352 und CT V 270c-271c.

20 PT 2029a.

Jḥmtj[21] einmal allein belegt ist. Schliesslich ist ein Ḥmj zusammen mit einem Sḥd-Stern[22]genannt und dies ist die einzige Stelle, die unverschlüsselt die stellare Natur eines der Fährmänner ausspricht. Da der als himmlischer Fährmann gedeutete sḥd-Stern offensichtlich am Himmel beweglich ist, sollte es sich bei realer Grundlage um einen Planeten handeln. Nicht einordnen lassen sich die Namen sḏd zꜣb dqq und hhjw in PT 2163a und PT 2164[23].

Abgesehen von diesen meist ausdrücklich mit dem ḫꜣ-Kanal verbundenen Fährleuten in den PT, ist noch an den Gott Ḫrtj[24] als einen in den PT genannten Fährmann zu erinnern, bei dem insbesondere offen ist, welche himmlischen Gewässer er überquert. Im übrigen nennt CT V 170g vier bzw. sieben Fährleute des Himmels, die jedoch anonym bleiben.

35. Die Charakterisierung des himmlischen Fährmanns durch sein rückwärts oder vorwärts gerichtetes Sehen. – Wie Sethe erkannte[25], ist Ḥr.f-ḥꜣ.f (wörtlich: „der, dessen Gesicht hinter ihm ist“[26]) lediglich ein anderer Name für Mꜣ-ḥꜣ.f (wörtlich: „der hinter sich blickt“ = „Rückwärtsblicker/Hintersichschauer“ oder „Sehen/Sicht ist hinter ihm“[27]). Die Identität der beiden Gottheiten geht aus PT 383a-c und 1227a-b klar hervor, da sie dort im Singular und nicht im Dual angeredet werden; gleiches gilt für Ḥr.f-ḥꜣ.f und Jww in PT 999a-b.

Die Namen von PT 1585a scheinen Abkürzungen darzustellen. Ḥꜣ.f könnte jedes der in Frage kommenden Teile von Mꜣ-ḥꜣ.f, Ḥr.f-m-ḥꜣ.f, Ḥꜣ.f-m-(m)ḥꜣ.f oder Ḥꜣ.f-m-ḥꜣ.f darstellen. M-ḥꜣ.f (Nt) bzw. N-ḥꜣ.f (P) lässt sich auf Ḥr.f-m-(m)ḥꜣ.f beziehen oder auf Ḥꜣ.f-m-ḥꜣ.f[28].

Die Identität des Ḥr.f-m-ḫnt.f, Ḥr.f-m-mḥꜣ.f von PT 493b mit Mꜣ-ḥꜣ.f bzw. Ḥr.f.-ḥꜣ.f folgt aus der Namensähnlichkeit und aus der gemeinsamen

21 PT 1102a.
22 PT 506a.
23 Vgl. Faulkner, Supplement 59; Faulkner, AEPT 304, Utt. 696.
24 Vgl. Sethe, ÜKPT II 62f, 227.
25 Sethe, Sethe, ÜKPT II 116.
26 Edel, AG § 1141 B; vgl. Sethe, ÜKPT IV 282: „der sein Gesicht hinter sich wendet“.
27 L. Depuydt, GM 126 (1992) 34f.
28 Man könnte auch *Mꜣ-n-ḥꜣ.f als Vorlage von N-ḥꜣ.f konstruieren. Zu n ḥꜣ vgl. WB III 10.10-13.

Funktion als Fährmann. Kees übersetzte PT 493b: >Du dessen Gesicht vorn an ihm ist, du, dessen Gesicht hinten an ihm ist, bring mir dieses (die Fähre)![29]< Er schloss aus dieser Benennung auf eine >Göttergestalt mit zwei Gesichtern< und vermutete im Anschluss daran, dass den Ägyptern der Name des himmlischen Fährmanns schon früh nicht mehr >ganz klar< war[30].

Schliesslich ist noch Ḥꜣ.f-m-ḥꜣ.f von PT 517a zu besprechen, der als Herr oder Verwalter eines himmlischen Transportmittels zu den gleichartig benannten Fährleuten gehört. Sethe übersetzte den Anruf an ihn als >O du, dessen Hinterseite an seiner Hinterseite ist[31]<. Das erste ḥꜣ[32] kann aber doch auch das Wort für Hinterkopf[33] sein und dementsprechend übersetze ich: >Der, dessen Hinterkopf an seiner Rückseite ist<[34]. Meine Übersetzung ändert nichts an der sachlichen Erklärung des Namens durch Sethe: >Er ist einer, der sich nicht umsieht, sondern geradeaus sieht...<[35].

Wie vor ihm schon Erman[36], so deutete auch Sethe die Namen des himmlischen Fährmanns sachlich daraus, >dass der Steuernde sich umsehen muss, um festzustellen ob er das Schiff in der richtigen Richtung führt ...<[37]. Den Beleg von PT 493b übersetzte und kommentierte er als unausgesprochene kritische Stellungnahme zu Kees wie folgt: >"O du, dessen Gesicht (bald) in seinem Antlitz ist, dessen Gesicht (bald) in seinem Hinterkopf ist." Der Wortlaut könnte an eine Janusgestalt denken lassen, eine Person mit zwei

29 Kees, Totenglauben (1926) 111.

30 Kees hat nicht erläutert, welche Schwierigkeiten diese Namen den Ägyptern bereitet haben sollen; vgl. dazu O. Firchow, MIO 1 (1953) 319 f.

31 Sethe, ÜKPT II 386.

32 Speleers, TP 72 Anm. 4, schlug dagegen vor den Namen in *Ḥr.f-m-ḥꜣ.f zu emendieren.

33 WB III 8.I.

34 Unter der gemachten Voraussetzung entspricht die Namensform jenen mit ḥr/Gesicht als erstem Glied.

35 Sethe, ÜKPT II 387.

36 A. Erman, Ägyptische Religion (1909) 110: >... weil er ja, wenn er hinten in seinem Nachen stehend „staakt", den Kopf wenden muss<.

37 Sethe, ÜKPT II 115; vgl. auch im Anschluss an Sethe, Breasted, Development (1912) 105.

Gesichtern, vgl. PT 497c[38]. Es ist aber doch wohl nur daran gedacht, dass der Mann beim Fahren bald vor sich, bald hinter sich blickt<[39]. Bidoli hielt den Vergleich des Rückwärtsblickers mit Janus nicht für >abwegig ... denkt man an seine Rolle als Türhüter ... des Osiris<[40]. Allerdings haben ägyptische Türen keine Janus-Funktion.[41] Was das Rückwärtsblicken angeht, so schlug Bidoli einen Zusammenhang mit der in den CT belegten Funktion des Fährmanns als Seelenfischer vor: >Wie der zum Ufer zurückblickende Fährman, wendet sich auch der Fischer des öfteren um, wenn er sein volles Netz hinter sich zieht.[42]< Diese Erklärung ist sachlich wenig überzeugend, weil in den Texten entsprechende Beziehungen zwischen dem Seelenfischer sowie seinem vollen Netz einerseits und dem Rückwärtsblicker andererseits fehlen.

Die Sethe-Ermansche Erklärung ist zwar sachlich sinnvoll, beruht aber nach Depuydt auf einer verbesserungsbedürftigen Etymologie der Namen Mꜣ-ḥꜣ.f und Ḥr.f-ḥꜣ.f. Nach Depuydts Argumentation sollen diese Namen bedeuten, dass sich das Gesicht des Fährmanns ständig hinten befindet[43]: >Der Jenseitsfährmann blickt also nicht abwechselnd vor und hinter sich, sondern übt ununterbrochen die Eigenschaft des Sehens an seiner Hinterseite aus. ... Zieht man jetzt auch die dritte, längere Namensform Ḥr.f-m-ḫnt.f-ḥr.f-m–mḥꜣ.f in Betracht, so wird deutlich, was es mit dem sich-im-gedrehten–Zustand-Befinden-des-Gesichtes auf sich hat. Nach diesem Namen besitzt der Jenseitsfährmann einfach ein (zweites) Gesicht am Hinterkopf. Es handelt sich also um eine Janusfigur. ... Sicherheit über diese Lösung kann es aber nicht geben<.

Gegen diesen Schluss spricht die Namensform „Der, dessen Hinterkopf an seiner Hinterseite ist“, denn daraus folgt, dass speziell diese Form des „Vorwärtsblickers“ kein Janus ist. Daher meine ich, dass die lange Namens-

38 Dieser Verweis bezieht sich auf personifizierte Winde, die mit zwei Gesichtern sehen können.

39 Sethe, ÜKPT II 332.

40 Bidoli, Fangnetze (1976) 47.

41 Vgl. H. Beinlich, LÄ VI (1986) 781, s.v. Tür und Tor: D. – Siehe aber Sethe, Sonnenlauf (1928) 18 Anm. 3, zur alten Schreibung von „ḫns >Türe< ... mit dem Bilde eines Janusstieres ...“.

42 Bidoli, Fangnetze (1976) 48.

43 L. Depuydt, GM 126 (1992) 37.

form Ḥr.f-m-ḫnt.f, Ḥr.f-m-mḥꜣ.f prinzipiell im Sinne Sethes zu übersetzen ist, auch wenn dabei die näheren Umstände des Setheschen „bald“ … „bald“ fürs erste offen bleiben.

Sethes Auffassung wird durch Depuydts Hinweis auf PT 1221 nicht entwertet. An dieser Stelle sind vier Gottheiten genannt, mit Zöpfen an verschiedenen Stellen ihrer Köpfe[44]:

> ḥnskwt.ṯn m ḫnt.ṯn: „Euere Zöpfe sind vorn an euch“
> ḥnskwt.ṯn tp smꜣ.tn: „Euere Zöpfe sind auf eueren Schläfen“
> ḥnskwt.ṯn m ḥꜣ.tn: „Euere Zöpfe sind hinten an euch“.

Aus diesen Aussagen folgt lediglich, dass die PT ein gleichzeitiges Vorhandensein von Attributen an verschiedenen Kopfseiten in der zitierten Form ausdrücken können. Es bleibt offen, ob die PT ein abwechselndes Vorhandensein von Attributen an verschiedenen Seiten in gleicher oder in anderer Weise ausdrücken würden.

Angesichts des himmlischen Kontextes sollte man danach fragen, ob Name und Funktion des himmlischen Fährmanns in den PT einen bestimmten und mit dem Fährmann identifizierbaren Himmelskörper bezeichnen können. Über diesen Fährmann wäre ausdrücklich gesagt, dass er den ḫꜣ-Kanal bzw. den ekliptikalen Streifen von Nord nach Süd ins Binsengefilde (z.B. PT 1091a) und von Süd nach Nord zu den „Unvergänglichen Sternen“ (z.B. PT 1201a-d) überquert. Fragt man nach einer sachlichen Erklärung, die sowohl astronomisch sinnvoll als auch aus den Texten ableitbar ist, so könnte man wegen der genossenschaftlichen Beziehung des Fährmanns zu einem als Planeten erklärten sḥd-Stern an einen weiteren Planeten denken, der den ekliptikalen Streifen in einer der beiden möglichen Richtungen kreuzt. Über den Planeten Mars heisst es in den astronomischen Texten seit dem NR, „dass er fährt ist rückwärts“ (sqdd.f m ḫtḫt)[45]. Neugebauer und Parker kommentieren diesen Beinamen im Sinne von >retrograde movement but this is no nore significant for Mars than for any other planet<[46]. Es ist zwar richtig, dass alle Planeten rückläufige Phasen haben, aber bekanntlich ist beim Mars die Rückläufigkeit infolge der

44 Depuydt, a.O. 36f.
45 Neugebauer/Parker, EAT III (1969) 179, Pl. 61.
46 Neugebauer/Parker, EAT III (1969) 181.

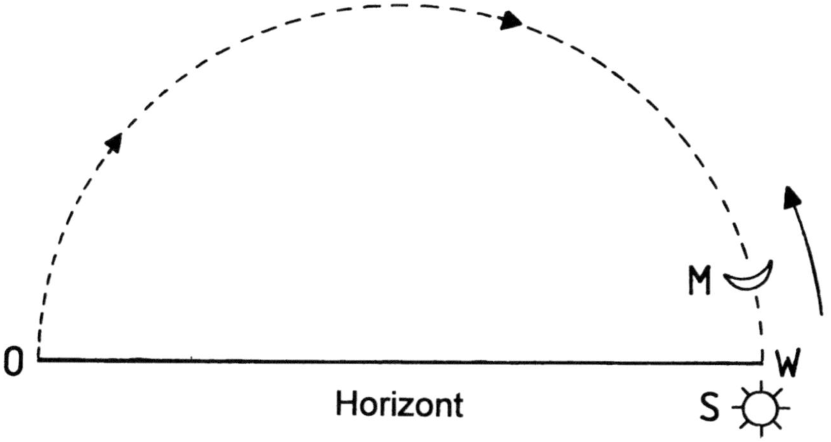

Abb. 6a
Anfang eines Mondmonats
→ *Mondbewegung*
--→ *tägliche Bewegung der Himmelskörper*

grossen Bahnschleifen bei weitem am eindrücklichsten. Daher könnte man Mars vielleicht, aber kaum die anderen Planeten, als provisorischen Kandidaten für den am Himmel fahrenden Rückwärtsblicker der PT einstufen. Andererseits kann man bei diesen nur als Punkte erscheinenden planetarischen Lichtquellen nicht gut sagen, dass ihre „Sicht“ oder ihr „Sehen“ während der Rückläufigkeit hinter bzw. vor ihnen seien und insofern lassen sich die Planeten auch nicht mit dem „Rückwärtsblicker“ vergleichen.

Weitaus geeigneter als ein Planet ist der Mond als Vorbild des „Rückwärtsblickers“. Aus astronomischer Sicht kann der Mond ganz allgemein als himmlischer Fährmann par excellence gelten: Kein anderer nächtlicher Himmelskörper durchquert den Himmel so schnell und so oft wie der Mond und kreuzt dabei auch den ekliptikalen Streifen bzw. den ḫꜣ-Kanal. Und schliesslich ist die Vergesellschaftung des himmlischen Fährmanns mit einem als Planet erklärten sḥd-Stern eine in bezug auf den Mond sinnvolle Aussage, da sich der Mond häufig genug in der Nähe eines Planeten bewegt.

Speziell für die Charakteristik des entweder vorwärts oder rückwärts bzw. bald vorwärts, bald rückwärts gerichteten Sehens bietet der Mondlauf ein optimales Modell. Der von West nach Ost und damit gegen die tägliche

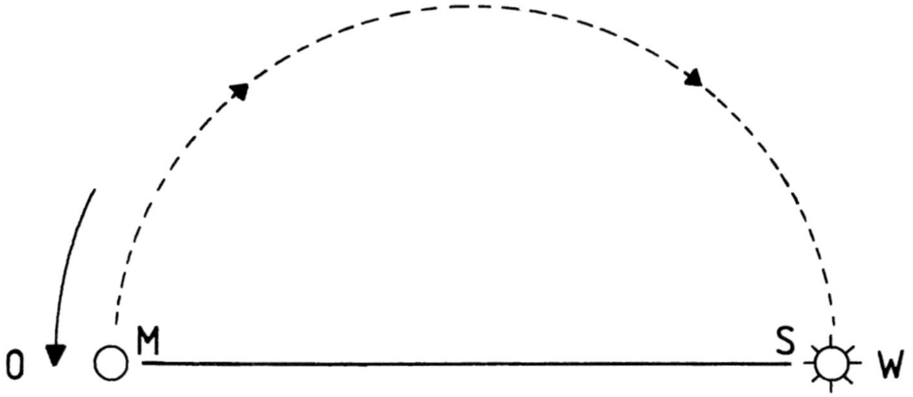

Abb. 6b
Mitte eines Mondmonats

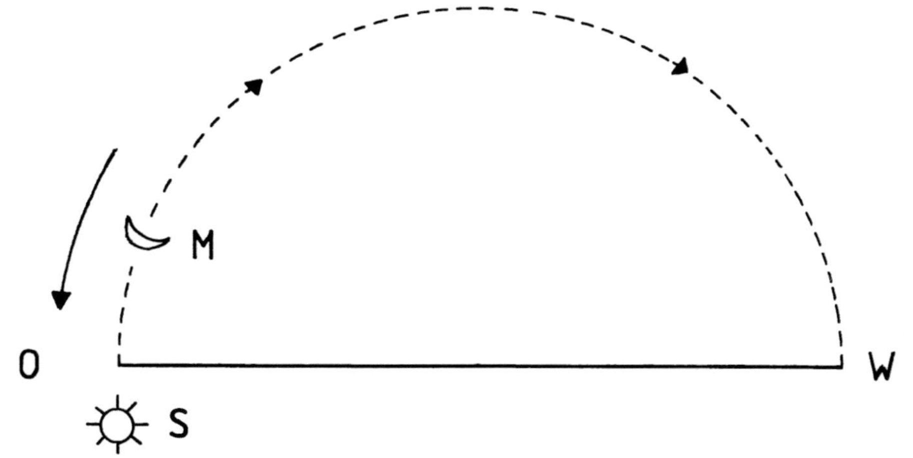

Abb. 6c
Ende eines Mondmonats

Bewegung der Himmelskörper gerichtete ekliptikale Mondlauf beginnt mit der Neulichtsichel des zunehmenden Mondes und führt über den Vollmond zur Altlichtsichel des abnehmenden Mondes (vgl. Abb. 6a-c). Dabei befindet sich die Neulichtsichel am Westhimmel in Nähe der untergehenden Sonne (Abb. 6a), während der Vollmond 180° von der Sonne entfernt ist (Abb. 6b) und die Altlichtsichel am Osthimmel in Nähe der aufgehenden Sonne steht (Abb. 6c).

Der Mond bewegt sich pro Tag um ca. 13 ° nach Osten. Weil der beleuchtete Scheibenteil stets der Sonne zugewandt ist, so ist die Sichel des zunehmenden Mondes nach Osten hin offen, die Sichel des abnehmenden Mondes aber nach Westen hin (s. Abb. 6a-c). Nimmt man das „Gesicht" des Mondes in der offenen Sichel an, dann blickt der zunehmende Mond nach Osten und damit in seiner ekliptikalen Bewegungsrichtung nach vorn, während der abnehmende Mond gegen seine ekliptikale Bewegungsrichtung nach Westen blickt, also zurück[47]. Die in den Namen Mꜣ-ḥꜣ.f und Ḥr.f-ḥꜣ.f enthaltenen Aussagen über das rückwärts gerichtete Sehen des Fährmanns lassen sich durch das Modell des abnehmenden Mondes restlos erklären, da der abnehmende Mond ständig hinter sich blickt. Da sich der abnehmende Mond nachts am Osthimmel bewegt, könnte die häufige Nennung des „Rückwärtsblickers" aus der allgemeinen Bevorzugung des Osthimmels in den PT folgen.

Als Name des „Vorwärtsblickers" kann sich Ḥꜣ.f-m-ḥꜣ.f auf den zunehmenden Mond beziehen, der ständig nach vorn blickt. Die längere Namensform schliesslich kann dem Mond innerhalb eines ganzen Mondmonats gelten, indem der zunehmende Mond ständig sein Gesicht vorn hat, der abnehmende Mond aber ständig hinten; die Vollmondphase bleibt dabei ausgeklammert. Von einem häufigen Blickwechsel, wie es Sethes Übersetzung „Dessen Gesicht (bald) in seinem Antlitz ist, dessen Gesicht (bald) in seinem Hinterkopf ist" impliziert, kann also keine Rede sein und insofern trifft die Kritik Depuydts an Sethes Auffassung zu. Auch der Vergleich mit einem irdischen Fährmann ist gerechtfertigt, insofern der Mond seinen „Blick" wendet, wenn auch viel seltener als ein irdischer Fährmann, denn er blickt während der ersten Weghälfte (zunehmender Mond) nach vorn, während der zweiten Weghälfte (abnehmender Mond) nach hinten. Offen bleibt dabei, ob man sich die wechselnden Blickrichtungen durch eine Drehwendung erklärte oder ob man mit der sowohl vorne als auch hinten vorhandenen, aber abwechselnd in Kraft tretenden Fähigkeit des Sehens rechnete.

47 Nimmt man das „Gesicht" auf der äusseren Seite der Mondsichel an, dann würde der zunehmende Mond zurückblicken, der abnehmende Mond dagegen nach vorn. – Zu einem ähnlichen Vergleich zwischen den wechselnden Blickrichtungen einer Min-Statue und den Mondphasen, vgl. M.-Th. Derchain–Urtel, Priester im Tempel (1989) 105.

Ich erinnere in diesem Zusamenhang an die Einwände von Griffiths gegen Edels Erklärung des Namens Ḫntj-jrtj als „Der vorne zwei Augen hat“:[48] „That the Egyptians could have named a god as >the one who has two eyes in front< seems highly unlikely. Was there any god, one feels tempted to ask, who was imagined as having his eyes in his posterior? Since all men, animal, birds, and fishes have their eyes in front, such a name would be completely lacking in distinctiveness“. Griffiths geht zu weit, wenn er „Augen am Hintern“ als Gegenteil von „Augen vorn/am Kopf“ ansetzt. Eher ist als Gegensatz „Augen hinten am Kopf“ und „Augen vorn am Kopf“ gemeint. Tatsächlich bezeugt CT VII 52b im Zusammenhang mit der Anrufung eines Fährmanns ein Wesen, das seine zwei Augen hinten im Kopf hat. Was den Namen Ḫntj-jrtj im Sinne von Edel angeht, so könnte dieser als Gegenstück zum Namen des Rückwärtsblickers gemünzt sein.

36. Hinweise auf die lunare Natur des „Rückwärtsblickers“ in den PT und CT. – Methodisch gesehen ist die im letzten Paragraphen gegebene Erklärung für das „Vorwärts- bzw. Rückwärtsblicken“ des Fährmanns im ḫꜣ-Kanal mehr als nur ein Modell, da die fallweise Vergesellschaftung mit einem sḥd-Stern bzw. Planeten die Gleichsetzung des Rückwärtsblickers mit dem Mond nahelegt. Es stellt sich die Frage, ob unabhängig von diesem Modell in den PT und CT Hinweise auf die lunare Natur des Fährmanns zu finden sind. Allgemein passen die Bezeichnungen „Fährmann des Himmels“ und „Fährmann der Nut“ offensichtlich auf den Mond. In PT 925c schliesslich deutet „Stier der Götter“ als Beiname des Fährmanns auf einen hohen Rang unter den Göttern hin[49], was der Rolle des Mondes entspricht. Mit diesem Epitheton lässt sich die Bezeichnung „Stier der Sterne“ für Thot-Mond in CT VII 367a[50] vergleichen und ferner „grosser Stier“ als Beiname von Thot-Mond in CT VII 25h.

Ein mythologisch formulierter Hinweis darauf, dass sich hinter dem himmlischen Fährmann eine Gestalt von Thot-Mond verbirgt, kann in PT

48 J. G. Griffiths, CdE 33 (1958) 192 f.

49 Zu „Stier“ als Beinamen, vgl. Sethe, ÜKPT IV 7.

50 Vgl. Faulkner, AECT III 150, Sp. 1089 n. 1: >For the name of Thoth B9C ff. substitute „Bull of the stars“<. Allerdings steht in keinem der vier Belege der Plural sbꜣw/Sterne. – Zu „Stier der Sterne“ als Synonym von Thoth-Mond, vgl. G. Roeder, Ägyptische Inschriften aus den Staatlichen Museen zu Berlin II (1924) 40.

(516)[51] vorliegen, wo der mẖntj nj sẖt pꜣꜥt[52] (Fährmann des pꜣꜥt-Gefildes) als Findling bezeichnet wird, der weder Vater noch Mutter kennt. Diese Angaben erinnern an den mutterlosen Thot, wie er aus PT 1271b bekannt ist[53]. Ferner kann der schon zitierte Fährmannsname Jww (PT 999a, M) als Synonym von Ḥr.f-ḥꜣ.f die Vorform des im NR belegten Namens 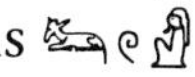[54] (Jw) für Thoth-Mond darstellen.

Hinweise darauf, dass eine Form von Thot-Mond mit dem himmlischen Fährmann identisch ist, finden sich da und dort in den CT. Beispielweise hat der Fährmann nach CT (405) eine Beziehung zu Ashmunein, dem Kultort des Mondes. Hervorheben will ich die Funktion des Seelenfischers, die für Thot schon in den PT[55] und für den „Rückwärtsblicker" in den CT[56] belegt ist. Als nicht eindeutig erweist sich Faulkners Hinweis auf Jꜣ, den Namen des himmlischen Fährmanns in CT VII 193b, 194o-p. Faulkner fasste Jꜣ als „Kahlkopf" auf, was eine treffende Bezeichnung für den Mond wäre[57]. Es ist aber nicht Jꜣs/„Kahlkopf(?)" geschrieben, sondern nur Jꜣ, obwohl das Determinativ  zu jꜣs gehören kann. Vielleicht liegt eine Ableitung von jꜣ, WB I, 26, „weit schreiten" vor.

Auch die schon in §27 zitierten Angaben von CT V 212b-214c (= Sp. 407, vgl. auch Sp. 408), lassen sich auf den Mond deuten. Es heisst dort über den >Fährmann der Seelen von Heliopolis<, dass er den NN in den südlichen und dann in den nördlichen Himmel bringt[58]. An dieser Fahrt nach Norden ist auch Seth als Passagier beteiligt, der sich als Planet Merkur deuten lässt[59]. Umständehalber sollte es sich bei diesem Fährmann um den Fährmann des ḫꜣ-Kanals handeln. Die Aussage, dass er zwischen dem südlichen und nördlichen Himmel hin und her fährt, passt astronomisch kon-

51 PT (515) bis (519) gehört zu einer Gruppe von Sprüchen, die durch ḏd mdw ḏd verbunden sind und Fähren- bzw. Fährmannstexte zum Thema haben.

52 PT 1183a.

53 Zu diesem Thema vgl. Bonnet, RÄRG 807 und D. Kurth, LÄ VI (1986) 499.

54 WB I 48.4.

55 Zu Thot-Mond als ein/der Fänger der Totenseele laut PT 1377a-1378c, vgl. Sethe, ÜKPT V 313f. – Zu Jꜥḫ-Mond als himmlischer Fischer, vgl. Ph. Derchain, in: La Lune – Mythes et Rites (1962) 26, 56 und D. Kurth, LÄ VI (1986) 504.

56 Vgl. Bidoli, Fangnetze (1976) 13.

57 Faulkner, AECT III, Utt. (984), (987).

58 Vgl. Kees, Totenglauben² (1956) 189.

59 Siehe §92-94.

kret in erster Linie auf den Mond, in zweiter Linie aber auch auf die Planeten, insofern diese die Ekliptik überqueren.

Ein spezieller Hinweis scheint in CT (404) vorzuliegen. Diesen Spruch hat D. Müller als „An early Egyptian Guide to the Hereafter“ bearbeitet[60]; einen ausführlichen Kommentar dazu gab auch Faulkner[61]. Da ich in einigen Punkten von Müllers und Faulkners Interpretation abweiche, gebe ich die hier interessierende Passage in Transkription und Übersetzung.

CT V 187c[62]: ḏdt n mẖntj nj sẖt jꜣrw,
d: ẖr ḥr.f n nṯrw jpn, wnnw ḥr pf gs jtrw
e: ḏd.ẖr.f[63] n s[n], jꜣš.f
g[64]: j ḥn swꜣ, ns Rʿw,
188a: jnḏbw, sšm tꜣwj
b: m ḥm n sn,
c: j sẖm nj pt,
d: wn jtn
187c: Was zu sagen ist zum Fährman des Binsengefildes,
d: während sein (=NN) Gesicht zu diesen Göttern ist,
die auf jener (=nördlichen) Seite des Flusses sind;
e: zu ihnen spricht er, nachdem er (zum Fergen) gerufen hat:
g: >"Abgeschnittene ḥn-Pflanze“, „Zunge des Re“,
188a: jnḏbw, „Leiter der Beiden Länder“.
b: Weiche nicht zurück vor ihnen,
c: O sẖm-Macht des pt-Himmels,
d: der die jtn-Scheibe öffnet ...<;

Müller bezieht ẖr ḥr.f n nṯrw jpn auf den himmlischen Fährmann (speziell als „Rückwärtsblicker“)[65]: >in order to transfer the new customer, the skipper must turn around to face the gods on the other side (ḥr pf gs) of the

60 D. Müller, JEA 58 (1972) 99-125.
61 Faulkner, AECT II 48-53, Sp. 404.
62 B5C/B7C.
63 Zum sḏm.ẖr.f vgl. F. Junge, JEA 58 (1972) 133f.
64 CT V 187 f kommt nur als Einschub bei B10C vor: >... er ruft zum Fährmann des Binsengefildes<.
65 D. Müller, JEA 58 (1972) 104; ähnlich auch Faulkner, AECT II 49, Sp. 404.

river, and then row toward the deceased without paying attention (ḥm) to their signals<. Nach meiner Auffassung spielt der Text nicht auf das Rückwärtsblicken des Fährmanns an. Die zitierte Passage ist besser so zu interpretieren, dass es NN ist und nicht der Fährmann, der sein Gesicht den Göttern auf jener (=nördlichen) Seite des himmlischen Kanals zuwendet. Diese Götter soll NN erst später anreden, zunächst aber soll er den Fährmann rufen. In diesem Sinn erfolgt die Anrede an die Götter erst ab CT V 195g.

Meine Interpretation entspricht sowohl der tatsächlichen Abfolge der Textabschnitte als auch dem Wortlaut von CT V 187e, wo Müller und Faulkner das n s[n] für irrtümlich hielten. Wichtig für unsere Frage ist, dass der Fährmann des Binsengefildes durch zumindest ein Epitheton charakterisiert wird, das auch schon in den CT dem Mond gelten könnte. Die Anspielung auf eine „abgeschnittene ḥn-Pflanze[66]„ bleibt zwar unverständlich, aber „Zunge des Re“ ist ein zumindest im NR belegtes Epitheton des Thot[67].

37. Zwnṯw als Fährmann des ḫꜣ-Kanals. – Der Gott Zwnṯw[68] kommt in mehreren Texten vor von denen ich zunächst PT (528) 1250a-f behandle, da aus dieser Stelle die Beziehung des Gottes zum ḫꜣ-Kanal hervorgeht.

PT 1250a[69]: ḏd mdw ḏd[70];
Zwnṯw ḫnz pt zp 9[71] n grḥ
b: nḏr m ꜥj[72] nj P. pn, nj ꜥnḫ[73]
c: ḏꜣj.k sw m mr[74] pn;

66 Die ḥn-Pflanze (WB III, 100.1-9) ist nicht identifiziert, vgl. z.B. B. van de Walle, La chapelle funéraire de Neferirtenef (1978) 54.
67 P. Boylan, Thot – The Hermes of Egypt (1922) 189.
68 Zum Versuch einer Deutung dieses Namens als „Riegel, öffne dich“ vgl. Sethe, ÜKPT IV 301.
69 Text nach P; zu den Varianten nach M und N, siehe die Anmerkungen.
70 M und N schreiben nur ḏd mdw.
71 Zur Schreibung von „9“ bei N, s. Sethe, ÜKPT V 151.
72 M und N haben smꜣ statt ꜥj.
73 nj ꜥnḫ fehlt bei M und N; zu diesem Zusatz bei P vgl. Sethe, ÜKPT V 151. Eventuell ist dativisch nḏr n zu lesen.
74 P und M schreiben mr mit SL N 36; N dagegen mit N 37.

d: hꜣjj[75], P. pn m wjꜣ pw nj nṯr,
e: ḫnnw ḫt psḏ.tj jm.f,
f: ḫnt P. pn jm.f.
a: Worte weiter sprechen[76]: (o) Zwnṯw,
der den pt-Himmel neunmal nächtlich durchfährt,
b: fasse den Arm dieses P., der zum Leben gehört,
c: mögest du ihn fahren über diesen Kanal;
d: möge(?) dieser P. einsteigen in diese Barke des Gottes,
e: in der die Körperschaft der Neunheit gefahren wird,
f: möge(?) P. darin gefahren werden.

Demnach setzt der den Himmel durchziehende Zwnṯw den NN über einen anonymen mr-Wasserlauf, auf dessen Zielseite die Sonnenbarke wartet. Wegen des Umstandes mit der Sonnenbarke kann in dem mr-Wasserlauf der ḫꜣ–Kanal[77] und in Zwnṯw entweder ein Synonym des „Rückwärtsblikkers" oder ein von diesem individuell verschiedener anderer Fährmann des ḫꜣ-Kanals gesehen werden.

Aus dieser Stelle leitete Sethe für Zwnṯw die Bedeutung „Sternschnuppe" ab, er übersetzte und kommentierte[78]: >"Swnṯw, der du den Himmel neunmal durchfährst innerhalb der Nacht" ... augenscheinlich eine Sternschnuppe, denn nur eine solche kann neunmal in der Nacht über den Himmel fahrend gesehen werden. Dabei muss natürlich die Vorstellung vorausgesetzt werden, dass die Sternschnuppen, die man nacheinander sieht, ein und dasselbe himmliche Wesen seien, und das ist ja durchaus begreiflich<.

Anders als Sethe hielte ich es nicht für begreiflich, wenn jemand in nacheinander sichtbar werdenden Sternschnuppen >ein und dasselbe himmlische Wesen< erkennen würde. Wenn aber Sethes Argument für nacheinander sichtbar werdende Meteore gelten sollte, dann doch nicht für gleichzeitig an verschiedenen Stellen auftauchende Sternschnuppen oder gar für Sternschnuppenschauer. Als Transporthilfe für den am östlichen Horizont aufsteigenden NN kommen Meteore auch deswegen nicht in Frage, weil

75 So P und M; N schreibt hꜣ.
76 Zu diesem Anschluss vgl. Sethe, ÜKPT V 150.
77 Siehe § 17.
78 Sethe, ÜKPT V 150f.

Meteore in den in Horizontnähe dickeren Luftschichten kaum gesehen werden[79]. Einzelne Sternschnuppen wären als Helfer bei der Überquerung des ḫꜣ–Kanals wenig geeignet, da ihre Bahnen in zufälliger Weise über den Himmel streuen. Mithin würden einzelne Meteore nur gelegentlich den ḫꜣ-Kanal queren, unabhängig davon, ob man diesen Kanal am Rande des östlichen Himmels sucht oder zwischen Ost- und Westhorizont und über den ganzen Himmel führend.

Noch zwei andere Textstellen zeigen, dass die Gleichsetzung von Zwnṯw mit einer Sternschnuppe sinnlos ist. In PT (511) bewegt sich Zwnṯw gemeinsam mit Sothis am Himmel[80].

PT 1152a[81]: ḫnz.j pt mr Zwnṯw,
b: ḫmt-nwt.n Spdt, wʿbt swt.
a: Dass ich durchziehe den pt-Himmel, ist wie Zwntw,
b: indem unsere Dritte Sothis ist, „rein an Plätzen".

Sethe verstand >das mr „wie" nicht nur als vergleichend, sondern als „zugleich mit" … wenn das in 1152b folgende „unsere Dritte" einen Sinn haben soll. Das ḥnʿ der verwandten Stelle 821b/c enthält den hier geforderten Sinn<[82]. Gegen Sethe spricht, dass die Präposition mr/mj die Bedeutung „zugleich mit" sonst nicht zu haben scheint[83], wie auch mr/mj als Ausdruck der Gleichförmigkeit nicht leistet was Sethe erwartet. Folglich enthält PT 1152a ausdrücklich nur einen Vergleich und wenn der Text sagen wollte, dass NN, Zwnṯw und Sothis den Himmel gemeinsam durchziehen,

79 Im allgemeinen kann ein Beobachter pro Nachtstunde im Durchschnitt 10 Sternschnuppen sehen, nach Mitternacht wird die Häufigkeit grösser. Sternschnuppenschauer treten heute ca. alle 6 Wochen auf; vgl. J. Herrmann, dtv-Atlas Astronomie (1973) 129-135.

80 Sethe, ÜKPT V 48f, nimmt an, dass dieser Spruch >augenscheinlich aus einer ganzen Anzahl verschiedener Teile besteht, die im Einzelnen nur schwer sicher zu scheiden sind<. Inhaltlich trennt er die hier interessierende Passage als 2. Teil ab: >Wanderung über den Himmel zum Thron: 1152a-1154a; mit den Sprüchen 442. 504 verwandt<. Der 1. Teil enthält den Aufstieg des NN zum Himmel als sachliche Voraussetzung des 2. Teils.

81 Text nach P. Bei P ist ḫnz.j später in ḫnz.f verändert; vgl. Sethe, APT III 66. Zur Variante ḥmt, PT 1152b, N, vgl. Sethe, ÜKPT IV 69.

82 Sethe, ÜKPT V 51.

83 Edel, AG § 762.

dann ist diese Absicht nicht ausgeführt. NN wird lediglich mit Zwnṯw verglichen und neben diesem anscheinend nur durch Vergleich, nicht durch physische Gemeinschaft definierten Paar, steht Sothis als „Dritte".

Wegen seiner Vergesellschaftung mit Sothis gehört Zwnṯw hier an den Nachthimmel. Identifiziert man Zwnṯw in Sethes Sinn als Sternschnuppe, so führt dies zu sachlichen Schwierigkeiten: Die in jede mögliche Richtung weisende und in der Regel kurze Bahn eines Meteors lässt sich nicht mit der kontinuierlich von Osten nach Westen weisenden Bahn der Sothis vergleichen. Auch der sonstige Gebrauch von ḫnz scheint nach WB III 299 nicht zur Bewegung von Meteoren zu passen. Ḫnz wird in PT 130d[84] benutzt um die Bewegung von Thot-Mond zu beschreiben. Es heisst dort: ḫnz W. pt mr Ḏḥwtj, „W. quert den pt-Himmel wie Thot".

Entsprechendes wie für ḫnz gilt für dbn/umwandeln[85], das in dem ansonsten unergiebigen Spruch PT (483) verwendet wird:

PT 1019b[86]: dbn.k pt mr Zwnṯw,
b: mögest[87] du den pt-Himmel umwandeln wie Zwnṯw.

Soweit ich sehe wird in der Ägyptologie Sethes Erklärung des Zwnṯw als Sternschnuppe akzeptiert[88], jedenfalls nicht ausdrücklich abgelehnt, wie die Ausklammerung von Zwnṯw in dem von Meeks bearbeiteten LÄ-Stichwort „Meteor" andeuten mag[89]. Sethes Interpretation von Zwnṯw in PT (528) hängt von zwei Punkten ab, einmal von der mehr oder weniger wörtlichen Auffassung des Zahlwortes „9" und dann von der im Kommentar angedeuteten Implikation, n grḥ bezöge sich auf eine einzige Nacht. Ich

84 Nach T, M und N, die im Wesentlichen identisch sind.

85 Vgl. WB V 437; dbn wird ausserhalb der PT zur Beschreibung der Mondbewegung benutzt; in PT 130d (s. oben) dient dbn zur Beschreibung der Sonnenbewegung.

86 Text nach M und N, die nur orthographisch voneinander abweichen.

87 Sethe, ÜKPT IV 295, und Speleers, TP 131, übersetzen progressiv, Faulkner, AEPT 171, prospektiv.

88 R. E. Briggs, in: Mercer, PT IV 39, 49, konstatiert, dass sich die Zwnṯw[–Sterne?] wie Meteore bewegen würden; Mercer, PT III 568, wiederholt lediglich Sethes Argumente. Faulkner, AEPT 171, verweist für Zwnṯw auf Sethe, ÜKPT IV 301. L. Bongrani Fanfoni, Oriens Antiquus 19 (1980) 283 Anm. 40, schreibt Faulkner die Erklärung von Zwnṯw als Kometen zu; ich kann bei Faulkner keine entsprechende Aussage finden.

89 D. Meeks, LÄ IV (1982) 117 Anm. 3.

fasse n grḥ auf als unbestimmte Zeitangabe „während der Nacht“, in dem Sinn, dass Zwnṯw den Himmel allgemein zur Nachtzeit durchfährt, nicht nur in einer bestimmten Nacht. Eine wörtliche Interpretation von „9mal“ lässt sich mit keinem genauen Sinn verbinden. Es liegt daher nahe, „9“ als runde Zahl[90] oder als symbolische Zahl aufzufassen, etwa als „Plural des Plurals“[91]. In diesem Sinne könnte mit „9maligem Durchfahren“ ein sehr häufiges Durchfahren des Himmels gemeint sein[92], was sich nicht von allen nächtlichen Himmelskörpern in gleicher Weise aussagen lässt, aber in charakteristischer Weise vom Mond gilt.

Angesichts der „9maligen“, also häufigen Fahrt durch den Himmel und speziell wegen der Überquerung des ẖꜣ-Kanals in der Rolle eines Fährmanns vermute ich, dass Zwnṯw eine Form des Mondes ist. Einen deutlichen Hinweis darauf sehe ich in PT (506). Dort steht in einer Reihe von >Selbstidentifikation(en) des Toten mit allen möglichen Personifikationen von kosmischen Dingen, von Eigenschaften und mit anderen göttlichen Wesen[93]<, auch eine Gleichsetzung von NN mit Zwnṯw:

PT 1094c[94]:

N. p[j] Zwnṯw, dbn pt.

c: N. nämlich ist Zwnṯw, der (runde) Kasten des Himmels.

In der älteren Fassung von P lautet die Bezeichnung von Zwnṯw auf dbn nj pt:

90 K. Sethe, Von Zahlen und Zahlworten bei den alten Ägyptern (1916) 39.

91 H. Goedicke, LÄ VI (1982) 127; hier auch die Interpretation von „9“ als Ausdruck der Totalität, was aber weder auf unsere Stelle passt, noch auf das von Goedicke genannte Beispiel der Götterneunheit. Der esoterischen Deutung von PT 1250a durch R. Moftah, CdE 39 (1964) 58, kann ich nicht folgen.

92 Anders und spezieller ist die Erklärung von L. Bongrani Fanfoni in Oriens Antiquus 19 (1980) 283: >... vuole probabilmente dire che quel corpo celeste cambia completamente posizione durante i vari periodi dell'anno<. Welcher von den nächtlichen Himmelskörpern soll gemeint sein?

93 Sethe, ÜKPT IV 369.

94 Text nach P, jüngere Fassung. Die Varianten von M und N sind nur orthographisch verschieden, M schreibt Wntw statt Zwnṯw.

In seinem Kommentar erinnerte Sethe an PT 1019b, wo dbn/ umwandeln in bezug auf Zwnṯw verbal gebraucht ist[95], hält aber das hier eindeutig vorliegende dbn/Kasten[96] >als das ungewöhnlichere gegen Anzweiflung geschützt<. Er fragt sich allerdings, ob in dbn nj pt der Himmel in einem >Genetivus epexgeticus genannt ist (wie [jrt Rꜥw] für „die Sonne“) d.h. ist er als grosser runder Kasten gedacht? Dann wäre der S-wn-ṯw und also an unserer Stelle auch der tote König geradezu mit dem Himmel identifiziert<[97]. Sethe zog diesen Schluss dann doch nicht und – ohne sich an der implizierten Gleichsetzung eines „runden Kastens“ mit einer Sternschnuppe zu stören – erinnerte er daran, dass Zwnṯw in PT 1250a >die Sternschnuppe zu bedeuten scheint<. Sethes Idee, in Zwnṯw den pt-Himmel selbst zu sehen, verträgt sich jedenfalls nicht mit den anderen Aussagen über Zwnṯw, wonach dieser ein den Himmel durchziehender Gott ist, der insbesondere den ẖꜣ-Kanal überquert.

Die Bezeichnung dbn pt bzw. dbn nj pt/„(runder) Kasten des Himmels“ passt weder auf einen als punktförmige Lichtquelle erscheinenden Stern, noch auf eine Sternschnuppe. Sicher aber passt „(runder) Kasten des Himmels“ auf den Mond in Vollmondphase und wohl auch zwei oder drei Tage davor und danach[98]. Man kann dieses dbn/„(runder) Kasten“ als Metapher auffassen, die an die gemeinsame runde Form eines dbn-Kastens und der Vollmondscheibe anknüpft. Eine solche Metapher könnte schliesslich auf den Mond allgemein, ohne Rücksicht auf seine Phasen übertragen worden sein. Man muss aus der Metapher nicht ableiten wollen, dass der Mond als dreidimensionaler Körper mit entsprechendem Volumen galt.

38. Zusammenfassung. – Bestimmte himmlische Fährleute tragen lunare Merkmale. Insbesondere für den „Rückwärtsblicker“ bieten die mit dem Mondlauf verbundenen Phasen ein sehr gut passendes astronomisches Mo-

95 Sethe, ÜKPT IV 370.

96 Vgl. WB V 437.16.

97 Sethe, ÜKPT IV 370. – Vermutlich regte ihn die Identifikation des NN mit dem Zwzw-Gewässer in PT 1049b zu einer Gleichsetzung auch mit dem Himmel an.

98 Isoliert vom Kontext könnte dbn nj pt auch eine Bezeichnung der runden Sonne sein, andere „runde“ Himmelskörper gibt es für den nur auf seine Augen angewiesenen Beobachter nicht. Zwnṯw gehört aber an den Nachthimmel und kann wegen seiner in PT 1250c-e ausgesagten Beziehung zum Sonnenschiff nicht der Sonnengott selbst sein.

dell. Zugunsten dieses Modells sprechen die diskutierten selbständigen Hinweise auf den lunaren Charakter des Fährmanns, wie das Findlingsmotiv, die Namensähnlichkeit zwischen Jww (Fährmann) und Jw (Thot-Mond) sowie das dem Fährmann und Thot-Mond gemeinsame Epitheton „Zunge des Re". Lohnenswert könnte es sein, die Beziehungen zwischen dem in den „Sprüchen der Fangnetze" als Fänger geschilderten „Rückwärtsblicker" einerseits und Thot als Fänger andererseits aufzuklären.

Gegen eine uneingeschränkte Gleichsetzung von Mond und „Rückwärtsblicker" spricht der Wortlaut von PT 594a-596c und auch PT 387a-c. Nach diesen Stellen will NN den „Flügel" (Mondsichel) von Thot-Mond benutzen, wenn der „Rückwärtsblicker" ihn nicht über den Kanal setzen will. Möglicherweise lässt sich dieser Widerspruch so auflösen: Wenn der Mond als Fährmann nicht die sachlich unerklärt bleibende Fähre bringt, dann wird NN auf die Mondsichel aufspringen und sich auf diese Weise doch von dem lunaren Fährmann transportieren lassen, wenn auch in diesem Fall gegen seinen Willen. Diese Erklärung würde voraussetzen, dass dem Verfasser von PT 594a-596c die mythologische Identität von himmlischem Fährmann und Mond bekannt war. Wenn der Mond als Fährmann gilt, dann kann die Fähre lediglich imaginiert sein. Auch die Schiffe der Sterne und die Sonnenboote sind imaginiert, Sterne und Sonne selbst aber nicht. Man kann nicht ausschliessen, dass es unter den Fährleuten auch solche von ausschliesslich mythologischer Natur und ohne tatsächliche astronomische Bezüge gibt. Auf alle Fälle kennen die PT konkret astronomisch gemeinte himmlische Fährleute wie Thoth-Mond und den Morgenstern.

IV. Die „Unvergänglichen Sterne“: jḫmjw skjw

39. Wissenschaftsgeschichtliche Einleitung. – In den Jahren als Maspero an der Herausgabe und Übersetzung der Pyramidentexte arbeitete, interpretierte er die jḫmjw skjw als versternte Tote und himmlische Untertanen von Osiris–Orion. Aus geeignet interpretierten Stellen der PT schloss er auf den Nordhimmel, speziell den nordöstlichen Himmel als Ort der „Unvergänglichen Sterne“:[1] >C'est donc vers le Nord-Est qu'on doit chercher le séjour des âmes stellaires, et même aujourd'hui, malgré les changements qu'ont pu apporter les siècles, si on regarde dans la direction que les Égyptiens ont indiquée, on est frappé de l'aspect que le ciel présente. Les étoiles s'y pressent et la Voie lactée est plus dense qu'ailleurs. C'est dans cette région que les Égyptiens placèrent les suivants d'Osiris et d'Orion, les âmes bienheureuses<. Diese Äusserung ist sehr provisorisch, insofern sie auf eine einzige Textstelle anspielt und den astronomischen Zusammenhang mit einem Blick zum Himmel zu erfassen sucht.

Wenig später erklärte Brugsch die „Unvergänglichen Sterne“ als >die Sternbilder des nördlichen … Himmels<.[2] Allerdings berief er sich dabei auf die astronomische Decke im Hathortempel zu Dendera[3] und mithin auf eine Quelle, die um mehr als zwei Jahrtausende jünger ist als die Pyramidentexte. In einer Dendera-Inschrift heisst es über die „Unvergänglichen Sterne“, dass sie >die Sonne am nördlichen Himmel begleiten< und im Anschluss daran verstand Brugsch auch die „Unvergänglichen Sterne“ der PT wie zitiert. Methodisch gesehen war Brugschs Ansatz allenfalls provisorisch gerechtfertigt, insofern die Dendera-Texte die Grundlage zu einer Arbeitshypothese bilden konnten. Aber die später von Sethe in seinem Artikel „Sonnenlauf“ (1928) vorgelegten Ergebnisse über die Unvergänglichen

1 G. Maspero, Les Hypogées Royaux de Thèbes; zuerst erschienen in Revue de l'Histoire des Religions XVII (1888) 1 ff; hier zitiert nach Bibliothèque Égyptologique II (1893) 20.

2 H. Brugsch, Die Ägyptologie (1891) 321.

3 H. Brugsch, Thesaurus Inscriptionum Aegyptiacarum I (1883) 30, 32; zu weiteren Literaturangaben s. B. Porter/R. Moss, Topographical Bibliography VI (1939) 49.

Sterne haben gezeigt, dass die Aussagen der Dendera-Texte tatsächlich den älteren Auffassungen entsprechen.

Fast vier Jahrzehnte nach Brugsch schrieb Sethe in seiner bekannten Abhandlung über den Sonnenlauf:[4] >... jḫm.w sk „die, welche nicht untergehen können“ ... die „Unvergänglichen“, wie man den Namen oft übersetzt, sind die Zirkumpolarsterne ...<. Was Sethe hier ohne Einschränkung vortrug, hatte Erman erstmals 1909 als Vermutung mitgeteilt:[5] >... die Verklärten [haben] einen festen Wohnsitz „auf der Ostseite des Himmels auf seinem nördlichen Teile unter den Unvergänglichen“ (PT 1000) oder „bei den Verklärten, den Unvergänglichen, die im Norden des Himmels sind“ (PT 435) oder „im Osten des Himmels“ (PT 916). Vielleicht dachte man dabei an die im Nordosten gelegene Stelle der Zirkumpolarsterne, die ja wirklich als „Unvergängliche“ gelten können, da sie nie gleich den anderen vom Himmel verschwinden<. Laut Fussnote geht Ermans Erklärung der „Unvergänglichen Sterne“ auf eine >Mitteilung Borchardts< zurück.[6]

Die Borchardt-Ermansche Erklärung ist nicht ohne weiteres verständlich: Da sich die Kreiszone der Zirkumpolarsterne im Laufe eines Tages einmal vollständig dreht, stellt >die im Nordosten gelegene Stelle der Zirkumpolarsterne< keine feste Grösse dar; je nach Dauer einer Nacht wären verschiedene Zirkumpolarsterne als „Unvergängliche Sterne“ in Frage gekommen. Diese unzulänglich scheinende Definition resultiert vielleicht daraus, dass weder Borchardt noch Erman genaue Vorstellungen über die Zirkumpolarsterne hatten. Borchardts Mitteilung an Erman ist nicht datiert. Ich weiss nicht, welche astronomischen Kenntnisse Borchardt zur Zeit dieser Mitteilung hatte. Zu bedenken ist auch, dass Erman vielleicht nicht richtig wiedergab, was Borchardt ihm mitteilte. Möglicherweise hat Borchardt der Masperoschen Idee von der nordöstlichen Lokalisierung der „Unvergänglichen Sterne“ den Begriff der Zirkumpolarsterne aufgesetzt, ohne sich über die innere Verträglichkeit dieser Kombination Gedanken zu machen.

Falls ich die Borchardt-Ermansche Definition der „Unvergänglichen Sterne“ richtig verstanden habe, dann hätte Sethe daraus etwas anderes ge-

4 Sethe, Sonnenlauf (1928) 26.

5 Erman, Ägyptische Religion (1909) 107.

6 Erman, Ägyptische Religion (1909) 107 Anm. 41. ; ders., Die Religion der Ägypter (1934) 215 Anm. 4.

macht, nämlich die uneingeschränkte Gleichsetzung der „Unvergänglichen Sterne“ mit den Zirkumpolarsternen.[7] Sethe wäre aber nicht der erste gewesen, der Borchardts Erklärung vereinfacht und durch den Verzicht auf die nordöstliche Lokalisierung in sich widerspruchsfrei gemacht hätte. Die älteste mir bekannte Umformulierung stammt von Breasted, der sich 1912 im Anschluss an das Ermansche Zitat so äusserte:[8] >It is especially those stars which are called „the Imperishable Ones“ in which the Egyptians saw the host of the dead. These are to be said in the north of the sky, and the suggestion that the circumpolar stars, which never set or disappear, are the ones which are meant is a very probable one<.

Diesen Ausführungen Breasteds entspricht die ägyptologische Position der letzten Jahrzehnte, wofür ich stellvertretend Briggs, Bonnet und Kees zitiere. Nach einem 1952 von Briggs gefällten Urteil sind speziell die „Unvergänglichen Sterne“ von PT 1171c >doubtless circumpolar<[9]. Briggs hat diese Auffassung nicht begründet und ich sehe auch nicht, wie das geschehen könnte. Auf die Thesen von Briggs gehe ich später ausführlich ein.

1952 setzte Bonnet die „Unvergänglichen Sterne“ ohne Diskussion mit den Zirkumpolarsternen gleich,[10] so noch zwei Jahre später Kees in der 2. Auflage seines Buches „Totenglauben“ wie schon drei Jahrzehnte früher in der 1. Auflage des gleichen Buches.[11]

Vor über einem Jahrzehnt erhob Barta Einwände gegen die Gleichsetzung der „Unvergänglichen Sterne“ mit den Zirkumpolarsternen im Nordhimmel.[12] Vielmehr sollten die „Unvergänglichen Sterne“ als Zirkumpolarsterne (sic) >in der nördlichen Region des Osthimmels< zu lokalisieren sein. Wenn ich richtig verstehe, dann stellt diese nordöstliche Lokalisierung

7 In „Die Entstehung der Pyramide“ (1928) 39, beschreibt L. Borchardt selbst >die Sterne, die den Untergang nicht kennen< lediglich als >Circumpolarsterne<.

8 Breasted, Development (1912) 101.

9 R. E. Briggs, in: Mercer, PT IV 38.

10 Bonnet, RÄRG 749.

11 Kees, Totenglauben (1926) 93, 133; Totenglauben^2 (1956) 89.

12 W. Barta, ZÄS 107 (1980) 1-4. Der Artikel enthält eine Zusammenstellung der Aussagen von Pyramidentexten, Sargtexten und Totenbuch zu den „Unvergänglichen Sternen“; eine kürzere Zusammenstellung der Aussagen der PT zu den „Unvergänglichen Sternen“ gibt G. Englund, Akh (1978) 58f.

der „Unvergänglichen Sterne“ einen Rückgriff auf den Borchardt-Ermanschen Ansatz dar. Aber so wie die zirkumpolaren Sterne wort- und sachgerecht definiert sind, als die um den Himmelspol kreisenden Sterne, von denen nur die Randzone im Nordpunkt den Horizont berührt, haben sie nichts mit dem östlichen Horizont zu tun. Wie die Abbildungen 2a-d verdeutlichen, liegen die in ägyptischen Breiten sichtbaren Zirkumpolarsterne in der Mitte des Nordhimmels und es ist somit widersprüchlich, sie auch am Osthorizont zu lokalisieren.

40. Einleitende Bemerkungen zu msẖtjw als „Unvergänglicher Stern“ in PT 458a-c. – Die Diskussion der Texte über die „Unvergänglichen Sterne“ beginne ich mit dem Spruch PT (302), der einen direkten Bezug zwischen zirkumpolaren Sternen und „Unvergänglichen Sternen“ bietet. Dieser Text nennt das Sternbild msẖtjw-Ursa maior als ein „Unvergängliches Gestirn”/ jẖmj skjw. Der Singular jẖm(j)-sk(jw) besteht aus dem aktivischen imperfektischen Partizip des Negationsverbes ẖm und dem Negativkomplement sk(jw); im Plural tritt entsprechend das pluralische Partizip ein.[13] In der Transkription skjw ist j als Stammendung von skj aufzufassen. Allerdings wird dieses jw bei jẖm(j)/w-sk(jw) nie geschrieben, in einigen Fällen (PT 818c, 866d, 876a, 940; auch PT 997 mit der Variante jtmw-skj) ist aber skj geschrieben.[14]

Bei msẖtjw-Ursa maior handelte es sich im Pyramidenzeitalter um das auffälligste zirkumpolare Sternbild,[15] das in ägyptischen Breiten etwa 1/5.tel der zirkumpolaren Fläche einnahm.[16] Da sich der Himmelspol infolge der Präzession bewegt, bleibt die Zusammensetzung der Zirkumpolarsterne für eine bestimmte Breite nicht konstant. Ursa maior war wäh-

13 Vgl. Edel, AG §1128. Zu j-Augment und Endung j des Partizips vgl. Edel, AG §630; zum Negativkomplement und seiner Endung w, möglicherweise auch j, vgl. Edel, AG §741.

14 Zu Fehldeutungen dieses j vgl. Edel, AG §452. Zu weiteren Details s. Allen, IVPT § (680-)684-688.

15 Zur Identifizierung vgl. G. A. Wainwright in: Studies Griffith (1932) 373f; vgl. dagegen R. E. Briggs, in: Mercer, PT IV 48. – Genau genommen handelt es sich bei msẖtjw nicht um das gesamte Sternbild Ursa maior, sondern nur um den als „Grossen Wagen“ bekannten Teil.

16 Abb. 2a-d.

rend der gesamten altägyptischen Geschichte für Ägypten ein zirkumpolares Sternbild.[17] Msḫtjw–Ursa maior enthält sechs von den acht hellsten und in altägyptischen Breiten zirkumpolaren Fixsternen und war damit im zirkumpolaren Bereich sehr auffällig.[18]

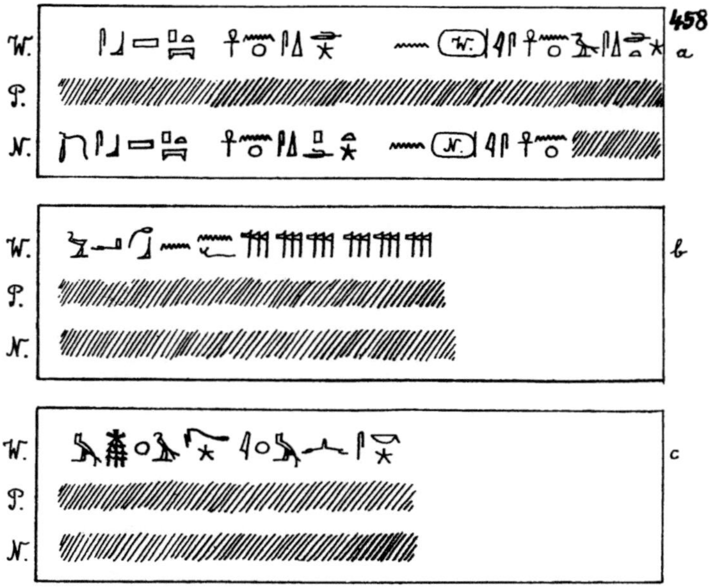

PT (302) ist nach Sethe >ein Himmelfahrtstext, in dem das Fliegen nach Vogelart dem König zugeschrieben wird im Gegensatz zu den gewöhnlichen Menschen, die an der Erde kleben<.[19] Sethe verwies auf verschiedene Textkomponenten, die er im Sinne einer Quellenscheidung werten wollte.[20] Für unsere Zwecke relevant sind in erster Linie die einleitenden Verse PT 458a-c mit den Aussagen über msḫtjw/Ursa maior sowie über den Spd-Stern bzw. Spdtj-Stern. In zweiter Linie ist die Tatsache wichtig, dass die Him-

17 Vgl. G. A. Wainwright, in: Studies Griffith (1932) 379-380. Zu einer Darstellung der Polverschiebung durch die Präzession s. J.-Ph. Lauer, Observations sur les pyramides (1960) Pl. XIII.

18 Neben den sechs Sternen von Ursa maior gehören die Sterne α und ß von Ursa minor zu dieser Gruppe.

19 Sethe, ÜKPT II 253.

20 Sethe, ÜKPT II 253 f.

melfahrt des NN zu Re führt.[21] Im Sinne Sethes lassen sich die Eingangsverse vom folgenden Text trennen als die >übliche Situations- und Naturschilderung, die die Texte so oft einleitet.<[22]

Sethe übersetzte PT 458a-c wie folgt: >458a: Der Himmel ist heiter(?), die Sothis lebt (d.h. scheint), denn NN. ist ja der Lebende (Stern), der Sohn der Sothis. 458b-c:[23] Die beiden Götterneunheiten haben sich für ihn gereinigt als dem msẖtj.w-Haken-Gestirn,[24] das nicht untergehen kann<. Sethe gab seiner Übersetzung von PT 458a folgende Erklärung bei: >Sein (des toten Königs) Erscheinen am Himmel soll der Grund für dessen Heiterkeit und das Leuchten der Sothis sein. Das n (Wnjs) ᶜnẖ bedeutet also „denn NN. ist es, der erschienen ist, in dem Stern ᶜnẖ sꜣ Spdt.< Ähnlich übersetzten Faulkner[25] und Speleers.[26] Dagegen hat Anthes darauf aufmerksam gemacht, dass in PT 458a Sethes >die Sothis lebt< für ᶜnẖ Spd falsch ist.[27] Bei dem von Sethe in der Übersetzung nicht berücksichtigten W ist mit Anthes Spd(-Stern) zu lesen und dementsprechend bei N nicht Spdt/Sothis, sondern Spdt(j)(-Stern). Zu Recht erkannte Anthes in diesem Spd(-Stern) eine Horusform. Anthes übersetzte PT 458a in der Version von W: >der Himmel wird hell (? Sethe: ist heiter), der Spd-Stern lebt, denn NN ist der Lebende, der Sohn der Sothis<.

41. Zur Übersetzung von sbš in PT 458a. – Die Bedeutung von sbš in PT 458a ist nicht klar. Sethe vermutete als Bedeutung „heiter“ (im Sinne von wolkenlos?);[28] Faulkner paraphrasierte dies als „clear“.[29] Anthes dagegen übersetzte sbš als „hell werden“ (am Morgen),[30] während Speleers „briller“

21 Zum Thema Himmelfahrt speziell auch in Beziehung zu PT (302) s. J. Assmann, LÄ II (1977) 1206ff.

22 Sethe, ÜKPT II 254.

23 Bei Sethe, ÜKPT II 252, irrtümlich als 458b gezählt.

24 Sethes Übersetzung „Gestirn“ lässt nicht deutlich werden, dass es sich hier um ein Sternbild handelt.

25 Faulkner, AEPT 91.

26 Speleers, TP 65.

27 R. Anthes, ZÄS 102 (1975) 1.

28 Sethe, ÜKPT II 254f.

29 Faulkner, AEPT 91.

30 R. Anthes, ZÄS 102 (1975) 1; ders., in: Fs. Schott (1968) 1.

ansetzte.[31] Allen klassifiziert sbš als Kausativ und setzt es gleich mit sbš/ „erbrechen/ ausbluten lassen/Zustand des Himmels“ nach WB IV, 93.6–10.[32]

Innerhalb der PT ist sbš noch einige Male belegt. In PT (667A) 1948a-d wird der mit Min identifizierte NN ähnlich wie in PT (302) aufgefordert, wie ein Vogel zum Himmel zu fliegen, der Spruch endet:[33]

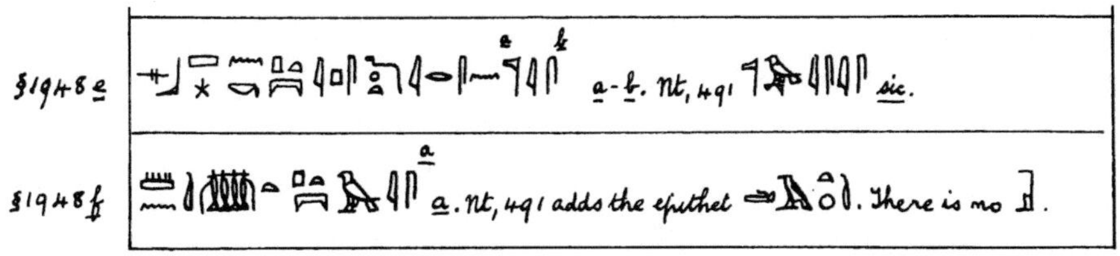
§1948e
a-b. Nt, 491
sic.
§1948f
a. Nt, 491 adds the epithet
There is no

Faulkner übersetzte:[34] >Make the sky clear and shine on them as god; may you be enduring at the head of the sky as Horus of the Netherworld<. Das ist teilweise falsch, da jspḏt in PT 1948e kein Imperativ sein kann, einmal nicht wegen des t und ferner nicht, weil „auf jemanden scheinen“ psḏj ḥr heisst.[35] Stattdessen handelt es sich um einen Stativ[36] von psḏj jr/„sich entfernen von“[37] und es ist wie folgt zu transkribieren und zu übersetzen:

PT 1948e: sbš n.k pt, j.psḏ.t(j) jr sn, nṯr js
f: mn.tj ḫntj pt Ḥrw js (Dꜣtj).[38]
1948e: mache für dich den Himmel sbš,
mögest du entfernt sein von ihnen als Gott;
f: mögest du dauernd sein an der Spitze[39] des Himmels wie/als Horus (Dati).

31 Speleers, TP 65.
32 Allen, IVPT §750.
33 Text nach Nt 782; vgl. Faulkner, Supplement 44.
34 Faulkner, AEPT 282.
35 WB I 556, 17.18.
36 Vgl. Edel, AG §760.
37 Auch belegt in PT 1656a, vgl. Edel, AG §760.
38 So nach Nt 491, vgl. Faulkner, Supplement 44.
39 Nach Edel, AG §767, kann man ḫntj als „in Front von“ übersetzen.

Sbš n.k fasse ich auf als Imperativ mit Dativus commodi.[40] Nach PT 458a und PT 1948e kann man vermuten, dass sbš eine (morgendliche)[41] himmlische Bedingung für das Erscheinen eines bestimmten Sterns bezeichnet. Sbš ist auch belegt in PT 2231b-c,[42] wo es Faulkner aber für eine Verschreibung von ꜥbš/ertränken hält.[43] Nach den in WB IV, 93. 6-10 gegebenen Bedeutungen liesse sich sbš etwa durch „leer machen“ übersetzen.[44] Vorläufig vermute ich, dass sbš und ꜥnḫ in PT 458a in Opposition stehen: >der Himmel ist (zwar) sbš, (doch) der Spd-Stern lebt<. Wenn der Spd-Stern (Spdtj) eine Form des Morgensterns ist, dann kann man die Situation in PT (302) und in PT 1948e-f auf die Morgendämmerung beziehen, wenn die anderen Sterne verblassen und für eine beträchtliche Zeit und bei hellem Himmel nur der Morgenstern übrigbleibt.[45]

42. Die Reinigung m msḫtjw in PT 458b. – Sethe hat PT 458b so aufgefasst, dass sich die Neunheit für NN reinigt:[46] >... offenbar als Zeichen respektvoller Begrüssung ähnlich 266b, wo die Götter dasselbe beim Erscheinen des Nefertem an der Nase des Re bei Sonnenaufgang thun, vielleicht aber als morgendliche Reinigung<. Schwierig war für Sethe die Entscheidung, ob die Präposition m in m msḫtjw als „m der Äquivalenz“ oder instrumental als „mit“ oder lokal als „im“ zu übersetzen sei. Er hat dieses m schliesslich als das der Äquivalenz aufgefasst und somit NN mit msḫtjw gleichgesetzt. Seine Bedenken gegen diese Entscheidung formulierte er so: >Das würde freilich eine ganz neue Rolle für dieses Gestirn bezeugen, das sonst bekanntlich als „Schenkel des Seth“ gilt; aber in dieser letzteren Benennung spricht sich ja wohl eine ganz andere Auffassung aus, als sie der

40 Vgl. allgemein Edel, AG §619.

41 Zumindest gilt das für PT 1948e-f, weil es sich dabei um Horus Dati als eine Form des Morgensterns handelt. Aber auch oben in PT 458a-c könnte ein morgendlicher Zeitpunkt gemeint sein, wenn Ḥrw Spd/Spdt(j) mit dem Morgenstern zu tun hätte.

42 Faulkner, Supplement 67.

43 Faulkner, AEPT 309, Utt. 717 n. 3, 278, Utt. 666 n. 9.

44 Immer vorausgesetzt es handelt sich tatsächlich um ein und dasselbe Wort.

45 Für eine enge Beziehung des Spdt(j) zum Morgenstern spricht vor allem PT 1505a-b + 1508b-c mit der Bezeichnung des Spdtj als Ḥrw jmj Wꜣḏ-wr, Ḥrw ḫntj ꜣḫw und sbꜣ dꜣj Wꜣḏ-wr. Spdtj selbst steht an der zitierten Stelle auch in besonderer Beziehung zu Re, was gleichfalls zum Morgenstern passt.

46 Sethe, ÜKPT II 255.

anderen Benennung „der msḫtj.w-Haken“ zu Grunde liegt. Auch wir kennen ja zwei diametral verschiedene Auffassungen des Sternbildes als „die Bärin“ und „der Wagen“ nebeneinander, die eben verschiedener Herkunft sein müssen. Ausserdem müsste „ꜥnḫ, Sohn der Sothis“ mit dem msḫtj.w identisch sein. Für die Beziehung auf den Toten scheint das Beiwort jḫm skj zu sprechen, da der Tote gerade immer den Wunsch hat, ein solcher jḫm-skj zu werden und das folgende ... wie eine Aufnahme dieses Gedanken erscheint<. Das letztere Argument sticht nicht, da die Toten in den PT auch andere Formen als die eines jḫmj skjw annehmen.[47]

Im Rahmen einer allgemeinen Untersuchung der Rolle von msḫtjw-Ursa maior legte Wainwright 1932 eine von Sethe auch in der Lesung von PT 458b abweichende Interpretation vor.[48] Wainwright behandelte detailliert die von Sethe nur gestreiften stellaren Bedeutungen von msḫtjw und diskutierte vor allem die zweifache Funktion als ḫpš-Rinderschenkel und als Dächsel-Queraxt in anderen Texten. Wainwright hat die Bedeutung von msḫtjw-Ursa maior unter den Zirkumpolarsternen der altägyptischen Epoche hervorgehoben: >... it indicated the pole; and was the only constellation of any importance that never set. It was, therefore, very natural that it should have been separated out from the other circumpolar stars, the ›ḫm-sk „The Imperishable Stars“<. An diese Überlegung, gegen die wenig einzuwenden ist, schliesst er unmittelbar folgende Übersetzung von PT 458b an: >thus, „The Two Enneads have purified themselves for him as Msḫtjw and the Imperishable Stars“<. Im Sinne der Unterscheidung zwischen Ursa maior und den anderen Zirkumpolarsternen meinte Wainwright anscheinend, dass sich in PT 458b die Beiden Enneaden aufgliedern in msḫtjw und (andere) „›ḫm sk“. Er setzt demnach hypothetisch als unverkürzten Text an: *wꜥb.n n.f psḏ.tj m msḫtjw, wꜥb.n n.f psḏ.tj m jḫmjw-skjw. Wenn das gemeint wäre, sollte dann nicht zumindest die Präposition m vor jḫmjw skjw wiederholt sein? Im übrigen setzt Wainwrights Auffassung im Text den Plural jḫmjw skjw voraus. In PT 458c steht aber der Singular jḫm(j) sk(jw), was sich in Sethes Sinn nur als Apposition zu msḫtjw auffassen lässt.

47 Morgenstern, sbꜣ wꜥtj oder sbꜣ ꜥꜣ zum Beispiel.
48 G. A. Wainwright, in: Studies Griffith (1932) 380.

Anthes hat für PT 458b folgende Übersetzung und Deutung vorgelegt:[49] >“... die beiden Götterneunheiten haben sich für ihn gereinigt (oder: verrichten für ihn Dienst als w^{c}b-Priester) in dem (oder: als das) msḫtjw-Sternbild, das nicht untergeht“.... Dabei verstehen wir, wie der Wortlaut es nahelegt, das Sternbild, also den Grossen Wagen oder sein Vorderteil, als die Verkörperung oder Behausung der beiden Neunheiten (nicht etwa der Mitglieder des Götterstammbaumes) und befinden uns damit im Gegensatz zu Sethe und Mercer, nach denen hier NN als msḫtjw bezeichnet sei; s. dazu die mir nicht einleuchtende Begründung Sethes am Schluss des Kommentars zu 458c. Hier ist also, soviel ich sehe, das Sternbild msḫtjw als eine Gruppe übrigens namenloser Götter verstanden, nicht als individueller Gott<.[50]

Die Anthessche Argumentation ist in Teilen logisch: Wenn msḫtjw, entsprechend einer der beiden Übersetzungsmöglichkeiten, eine Verkörperung der Götter der Neunheiten wäre, dann würde msḫtjw eine Gruppe von Göttern repräsentieren, nicht ein zu einer individuellen Einheit zusammengefasstes Sternbild. Nicht zwingend ist seine Schlussfolgerung, dass msḫtjw die Behausung der Neunheiten sei, weil sie sich dort reinigen; stattdessen könnten die Neunheiten msḫtjw vorübergehend zum Zweck der Reinigung aufsuchen, ohne dort ständig behaust zu sein.

Die von Anthes zitierte Übersetzungsvariante „die beiden Neunheiten verrichten Dienst für ihn als w^{c}b-Priester“ stammt von Sethe und steht in seinem Kommentar zu PT 964;[51] für PT 458b hat er diese Möglichkeit jedoch nicht erwogen. Man könnte daran folgende Übersetzung anknüpfen: >die beiden Neunheiten verrichten für ihn (=NN) Priesterdienst mit dem msḫtjw–Haken, dem Unvergänglichen<. Dem liesse sich als Sinn unterlegen, dass die Neunheiten mittels des Sternbildes msḫtjw (stellares Vorbild eines der irdischen Mundöffnungsgeräte?) an dem seinerseits verstirnten und am Himmel befindlichen NN die Mundöffnung vollziehen. Allerdings

49 R. Anthes, in: Fs. Schott (1968) 1 f.

50 Die Schlussbemerkung spielt auf das von R. E. Briggs in: Mercer, PT IV 39f, aufgeworfene Problem an, ob die Ägypter vor dem NR nur Einzelsterne oder auch Sternbilder kannten.

51 Sethe, ÜKPT IV 253.

wirkt das resultierende poetische Bild innerhalb der PT so unvergleichlich kühn, dass man diese Interpretation besser unterlässt.

Barta hat zu PT 458b folgenden Kommentar abgegeben:[52] >Denn wenn es heisst, dass sich die beiden Götterneunheiten im nicht untergehenden Sternbild des Grossen Bären (msẖtjw jẖm-skj) gereinigt haben, so kann damit nur das morgendliche Reinigungsbad im Gefolge des Sonnengottes am Osthorizont gemeint sein<. Diese Meinung wirft Fragen auf: Gibt es in den PT vergleichbare Reinigungen der Neunheiten am Morgen? Was lässt im Text auf den unmittelbar bevorstehenden Sonnenaufgang schliessen? Ein „Bad im Grossen Bären“ kann kaum am Osthorizont lokalisiert werden. Denn je nach Tages- bzw. Nachtzeit steht msẖtjw horizontnah im äussersten Norden (weit entfernt vom Osthorizont) oder horizontfern in einem Sektor über dem Pol. In beiden Fällen scheint es mir richtig zu sein, die Position des Sternbildes zu beschreiben als befindlich in der Mitte des Nordhimmels und nicht in der Höhe des Osthorizontes (vgl. Abb. 2a-d).

Schliesslich hängt die Interpretation von PT 458b von der grammatischen Auffassung des w^{c}b.n ab: a) entweder liegt ein sḏm.n.f vor oder b) eine sḏm.n.f-Relativform. Nach a) wäre zu übersetzen: >es ist der Fall, dass sich die beiden Neunheiten für ihn (=NN) gereinigt/gebadet haben m msẖtjw<; nach b: >den (=NN) gereinigt/gebadet haben für ihn (= wer?) die beiden Neunheiten m msẖtjw<. Man kann sich dieser Frage auf dem Umweg über eine sachliche Interpretation nähern.[53] Wie angedeutet, fasste Sethe die Reinigung der psḏ.tj für NN auf >als Zeichen respektvoller Begrüssung ähnlich 266b, wo die Götter dasselbe beim Erscheinen des Nefertem an der Nase des Re thun, vielleicht aber als morgendliche Reinigung<. Die betreffende Stelle lautet:

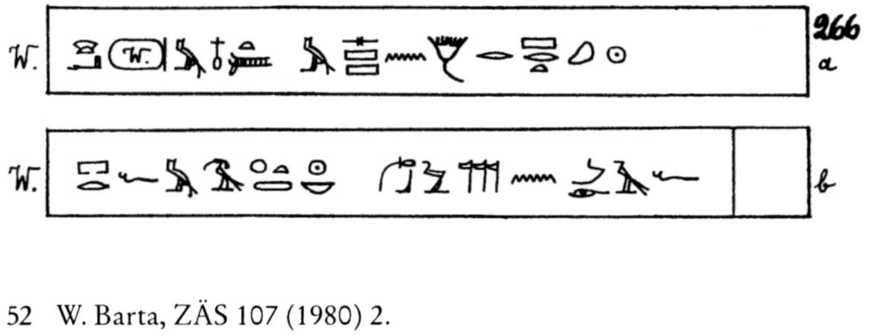

52 W. Barta, ZÄS 107 (1980) 2.

53 Ich verweise noch auf CT I 311i, wo der in den Himmel kommende NN von der Neunheit gereinigt wird, vgl. Faulkner, AECT I 71, Sp. 73 n. 40.

Sethe übersetzte:[54] >266a. NN. erscheint als Nefertem, die Lotusblume an der Nase des Re, 266b. wenn er hervorkommt aus dem Horizonte alltäglich, bei dessen Anblick die Götter sich reinigen<. Im Kommentar vermutet er für wꜥbw die >Relativform des sḏm.f<, wenn sich wꜥbw nṯrw n mꜣ(w).f auf Nefertem oder die Lotusblume bezieht >oder ein sḏm.f ...,< wenn sich der Satz >dennoch auf die Sonne beziehen< soll.[55] Übersetzt hat Sethe dann in diesem letzteren Sinn. Auch Speleers,[56] Faulkner[57] und Allen[58] fassen wꜥbw offensichtlich als sḏm.f-Relativform auf.

Ich störe mich bei dieser mehrheitlichen Auffassung daran, dass das durch wꜥbw umschriebene Resultat aus einem passiven Anblicken des Nefertem seitens der Götter erfolgen soll, statt dass die Götter sich selbst aktiv reinigen. Ein passives Gereinigtwerden erlebt NN bei seinem Aufstieg; von den etablierten Götter dagegen könnte man erwarten, dass sie sich selbst reinigen, da sie im gegebenen Fall nicht Objekt des Kultes sind.

Vielleicht hilft eine Angabe in den Sargtexten dem Verständnis von wꜥb n.f m msḫtjw weiter: Nach CT I 264c-f gibt es (am Himmel) einen See des Sꜣḥ–Orion und auch einen See von msḫtjw-Ursa maior. Auch bei der in PT 458b genannten Reinigung könnte Wasser des zu msḫtjw gehörenden Sees verwendet werden.[59] Trifft dies zu, dann wäre Sethes Auffassung unwahrscheinlich, dass NN hier in seiner Gestalt als msḫtjw gereinigt wird. Von den Möglichkeiten m msḫtjw zu übersetzen, bliebe nur die lokale, also die Reinigung im msḫtjw, möglicherweise spezifizierbar als Reinigung im Wasser bzw. See des msḫtjw.

Im Sinne von Sethes Hinweis auf PT 266a-b, wo sich die Götter beim Anblick des Nefertem reinigen oder gereinigt werden, könnte man auch schliessen, dass PT 458b-c eine Reinigung der Götter und nicht des NN be-

54 Sethe, ÜKPT I 270.

55 Entgegen Sethe halte ich es für möglich, dass pr.f m ꜣḫt hier nicht auf Re, sondern auf Nefertem bzw. die Lotusblume bezogen ist. Zugegebenermassen ist prj m ꜣḫt ein solarer Topos, aber nach CT VI 350 f-h kommt auch der Morgenstern aus der Achet.

56 Speleers, TP 42: >Les dieux sont purifiés à son vue<.

57 Faulkner, AEPT 61: >the gods will be cleansed at the sight of him<.

58 Allen, IVPT §666: >at the sight of whom the gods become pure<.

59 Vgl. WB I 281.2 >wꜥb m, auch „sich reinigen in einem See u.ä.“<.

trifft.[60] Würde man diese Lösung annehmen, dann bliebe immer noch offen, für wen diese Reinigung erfolgt. Wꜥb.n n.f psḏ.tj kann man übersetzen als >den für ihn die Beiden Neunheiten gereinigt haben<. Dabei wäre n.f auf NN zu beziehen, was aber nicht sinnvoll zu sein scheint. Stattdessen könnte n.f einen Vorgriff auf den in PT 460c-461a genannten Re darstellen, bei dem der Aufstieg des NN endet.

43. Zusammenfassung: PT 458a-c. – Wie oben begründet übersetze ich PT 458a-c (W): >Der Himmel ist sbš, (aber, während) der Spd-Stern lebt,[61] denn Unas ist der Lebende, der Sohn der Sothis, den die Beiden Neunheiten gereinigt haben für ihn (=Re) im msẖtjw, dem Unvergänglichen.[62]

Der männliche Stern Spd bzw. Spdt(j), genannt ꜥnẖ (Leben oder Lebender),[63] ist Sohn des weiblichen Sterns Spdt/Sothis. NN ist mit Spd/Spdt(j) gleichgesetzt und fliegt in dessen Gestalt zum Himmel, um zu Re zu kommen, wobei ihm seine Mutter Spdt/Sothis sowie Wepwawet helfen. Dabei ist zu bedenken, dass Spd/Spdt(j) als Form des Horusfalken von Natur aus fliegen kann. Die stellare Natur des Spd/Spdt(j) ist orthographisch durch die Determinierung des Namens mit einem Stern in PT 458a eindeutig angezeigt. NN wird von der Neunheit im (Wasser von) msẖtjw-Ursa maior für Re gereinigt.

Für die Definition der „Unvergänglichen Sterne“ ergibt sich aus PT 458b-c, dass speziell msẖtjw/Ursa maior (offensichtlich ein Sternbild, keine Gruppe individueller Einzelsterne) als einzelner jẖmj skjw zur Gruppe der jẖmjw skjw gehört. Da msẖtjw/Ursa maior zirkumpolar ist, so

60 Laut PT 951a-c reinigen die Götter den NN, der sich zwischen Re und Horus befindet. Ist diese morgendliche Situation auf PT 458a-c übertragbar?

61 Grammatisch und orthographisch ist auch die Auffassung von sbš pt als Imperativ möglich: >Himmel sei sbš, damit der Spd-Stern lebt<. Es läge dann die syntaktische Konstruktion Imperativ + sḏm.f vor, wobei auf den im Imperativ gegebenen Befehl ein zweiter, aber im sḏm.f gegebener Befehl folgt; vgl. Edel, AG §623. Wenn die angenommene Opposition von sbš und ꜥnẖ das Wesentliche ist, dann wäre die obige Übersetzung vorzuziehen.

62 jẖm(j)-sk(jw) ist wörtlich zu übersetzen als „der nicht vergeht“; dass es sich dabei um ein stellares Individuum handelt, geht aus dem Determinativ hervor. Wo immer der Kontext es nahelegt, übersetze ich so wie hier „Unvergänglicher“ oder „Unvergängliche(r) Stern(e).

63 ꜥnẖ(j), Lebender (imp. akt. Part.) oder ꜥnẖ, Leben (Subst.).

gehören die Zirkumpolarsterne – soweit msḫtjw betroffen ist – zu den „Unvergänglichen Sternen“. Offen bleibt die Frage, wie weit sich die Bereiche der „Unvergänglichen Sterne“ und der Zirkumpolarsterne überschneiden.

44. Lokalisierung der „Unvergänglichen Sterne“ im nördlichen bzw. nordöstlichen Himmel nach PT (441). – Diese Lokalisierung der „Unvergänglichen Sterne“ ist uns bereits aus PT 999a-1000d bekannt, wonach diese Sterne nördlich des ḫꜣ-Kanals und im östlichen Himmel zu finden sind. Eine entsprechende Information bieten auch die Verse PT 817b und 818c in PT (441),[64] mit der Aufforderung an den Toten, zu den nördlichen Göttern als den „Unvergänglichen Sternen“, zu gehen, wobei dem Toten ein bestimmter Himmelsweg anempfohlen wird.

PT 817b:[65] jšm.k ḥr wꜣt tf, jšmt nṯrw jm.s

....

818c: jšm.k n nṯrw jpf mḥtjw, jḫmw skj(w)

817a: du sollst gehen auf jenem Weg auf dem die Götter gehen,

....

818c: gehen sollst du zu jenen nördlichen Göttern, den „Unvergänglichen Sternen“.

Sethe hat zwischen der Aufforderung, den >Weg auf dem die Götter gehen< zu benutzen und der Aufforderung, zu den „Unvergänglichen Sternen“ zu gehen, einen Widerspruch gesehen.[66] Er fasste PT (441) so auf, als ob der Tote nach den Riten des Erdhackens und des Brechens des wdnt-Opfers bereits auf der Himmelsreise begriffen wäre: >als du auf jenem Weg gingst, auf dem die Götter gehen<. Faulkner erkannte hier einen Wunsch:[67] >May you go on that road whereon the gods go<. In Abände-

64 Der Text macht den Eindruck, als handle es sich bei NN um einen Privatmann, keinen König, der hier zu den „Unvergänglichen Sternen“ geht, vgl. in diesem Sinne Sethes Kommentar zu PT 818b in ÜKPT IV 61. Nach dieser Annahme hätte der Bereich der „Unvergänglichen Sterne“ nicht als exklusiver Aufenthaltsort der königlichen Toten gegolten.

65 Transkription nach M; P und N weichen lediglich in orthographischen Detais von M ab.

66 Sethe, ÜKPT IV 55.

67 Faulkner, AEPT 147.

rung von Sethes Auffassung kann man die Aussage auch perfektisch verstehen, dass nämlich die Erde bereits aufgehackt und das wdnt-Opfer dargebracht worden ist. Mithin wären die Totenriten seitens der Lebenden vollzogen und es sollte für die Seele des Toten keinen Grund mehr geben auf der Erde zu verweilen. In diesem Sinne habe ich PT 817-818 imperativisch übersetzt.[68]

Sethe kommentierte ferner:[69] >Der Weg, auf dem die Götter gehen, ist der Weg der Gestirne am Himmel bzw. der Weg der Sonne, der aber nie zu den Circumpolarsternen führen kann, sondern nur den Anfang der Himmelswanderung des Toten dorthin (818c) bilden kann<. Seine plausible Auffassung, wonach der gemeinte Weg jener der >Gestirne am Himmel< sei, belegte Sethe nicht. Plausibel ist seine Auffassung, weil im Text von den >Göttern< die Rede ist, was im Rahmen der PT wahrscheinlich auf Sterne abzielt.[70] Demgegenüber ist Sethes Alternative >Weg der Sonne< textintern nicht plausibel und müsste aus anderen Belegen abgeleitet werden. Schon deswegen ist auch Sethes Einschränkung, dass >der Weg der Sonne ... nie zu den Circumpolarsternen führen kann< irrelevant. Ob der >Weg der Gestirne< oder auch >der Weg der Sonne< zu den nach Sethes unbewiesener Voraussetzung zirkumpolaren „Unvergänglichen Sternen“ führen kann oder nicht, lässt sich erst beantworten, wenn das Verhältnis der „Unvergänglichen Sterne“ zu den Zirkumpolarsternen geklärt ist.

Für die Lokalisierung der „Unvergänglichen Sterne“ ergibt sich aus PT 817b, 818c, dass diese Sterne in einer unspezifischen Weise „nördlich“ sind. Offen bleibt, ob der „Weg der Gestirne“, beginnend beim Aufstieg im Osten, direkt oder über Zwischenstationen zu den „Unvergänglichen Sternen“ führt.

45. Die „Unvergänglichen Sterne“ als „nördliche Götter“ nach PT (503). – Dieser Text beschreibt die Existenz des NN unter den „Unvergänglichen Sternen“ nach seinem Aufstieg zum Himmel.

68 Vgl. allgemein Edel, AG § 560, 471b.

69 Sethe, ÜKPT IV 61.

70 Siehe die Beispiele nach R. O. Faulkner, JNES 25 (1966) 153.

PT 1079c:[71] ḥmsw.j[72] ḥr sꜥnḫt mꜣꜥt,
1080a: sꜣ.f jr sꜣ nj nṯrw jpw, mḥtjw pt,
b: jḫmw skjw – nj sk.f.
c: jḫmjw bdš(w) – nj bdš.<j>f[73]
d: jḫmjw znjw – nj znjw P.
1079c: ich (sic) werde sitzen auf „Erhalterin der Mꜣꜥt“,[74]
1080a: sein (sic) Rücken ist am Rücken[75] jener Götter,
der Nördlichen[76] des pt-Himmels,
b: derer, „die nicht vergehen können“(= „Unvergängliche“) – nicht vergeht er,
c: derer, „die nicht ermatten können“ – nicht ermattet er,
d: derer, „die nicht dahingehen können“ – nicht geht er dahin.

Demnach enthält PT (503) eine allgemeine Aussage über die nördliche Lokalisierung der „Unvergänglichen Sterne“, wie uns das bereits aus PT (441) bekannt ist. Die weiteren Qualifizierungen der „Unvergänglichen Sterne“ in PT (503) durch bdš und znj lassen sich nicht für die sachliche Erklärung dieser Sterne heranziehen. Bemerkenswert scheint mir die Ähnlichkeit mit der Qualifizierung der südlichen Sterne als jḫmw wrḏw. Befindet sich NN nach PT 1079c-1080d vielleicht unter den südlichen Sternen und sitzt er in diesem Sinn Rücken an Rücken mit den „Unvergänglichen Sternen“ als nördlichen Sternen?

46. Qualifizierung der „Unvergänglichen Sterne“ als „Nördliche des Himmels“. – In PT (519) 1201a-1220d sind nach Sethes Analyse >wieder

71 Text nach P. P ist teilweise ein Palimpsest, der erkennen lässt, dass der Spruch ursprünglich in der 1. Person sg. abgefasst war.

72 Zu Lesung ḥmsw.j, s. Sethe, ÜKPT IV 350; vgl. auch Allen, IVPT § 332.

73 Hier ist wohl das Suffix .j der älteren Version erhalten.

74 Vgl. Sethe, ÜKPT IV 350, mit der sachlichen Deutung als „Richterstuhl (des Re?)“; Allen, IVPT § 332, übersetzt wörtlich: „that which fosters order“.

75 Statt dieser wörtlichen Übersetzung schlägt Sethe, ÜKPT IV 350, „Seite an Seite“ vor. Wie auch immer, so ist klar, dass diese Metapher die Anwesenheit des NN unter den „Unvergänglichen Sternen“ ausdrückt.

76 Sethe, ÜKPT IV 347, Faulkner, AEPT 179, und Bayoumi, Champ (1940) 14, fassten mḥtjw als „Norden (des Himmels)“ o. ä. auf. W. Barta, ZÄS 107 (1980) 4, übersetzt mḥtjw dagegen als „Nördliche“.

eine ganze Reihe heterogener Stücke zusammengekommen<, von denen er insgesamt zehn unterscheidet.[77] Sethe hat sich nicht dazu geäussert, ob die verschiedenen Stücke seiner Meinung nach zu einem sinnvollen Ganzen zusammengefügt sind oder nicht. Merkwürdig ist in diesem Zusammenhang, dass die Stücke (1) und (2) Aufforderungen enthalten, dem NN bei seinem Himmelsaufstieg zu helfen, was aber seitens der Angesprochenen ohne Reaktion bleibt. NN scheint sich in diesen Situationen selbst zu helfen. Soll man aber daraus schliessen, dass der Redaktor seine Sache nicht gut gemacht hat?

In Stück (1) fordert NN den „Rückwärtsblicker“ als himmlischen Fährmann auf, ihn zur wᶜrt der „Unvergänglichen Sterne“ zu bringen. Diese Aufforderung bleibt ohne Reaktion und in Stück (2) bewegt sich NN offensichtlich selbständig, wobei ihn sein Weg zuerst am gefährlichen šj wr (Grosser See) vorüberführt. Sethe zählt PT 1203a-b noch zu Stück (1).[78] Ich sehe aber nicht, was diese Verse mit dem Fährmannspruch und der damit verbundenen Situation zu tun haben sollen. Meiner Meinung nach ist hier der Aufbruch des NN beschrieben, der ihn zur Unteren Jat führt. Nachdem sich dem NN anschliessend – anscheinend als Beginn einer Himmelsreise – das Tor zur unteren Jat geöffnet hat, fordert er die beiden Götterneunheiten auf, ihn als nb jm³ẖ zum Opfergefilde als seinem Ziel zu bringen. Sethes Stück (3) ist von der Form her etwas anderes als Stück (2), gehört aber doch inhaltlich dazu. Stück (2+3) endet, ersichtlich ohne dass die angerufenen Neunheiten etwas für NN getan hätten.

Sethes Stück (4) ist sicher von den Schilfbündelsprüchen geborgt, jedoch sinnvoll in unseren Text inkorporiert. Denn nach PT 1203b ist NN allenfalls bis in die „untere Jat“ gekommen, vielleicht aber nur bis zu ihrem Tor und die in Stück (4) erzählte Überfahrt zur Achet mittels Schilfbündel scheint himmelstopographisch an eben dieser Stelle sinnvoll zu sein. Stück (4) berichtet vom Eintritt des NN in die Achet. Die Stücke (5) und (6) hielt Sethe selbst für textgeschichtlich zusammengehörig, wobei (5) eine >Anrufung an vier morgentliche Götter< enthält und (6), >das den angeredeten Gott, offenbar den Sonnengott, in seinem Schiff erscheinend ... schildert<. Unklar bleibt die Stellung von Stück (7) im Textzusammenhang; jedenfalls

77 Sethe, ÜKPT V 97.
78 Sethe, ÜKPT V 99.

ist hier die Rede vom Horus von Letopolis. Stück (8) schildert eine Fahrt des NN auf einem himmlischen Meer. In Stück (9) bleibt unklar, ob NN hier bereits im Opfergefilde unter den „Unvergänglichen Sternen“ weilt, während (10) die Aufforderung an den Morgenstern enthält, den NN als sr-Fürst unter den „Unvergänglichen Sternen“ einzusetzen.

Die Himmelsreise beginnt mit dem Öffnen der Fenster des ptr und der jꜣt ẖrt (untere Jat).[79] Nach Öffnen dieser Fenster und Türen soll die Neunheit den NN als nb jmꜣḫ bzw. als nb jmꜣḫw (dieses Stichwort wird in PT 1219b-c wieder aufgenommen) ins Opfergefilde mitnehmen. Die Anrufung des Morgensterns in Stück (10) enthält Ortsangaben über die „Unvergänglichen Sterne“.

PT 1220a:[80] wd.k n.k P. pn m sr jmj ꜣḫw
b: jḫmjw skjw mḥtjw pt
a: du wirst/sollst dir setzen diesen P. als sr unter den ꜣḫw,
b: den „Unvergänglichen Sternen“, den Nördlichen[81] des pt-Himmels.

Nach dem Kontext befinden sich die in PT 1220a-b beschriebenen „Unvergänglichen Sterne“ nördlich vom ḫꜣ-Kanal im Opfergefilde. Mithin folgt aus PT (519), dass das Opfergefilde als Gebiet der „Unvergänglichen Sterne“ in unbestimmter Höhe über dem Osthorizont beginnt und sich nördlich vom ḫꜣ-Kanal soweit nach Westen erstrecken sollte, dass für die „Unvergänglichen Sterne“ die Bezeichnung als „Nördliche des pt-Himmels“ sinnvoll ist. Ohne Beziehung zum ḫꜣ-Kanal sind die „Unvergänglichen Sterne“ auch nach PT 749c-e im Opfergefilde lokalisiert und heissen dort „Gefolgsleute des Osiris“. Erkennt man im himmlischen Osiris das Sternbild Sꜣḥ-Orion, das bekanntlich im Binsengefilde lokalisiert ist, dann halten sich hier Herr und Gefolge in verschiedenen, wenn auch benachbarten Teilen des Himmels auf.

79 In Varianten heisst es: Fenster des qbḥw; vgl. Sethe, ÜKPT V 102. – Zur „Unteren Jat“, siehe § 98.

80 Text nach P; M und N weichen in der Formulierung m sr n ꜣḫw jpw/„als Vornehmer dieser Achu“ von P ab.

81 Sethe, ÜKPT V 97, übersetzte mḥtjw in PT 1220a durch „Norden (des Himmels)“; vgl. auch oben zu PT 1080a. Andererseits hat Sethe ein so wie in PT 1220b geschriebenes mḥtjw (PT 1295b) in ÜKPT V 211, durch „Nördliche“ wiedergegeben.

Laut Allen besteht Identität zwischen den „Unvergänglichen Sternen“ und den Achu.[82] Dagegen unterscheidet Englund den Fall, dass jẖmjw skjw als Epitheton auf ꜣẖw folgt davon, dass die beiden Begriffe parallel gebraucht werden.[83] Daraus schliesst sie nicht auf eine Beziehung der Achu zum Sternenhimmel, >cependant, la qualité qui les relie, est le fait d’être impérissable, étoile ou entité gravitant autour du centre du cosmos sans être assujetti à la destruction<. Englunds abstrahierende Interpretation läuft in unschlüssiger Weise darauf hinaus, dass in den entsprechenden Stellen der PT lediglich Vergleiche vorliegen, die aber doch nicht als solche formuliert wären.

47. sbꜣ wꜥtj als ein im Osten aufgehender und sehr hoch steigender „Unvergänglicher Stern“.[84] – Ein sbꜣ wꜥtj genannter Stern kommt an mehreren Stellen in den PT vor, wobei es von vornherein nicht sicher ist, ob es sich um die Bezeichnung eines einzigen Sternes handelt.[85] In PT (488) wird der als Stern erscheinende NN hinsichtlich seines sšd-Aufsteigens mit dem sbꜣ wꜥtj verglichen. In begründeter Weise hat Caminos sšd als „Aufsteigen, Aufschiessen“ u.ä. übersetzt.[86] Sethe hat nicht nur übersetzt wie unten zitiert, sondern erklärte auch das sšd von PT 1048b als Synonym von ẖꜥ.[87] Faulkner schrieb Sethe irrtümlich die Übersetzung von sšd allein durch „geschmückt“ zu und übersetzte sšd an der fraglichen Stelle seinerseits durch „flash“.[88] Allen gibt für sšd nur die Bedeutung „to put on the headband“, vermerkt aber den in PT 1048b vorliegenden objektslosen Gebrauch.[89]

82 Allen, Cosmology (1989) 4.

83 G. Englund, Akh (1978) 59.

84 Die Überlegungen von A. Volten in MDAIK 16(1958) 346-348, zu sbꜣ wꜥtj sind grösstenteils abstrus und ich setze mich nicht damit auseinander.

85 In PT 1384a (P) steht sbꜣ wꜥtj, wo der ältere Paralleltext sbꜣ pw ẖrj ẖt Nwt hat; vgl. Faulkner, AEPT 216, Utt. 556 n. 8. Wegen dieses textgeschichtlichen Umstands berücksichtige ich den sbꜣ wꜥtj von PT 1384a (P) in der obigen Auswertung nicht.

86 R. A. Caminos, The Chronicle of Prince Osorkon (1958) 82.

87 Sethe, ÜKPT IV 325 f.

88 Faulkner, AEPT 174, Utt. 488 n. 1.

89 Allen, IVPT §736, 772.

PT 1048b:[90] sšd.k m sbꜣ wꜥtj, ḥrj-jb Nwt;
c: rd ḏnḥwj.k m bjk ꜥꜣ šnbt,
d: gnḥsw js mꜣ mšr.f nm pt
1048b: du steigst auf, wie der sbꜣ wꜥtj in der Mitte der Nut;
c: deine beiden Flügel sind gewachsen als (Flügel)[91] eines Falken, breit an Brust,
d: als ein gnḥsw, dessen mšr[92] gesehen wird, der den pt-Himmel kreuzt.

Sethe übersetzte:[93] >du erscheinst geschmückt als der einzelne Stern, der an der Nut wohnt. Deine Flügel sind/Dir sind Flügel gewachsen als der grosse Falke, der bruststarke, wie der gmḥsw[sic]-Falke, dessen Untergang gesehen worden ist, der den Himmel durchfahren hat<. Nach Sethe wäre zwar NN mit dem sbꜣ wꜥtj identisch, hinsichtlich des gnḥsw-Falken soll aber ein Vergleich vorliegen. Bei Faulkner ist unklar, ob er lediglich mit einem Vergleich oder mit Identität von NN mit dem sbꜣ wꜥtj bzw. dem gnḥsw–Falken rechnete.[94] Allen übersetzt von der fraglichen Passage nur die Verse PT 1048c-d, wobei er die Aussagen entschieden als Vergleich auffasst:[95] >Your wings have grown as (those of)[96] a big-chested falcon, like a hawk that is seen in the evening, that crosses the sky<. Da PT 1048c-d einen Vergleich darstellt und m schliesslich Vergleichsausdruck sein kann,[97] nehme ich an, dass auch in PT 1048b ein punktueller Vergleich und keine Gleichsetzung zwischen NN und sbꜣ wꜥtj vorliegt. Also lässt sich die Aussage über die Position des sbꜣ wꜥtj vom Kontext isolieren. Es beibt offen, ob ḥrj-jb Nwt auf

90 Text nur bei P.
91 Ich nehme hier eine Ellipse an: rd ḏnḥwj m [ḏnḥwj] bjk; vgl. allgemein Edel, AG § 999
92 Im Anschluss an Sethe, ÜKPT IV 326, hält auch E. Hornung, Nacht und Finsternis im Weltbild der alten Ägypter, Diss. Tübingen (1956) 10 f, mšr mit der mutmasslichen Bedeutung „Untergang“ für ein anderes Wort als mšrw/Abend.
93 Sethe, ÜKPT IV 325.
94 Faulkner, AEPT 174, benutzt hier wie in vergleichbaren Fällen seiner Übersetzung der PT das ambivalente englische „as“.
95 Allen, IVPT § 639.
96 Allens Übersetzung impliziert eine Ellipse.
97 Vgl. Edel, AG § 828.

eine bestimmte himmlische Position zielt, etwa auf einen Punkt an dem als Milchstrasse verstandenen Leib der Nut.[98]

Auch in PT (665) und (666) liegen Vergleiche zwischen NN und sbꜣ wꜥtj vor. Die in diesen Zitaten ausgesprochene Agressivität erinnert an den kannibalischen Himmelsbewohner von PT (273-274).

PT 1899e:[99] sbꜣ js wꜥtj, wnm.n.f ḫftj.f.
1899e: wie der Stern, der Einzelne, der seinen Gegner gefressen hat.
PT 1920c:[100] jṯ n.k wrrt, sbꜣ js wꜥtj, sk ḫftjw.
1920c: ergreife für dich die wrrt-Krone wie der Stern,
der Einzelne, der seine Feinde zerstört.
Schwierig ist PT (667A), wo vermutlich auch ein Vergleich vorliegt.
PT 1945f:[101] wn.f rwt ḫsft [rḫjjt][102] jr.n[.j] n.f jrt m sbꜣ wꜥtj,
g: jwtj snnw.f m-ꜥb sn nṯrw

Es ist möglich, dass dieser Text fehlerhaft ist, da zumindest [rḫjjt] ausgefallen ist. Wenn es sich dabei um keine elliptische Auslassung handelt, dann kann auch im Zusammenhang mit dem inhaltlich unklaren jrt m ein Textfehler vorliegen. Faulkner übersetzte:[103] >I open for him the gate which keeps out the <plebs>; I have done for him what should be done as the Lone Star who has no fellow among them, the gods<. Graefe übersetzt:[104] >Ihm wurde das Pflichtgemässe getan als sbꜣ wꜥtj<. Es bleibt offen, was laut PT 1945f für den sbꜣ wꜥtj getan wird. Von dieser Schwierigkeit abgesehen liegt in Vers g offensichtlich eine Paraphrase der Qualifizierung dieses Sterns als wꜥtj vor.

Keine Vergleiche, sondern direkte Aussagen über den sbꜣ wꜥtj enthalten die Texte PT (463) + (464) und PT (245). Bei PT (463) + (464) ist für die In-

98 Siehe §48.
99 Text nach Nt; in JP II nur unwesentliche orthographische Abweichungen; vgl. Faulkner, Supplement 25.
100 Text nach Nt, orthographisch verbessert nach JP II; vgl. Faulkner, Supplement 32.
101 Text nach Nt; JP II ist im allgemeinen nur in der Orthographie unwesentlich verschieden; vgl. Faulkner, Supplement 43.
102 Zur Ergänzung von rḫjjt s. Faulkner, AEPT 282, Utt. 667 n. 3.
103 Faulkner, AEPT 281; wegen der Trennung von >... for him ... as the Lone Star< durch >what should be done< ist Faulkners Übersetzung schwierig zu verstehen.
104 Graefe, Wortfamilie (1971) 62.

terpretation wichtig, dass es sich um Sprüche handelt, die aneinander anschliessen, wie es ḏd mdw ḏd am Anfang von PT (464) ausdrückt.[105]

PT 876a:[106] ḏd mdw; wn n.k ꜥꜣ.wj pt, jzn n.k ꜥꜣ.wj qbḥw,
b: jpw ẖsfw rẖwt
....
877c: ṯwt sbꜣ pw wꜥtj, prr m gs jꜣbtj nj pt,
d: jwtj rḏ.n.f ḏt.f n Ḥrw dꜣtj. [Ende von PT (463)].
PT 878a: ḏd mdw ḏd; qꜣj wrt mm sbꜣw, jẖmjw sk(jw),
b: nj sk.k ḏt.
[Ende von PT (464].
876a: Worte sprechen; geöffnet sind dir die Türflügel des pt-Himmels,
aufgetan sind dir die Türflügel des qbḥw-Himmels
b: jene, die die Rechit fernhalten.
....
877c: du bist jener Einzelne Stern,
der hervorzukommen pflegt[107] auf der östlichen Seite des Himmels,
d: der sich (oder: seinen „Schlangenleib“)[108] dem Datischen Horus nicht gibt.
[Ende von PT (463)].
878a: Ohne Unterbrechung weiter zu sprechen;
O du sehr hoher unter den Sternen, den „Unvergänglichen“,
b: nicht wirst du vergehen ewiglich. [Ende von PT (464)].

Das Öffnen der Himmelstüren in der Einleitung von PT (463) spricht eindeutig für einen Aufgang im Osten. Aus PT (464) als Fortsetzung von PT (463) geht des weiteren hervor, dass der sbꜣ wꜥtj nach seinem Aufgang eine (räumlich) sehr hohe Position (qꜣj wrt) unter den „Unvergänglichen Sternen“ einnimmt und zu ihnen gehört. Wenn es sich entgegen der scheinbaren Textaussage beim sbꜣ wꜥtj um einen Planeten handelt, der sich nur vor-

105 WB V 625. 7.
106 Text nach P; bei N nur unwesentliche orthographische Varianten.
107 So H. Kees, Totenglauben (1926) 133.
108 Vgl. R. Anthes, in: Fs. Struwe (1962), hier zitiert nach R. Anthes, Ägyptische Theologie im Dritten Jahrtausend v. Chr. (1983) 82.

übergehend unter den als Fixsternen verstandenen „Unvergänglichen Sternen“ aufhält, müssen zumindest die dem „Einzelnen Stern“ zeitweise benachbarten „Unvergänglichen Sterne“ in gleicher Weise wie der sbꜣ wꜥtj selbst im Osten aufsteigen. Die Angabe schliesslich, dass der sbꜣ wꜥtj eine sehr hohe Position einnimmt, kann absolut aufgefasst auf eine zenitnahe höchste Bahnposition dieses Sterns sowie der ihm benachbarten „Unvergänglichen Sterne“ deuten. Es kann offensichtlich nicht an die Aufgangs- oder Untergangsposition gedacht sein, weil sie sich nicht als hoch oder tief beschreiben lassen. Ich halte daher für wahrscheinlich, dass die höchste Bahnposition gemeint ist oder allgemein eine Position in der die Qualifizierung qꜣj wrt nicht zu überbieten ist.

Entgegen der Aussage von PT 877c über den Aufgang des sbꜣ wꜥtj im Osten, dachte Faulkner daran, diesen Stern als Venus-Abendstern zu identifizieren; daneben zog er Jupiter in Betracht. Zugegebenermassen wäre es sinnvoll, Jupiter als einen „Einzelnen Stern“ zu bezeichnen, >for it ... can be seen at dawn and sunset when no other stars are visible, but it is less brilliant than Venus when the latter is at its brightest<.[109] Tatsächlich ist Venus bei maximaler Helligkeit ca. fünfmal heller als Jupiter, andererseits steht ein Planet wie Jupiter oder Venus im allgemeinen nicht in der Nähe des Orion, wie es für sbꜣ wꜥtj als Charakteristikum ausgesagt ist und was am ehesten auf einen benachbarten Fixstern passt.[110]

Ohne vorher sichtbar aufzugehen tritt Venus-Abendstern vor allen anderen Sternen am Abendhimmel als „einzelner“ Stern hervor und insofern wäre es sinnvoll diesen Planeten als sbꜣ wꜥtj zu bezeichnen.[111] Hinzu kommt, dass sbꜣ wꜥtj in der Spätzeit eine Bezeichnung des Abendsterns war, woran bereits Sethe erinnerte,[112] unter Verweis auf Brugsch.[113] Was die Sargtexte angeht, so ist der Morgenstern (Venus) nach CT VI 350q der sbꜣ wꜥ jr ꜣḫt, (der einzelne Stern in/an/aus der Achet). In CT IV 357b heisst

109 R. O. Faulkner, JNES 25 (1966) 161.

110 Immerhin kommt Jupiter (wie auch Mars und Saturn als andere äussere Planeten) in ägyptischen Breiten dem Zenit nahe, was der Qualifizierung des sbꜣ wꜥtj als qꜣj wrt nach PT 878a entsprechen könnte.

111 Venus-Abendstern geht morgens nach der Sonne im Osten auf und wird nach Sonnenuntergang hoch am Westhimmel sichtbar.

112 Sethe, ÜKPT IV 144.

113 H.Brugsch, Ägyptologie (1891) 322.

es über NN als grossen sḥd-Stern: m sḥd pw wꜥtj (Var. wr) jmj-wrt ꜥꜣt nt pt, jmj tꜣ wr ꜥꜣ n tꜣ (als jener einzelne (Var.: grosser) sḥd-Stern im grossen Westen des Himmels, im grossen Osten der Erde).

Als sbꜣ wꜥtj von PT 877c kommt Venus-Abendstern jedoch nicht in Frage, weil Venus-Abendstern nur im Untergang am westlichen Himmel zu sehen ist, während der Aufgang im Osten unsichtbar bleibt. Über diese Tatsache war sich Faulkner im Klaren, was ihn aber nicht davon abhielt Venus-Abendstern und sbꜣ wꜥtj gleichzusetzen:[114] >It is true that in [PT] 877 the Lone Star is spoken of as „ascending from the eastern side of the sky“, but this expression is of frequent occurence in the Pyramid Texts and might well have been thoughtlessly applied to the evening star<. Faulkners willkürliches Argument wird widerlegt durch PT 877d, wonach der sbꜣ wꜥtj sich nicht dem Horus Dati ergibt. Horus Dati ist eine Form des Morgensterns und hält sich als solcher nur im Osten auf,[115] daher ist auch der sbꜣ wꜥtj ein tatsächlich im Osten lokalisierter Stern. Statt mit Faulkner die entsprechende Textstelle zu verdächtigen, kann man sie wörtlich nehmen und den sbꜣ wꜥtj von PT 877c als Stern erkennen, der üblicherweise im Osten aufgeht, was wiederum seine Gleichsetzung mit Venus-Abendstern ausschliesst.

Im übrigen kann sbꜣ wꜥtj in späteren Texten als den PT nicht nur den Abendstern, sondern offensichtlich auch den Morgenstern bedeuten. Dies gilt jedenfalls für ein Beispiel, das Grapow für den Vergleich des „Morgensterns“ mit einem menschlichen Nabel zitiert hat:[116] In Papyrus Chester Beatty VIII Vs 9, 1-2, wird der sbꜣ wꜥtj einerseits mit dem menschlichen Nabel verglichen und andererseits an der Vorderseite der Barke des Re lokalisiert; diese Positionsangabe ist nur für Venus-Morgenstern sinnvoll, aber nicht für Venus-Abendstern.

48. sbꜣ wꜥtj als hoch über Osiris positionierter Stern. – Wie PT (463)+(464) enthält auch PT (245) Angaben über die räumliche Position des

114 R. O. Faulkner, JNES 25 (1966) 161. – Faulkner bemühte für sein Argument auch PT 1048c-d, >where the Lone Star is likened to „a hawk seen in the evening traversing the sky“< und schliesst auch aus dieser Stelle auf Venus. Aber wie besprochen liegt in PT 1048c-d keine Gleichsetzung des sbꜣ wꜥtj mit einem „Falken“ vor.

115 Vgl. § 90.

116 H. Grapow, Die bildlichen Ausdrücke des Ägyptischen (1924) 37.

sbꜣ wꜥtj genannten Sterns, hier aber nicht in bezug auf die „Unvergänglichen Sterne“, sondern in bezug auf Osiris. Einleitend kündigt der Sprecher die Ankunft des NN bei Nut an und fordert ihn auf, herabzublicken auf Osiris, der die Achu regiert.

PT 250a:[117] jj n.ṯ W. pn, Nwt; jj n.ṯ W. pn, Nwt,
b: qmꜣ.n.f [?] tf r tꜣ, fḫ.n.f Ḥrw m ḫt.f
c: rd ḏnḥ.wj.f m bjk, j(w) šw.tj m gmḥsw;
d: jn.n sw bꜣ.f, ḥtm.n sw ḥkꜣw.f;
251a: wp.k st.k m pt m ꜥb sbꜣw njw pt
b: n ṯwt js sbꜣ wꜥtj r rmn Nwt,[118] ḥw mꜣ.k ḥr tpj Wsjr,
c: wḏ.f mdw n ꜣḫw, ṯwt ꜥḥꜥ.tj ḥr.t r.f,
d: nj ṯw jm.sn, nj wnn.k jm.sn.
250a: Dieser W. kommt zu dir, Nut; dieser W. kommt zu dir, Nut;
b: nachdem er tf zu Boden geworfen hat [?], er hat Horus hinter sich gelassen,
c: gewachsen sind seine beiden Flügel als die eines Falken,
während (?) die beiden Federn die eines gmḥsw-Falken sind;
d: ihn hat sein Ba gebracht, ihn hat sein Zauber ausgestattet.
251a: Du (=NN) sollst deinen Platz im pt-Himmel öffnen
unter den Sternen des pt-Himmels,
b: denn du bist der sbꜣ wꜥtj an der Schulter der Nut,
mögest du herabblicken auf Osiris,
c: wie er die Achu regiert, während du stehst, entfernt seiend von ihm.
d: du bist nicht einer von ihnen (=Achu),
du wirst nicht einer von ihnen sein.

Sethe verstand tf in PT 250b als jt.f/„sein Vater“ und sah in PT 250b-c das Verhalten des NN gegenüber seinem Vater und Sohn ausgesprochen, insofern er ersteren seinerzeit als Vorgänger beigesetzt und letzteren jetzt als

117 Text nach W; N ist lückenhaft.

118 Lesung nach Allen, IVPT § 300. Sethe hat rmnwtj ḥw gelesen, was sachlich und textgeschichtlich schwierig ist, vgl. Sethe, ÜKPT I 238. Kees, Totenglauben (1926) 206, verstand >Träger des Hu< und vermutete wegen PT 882a eine Verbindung des Hu mit Orion.

Nachfolger zurückgelassen habe.[119] Ich halte es dagegen für möglich, dass hier auf Umstände beim Aufstieg zum Himmel angespielt wird. Beispielsweise könnte sich tf als Demonstrativum auf ein Substantiv wie ḏwt/Schlechtes beziehen; dazu wäre PT 908c-g zu vergleichen, wo unter anderem das ḏwt/Schlechte, das hinter NN ist, vertrieben wird. Was das Verhältnis zu Horus angeht, so könnte NN bei seinem Flug den himmlischen Horus hinter sich gelassen haben. Man vergleiche CT II 143a-144b, wonach NN am Himmel sowohl Seth als auch Horus hinter sich lässt. Horus seinerseits kann nach CT II 222e–224a am Himmel höher fliegen als Seth, was nicht impliziert, dass Horus wiederum die höchsten himmlischen Höhen erreichen kann.[120]

Die Position des NN als Stern an der Schulter der Nut kann sich auf die Vorstellung von Nut als einer über die Erde gebeugten Frau beziehen. Nach Allen ist diese in ausdrücklicher Weise erst später belegte Vorstellung bereits in den PT vorhanden.[121] Allens Beispielen füge ich noch ḥr rmn Nwt (PT 251b; hier in § 48) hinzu sowie ẖrj ẖt Nwt/„am Bauch der Nut“ (PT 802b, PT 1720b; § 28).[122] Verweisen möchte ich auf den sehr viel späteren Text von Louvre 2272, demgemäss eine Königin Ramses II. als weiblicher Einzelstern am Himmel weilen soll bzw. m sbꜣt wᶜtj[t?] r mn.tj ᶜj.wj Nwt: „als einzelne Sternin an den Schenkeln und Armen der Nut“.[123] Es muss offen bleiben, ob mit diesem weiblichen „Einzelstern“ der sbꜣ wᶜtj der PT gemeint ist oder ob es sich dabei um Venus handelt, die vielleicht entsprechend dem räumlichen Gegensatz der Arme und Beine der Nut, je nach Phase im Osten oder im Westen erscheint.

Ich nehme an, dass es sich bei ḥr rmn Nwt um eine andere Formulierung dessen handelt, was in PT (463 + 464) als qꜣj wrt und in PT 1048b als ḥrj-jb Nwt ausgedrückt ist.[124] In diesem Sinne interpretiere ich ḥr rmn Nwt bis

119 Sethe, ÜKPT I 236.

120 Vgl. § 100.

121 Allen, Cosmology (1989) 16.

122 Vgl. § 32 (Ende).

123 Vgl. E. Drioton, ASAE 41 (1942) 29, und K. A. Kitchen, Ramesside Inscriptions II (1978) 854.7. – Drioton, a.O. übersetzt nur „cuisses“. Dagegen ist offensichtlich mn.tj (Schenkel) und ᶜj.wj (Arme) geschrieben.

124 Vielleicht gehören in diesen Zusammenhang auch die bekannten Texte der Pyramidia von Amenemhet III. und Chendjer, in denen sich die Aussage findet, dass der königliche Ba (wohl als Stern zu verstehen) höher am Himmel steht als Orion.

auf weiteres im Sinne einer räumlich sehr hohen Stellung am Himmel. In dieser hohen Position kann NN auf Osiris herabblicken, von dem er hoch/ entfernt steht. Sethe hat in seinem Kommentar zu PT 251b hervorgehoben, dass mꜣ ḥr tpj >hier nur die hohe Stellung, die der Sehende im Raum einnimmt, kennzeichnet ...<.[125] Zu PT 251c bemerkt er: >Osiris auch hier wieder Beherrscher der Toten, die ꜣḫ.w heissen, und zwar in der Unterwelt (nicht etwa am Himmel gedacht). Der Tote am Himmel hoch und fern von ihm stehend<. Ganz in diesem Sinne drückte sich auch Faulkner aus:[126] >The king as a star high in the sky looks down from aloft on the realm of Osiris in the Netherworld<.[127] Die Sethe-Faulknersche Interpretation halte ich für physisch nicht realisierbar, da zwischen dem angesprochenen Stern und der Unterwelt die für den Blick undurchdringliche Erde liegt. Statt hier Osiris unter der Erde zu suchen, kann man die Situation auf den am Himmel lokalisierten Osiris deuten. Diese Interpretation liegt angesichts der himmlischen Szenerie nahe und lässt sich auch durch andere Stellen aus den PT begründen. Beispielsweise sind Osiris, die „Unvergänglichen Sterne“ und die Achu in PT (523) miteinander vergesellschaftet.

PT 1232a:[128] ꜥḥꜥ .tj ḫntj ꜣḫw
b: mr ꜥḥꜥ Ḥrw ḫntj ꜥnḫw,
c: ꜥḥꜥ rf P. pn ḫntj ꜣḫw, jḫmw skjw
d: mr ꜥḥꜥ Wsjr ḫntj ꜣḫw.
1232a: du stehst an der Spitze der Achu,
b: wie Horus steht an der Spitze der Lebenden,
c: dieser P. steht an der Spitze der Achu
(und?) der „Unvergänglichen Sterne“,
d: wie Osiris steht[129] an der Spitze der Achu.

Es ist nicht klar, ob man auf den Gegensatz zwischen NN als Führer der Achu sowie der „Unvergänglichen Sterne“ einerseits und Osiris als Führer

125 Sethe, ÜKPT I 239.
126 R. O. Faulkner, JNES 25 (1966) 160.
127 Ähnlich Allen, Cosmology (1989) 24.
128 Text nach P; M und N bieten orthographische Varianten; N hat Pleneschreibungen für ꜥḥꜥ.tj und ḫntj.
129 Hier folge ich Allen, IVPT § 311 B.

nur der Achu andererseits Wert legen soll. Die Kombination der Achu mit den „Unvergänglichen Sternen“ spricht für eine himmlische Lokalisierung der Achu, folglich sollte es sich auch bei ihnen um Sterne handeln.[130]

PT (422) enthält Aussagen über die Beziehung des NN und des Osiris zu den Achu und zu den „Unvergänglichen Sternen“.

PT 759b:[131] ꜥpr.tj m jrw Wsjr ḥr nst ḫntj jmntjw,
c: jr.k wnt.f jr.f mm ꜣḫw jḫmjw skjw
759b: ausgestattet mit der Form von Osiris auf dem Thron des „Ersten der Westlichen“,
c: du sollst tun, was er zu tun pflegte unter den Achu (und?) den „Unvergänglichen Sternen“.[132]

Man kann diese Stelle so deuten, dass NN den Osiris in zumindest einigen seiner Herrschaftsfunktionen gegenüber Achu und „Unvergänglichen Sternen“ ablösen soll. Der Text muss nicht beinhalten, dass Osiris in mythischer Vergangenheit diese Herrschaft ausübte und in der Textsituation ein zu Ende gehendes Interregnum besteht. Zumindest nach PT (419) gelten die „Unvergänglichen Sterne“ als Gefolgsleute des Osiris.

Sethe unterscheidet in PT (419) drei Teile, von denen der dritte Teil ein Himmelfahrtstext ist: >Der Tote ist als Osiris gedacht (744a. 746b/c), wird aber nicht direkt so genannt<.[133] Meiner Meinung nach enthält schon PT 748a mit der Nennung der Achu das Thema der „Unvergänglichen Sterne“, das nach Sethe erst ab PT 749b zur Sprache käme. Ich sehe daher keinen triftigen Grund, den Text in der von Sethe vorgeschlagenen Weise in genetische Stücke zu zerlegen. Anders als Sethe scheint auch Faulkner den Schluss des Spruches von PT 747a bis 749e anzusetzen.[134]

130 Entweder ist hier ein „und“ einzusetzen oder jḫmjw skjw folgt als Epitheton auf ꜣḫw, was mehr oder weniger einer Gleichsetzung entspräche.

131 Text nach P; M und N bieten fast nur orthographische Varianten bis auf wnt.n.f bei M statt wnt.f bei P und N.

132 Zur Übersetzung vgl. Allen, IVPT §607 und allgemein, Edel, AG §§894-897.

133 Sethe, ÜKPT III 381.

134 Faulkner, AEPT 138.

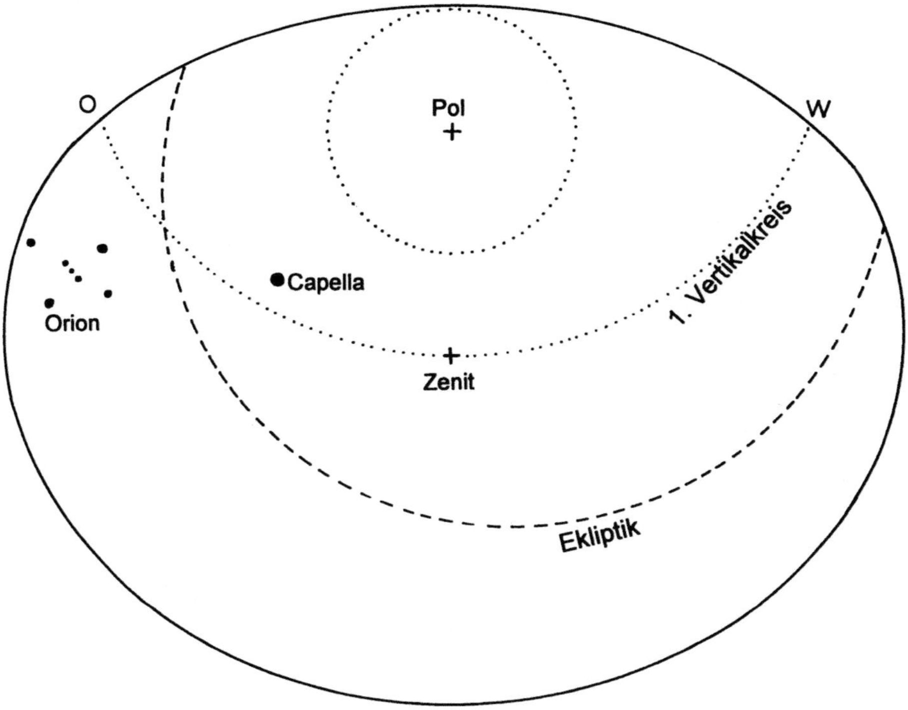

Abb. 7a
Capella und Orion beim Aufgang
Breite von Memphis, um 2400 v. Chr.
punktiert: Zone der Zirkumpolarsterne

PT 749c:[135] nm T. pt jr sẖt jꜣrw
d: jr T. jmn.f m sẖt ḥtp
e: mm jẖmjw skjw, šmsw Wsjr.
749c: Möge T. den pt-Himmel durchfahren im Binsengefilde,
d: möge T. nehmen seinen Aufenthalt im Opfergefilde,
e: unter den „Unvergänglichen Sternen“,
dem Gefolge des Osiris.

135 Text nach T; M hat Imperative (nm pt, jr jmn.k) anstelle der entsprechenden sḏm.f-Formen bei T; ansonsten bietet M nur unbedeutende orthographische Varianten.

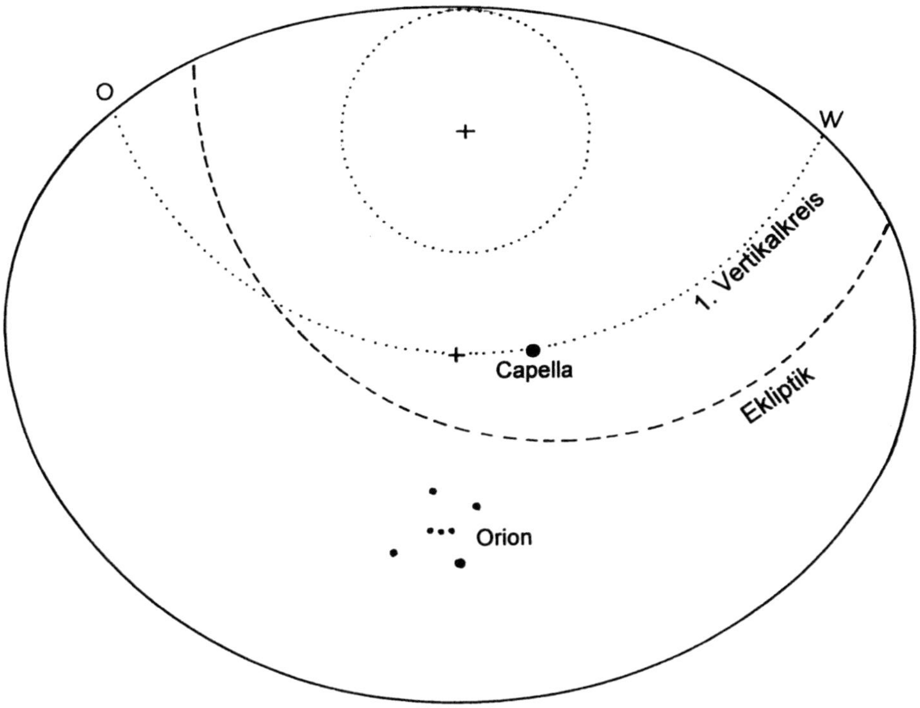

Abb. 7b
Capella und Orion bei der Kulmination
Breite von Memphis, um 2400 v.Chr.

Sethe übersetzte PT 749c: >...zu den Gefilden des Binsengefildes<.[136] Jr kann aber auch die Bedeutung „am“ (bzw. „im“) haben[137] und diese neben der deiktischen seltenere Bedeutung von jr scheint mir hier sachlich gefordert zu sein: Eine Überquerung des pt-Himmels zum Binsengefilde würde nach den bisherigen Ergebnissen nur Sinn machen, wenn sie vom Opfergefilde aus erfolgt. Hier in PT (419) scheint die Situation die zu sein, dass nach erfolgtem Aufstieg in den Südhimmel und damit ins Binsengefilde, der Übergang zum Opfergefilde erfolgen soll. Auch die in der Variante PT 1164d-1165b aufgezählten himmlischen Stationen des NN scheinen mir für diese Deutung zu sprechen. Die Bezeichnung der „Unvergänglichen

136 Sethe, ÜKPT III 380.
137 Edel, AG §760a.

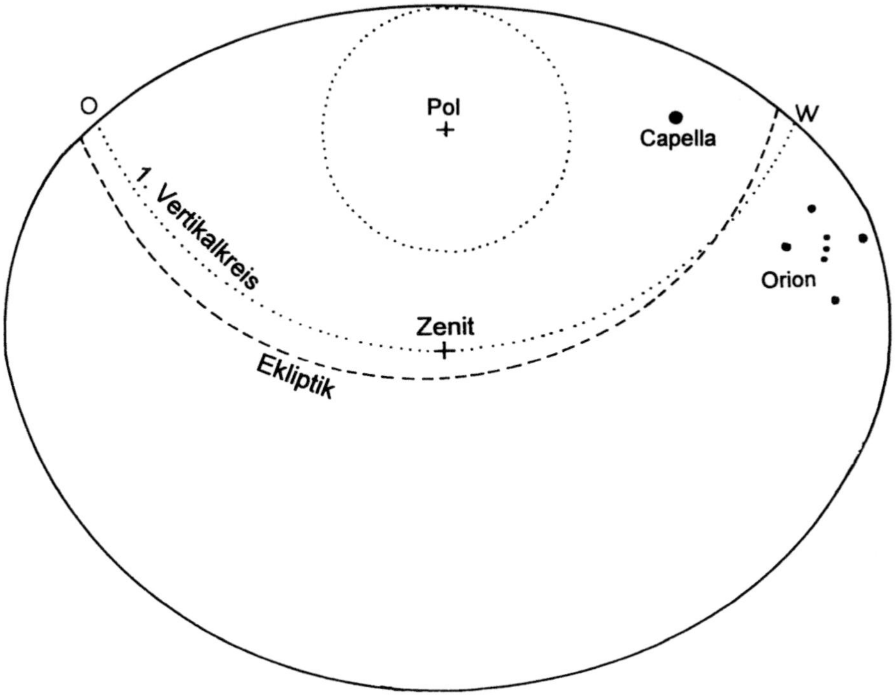

Abb. 7c
Orion und Capella beim Untergang
Breite von Memphis, um 2400 v. Chr.

Sterne" als Gefolgsleute des Osiris in PT 749e legt nahe, dass auch der Gott selbst am Himmel weilt, sei es unter seinem Gefolge oder dass dieses ihm in einiger Entfernung folgt. Wenn Osiris in diesem Sinne am Himmel zu suchen ist, dann könnte bei geeigneter Lokalisierung ein sehr hoch stehender Stern sowohl auf Osiris als auch auf die ihm benachbarten Sterne herabblikken. Sucht man nach einer speziellen Identität für Osiris am Himmel, dann bietet sich die Gleichsetzung mit S3ḥ–Orion an, neben der in den PT (sic) keine andere stellare Gleichsetzung für Osiris bekannt ist. Wenn der sb3 wᶜtj auf S3ḥ-Orion herabblicken soll, dann entspricht dieser Forderung optimal ein dem Orion benachbarter und zenitnah kulminierender Stern. Wie aus einer drehbaren Sternkarte abzulesen, stand jeder Stern, auf den diese beiden Kriterien zutreffen, bereits hoch am Himmel, wenn Orion um 2400 v.Chr. auf der Breite von Memphis aufging und er war zenitnah, wenn Orion kulminierte und ging schliesslich ungefähr zusammen mit Orion unter. Ich illustriere diese Verhältnisse modellhaft am Beispiel von Capella (α Aurigae), dem hellsten Fixstern in nördlicher Nachbarschaft des Orion, worauf die Positionsangaben ḥrj-jb Nwt und ḥr rmn Nwt zutreffen können. Abb. 7a zeigt die relativen Positionen der Zirkumpolarsterne und von Capella sowie Orion nach Aufgang des Orion, Abb. 7b bei der Kulmination und Abb. 7c beim Untergang.

Wie offensichtlich konnte in ägyptischen Breiten kein Zirkumpolarstern auf Osiris-Orion „herabblicken“[138] und eine solche Aussage trifft am ehesten auf Capella als einen hellen und in der Nähe von Orion stehenden sowie zenitnah kulminierenden Fixstern zu. Die Rolle des dritthellsten Fixsterns nach Spdt/Sirius und Wega (α Lyrae) teilte sich Capella während der Pyramidenzeit und auf der Breite von Memphis mit Arctur (α Bootis).[139] Zum Zeitpunkt ihrer Kulmination aber war Capella der zweithellste Fixstern nach Sirius, da Arctur und Wega dann schon bzw. noch unter dem Horizont von Memphis standen. Da Capella in der Pyramidenzeit auf der Breite von Memphis im Zenit kulminierte, kann dieser Stern die Aufmerksamkeit auf sich gelenkt haben; heute kulminiert Capella auf der Breite von Memphis ca. 16° nördlich vom Zenit.

49. Die „Unvergänglichen Sterne“ und der „Gegenhimmel“ Naunet.[140] – Die Naunet verkörpert >den Himmel, der sich als Gegenbild des über der Erde ausgespannten „oberen“ Himmels unter dem Nun auf der auf ihm ruhenden Erdscheibe ausbreitet. ... Als Determinativ wird ihrem Namen darum ein umgekehrtes Himmelszeichen [SL N 1] beigefügt. Zu diesem Gegenhimmel steigen Sonne und Gestirne bei ihrem Verlöschen hinab<.[141] Nach dieser Formulierung Bonnets würde es sich bei der Naunet um ein an Himmelsbeobachtung anknüpfendes, aber durch Spekulation weitergeführtes astronomisches Konzept handeln.

Beiläufig weise ich darauf hin, dass in den Sargtexten für den Gegenhimmel auch die Bezeichnung pt ẖrt (unterer Himmel) vorkommt, dem der pt ḥrt (oberer Himmel) gegenübersteht. Beispielsweise ist am Anfang von CT (956) im Zusammenhang eines Aufstiegs zum Himmel die Rede vom obe-

138 Vgl. auch Abb. 9 und den Kommentar dazu.

139 Siehe die Tabelle mit den hellsten Fixsternen am altägyptischen Himmel in § 76.

140 Zur Orthographie von Naunet nnwt/nwt vgl. Allen, Cosmology (1989) 12.

141 Bonnet, RÄRG 506.

ren Himmel (pt ḥrt) des Re und vom unteren Himmel (pt ẖrt). In diesem Sinne ist etwa auch CT I 225 a zu verstehen, wo Osiris der König des unteren Himmels (nswt pt ẖrt) heisst. Merkwürdig ist CT VI 253 m-n, wo die Rede ist von einem Sturm im oberen Himmel und Bewölkung im unteren Himmel. Beides zusammen wäre nicht zu beobachten, also wäre es imaginiert. Hat man angenommen, dass sich die vom oberen Himmel bekannten meteorologischen Vorgänge auch im unteren Himmel abspielten?

An zwei Stellen der PT stehen „Unvergängliche Sterne“ mit dem „Gegenhimmel“ Naunet in Verbindung: Nach PT (570) sind es „Unvergängliche Sterne“ die aus der Naunet herauskommen, während nach PT (215) ein einzelner „Unvergänglicher Stern“ in die Naunet hinabsteigt. PT (570) ist >ein aus vielen nicht zusammengehörigen Bestandteilen aufgebauter Text<. Als Stück 8 trennt Sethe PT 1456a-1458e ab und nennt als Inhalt:[142] >Der Tote Gefährte der göttlichen Wesen am Himmel, u. a. der Zirkumpolarsterne auf Befehl des Horus, der König der Götter heisst<.

PT 1456a:[143] [ꜥnẖ] P. pn ꜥnẖt jr ꜥw.ṯn
b: nṯrw nnwtjw jẖ[mjw skjw]
c: [ẖnzw tꜣ ṯḥnw, ḏsrw ḥr] ḏꜥmw.sn
d: ḏsr P. pn ḥnꜥ ṯn ḥr wꜣs ḥnꜥ ḏꜣm
1457a: P. pw 4-nw ṯn
b: nṯrw nnwtjw, jẖmjw skjw
c: ẖnzw tꜣ ṯḥnw, ḏsrw ḥr ḏꜥmw.sn
d: ḏsr P. pn ḥnꜥ ṯn ḥr wꜣs ḥnꜥ ḏꜥm
1458a: P. pw 4-nw ṯn
b: nṯrw nnwtjw, jẖmjw skjw
c: [ẖnzw tꜣ ṯḥ]nw, [ḏsrw ḥr] ḏꜥmw.sn
d: ḏsr P. pn ḥnꜥ ṯn ḥr wꜣs ḥnꜥ ḏꜥm
e: m wḏt Ḥrw jrj-pꜥt nswt nṯrw.
1456a: P. lebt ein Leben an eurer Seite,
b: ihr Götter aus der Nnwt, ihr „Unvergänglichen Sterne“,
c: ihr, die ihr das Libyerland durchfahrt,
die sich stützen auf ihre ḏꜥm-Zepter,

142 Sethe, ÜKPT V 381, 383.

143 Text nach P; P² und M bieten orthographische und auch textliche Varianten, die aber den Sinn nicht verändern.

d:	P. stützt sich mit euch zusammen auf wꜣs und ḏʿm-Zepter
1457a:	P. ist euer Vierter,
b:	ihr Götter aus der Nnwt, ihr „Unvergänglichen Sterne“,
c:	ihr, die ihr das Libyerland durchfahrt,
	die sich stützen auf ihre ḏʿm-Zepter,
d:	P. stützt sich mit euch zusammen auf wꜣs- und ḏʿm-Zepter,
1458a:	P. ist euer Dritter,
b:	ihr Götter aus der Nnwt, ihr „Unvergänglichen Sterne“,
c:	ihr, die ihr das Libyerland durchfahrt,
	die sich stützen auf ihre ḏʿm-Zepter,
d:	N. stützt sich mit euch zusammen auf wꜣs- und ḏʿm-Zepter
e:	auf den Befehl des Horus, des jrj-pʿt, des Königs der Götter.

Sethe störte sich an der >scheinbaren Bezeichnung der Sterne als … „Götter aus der Unterwelt“ … Das Seltsame ist aber, dass es gerade die Circumpolarsterne sein sollen, die so angeredet werden. … Deshalb darf man sich ernstlich fragen, ob nicht etwa [nṯrw nnwtjw] von den [jḫmw skjw–]Sternen zu unterscheiden sind, und weiter auch … die in 1456c genannten ḫnsjw tꜣ ṯḥnw „die das Libyerland durchfahren“, denn auch diese Bezeichnung passt so gar nicht zu den Circumpolarsternen<.[144] Wenn aber entgegen Sethes Voraussetzung die „Unvergänglichen Sterne“ auch nicht–zirkumpolare und mithin auf- und untergehende Sterne einschliessen, dann lässt sich die Beschreibung in PT (570) auf die „Unvergänglichen Sterne“ beziehen. Die hier gegenüber den bisher behandelten Texten neue Aussage liegt darin, dass die „Unvergänglichen Sterne“ als nṯrw nnwtjw im Osten speziell aus der Nnwt aufgehen; demgegenüber heisst es über den sbꜣ wʿtj als „sehr hohen“ unter den „Unvergänglichen Sternen“ ohne Beziehung auf die Naunet lediglich, dass er im Osten aufzugehen pflegt.

Vor methodisch ähnliche Probleme wie zuletzt PT (530) stellt der nur bei W erhaltene Text PT (215).[145] Der Schlussteil enthält eine Gliedervergottung, in der Körperteile des NN als ein „Unvergänglicher Stern“ mit Gottheiten gleichgesetzt werden.[146] Die Auflistung in der Form >dein X-Kör-

144 Sethe, ÜKPT V 397 f.

145 Zuletzt behandelt von R. Anthes, ZÄS 110 (1983) 1-9.

146 Vgl. dazu allgemein H. Altenmüller, LÄ II (1977) 624-627.

perteil ist Gott Y, oh „Unvergänglicher [Stern]“< ist in PT 149a-b durch Relativsätze unterbrochen;[147] an dieser Stelle fehlt der Anruf an NN als „Unvergänglicher [Stern]“. Es ist hier aber eindeutig vom gleichen NN die Rede, wie in den anderen Teilen der Gliedervergottung. Ferner ist klar, dass sich jḫmj–skjw/„Unvergänglicher Stern“ als Vokativ auf NN bezieht und nicht einen Beinamen des jeweiligen Gottes darstellt.[148]

Aus der Tatsache, dass jḫmj sk(jw) >(mit einziger Ausnahme des 2. Satzes von 148c) überall ohne den Stern geschrieben ist<, schloss Sethe, dass hier NN kein >solcher Stern am Himmel<, sondern ein >„unvergänglicher“ Geist sein [soll] wie 152 ff<.[149] Als sachliche Begründung führte er weiter an: >Die Zirkumpolarsterne gehen ja auch nicht in die Unterwelt, wie es in 149b für den Toten vorausgesetzt ist, selbst nicht bei Tage, wo sie den Re fahren<. Letzteres Argument entfällt, wenn auf- und untergehende Sterne zu den „Unvergänglichen Sternen“ und den Ruderern des Re gehören.[150] Sethes Hinweis auf PT 152ff ist für PT (215) irrelevant, da hier eben nicht von einem ꜣḫ jḫmj-sk(jw) die Rede ist. Auch wenn in PT 148a-149d das siebenmalige jḫmj-sk(jw) nur einmal mit der Sternhieroglyphe SL N 14 determiniert ist, so bildet das keinen hinreichenden Grund, jḫmj-sk(jw) nicht durchweg als „Unvergänglicher Stern“ aufzufassen. Ein statistisches Argument („ein einziger Fall aus einer Stichprobe von sieben Fällen“) ist hier nicht am Platz, weil die 7 Fälle nicht „zufällig“ und voneinander unabhängig sind, sondern zusammengehören. Und weil diese Fälle zusammengehören, ist von der Qualifikation des einen jḫmj skjw als Stern auf die entsprechende Qualifikation der Gesamtheit zu schliessen. Demnach folgt aus PT (215), dass NN als ein einzelner und nicht näher bezeichneter „Unvergänglicher Stern“ zum pt-Himmel aufsteigt und zum nnwt-Gegenhimmel absteigt.

50. Definition der „Unvergänglichen Sterne“ als Sterne nördlich vom ḫꜣ-Kanal bzw. ekliptikalen Streifen. – Aus den besprochenen Stellen der PT

147 Ich verstehe nicht, warum Sethe in ÜKPT I 43, diese Unterbrechung als >seltsam< bezeichnete.

148 Wie Sethe in ÜKPT I 41, gezeigt hat, geht dies aus PT 148c und 149c hervor, wo maskulines jḫmj-sk(jw) auf den femininen Dual zꜣtj folgt.

149 Sethe, ÜKPT I 41.

150 Zu den „Unvergänglichen Sternen“ als Ruderern des Re, siehe §§ 53 ff.

lassen sich folgende Merkmale der „Unvergänglichen Sterne“ ableiten: a) das zirkumpolare Sternbild msḫtjw/Ursa maior gehört zu den „Unvergänglichen Sternen“; b) als „nördliche Götter“ gehören die „Unvergänglichen Sterne“ in den „nördlichen“ Teil des Himmels; c) die „Unvergänglichen Sterne“ befinden sich im Opfergefilde nördlich des ḫꜣ-Kanals bzw. des ekliptikalen Streifens ; d) zum Gebiet der „Unvergänglichen Sterne“ gehört der horizontnahe Nordosthimmel nördlich des ḫꜣ-Kanals bzw. des ekliptikalen Streifens; e) die dem sbꜣ wᶜtj benachbarten „Unvergänglichen Sterne“ sind aufgehende und folglich auch untergehende Sterne, die wie der sbꜣ wᶜtj selbst im Verlauf ihrer Bewegung am Himmel eine räumlich sehr hohe Position einnehmen; f) einzeln und gruppenweise steigen die „Unvergänglichen Sterne“ in den Gegenhimmel hinab und kommen aus ihm heraus.

Nach a) bilden die Zirkumpolarsterne einen Teil der „Unvergänglichen Sterne“, nach e) und f) gehört ein Teil der nichtzirkumpolaren, also auf- und untergehenden Sterne zu den „Unvergänglichen Sternen“. Nach c) und d) befinden sich die „Unvergänglichen Sterne“ nördlich des als ekliptikaler Streifen identifizierten ḫꜣ-Kanals. Aus den besprochenen Merkmalen folgt, dass es sich bei den „Unvergänglichen Sternen“ um die Fixsterne nördlich vom ekliptikalen Streifen handelt und dass zu den „Unvergänglichen Sternen“ zirkumpolare und nichtzirkumpolare Fixsterne gehören.

Die Lokalisierung der auf diese Weise erklärten „Unvergänglichen Sterne“ lässt sich aus Abb. 2a-d ablesen. Auf der Breite von Memphis nimmt der nördlich des ekliptikalen Streifens gelegene Bereich der „Unvergänglichen Sterne“ je nach der täglich und jahreszeitlich wechselnden Lage der Ekliptik in der Pyramidenzeit minimal ca. 50% und maximal ca. 77% des Nachthimmels ein.[151] Auf die Zone der zirkumpolaren Sterne entfallen auf der Breite von Memphis konstant ca. 13% der Fläche des gesamten sichtbaren Nachthimmels;[152] die Zirkumpolarsterne belegen mithin in Memphis von der Fläche der „Unvergänglichen Sterne“ maximal ca. 26%, minimal ca. 17%.

151 Vgl. Abb. 2a-d. – Am 1. Katarakt (Südgrenze im AR) nehmen die nordekliptikalen Sterne minimal 46% und maximal 60% der jeweils sichtbaren Himmelsfläche ein.

152 Nach Süden zu wird das Gebiet der Zirkumpolarsterne kleiner; auf der Breite des 1. Kataraktes nimmt ihre Fläche nur noch ca. 9% ein.

Möglicherweise wurde die Gleichsetzung der „Unvergänglichen Sterne“ mit den Zirkumpolarsternen in der Ägyptologie deswegen akzeptiert, weil die Eigenschaft dieser Sterne weder auf- noch unterzugehen im Namen der jẖmjw skjw ausgedrückt zu sein schien. Aber eine solche Schlussfolgerung wäre nicht gerechtfertigt gewesen. Nach dem Wörterbuch der Ägyptischen Sprache von Erman und Grapow bedeutet skj als intransitives Verbum in eindeutigen Zusammenhängen „vergehen“, „zu Grunde gehen“ und wird in diesem Sinne in Aussagen über Feinde benutzt, auch in Beziehung auf Bauwerke oder Abstraktem, wie der Aussage, dass „der Name nicht vergeht“.[153] Die erweiterte Bedeutung „untergehen“, im Sinne von „unter der Horizontlinie verschwinden“, haben die Kompilatoren des Wörterbuchs aus der Vermutung abgeleitet, dass die jẖmjw skjw genannten Sterne mit den Zirkumpolarsternen identisch seien und skj daher auch „untergehen“ im Sinn von „unter dem Horizont verschwinden“ bedeuten müsse. Ohne die Frage nach der konkret astronomischen Erklärung der jẖmjw skjw stellen zu müssen, hätte man gegen diese Vermutung einwenden können, dass auch die Sonne täglich untergeht, ihr Untergehen aber nicht durch skj umschrieben wird.[154] Schliesslich hätte man auch beachten sollen, wie sich – im Gegensatz zu den jẖmjw skjw als nördlichen Fixsternen – das Schicksal der südlichen Fixsterne gestaltet. Allerdings sind es erst die Sargtexte und noch nicht die Pyramidentexte, die ausdrücklich sagen, dass die südlichen Fixsterne bei ihren jährlichen Untergängen „sterben“, um erst Wochen oder Monate später nach einer Unsichtbarkeitsphase im jährlichen Aufgang wieder aufzuleben.[155] Demgegenüber heisst es in den Sargtexten über die „Unvergänglichen Sterne“ im Norden, dass sie nicht sterben bzw. dass ein unter sie versetzter verklärter Toter nicht (zum zweitenmal) stirbt. Nach diesen Aussagen unterscheidet sich das Schicksal der nördlichen Fixsterne wesentlich von dem der südlichen Fixsterne, indem die einen in ih-

153 WB IV 311f.

154 Sethe, Sonnenlauf (1928) 22, nimmt eine etymologische Verbindung zwischen Msktt als Name der Nachtbarke und skj an. Eine solche Verbindung kann bestehen, aber skj muss auch in diesem Fall nicht „(unter den Horizont) untergehen“ bedeuten, sondern kann den allgemeinen Sinn „vergehen“ haben, entsprechend Sethes Auffassung von mʿnḏt als Name der Tagesbarke, „in dem die Sonne morgens heil und unversehrt (ʿnḏ) wieder in Erscheinung tritt“.

155 Vgl. Neugebauer/Parker, EAT I (1960) 72.

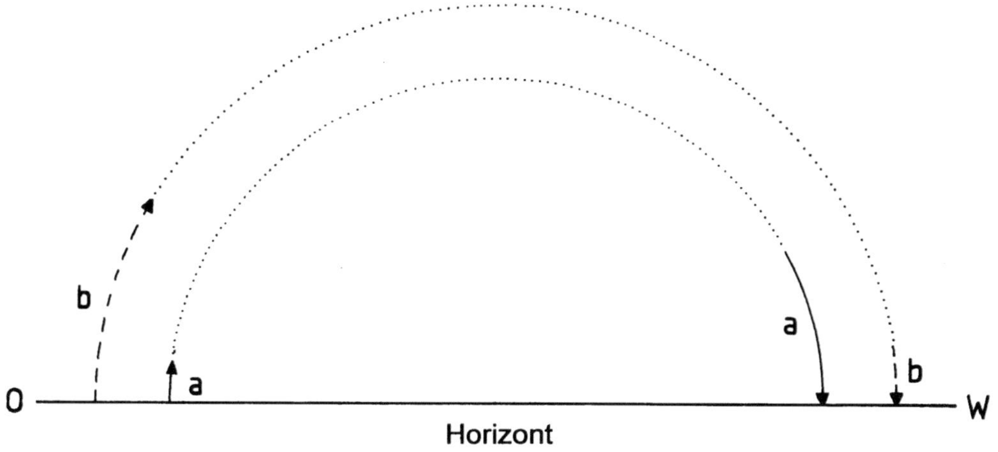

Abb. 8a

a: ——► *b:* - - - - ►

a: nachts sichtbare Bahn der Capella am 10. 4. morgens (vor Sonnenaufgang) bzw. abends (nach Sonnenuntergang);
b: nachts sichtbare Bahn der Capella am 24. 4.

rem jährlichen Lauf am Himmel sterben bzw. zu Grunde gehen, die anderen aber nicht. Es liegt nahe die Bezeichnung der nördlichen Fixsterne als jḫmjw skjw im Sinne dieses Gegensatzes zu verstehen.

Um die konkreten astronomischen Vorgänge zu verstehen, die in den Aussagen der PT und CT über die nördlichen und südlichen Fixsterne gemeint sein können, berufe ich mich auf die Eigenschaften der nördlichen Fixsterne zwischen der zirkumpolaren Zone und dem ekliptikalen Streifen. Für diese Sterne gilt, dass sie zwar prinzipiell auf- und untergehen, aber nicht für Wochen oder gar Monate unsichtbar werden wie die ekliptikalen und südekliptikalen Fixsterne. Die nordekliptikalen Fixsterne sind ausnahmslos jede Nacht zu sehen und sei es nur für kurze Zeit, während die in der Ekliptik und südlich davon stehenden Fixsterne jahreszeitlich bedingt für Tage, Wochen oder Monate unsichtbar werden; die bekanntesten Beispiele sind Spdt–Sirius und Sꜣḥ-Orion mit der aufgerundet 70tägigen Unsichtbarkeit im Fall des Sirius. Die Unsichtbarkeitsphasen der ekliptikalen und südekliptikalen Sterne werden durch ihre jährlichen heliakischen Untergänge, kurz nach Sonnenuntergang, eingeleitet und enden mit ihren

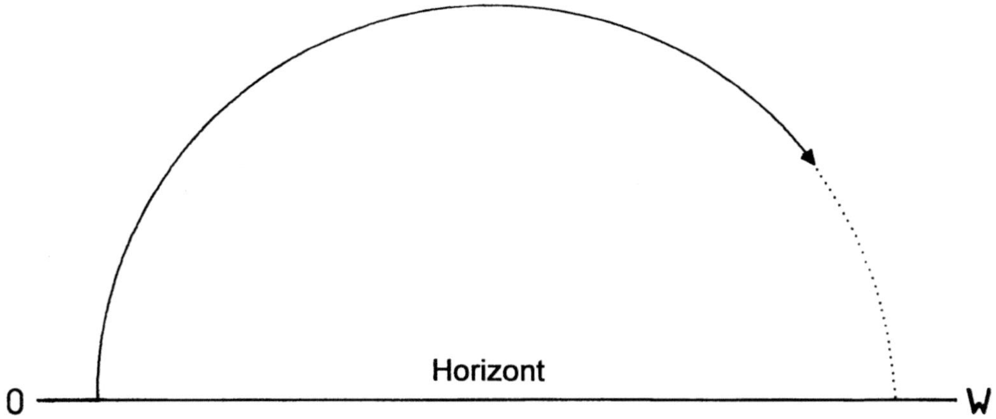

Abb. 8b
⟶ *nachts sichtbare Bahn der Capella um den 10. 10.*

jährlichen heliakischen Aufgängen, kurz vor Sonnenaufgang. Es folgen also im Laufe eines Jahres heliakischer Untergang, Unsichtbarkeitsphase, heliakischer Aufgang und Sichtbarkeitsphase in dieser Reihenfolge aufeinander.

Die (nördlichen) Zirkumpolarsterne und die zur Ekliptik überleitenden nördlichen Fixsterne lassen sich dagegen als solche Sterne definieren, bei denen auf einen heliakischen Untergang kein anschliessender heliakischer Aufgang folgt. Die Richtigkeit dieser Definition ist für die Zirkumpolarsterne trivial, da sie weder Auf- noch Untergänge kennen. Für die nichtzirkumpolaren und nordekliptikalen Fixsterne gilt diese Definition insofern, als bei ihnen der heliakische Aufgang vor (sic) dem heliakischen Untergang eintritt.

Ich erläutere das Verhalten eines nichtzirkumpolaren Fixsterns am Beispiel von Capella (α Aurigae), bezogen auf die Breite von Memphis und auf das Jahr 2400 v. Chr. Um den 10. 4. ging Capella heliakisch auf, war also vor Sonnenaufgang kurz am Osthimmel zu sehen; danach erfolgten die Aufgänge jeden Tag um 4 min früher und der Stern blieb morgens entsprechend länger am Osthimmel sichtbar. Gleichzeitig verkürzte sich in den Tagen nach dem 10. 4. die tägliche Sichtbarkeit am abendlichen Westhimmel, bis der Stern um den 24. 4. im heliakischen Untergang ein letztes Mal kurz zu

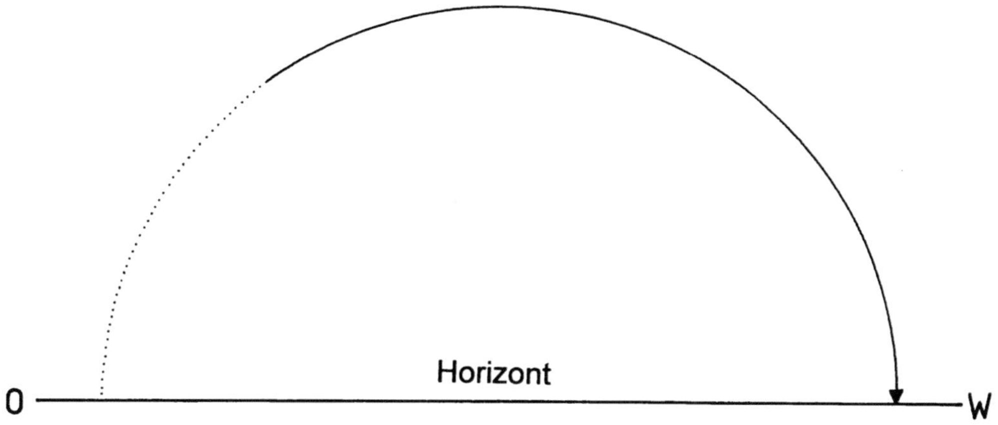

Abb. 8c
→ nachts sichtbare Bahn der Capella um den 13. 11.

sehen war. In Abb. 8a sind diese Sichtbarkeiten mittels der dazu gehörenden Bahnstrecken schematisch illustriert.[156]

In den folgenden Monaten war Capella nur im Osten zu sehen, wobei der Aufgang jeden Tag um 4 min früher erfolgte und die sichtbare Bahnstrecke von Tag zu Tag entsprechend länger wurde. Um den 10. 10. ging Capella bei Sonnenuntergang auf und war mithin die ganze Nacht hindurch zu sehen, wobei sie bis Sonnenaufgang etwa 3/4 ihrer Bahn zwischen Ost- und Westhorizont zurücklegte (Abb. 8b).

Anschliessend daran war der Aufgang nicht mehr zu beoabachten, da er erfolgte, wenn die Sonne noch am Himmel stand, wie Abb. 8c andeutet. Diese Situation trat um den 13. 11. ein, wenn der Stern bei Sonnenuntergang schon hoch am Osthimmel stand, sich dann nach Westen bewegte und unterging bevor die Sonne aufging.

Bevor wieder die Situation des heliakischen Aufgangs im Osten eintrat, wurde das nächtlich zu beobachtende Bahnstück im Westen von Nacht zu Nacht kleiner, wie es Abb. 8d andeutet.

156 Bahnlängen und Daten sind aus einer „drehbaren Sternkarte“ abgelesen. Alle Daten verstehen sich als julianische Daten. Die Bahnlängen sind nicht masstäblich zu verstehen und sollen nur einen ungefähren Anhalt geben; die Bahnen sind entgegen der astronomischen Wirklichkeit als parallele Linien gezeichnet.

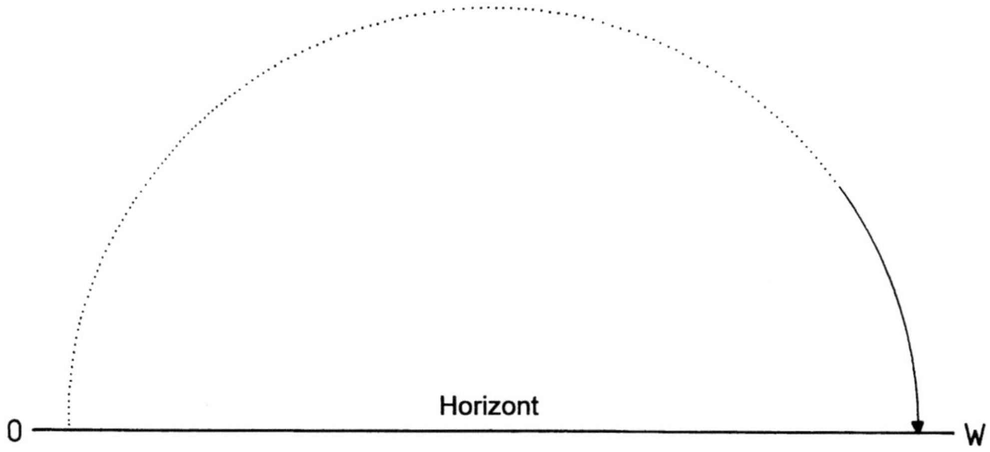

Abb. 8d

⟶ *nachts sichtbare Bahn der Capella Anfang März*

Wesentlich scheint mir zu sein, dass die Capella vergleichbaren Fixsterne zwar prinzipiell auf- und untergehen, aber der Aufgang sowohl wie der Untergang im Laufe einer einzigen Nacht nur in der Phase zwischen heliakischem Untergang und heliakischem Aufgang zu beobachten ist[157]. Bei Capella war in der Pyramidenzeit der nächtliche Aufgang zwischen Ende April und Anfang Oktober zu beobachten, aber nicht der Untergang, während zwischen Mitte Oktober und Anfang April nachts nur der Untergang zu sehen war. Capella bietet mithin ein Beispiel für einen nördlichen Fixstern bei dem der Auf- und Untergang nicht täglich zu sehen ist und bei dem der Terminus skj nicht auf den prinzipiell täglichen Untergang bezogen werden kann.

157 Bei einem während der Pyramidenzeit südlicher als Capella stehendem nordekliptikalem Stern war dies Intervall länger und dauerte z.B. bei Arctur (α Bootis) fast 4 Wochen, vgl. K. Schoch, Planeten-Tafeln (1927) XLIV.

V. Wᶜrt und jw ᶜꜣ als Ort der „Unvergänglichen Sterne"

51. Die wᶜrt als ein Ort der „Unvergänglichen Sterne". – Wie in § 46 erwähnt, stellt die in PT (519) genannte wᶜrt einen mit den „Unvergänglichen Sternen" verbundenen Ort dar. In diesem Text ruft NN den Rückwärtsblikker in dessen Eigenschaft als Türhüter des Osiris. Der Rückwärtsblicker soll Osiris bewegen, dem NN sein Boot zu Verfügung zu stellen, damit NN für Osiris qbḥw-Wasser aus der nördlich vom ẖꜣ-Kanal gelegenen wᶜrt der „Unvergänglichen Sterne" holen kann.[1] PT 1201d:[2] jr šzp n.k qbḥw, ḥr wᶜrt tw nt jẖmjw skjw: um für dich qbḥw-Wasser zu holen in/von dieser wᶜrt der „Unvergänglichen Sterne". Sethe hat wᶜrt an dieser und an anderen Stellen als Ort der Zirkumpolarsterne verstanden;[3] Faulkner folgte ihm darin.[4]

Nach PT (513) führt der Himmelsaufstieg des NN zur wᶜrt wrt, wo er die Worte der ḥnmmt hört; danach heisst es, dass Re den NN an den Uferbänken des pt-Himmels findet, wenn er über den Himmel fährt. Anschliessend an dieses Zusammentreffen rudert NN zusammen mit den „Unvergänglichen Sternen" im Sonnenschiff. Da die Sonne in ägyptischen Breiten die Zirkumpolarzone nicht berührt,[5] sollte der Sonnengott den NN in dieser Zone nicht finden können. Sethe selbst ist ein ähnlicher Widerspruch bei seiner Behandlung von PT (421) aufgefallen.

PT 751a:[6] ḏd mdw, T. ḥfd.k jꜣd.k jꜣẖw
b: ṯwt jẖẖw ḥrj wᶜrt nt pt

1 Sethe, ÜKPT V 100, schloss aus dem Umstand, dass dieses Wasser nicht dem ẖꜣ-Kanal entnommen werden soll, dass der Kanal vielleicht salziges und damit ungeeigntes Wasser enthält. Wenn die übliche Auffassung von qbḥw als „kühles Wasser" zutrifft, könnte es dann nicht eher so sein, dass das Wasser im ẖꜣ-Kanal als nicht so kühl galt wie das Wasser im weiter nördlich gelegenen Himmel?

2 Text nach P; M und N bieten nur orthographische Varianten, wobei die Determinative für wᶜrt bemerkenswert sind.

3 Siehe Sethe, ÜKPT V 93, mit der Übersetzung >(Pol-)Viertel< und dem Verweis auf ÜKPT III 392f.

4 Faulkner, AEPT 192: >(polar) quarter<.

5 Das ist erst in geographischen Breiten nördlich vom Polarkreis der Fall.

6 Text nach T; M weist nur unwesentliche orthographische Varianten auf.

751a: Spruch. Oh T., du steigst empor, du erreichst den jꜣḫw,
b: du bist der jḫḫw, der auf der wᶜrt des pt-Himmels ist.

Nach Sethe ist hier das >Ziel des zum Himmel gehenden Toten ... die Polhöhe<.[7] Er stellt dann aber fest, dass die Identifizierung mit jḫḫw >wenig zu dem passt, was wir über die Lage der wᶜrt des Himmels sonst feststellen können oder besser vermuten können<. Die Angaben der PT über die himmlische wᶜrt sind mithin schwierig zu interpretieren und können nicht zur Definition der „Unvergänglichen Sterne“ herangezogen werden. Eine annähernd zutreffende Lokalisierung der wᶜrt setzt eine Klärung der astronomischen Eigenart der „Unvergänglichen Sterne“ voraus.

52. Zur Interpretation von wᶜrt und jw ᶜꜣ. – Unter der Voraussetzung der Definition der „Unvergänglichen Sterne“ als nordekliptikale Fixsterne kann man versuchen, die mit diesen Sternen verbundenen Ortsbegriffe wᶜrt und jw ᶜꜣ zu klären. In PT (519) ist eine „grosse Insel“ belegt, auf der sich die als „Unvergängliche Sterne“ erklärten wrw niederlassen, deren Namen ich in konventioneller Weise als „Schwalben“ widergebe.[8]

PT 1216a:[9] šm.n P. pn jr jw ᶜꜣ ḥrj-jb sḫt ḥtp,
b: sḫnw nṯrw ḥr.f,
c: wrw pw jḫmjw skjw
d: dj.sn n P. pn ḫt pw nj ᶜnḫ, ᶜnḫw.sn jm.f
e: ᶜnḫ.<ṯn> [n.f NN][10] jm.f m zp.
1216a: Es ist, dass dieser P. geht zur grossen Insel inmitten des Opfergefildes,
b: auf der die Götter sich niederlassen,[11]

7 Sethe, ÜKPT III 329f.

8 Vgl. H.Kees, Der Opfertanz des ägyptischen Königs (1912) 183 f zur auch möglichen Übersetzung von wrw als „Grosse“.

9 Text nach P; M und N bieten kleinere grammatische und inhaltliche Abweichungen, vor allem in PT 1216e.

10 M: ᶜnḫ n.f M; N: ᶜnḫ.n N.

11 So im Anschluss an Faulkner, AEPT 193; vgl. J. H. Breasted,Development (1912) 134. Dagegen übersetzte Sethe, ÜKPT V 96, wie folgt: >... zu der grossen Insel ... auf der die Götter die Schwalben niederfliegen lassen<; er fasste demnach sḫnj transitiv auf. Faulkner dagegen ging a. O. von der intransitiven Variante (vgl. WB IV 253: sḫnj A.B) aus und übersetzte: >... to the great island ... on which the swallow gods alight<.

c: die Schwalben nämlich (sind) die „Unvergänglichen Sterne“;
d: es ist, dass sie geben diesem P. dieses „Holz des Lebens“,[12] von dem sie leben
e: (und) [er] lebt [für sich] von ihm zugleich.

Allen vermutet, dass es sich bei der „grossen Insel“ um den Bereich der Zirkumpolarsterne handelt:[13] >The extent to which this [celestial] domain was visualized as water may be gleaned from the description of the circumpolar stars alighting on an island in the midst of the Field of Offering. ... At the latitude of Cairo, the north celestial pole lies about 30° above the horizon. Of the 180° from one horizon to its opposite, therefore, some 30° on either side are occupied by shoreland, leaving a maximum arc of some 120° covered by open water ... Fixed structures in the sky are few, and these may be limited to its rim – in particular, to the unchanging region of the circumpolar stars, in the Field of Offering<.

Hier ist die Zone der Zirkumpolarsterne so verstanden, dass sie in einer Höhe von 30° rund um den Horizont verläuft. Es bleibt unklar, wo sich innerhalb dieser himmlischen Randzone die „grosse Insel“ befinden soll. Unter korrigierten Voraussetzungen könnte die „grosse Insel“ mit der im Norden um den Himmelspol liegenden zirkumpolaren Kreiszone vom Radius 30° zu tun haben (vgl. Abb. 2a-d). Dort bewegen sich die Sterne langsamer bzw. legen sie bei Erhaltung der Winkelgeschwindigkeit in gleichen Zeiten kleinere Strecken zurück als die nichtzirkumpolaren Sterne. Gegen diese Erklärung spricht, dass NN laut PT (519) das Opfergefilde in Begleitung des Morgensterns bereist. Demnach ist es eher so, dass die „grosse Insel“ im ekliptikalen Streifen oder doch in der Nähe davon liegt, jedenfalls nicht zu weit entfernt vom Bahnbereich des Morgensterns, der seinerseits für einen Beobachter in ägyptischen Breiten nicht in die zirkumpolare Zone kommt.

Möglicherweise ist die in PT (519) 1201d genannte wᶜrt identisch mit der jw ᶜꜣ von PT 1216a. Als Ziel des NN wird die wᶜrt als Ort der „Unvergänglichen Sterne“ bezeichnet und die später tatsächlich erreichte „grosse Insel“ ist ausdrücklich ein Ort der „Unvergänglichen Sterne“. Ein Verbindungs-

12 „Vegetabilischer Lebensunterhalt“ nach Sethe, ÜKPT V 117.
13 Allen, Cosmology (1989) 9f.

stück zwischen wʿrt und jw ʿꜣ könnte in CT VI 24n vorliegen. Es heisst dort: wʿrt tw ʿꜣt bjꜣjt ḫnnt nṯrw ḥr.sn, „diese grosse wʿrt aus bjꜣ, auf der sich die Götter niederzulassen pflegen“. Hier wird die wʿrt so qualifiziert, wie die jw ʿꜣ in PT 1216a. Im Sinne der Identität von wʿrt und jw ʿꜣ lässt sich auch CT III 98 k-l, III 145 a-e und IV 38 i-l zitieren, wo es die wʿrt ist, die in Verbindung mit wrw-Schwalben steht. Neu ist in den CT gegenüber den PT, dass die wʿrt nicht nur ein Ort ist an dem sich die Götter aufhalten, sondern auch der Ort, an dem das Netz zum Einfangen der in den Himmel gelangten Toten zusammengezogen wird.[14] Anders als in den CT sind die Termini wʿrt und bjꜣ in den PT noch nicht ausdrücklich verbunden, die Verbindung ist aber möglicherweise schon vorhanden, da es sich in PT 1201d (P, M) bei den Determinativen zu wʿrt um bjꜣ-Determinative handeln kann.[15]

Ich kann in den besprochenen Angaben keine Hinweise auf eine konkrete astronomische Bedeutung der himmlischen wʿrt oder der jw ʿꜣ finden. Die Existenz einer „grossen Insel“ impliziert die Möglichkeit anderer Inseln im Opfergefilde, wie sie z.B. in CT VII, 11l ausdrücklich genannt sind (wnm N pn t m jww njw pt: „dieser N isst Brot in den Inseln des Himmels“). Erman nahm an, dass die Vorstellung himmlischer Inseln aus den dunklen Stellen in der Milchstrasse abgeleitet sei.[16] Soweit ich sehe, lässt sich Ermans These innerhalb der PT nicht weiter begründen. Wenn der Himmel als Ozean verstanden wird auf dem die Sterne fahren, würde man dann dunkle Stellen nicht als Wasser deuten? Falls eine konkrete Deutung angebracht ist, dann könnte man vielleicht „Inseln“ dort suchen, wo viele Sterne beisammen stehen, ohne dass sich das „trockene Land“ solcher Inseln vom umgebenden himmlischen Ozean abhebt. Möglicherweise sind die „Inseln“ nicht konkret, sondern metaphorisch zu verstehen, so wie die im Himmel gelegenen „Städte“.[17]

14 Graefe, Wortfamilie (1971) 19; vgl. auch Bidoli, Fangnetze (1976) 81f, der wʿrt als „Ufer“ übersetzt und für die himmlische wʿrt auf ein mögliches irdisches Vorbild in Abydos hinweisen kann.

15 Vgl. Graefe, Wortfamilie (1971) 22.

16 Erman, Religion der Ägypter (1934) 215.

17 Siehe § 20.

VI. Sterne als Ruderer in der Sonnenbarke

53. Wissenschaftsgeschichtliche Einleitung. – Unter der Voraussetzung der Identität der Zirkumpolarsterne mit den „Unvergänglichen Sternen" (jẖmjw skjw), hat Sethe die Zirkumpolarsterne als Rudermannschaft der Tagesbarke erklärt. Als Begründung aus altägyptischer Sicht führte er an, dass sie >in der Nacht nicht der Sonne in die Unterwelt folgen. Wenn sie aber entgegen ihrer notorischen Unverschwindbarkeit bei Nacht beim Erscheinen der Sonne dennoch verschwinden, so liegt es nahe, das damit zu erklären, dass sie nunmehr eben die Sonne bei ihrer Tagesfahrt zu begleiten haben. Dass man sie dabei nicht sieht, ist natürlich, da die Sonne sie gänzlich überstrahlt<.[1]

Auch für die Rolle der „Unermüdlichen Sterne" (jẖmjw wrḏw) als Rudermannschaft der Nachtbarke hat Sethe eine Erklärung angeboten: >Umgekehrt verschwinden die andern Sterne, die „Unermüdlichen", in der Nacht einer nach dem andern im Westen, ebenda wo auch die Sonne verschwunden ist. Es liegt nahe, anzunehmen, dass sie der Sonne auf ihrem Nachtwege folgen<[2]. Sethe verstand mithin die Zirkumpolarsterne als Rudermannschaft der Tagesbarke und alle nicht-zirkumpolaren Sterne als Rudermannschaft der Nachtbarke.

Barta lehnte Sethes Erklärung ab unter Berufung auf die Lokalisierung der als Zirkumpolarsterne verstandenen „Unvergänglichen Sterne": >Dass dabei eher an den Norden des Osthimmels als an den Nordhimmel selbst zu denken ist, legt nicht nur das Vorbild der Pyramidentexte nahe, sondern auch die in den späteren Totentexten zu belegende Verbindung der Zirkumpolarsterne mit dem Sonnenzyklus. Denn als Rudermannschaft des Sonnenschiffes können sie nun einmal nicht am Nordhimmel lokalisiert werden, da die Sonne diesen Teil des Himmels weder bei ihrem täglichen Lauf noch bei ihrer jährlichen Ekliptik berührt<.[3] Bartas Einwand erledigt

1 Sethe, Sonnenlauf (1928) 26f.

2 S. Anm. 1.

3 W. Barta, ZÄS 107 (1980) 4. – Das Zitat enthält die widersprüchliche Definition der Zirkumpolarsterne auf die ich in § 39 hingewiesen habe.

sich durch die Gleichsetzung der „Unvergänglichen Sterne“ mit den nordekliptikalen Fixsternen.

Die PT sind in bezug auf die stellaren Ruderer wenig ergiebig. Spätere Aussagen (Sargtexte, Totenbuch, Kairener Tagewählkalender) scheinen mehr Informationen sachlich-astronomischer Art zu enthalten. Beispielsweise finde ich in den PT keine Anspielung darauf, dass die stellaren Ruderer am Abend beim Verlassen der Barke kopfüber ins Wasser stürzen – und folglich im Gegenhimmel mit dem Kopf nach unten reisen – wie beispielsweise pEbers LVIII 8-10 bezeugt.

54. Die nẖẖw als Insassen der Sonnenbarke. – Ausser den „Unvergänglichen Sternen“ und den „Unermüdlichen Sternen“ stehen in den PT noch andere Sternengruppen mit der Sonnenbarke in Verbindung, nämlich die nẖẖw,[4] die pšrw Rᶜw und möglicherweise auch die šmsw Rᶜw. Bevor ich eine Erklärung der Ruderfunktion der jẖmjw skjw auf der Grundlage ihrer Definition als nordekliptikale Sterne versuche, gebe ich einen Überblick über die anderen mit der Sonnenbarke verbundenen Gruppen von Sternen.

Nach PT 906a-909b und der Variante PT 1573a-1575e[5] gesellt sich NN zu den Ruderern in der Sonnenbarke. Nẖẖ(w) ist in diesen Textstellen nicht durch einen Stern determiniert und nur umständehalber kann man mit Sethe provisorisch vermuten, dass es sich bei den nẖẖw als Ruderern der Sonnenbarke um Sterne handelt.[6] Die gesuchte Gleichsetzung der nẖẖw mit Sternen geht aus einer Variante von PT (262) hervor. In PT 327a-336b spricht der zum Himmel aufsteigende NN zunächst einen anonymen nṯr-Gott an, dann Re-Sonne, Thot-Mond, den Stern Horus Spd bzw. Spd.tj[7] und schliesslich jmj dꜣt sowie kꜣ pt als himmlische Gottheiten.[8] Den NN wiederum bedenken diese Götter nacheinander mit Beinamen des Osiris und nennen ihn schliesslich auch nẖẖ-Stern.[9] Dieses nẖẖ fasste Sethe in seinem Kommentar als eine >allgemeine appellative Bezeichnung für eine ge-

4 Allen, IVPT §746, setzt als Radikal nẖjẖj an mit der Bedeutung „endure, survive“.

5 Übersetzung des Spruches bei Faulkner, AEPT 237.

6 Sethe, ÜKPT IV 185.

7 PT 330a W: Ḥrw Spd; 331a T: Ḥrw Spd.tj; P: zerstört; N: Ḥrw Spd.tj; vgl. R. Anthes, ZÄS 102 (1975) 1.

8 Sethe, ÜKPT II 7-24.

9 Stern-Determinativ in PT 332c T; ohne Sterndeterminativ in PT 332c W.

wisse Art von Sternen< auf.[10] Über die bei T vorliegende Variante von PT 332 c sagte er, >der Zusatz  bei uns kann wohl nur bedeuten, dass der Stern aus der Unterwelt komme, denn es ist ja von der Ankunft des Toten im Himmel die Rede<.[11] Es scheint mir dagegen angebracht, Nnwt als „Gegenhimmel“ und nicht als „Unterwelt“ zu übersetzen und daran zu erinnern, dass auch die „Unvergänglichen Sterne“ aus der Nnwt hervorgehen.[12]

Die Himmelsreise des unter anderem nḫḫ genannten NN führt in PT (262) über die Stationen „grosser See“, „grosse Fähre“ und ꜥḥ-ḥḏ wrw auf der horizontnahen msqt der sḥdw-Sterne weiter zu den qꜣw-Höhen des Himmels.[13] Der Weg des NN endet in der Sonnenbarke, die er leerschöpfen und in der er mitfahren darf. Dabei ist nicht ausdrücklich gesagt, dass er als nḫḫ-Stern in die Barke kommt; immerhin legt der Kontext diesen Schluss nahe.

Die bisher besprochenen Texte PT (469), (584) und (262) lassen erkennen, dass die nḫḫw Insassen des Sonnenbootes sind; nach einer Variante von PT (262) handelt es sich bei den nḫḫw ausdrücklich um Sterne.

55. nḫḫw-Sterne und pšrw Rꜥw. – PT (412) schildert die himmlische Rolle des NN in verschiedener Weise, zum einen gehört er zu den nḫḫw und zum andern wird er mit dem Mond gleichgesetzt. Für unsere Zwecke ist PT 732a vom Kontext isolierbar:

PT 732a:[14] nj ṯw nḫḫw pšrw[15] Rꜥw, tpjw-ꜥwj nṯr dwꜣw

a: Du gehörst zu den nḫḫw(-Sternen),[16] den Dienern des Re, die vor dem Morgenstern sind (Übersetzung Sethes).[17]

10 Sethe, ÜKPT II 15.

11 S. Anm. 10.

12 § 49.

13 Diese „Höhen“ müssen nicht zenitnahe „höchste“ Höhen sein, es kann sich um einen Bereich handeln, der lediglich relativ höher als die horizontnahe msqt liegt; zu msqt s. § 101.

14 Text nach T; N bietet nur unwesentliche orthographische Varianten.

15 Zu pšr > pḫr s. WB I 544.

16 So die Deutung Sethes, ÜKPT III 336, die aus der Determinierung von nḫḫ mit einem Stern in PT 332 c T folgt.

17 Sethe, ÜKPT III 336.

Unabhängig davon, ob man pšrw Rꜥw mit Sethe als „Dienende des Re" auffasst oder nicht, so gilt doch, dass pšrw Rꜥw ein Epitheton der nḫḫw (-Sterne) darstellt. Sethe setzte parallele Bedeutungen der an dieser Stelle genannten pšrw Rꜥw und der jmjw-ḫt Rꜥw von PT 132b voraus und schloss daher auf „Dienende des Re" als Sinn von pšrw-Rꜥw. Faulkner übersetzt: >those who surround Re<, entgegen der ausdrücklichen Warnung von Sethe, ÜKPT III 356: >es wird aber nicht etwa „die welche den Re umgeben" sein, was in der alten Sprache pḫrw [ḥꜣ Rꜥw] wäre, sondern ein Genitivausdruck „die Diener des Re" ...<.[18] Allerdings identifizierte Sethe auch die im selben Vers PT 732a vorkommenden tpjw-ꜥwj nṯr dwꜣw mit den nḫḫw pḫrw Rꜥw: >Diese Verbindung mit dem Morgenstern ist doch wohl nur verständlich, wenn es sich bei den pḫrw Rꜥ oder jmj-ḫt Rꜥ um Vorläufer der Sonne handelt, die wie Wegbereiter vor ihr herlaufen, wenn sie des Morgens neugeboren wieder erscheint<.[19]

Bedenklicherweise sind in dieser Interpretation Sethes aus Sternen, die nach dem Wortlaut von Sethes zitierter Übersetzung hinter Re und in seinem Gefolge zu erwarten wären, Vorläufer des Re geworden. Man kann Sethes bedenklichen Schluss umgehen, indem man entweder eine Ellipse annimmt[20] oder an entsprechender Stelle ein „und" einsetzt: >Du gehörst zu den nḫḫw(-Sternen), den pšrw Rꜥw (und zu) denen die vor dem Morgenstern sind<. Da die nḫḫw(-Sterne) eine Bootsmannschaft des Re bilden, könnte ihre Qualifikation als pšrw Rꜥw auch bedeuten, dass sie „die den Re herumführenden" sind,[21] insofern sie Re durch ihr Rudern um den Himmel führen.

In seiner Übersetzung fasste Sethe die nḫḫw, die pšrw Rꜥw und die tpjw-ꜥwj nṯr dwꜣw von PT 732a als eine räumlich einheitliche Gruppe von Sternen auf. Sachlich scheint es aber auch möglich zu sein, dass es sich um zwei Gruppen von Sternen handelt, nämlich um solche, die zusammen mit dem Morgenstern im Osthimmel lokalisiert sind und um solche, die als nḫḫw pšrw Rꜥw am Westhimmel zu finden sein können, wie es möglicherweise bei

18 Faulkner, AEPT 135.

19 Sethe, ÜKPT III 356.

20 Diese Annahme scheint wegen paralleler Verhältnisse in PT 132a-d berechtigt zu sein; siehe § 57.

21 Ohne weiteren Kommentar fasst Allen, IVPT § 775, pšrw von PT 1372a als Partizip auf; dies passt zu meiner obigen sachlichen Interpretation.

den zwei Gruppen von Sternen in PT 132a-d der Fall ist. In diesem Sinne übersetze ich:

PT 732a: du gehörst zu den nḫḫw(-Sternen),
die welche den Re herumführen,
(du gehörst zu denen), die vor dem Morgenstern sind.

Auch PT (554) enthält eine ähnliche Aussage über zwei auf Re bezogene Gruppen von Sternen.

PT 1372a:[22] <j>nj ṯw pšrw Rꜥw, ḥꜣw nṯr dwꜣw;
a: du gehörst zu den pšrw des Re,
(und zu denen) um/hinter dem Morgenstern.[23]

Gegenüber PT 732a sind hier die nḫḫw weggefallen und nur das Epitheton oder das in Apposition stehende pšrw Rꜥw ist geblieben. Wenn ḥꜣw „hinter“ bedeutet, dann wäre hier die auf den Morgenstern bezogene Definition der mit ihm verbundenen Sterne anders gefasst als in PT 732a: Es können noch später als der Morgenstern aufgehende Sterne gemeint sein. Bedeutet aber ḥꜣw „herum“, dann könnte es sich um ungefähr gleichzeitig mit dem Morgenstern aufgehende Sterne handeln.

Die nḫḫw(-Sterne) tauchen schliesslich in dem interpretatorisch unklaren Zusammenhang von PT (675) auf:

PT 2005b[24]:

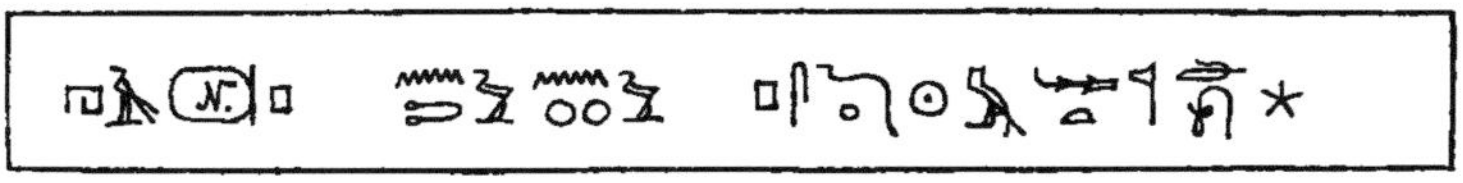

Faulkner übersetzte: >O King, you belong to the nḫḫw-stars which shine in the train of the Morning star<.[25] Sethe las die Sonnenscheibe hinter psḏ nicht als Determinativ, sondern als „Re“ und übersetzte psḏ Rꜥw m-ḫt nṯr

22 Text nur bei P.

23 Sethe, ÜKPT III 356, gibt ḥꜣw durch >hinter (oder besser „herum“)< wieder. Folglich wäre oben zu übersetzen: >die um den Morgenstern herum sind<.

24 Text nur bei N.

25 Faulkner, AEPT 289. – Für die Determinierung von psḏ/scheinen mit der Sonnenscheibe vgl. man immerhin PT 888a (P, M, N).

dwꜣw als Temporalsatz: >wenn Re erglänzt nach dem Morgenstern<.[26] Beide Auffassungen scheinen sprachlich möglich zu sein. Es ist aber auch möglich, dass eine Korruption vorliegt und die zitierten Übersetzungen illusorisch sind. Gegen Sethes Auffassung ist zu sagen, dass sie keinen guten Sinn ergibt, denn wenn Re scheint, dann sind keine Sterne mehr zu sehen; die Aussagen der verwandten Texte beziehen sich aber auf sichtbare Sterne. Sachlich habe ich nichts gegen Faulkners Übersetzung einzuwenden. Gegen seine Auffassung spricht allenfalls, dass in den verwandten Texten die Aussage über den Morgenstern auf eine Verbindung aus Präposition + Morgenstern beschränkt ist. Ist in PT 2005b also doch psḏ Rꜥw zu lesen und von m-ḫt nṯr dwꜣw zu trennen? Vielleicht ist ein originales pšrw durch psḏ ersetzt, das hier wiederum als defektiv geschriebenes *psḏjw (akt. imp. Part.) einigermaßen sinnvoll wäre. Im Sinne dieses Vorbehalts transkribiere und übersetze ich PT 2005b wie folgt, wobei ich wie in den verwandten Texten auch hier mit Aussagen über zwei Gruppen von Sternen rechne:

hꜣ N. pw, nj ṯw nḫḫw psḏ[jw?] Rꜥw, m-ḫt nṯr-dwꜣw:
O dieser N., du gehörst zu den Nechechu,
den Leuchtenden(?) des Re
(und du gehörst zu denen) nach dem Morgenstern.

Problematisch ist die Deutung der Formulierung „nach dem Morgenstern". Das könnte verstanden werden im Sinne von Sternen, die später als der Morgenstern aufgehen, wie anscheinend in dem schon diskutierten Spruch PT (554) angedeutet.

56. Die pšrw-Rꜥw als Synonym für die „Unvergänglichen Sterne". – Nach PT (519) sollen die beiden Neunheiten den NN mitnehmen ins Opfergefilde, damit er dort herrscht und die pšrw Rꜥw führt. Nach Sethe soll PT 1203c–1204b einen eigenen Textteil bilden.[27] Nach meiner Meinung beginnt die Himmelsreise des NN in PT 1203a-c in einer allgemeinen Weise, während der hier interessierende Reiseabschnitt in PT 1203d-1204b speziell mit den Neunheiten verbunden ist.

26 Sethe, ÜKPT III 356.
27 Sethe, ÜKPT V 97f.

PT 1203d[28]: psḏ.tj sḏꜣ P. pn ḥnꜥ ṯn,
e: jr sḫt ḥtp jr swn nj P. pn nj nb jmꜣḫ,
1204a: j.ḥj[29] M. pn m ꜥbꜣ, ḫrp P. pn m jꜣꜣt,
b: sšm P. pšrw Rꜥw;
1203d: Zwei Neunheiten! Nehmt diesen P. mit euch
e: zum Opfergefilde gemäss der Würde dieses P. als nb jmꜣḫ,
1204a: damit dieser P. mit dem ꜥbꜣ-Zepter schlage,
damit dieser P. mit jꜣꜣt-Zepter leite,
b: damit P. die pšrw Rꜥw führe;

Diesem Text zufolge halten sich die pšrw Rꜥw im Opfergefilde auf, ferner sind sie z. B. nach PT 732a identisch mit den nḫḫw als Ruderern des Re. Die gleiche Lokalisierung und Funktion wie von den pšrw Rꜥw bzw. den nḫḫw kennen wir auch von den „Unvergänglichen Sternen“, so dass eine Gleichsetzung naheliegt.

57. Die jmjw ḫt Rꜥw als Synonym für nḫḫw. – Statt von den nḫḫw ist in PT (211) von den jmjw-ḫt Rꜥw die Rede als einer auf Re bezogenen Sterngruppe,[30] während die mit dem Morgenstern verbundenen Sterne so wie die entsprechende Gruppe in PT 732a qualifiziert sind.

PT 132a[31]: jwj W. m grḥ, ms W. m grḥ
b: nj-sw jmjw-ḫt[32] Rꜥw tpjw-ꜥwj[33] nṯr dwꜣw
c: jwr W. m Nwn, ms.f m Nwn
d: jj.n.f jn.n.f n.ṯn t nj gmw.n.f jm.
a: empfangen wurde W. in der Nacht, geboren wurde W. in der Nacht,
b: er gehört zu denen hinter Re (und zu denen) vor dem Morgenstern,
c: empfangen ist W. im Nwn, geboren ist W. im Nwn;

28 Text nach P. M und N schreiben jṯ statt sḏꜣ in PT 1203d; daneben bieten M und N noch andere minimale Ausdrucksvarianten.
29 Zur Präfigierung vgl. Allen, IVPT § 376.
30 Zu PT (211) vgl. R. Anthes, ZÄS 86 (1961) 9; Allen, IVPT § 303, 436A, 654B.
31 Text nach W; T, M und N weisen kleinere Abweichungen in der Orthographie und in der Bezeichnung der Person auf.
32 Nisbe von m-ḫt; vgl. Edel, AG §§ 348, 797.
33 Edel, AÄG § 776aa, >räumlich: „vor jemand“<.

d: er ist gekommen und hat euch gebracht das Brot derer (dessen?,) die (den?) er dort gefunden hat.[34]

Nach wörtlicher Auffassung handelt es sich in PT 132a-c um zwei Gruppen von Sternen, von denen eine dem Re folgt, während die andere dem Morgenstern vorausgeht. Dementsprechend sollten die beiden Gruppen sachlich nicht identisch sein. Dies folgt auch daraus, dass die in der Nacht bzw. im Nwn empfangenen Sterne identisch sind mit den jmjw-ẖt Rᶜw, während die gleichfalls in der Nacht bzw. im Nwn geborenen Sterne identisch sind mit den tpjw-ᶜwj nṯr dwꜣw. Hinter dieser Reihenfolge steht vermutlich die Vorstellung vom Untergang als „Empfängnis" und vom Aufgang als „Geburt". Demnach sollten die jmjw-ẖt Rᶜw von Beginn der Nacht an zu beobachten sein, während die Sterne, die dem Morgenstern vorausgehen, wohl noch vor Beginn der Morgendämmerung in der Nacht aufgehen. Bekanntlich variieren die Aufgangszeiten des Morgensterns und seine Aufgänge können nicht nur in die Dämmerung, sondern auch in die tiefe Nacht fallen. Der Text setzt das Vorhandensein des Morgensterns am Himmel voraus, was innerhalb einer 584tägigen Sichtbarkeitsperiode der Venus jeweils nur ca. 250 Tage lang der Fall ist.[35]

Unter diesen Umständen liegt für die in PT 132b ausgesprochene Beziehung auf den Morgenstern eine nicht wörtliche Deutung nahe. Der Hinweis auf den Morgenstern könnte metaphorisch auf das Ende der Nacht deuten. Da die in PT 132a-d genannten Aktivitäten auf die Nacht bezogen sind, halte ich es für sinnvoll, dass der Text prinzipiell nachts sichtbare Sterne meint und zwar solche von denen sowohl der Untergang als auch der Aufgang in der Nacht zu sehen ist. Diese Qualifizierung passt am Himmel nur auf nordekliptikale Fixsterne in der Phase zwischen dem heliakischen Aufgang und dem folgenden (sic) heliakischen Untergang. Im Laufe eines Kalendertages fällt in dieser Phase der tägliche Untergang eines nordekliptikalen Fixsterns in die Abendstunden, der tägliche Aufgang aber in die folgenden Morgenstunden. In diesem Sinne hat Anthes die astronomische

34 In der Übersetzung folge ich bis auf einen Punkt R. Anthes, ZÄS 86 (1961) 9, unter Berücksichtigung der Bestimmung von gmw.n.f als pluralische Relativform durch Allen, IVPT § 780. Faulkner, AEPT 40, übersetzte: >I have come and I have brought to you the bread which I found there<.

35 Vgl. P. V. Neugebauer, Tafeln zur astronomischen Chronologie III (1925) 65.

Wirklichkeit verkannt, als er beim Versuch, unsere Stelle PT 132a-b für seine Interpretation von PT 703a-705c heranzuziehen, sich wie folgt äusserte:[36] >... Untergang und Aufgang finden in der Nacht statt. Natürlich aber gibt es astronomisch keinen Stern, der in der gleichen Nacht empfangen und geboren, also untergehen und aufgehen würde, und noch weniger einen, der das alle Tage tut ...<.[37]

Man kann die Aussagen von PT 132a-c auf die nḫḫw-(Sterne) übertragen, insofern die jmjw-ḫt R^{c}w von PT 132b nur eine Formulierungsvariante der besprochenen Aussagen über die nḫḫw(-Sterne) zu sein scheinen. Die Konstante ist bei diesen Varianten die Aussage über die mit dem Morgenstern verbundene Sternengruppe.

58. Die šmsw R^{c}w. – Eine Spruchgruppe der PT enthält Aussagen über das šmsw-Gefolge des Re. Die Vermutung liegt nahe, dass es sich dabei um eine Variante der nḫḫw bzw. pšrw R^{c}w handelt, aber bei näherer Untersuchung bestätigt sich diese Vermutung innerhalb der PT selbst nicht mit wünschenswerter Klarheit. Dieses Gefolge ist nach PT 856a himmlisch: >Genommen wird werden der Arm des NN. zum Himmel im Gefolge des Re< (Übersetzung Sethes[38]). PT (272) nennt die Gefolgsleute des Re im Gegensatz zu einer anderen, offensichtlich auch stellaren Gruppe.

PT 392d[39]: jw W. pn tp šmsw R^{c}w, nj W. pn tp nṯrw tḫtḫ
d: NN ist Anführer der Gefolgsleute des Re,
nicht ist NN Anführer der Götter des tḫtḫ[40];

Es ist wahrscheinlich, dass es sich bei diesem šmsw-Gefolge des Re um Sterne handelt, zumindest ist dies angesichts der himmlischen Szene die sachlich sinnvollste Erklärung. Unklar ist bei dieser Voraussetzung, ob hier mit den šmsw R^{c}w auf- oder untergehende Sterne gemeint sind. Diese Gefolgsleute des Re stehen in PT 392d in einem Gegensatz zu den nṯrw tḫtḫ, bei denen es sich umständehalber auch um Sterne handeln sollte. Der be-

36 R. Anthes, ZÄS 86 (1961) 8.
37 Zum Verständnis von „alle Tage“, s. § 111.
38 Sethe, ÜKPT IV 120.
39 Text nach W. T und N (soweit N erhalten) bieten nur kleine Ausdrucksvarianten.
40 Vgl. Allen, IVPT § 672.

sprochene Text lässt offen, ob das šmsw-Gefolge mit den Ruderern des Re zu tun hat.

PT (603) enthält schliesslich das Thema des „Weges“, das auch in PT (578) und (697) in Verbindung mit dem šmsw-Gefolge des Re vorkommt.

PT 1679a[41]: //////
b: [ḥtp.f][42] m ᶜnḫ m jmntt
c[43]: mm šmsw Rᶜw, j.sᶜw[44] ḥrt n[45] ᶜnḏ(w)[46]
a: ////
b: [er geht unter] im Leben im Westen
c: unter den Gefolgsleuten des Re,
die aufsteigen lassen/überreichen (bereiten?) einen ḥrt-Weg(?) dem ᶜnḏw.

PT 1679b-c scheint zu besagen, dass NN zusammen mit den Gefolgsleuten des Re (nicht mit Re selbst) im Westen untergeht. Mithin sind diese Gefolgsleute umständehalber im Westen zu lokalisieren; unklar bleibt was es mit dem ḥrt–Weg(?) des Sonnengottes auf sich hat.
Auch in PT (578) ist das šmsw-Gefolge des Re im Westen lokalisiert.

PT 1531a[47] ḏd mdw; Wsjr P. jm.k zjj m tꜣw jpw jꜣbtjw
b: jj.k r.k m tꜣw jpw jmntjw m wꜣt šmsw Rᶜw
a: Worte sprechen; Osiris P., nicht sollst du gehen in jene östlichen Länder,
b: gehen sollst du (für dich) in jene westlichen Länder auf der wꜣt-Strasse der Gefolgsleute des Re.

41 Text nur bei M.
42 Ergänzung nach Sethes Textausgabe.
43 *1679f nach Allens Zählung in IVPT 680.
44 Zum j-Augment vgl. Edel, AÄG § 630gg.
45 Vielleicht genetivisch nj statt dativisch n?
46 K. Sethe, ZÄS 57 (1922) 30, übersetzte ᶜnḏw/„Unversehrter“ als Beiname des Sonnengottes. Faulkner, AEPT 249, gab ᶜnḏw durch „dawn“ wieder: >(he rests) in life in the West among the followers of Re who approach the sky at dawn<.
47 Text nur bei P. Zu Transkription und Übersetzung, s. Allen, IVPT § 369 C.

Demnach haben die šmsw-Gefolgsleute des Re nach PT (578) zumindest im Westen eine wꜣt-Strasse, die mit dem ḥrt-Weg(?) des ꜥnḏw von PT 1679c nicht identisch sein muss.

In PT (697) führt eine im Osten beginnende Himmelsreise über folgende Stationen: Schakalsee, Datischer See, östliches Himmelstor. Danach heisst es, dass Nut den NN trägt wie den Orion, dass NN am Ufer des ḫꜣ-Kanals an Bord (des Sonnenschiffes) geht wie Re, dass er gerudert wird von den „Unermüdlichen Sternen“ und dass er den „Unvergänglichen Sternen“ befiehlt. Danach scheint eine Textverderbnis einzusetzen, die den weiteren sachlichen Zusammenhang verunklart[48]. Im Gegensatz zu PT (578) folgt hier eine an NN gerichtete Aufforderung, nicht in den westlichen Himmel zu gehen, sondern sich im östlichen Himmel zu bewegen.

PT 2175a[49]:	jm.k š[m ḥr š]mw jpw jmntjw
b:	jšmw jm nj jw.sn
c:	[j]šm.k r.k N. pw ḥr šmw jpw jꜣbtjw
d:	mm šmsw [Rꜥw]
2175a:	Du sollst nicht ge[hen auf] jenen westlichen Wasser[wegen],
b:	die darauf gehen kommen nicht wieder;
c:	du [sollst] gehen (für dich), (o) dieser N., auf jenen östlichen Wasserwegen,
d:	unter den Gefolgsleuten [des Re].

Mithin gibt es einen östlichen šmw-Weg und einen westlichen wꜣt-Weg und auf beiden gehen die Gefolgsleute des Re. Hier in PT (697) wird als Begründung für die Bevorzugung der östlichen Wege die Gefährlichkeit des westlichen Weges genannt; in dem davor besprochenen Text PT (578) fehlt eine entsprechende Begründung für die Empfehlung der westlichen Wege. Vergleichsweise steht in CT II 150g-i die Behauptung, dass der westliche Weg gross und angenehm sei, der östliche Weg dagegen klein und schwierig. An dieser CT-Stelle könnte ein Versuch vorliegen, über die bedrohlichen Konsequenzen des Begehens der westlichen Wege hinwegzutäuschen.[50]

48 Siehe § 29.

49 Text nur bei N.

50 Vgl. Kees, Totenglauben^2 (1956) 60, 195.

59. Zusammenfassung der Aussagen über nḫḫw, pšrw R^{c}w und šmsw R^{c}w. – Die Nechechu-Sterne zerfallen in untergehende und aufgehende Sterne, so in PT (211), (412), (554) und (675)(?). Gleiches gilt für die Gefolgsleute des Re, wie aus PT (578) und (697) folgt. Ausgenommen für Zirkumpolarsterne ist dies eine für Sterne triviale Qualifizierung.

Sowohl bei den Nechechu als auch bei den Gefolgsleuten gibt es einen mit NN gleichgesetzten Anführer. Der Anführer für die Nechechu ist in PT (469) und (584) genannt, der für die Gefolgsleute in PT (272). Beide Gruppen sind eng mit der Sonne verbunden, insbesondere stellen die Nechechu in PT (262), (469) und (584)(?) die Rudermannschaft dar; eine entsprechende Aussage fehlt für die Gefolgsleute.

Nur in den šmsw-R^{c}w-Texten sind „Wege“ genannt; ein Äquivalent dazu bieten die Nechechu-Texte nicht. Möglicherweise findet das „Weg“-Konzept seine Entsprechung in den aus pCarlsberg I bekannten späteren Aussagen über die Dekansterne, die sich auf dem Pfad der Sonne bewegen. In den PT gehört in den Zusammenhang der „Wege“ die Beschreibung der mit den Gefolgsleuten verbundenen Himmelsteile als östliche bzw. westliche „Länder“.

Man könnte versuchen die aufgeführten Unterschiede in den Aussagen der PT im Sinne sachlicher und mithin astronomischer Unterschiede zwischen nḫḫw und pšrw R^{c}w einerseits sowie den šmsw R^{c}w andererseits deuten. Aber zumindest in den CT scheint kein wesentlicher Unterschied zwischen den šmsw R^{c}w und den Insassen der Sonnenbarke zu bestehen. Zum Beispiel bittet Isis laut CT II 221f-222a, ihr Sohn Horus möge sein am Bug der urzeitlichen wj^{3}-Barke im Gefolge des „Re von der Achet(?)“ für immer und immer: m šmsw R^{c}w ^{3}ḫt(j?) m ḥ^{3}t wj^{3} p^{3}wtj n nḥḥ ḏt. Die Kombination von Re, Achet und Horus ist hier wahrscheinlich so zu verstehen, dass Horus den Morgenstern repräsentiert, der sich aus astronomischer Sicht nicht allzuweit von Re aufhält, der seinerseits in der Achet zuhause ist. Im Sinne des zitierten Textes gehe ich von der Voraussetzung aus, dass sich in den PT die šmsw R^{c}w mit den nḫḫw und pšrw R^{c}w weitgehend überschneiden.

60. Die „Unvergänglichen Sterne“ als Ruderer der Sonnenbarke. – Die PT belegen eindeutig, wenn auch nicht an vielen Stellen, die Vorstellung von den „Unvergänglichen“ bzw. „Unermüdlichen Sternen“ als Ruderern

der Sonnenbarke. An der bereits behandelten Stelle PT 1439a ist ohne Details ausgesagt, dass die „Unvergänglichen Sterne“ den Re rudern. Nur wenig informativer ist PT (697).

PT 2172c[51]: hꜣjj N. m wjꜣ mr Rꜥw ḥr jdbw njw mr nj ẖꜣ,
2173a: ẖntj N. jn jẖmjw wrḏw,
b: [wḏ] N. mdw n jẖmjw skjw,
c: ẖntj N. m ḥntj.
2172c: Möge N. in die wjꜣ-Barke des Re einsteigen an den Ufern des ẖꜣ-Kanals,
2173a: N. wird gerudert werden durch die „Unermüdlichen Sterne“,
b: N. wird den „Unvergänglichen Sternen“ befehlen,
so dass er gefahren wird wie der ḥntj.

Dieser Text nennt zwar die beiden Mannschaften des Re, teilt sie aber nicht auf Tagesbarke und Nachtbarke auf.

In PT (513) wird der zum Himmel aufsteigende NN unter anderem aufgefordert, in der Barke des Re Platz zu nehmen.

PT 1171a[52]: wꜥb, ḏbꜣ nst.k m wjꜣ Rꜥw,
b: ẖn.k ḥrt, sjꜥ.k jwꜣjw[53]
c: ẖn.k ḥnꜥ jẖmjw skjw
d: sqdj.k ḥnꜥ jẖmjw wrḏw
1172a: šzp.k jnjjt msktt.
1171a: Sei rein, nimm deinen Sitz ein in der wjꜣ-Barke des Re,
b: mögest du die Himmelsstrasse[54] befahren,
mögest du aufsteigen lassen die Fernseienden[55];
c: mögest du fahren mit den „Unvergänglichen Sternen“;
d: mögest du fahren mit den „Unermüdlichen Sternen“,
1172a: mögest du empfangen die Fracht der Nachtbarke.

51 Text nur bei N.
52 Text nur bei P.
53 Edel, AG § 630dd; Allen, IVPT § 71D.
54 Wegen des Determinativs SL N 31 übersetze ich ḥrt als „Himmelsstrasse“; Sethe, ÜKPT V 67 und II 6, übersetzte „Himmel“.
55 Ob unter den „Fernseienden“ die „Unvergänglichen Sterne“ selbst zu verstehen sind?

Wie graphisch angedeutet, interpretiere ich den Text im Sinne paarweiser Aussagen erst über die „Unvergänglichen Sterne“, dann auch über die „Unermüdlichen Sterne“. Sethe schliesst PT 1172b mit PT 1172a als zusammengehörige Textteile zusammen. Aber PT 1172b ist offensichtlich die Voraussetzung zu dem in PT 1172c geschilderten Leben, wie Re es führt, und gehört nicht mehr unmittelbar zum Thema des Fahrens in den Barken.[56] Nach PT 1172a empfangen die „Unermüdlichen Sterne“ (am Abend)[57] die „Fracht der Nachtbarke“, worunter Re als Passagier der Nachtbarke zu verstehen sein wird. Im Gegensatz zu den „Unvergänglichen Sternen“ sind hier die „Unermüdlichen Sterne“ ausdrücklich mit der Nachtbarke als einer der beiden Sonnenbarken vergesellschaftet. Ich halte es für möglich, dass PT 1171b mit den Worten sjʿ.k jwꜣjw auf die Tagesbarke anspielt.

61. Zur astronomischen Interpretation der Rudererfunktion der „Unvergänglichen Sterne“. – Die in § 53 zitierte sachliche Interpretation Sethes lässt sich bei nur geringer Modifizierung mit meinen Thesen über die astronomische Natur der „Unvergänglichen Sterne“ vereinbaren: Die nordekliptikalen Fixsterne bzw. die „Unvergänglichen Sterne“ kann man sich als Mannschaft der Tagesbarke denken, weil sie sich wie die Sonne selbst hauptsächlich am sichtbaren Himmel bewegen und darüber hinaus nur für kurze Zeit (wenn überhaupt) unter den Horizont tauchen.[58] Versteht man die „Unermüdlichen Sterne“ komplementär zu den „Unvergänglichen Sternen“ als Sterne in der Ekliptik und südlich davon, so bieten sie sich als Mannschaft der unter dem Horizont dahinziehenden Nachtbarke an, weil diese Sterne den grössten Teil ihrer Bahn nicht am sichtbaren Himmel, sondern unter dem Horizont zurücklegen. Im Gegensatz zu den nordekliptikalen gehen die ekliptikalen Sterne mit der Sonne auf und unter, wenn die Sonne in ihrer Nähe steht. Auch gehen diese Sterne der Sonne im Untergang voraus, wenn sie vor ihr aufgegangen sind und zwar desto früher, je

56 Sethe, ÜKPT V 65.

57 Vgl. WB 531.10: „die Sonne im Westen (im Jenseits) empfangen“ als eine Bedeutung von šzp.

58 Diese Überlegungen zu den „Unvergänglichen Sternen“ gelten auch für die nẖẖw, pšrw Rʿw und šmsw Rʿw, insofern sich diese sachlich mit den „Unvergänglichen Sternen“ überschneiden.

südlicher ein solcher Fixstern steht. Es könnte daher für einen Beobachter naheliegen, in diesen Sternen nächtliche Begleiter der Sonne zu sehen.

Die Ägypter müssen nicht angenommen haben, dass die beiden Sterngruppen jeweils in ihrer Gesamtheit während des Tages bzw. während der Nacht ruderten. Vielleicht stellte man sich vor, dass nur eine in der jeweiligen näheren Umgebung der Sonne befindliche Gruppe von Sternen in der Nacht- oder Tagesbarke ruderte. Für die „Unvergänglichen Sterne“ bietet sich dafür jene Gruppe an, die sich in der Phase zwischen heliakischem Aufgang und Untergang befindet. Ein Stern in dieser Phase geht morgens kurz vor der Sonne auf, verschwindet dann im Licht der aufgehenden Sonne und zieht mit ihr bis Sonnenuntergang über den Himmel; wenn die Sonne untergegangen ist, bleibt der Stern noch einige Zeit im Westen sichtbar bis auch er untergeht. Auf diese Weise könnte das Einsteigen in die Tagesbarke und später das Verlassen dieser Barke am Himmel ablesbar sein. Letzten Endes läuft meine Modifizierung der Setheschen Erklärung darauf hinaus, dass die jeweiligen näheren stellaren Umgebungen der Sonne die Rudermannschaften der Sonne bilden, wobei diese Umgebung nach nordekliptikalen und ekliptikalen Sternen aufzuschlüsseln wäre. Die Zusammensetzung der Rudermannschaften würde sich im Laufe eines Jahres entsprechend der Bewegung der Sonne in der Ekliptik ändern. Das imaginierte Sonnenschiff selbst liesse sich im entsprechenden stellaren Bereich suchen. Einen Hinweis auf die Lokalisierung des Sonnenschiffes kann die aus späteren Texten bekannte Aussage über die Position des Seth am Bug des Schiffes bieten, wenn man Seth in diesem Fall als Planet Merkur auffasst. Nach einer ansprechenden Vermutung von Sethe könnte bereits PT (255) den Gott Seth in der Sonnenbarke kennen.[59] Da sich (Seth-)Merkur um ca. 20° von der Sonne entfernen kann, wäre das Sonnenschiff mindestens 20° lang. Da aber auch der als Venus-Morgenstern zu verstehende Horus am Bug der Sonnenbarke lokalisiert wird,[60] würde sich das Sonnenschiff entsprechend der grösseren Elongation der Venus über 40° und mehr Grad ausdehnen.

59 Sethe, ÜKPT 350.
60 Vgl. § 59 und §§ 86 ff.

VII. S3ḥ-Orion, Spdt-Sothis und NN als ihr Begleiter

62. Allgemeines. – Nach der Determinierung des Namens S3ḥ mit einem Stern (SL N 14), handelt es sich bei S3ḥ um einen Stern oder ein Sternbild. Die Determinierung mit einem einzigen Stern erlaubt selbstverständlich nicht die Deutung auf einen Einzelstern im Vergleich zu einem aus Einzelsternen zusammengesetzten Sternbild, wie PT 458c zeigt, wo das Sternbild msẖtjw/Ursa maior mit einem Einzelstern determiniert ist. Im folgenden gehe ich davon aus, dass in der neueren Ägyptologie zumindest die teilweise Identität des S3ḥ mit dem aus der griechischen Antike überlieferten Sternbild Orion allgemein akzeptiert ist. Ich benutze daher durchweg die Doppelbezeichnung S3ḥ-Orion und gehe auf Einzelheiten des astronomischen Identifikationsproblems erst in Abschnitt VIII ein.

Spdt-Sothis ist nach uniformer Schreibung und Determinierung mit einem Stern (SL N 14) eine Sterngöttin, deren Weiblichkeit sich darin zeigt, dass sie laut PT 632a-d mit Osiris kopuliert, seinen Samen empfängt und von ihm schwanger wird. Die Identität von Spdt-Sothis mit Sirius (α canis maioris) ist durch eine lange Traditionskette von den PT bis zu den astrologischen Texten und astronomischen Darstellungen der griechisch-römischen Zeit gesichert.[1] Für praktische Zwecke gilt dies auch dann, wenn Sirius Hauptstern in einem für altägyptische Zeiten anzusetzenden Sternbild namens Spdt-Sothis gewesen wäre. Im folgenden bespreche ich zunächst jene Texte, in denen in erster Linie von S3ḥ-Orion die Rede ist, anschliessend die eher mit Sothis befassten Texte.

63. PT (625) als ein nicht auf S3ḥ-Orion zu beziehender Spruch. – Im Kontext eines Aufstieges zum Himmel spricht NN davon, dass er neben anderen Hilfen auch die m3qt-Leiter benutzt:

1 Neugebauer/Parker, EAT I (1960) 25.

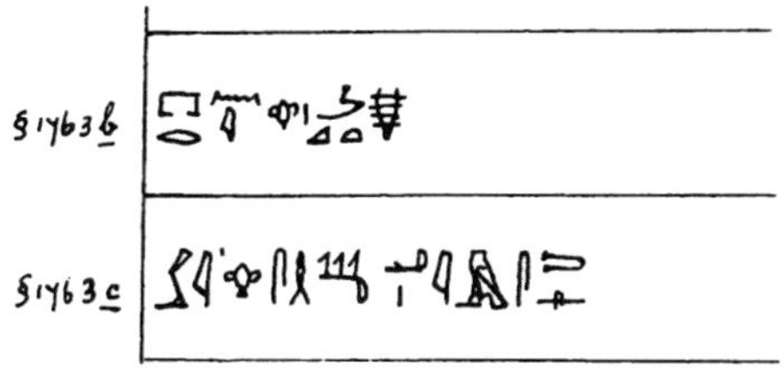

PT 1763b:[2] pr.n.j ḥr mꜣqt
c: rd.j ḥr sꜣḥ, ꜥj.j m sṯz

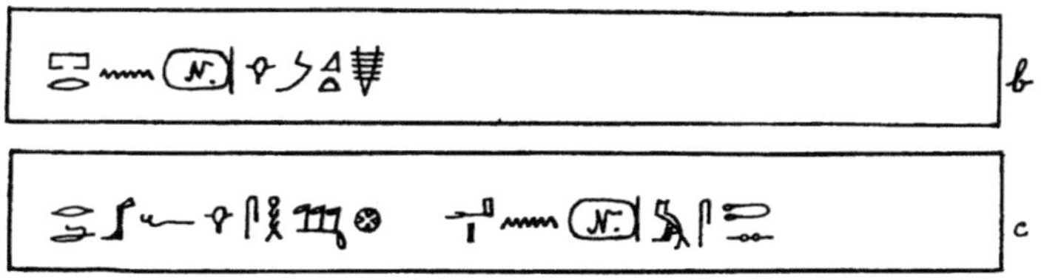

PT 1763b:[3] pr.n N. ḥr mꜣqt
c: rd.f ḥr sꜣḥ, ꜥj nj N. m sṯz.

Faulkner übersetzte: >I have gone up upon the ladder with my foot on Orion and my arm uplifted<;[4] ähnlich hat auch Speleers die Stelle aufgefasst.[5] Demnach würde NN nicht nur an der mꜣqt-Leiter, sondern auch in einer sonst nicht belegten Weise am Sternbild Orion in den Himmel klettern; unklar bleibt, wie man sich dabei das räumliche Verhältnis von mꜣqt-Leiter und Orion vorstellen soll.

Sꜣḥ ist bei N mit SL O 49 determiniert, was zu keiner Bedeutung von sꜣḥ passt und daher vermutlich ein Fehler ist. Vielleicht stand in der Vorlage von N statt SL O 49 das „Fleischstück" SL F 51, das im Hieratischen mit O 49 verwechselt werden kann und das Determinativ zu sꜣḥ/Zehe ist.[6] Bei Nt steht kein Determinativ. Nach den Schreibungen bei N und Nt halte ich es für wahrscheinlich, dass an unserer Stelle sꜣḥ als Körperteil „Zehe" gemeint

2 Text nach Nt, s. Faulkner, Supplement 15.
3 Text nach N; Sethes Ausgabe.
4 Faulkner, AEPT 259; ders., JNES 25 (1966) 158.
5 Speleers, TP 201: >N. est monté sur l‹échelle, son pied (appuyé) sur Orion, son bras avec le sṯs<.
6 Vgl. WB IV 20 und H. Goedicke, Old Hieratic Palaeography (1988) zu F 51 und O 49.

ist, entsprechend der Tatsache, dass m³qt-Leiter und S³ḥ-Orion sonst nicht vergesellschaftet sind und übersetze:

PT 1763 b: dass ich herauskam, war auf der m³qt-Leiter,
c: (indem) mein Fuss auf der Zehe (war),
(indem) mein Arm „erhoben“ (war);

Demnach klettert NN auf der m³qt-Leiter; er stützt sich dabei auf seine Zehen und fasst die Leiter hoch oben mit den Händen an; die Deutung von s³ḥ als S³ḥ-Orion ist in diesem Fall nicht wahrscheinlich.

64. „Vater der Götter“ als Epitheton von S³ḥ-Orion. – Im Kannibalenspruch PT (274) führt S³ḥ-Orion in Vers PT 408c das auf einen sehr hohen Rang hinweisende Epitheton >Vater der Götter<, das nach Sethe sonst von Geb bekannt ist.[7] Ohne nähere Begründung äusserte Sethe die Meinung, dass S³ḥ-Orion hier nicht mit Osiris gleichgesetzt sei. Ich kann für Sethes Meinung keinen triftigen Grund finden und erinnere daran, dass Osiris (nicht S³ḥ-Orion) in CT II 211b, den Beinamen „Vater der Götter“ führt.

65. Himmlische Lokalisierung von S³ḥ-Orion. – In Bezug auf S³ḥ-Orion findet sich die für einen Stern oder ein Sternbild triviale Aussage über eine himmlische Lokalisierung ausdrücklich in einigen Stellen der PT.

PT 723a:[8] s³ḥ.k pt mr S³ḥ;
a: dass du den pt-Himmel erreichst, ist wie[9] S³ḥ-Orion;
PT 2180b:[10] [ᶜnḫ] ᶜnḫtj, rnp rnptj,
c: jr ḏbᶜ jt.k, jr ḏbᶜ S³ḥ jr pt;
b: lebe, sei lebendig, verjünge dich, sei verjüngt
c: an der Seite[11] deines Vaters,[12] an der Seite von S³ḥ-Orion am Himmel.

7 Sethe, ÜKPT IV 166f.

8 Text nach T; N weitgehend zerstört.

9 Faulkner, AEPT 135, übersetzt mr durch „as“, was im Englischen missverständlich ist, angemessen wäre hier „like“.

10 Text nach N.

11 Übersetzt im Anschluss an Faulkner, AEPT 308.

12 Vater kann metaphorisch gemeint sein.

Beide Texte sagen nichts darüber aus, wo genau am Himmel der Platz von Sꜣḥ-Orion ist. Die Aussagen über Leben und Verjüngen an der Seite von Sꜣḥ-Orion finden ihre Parallelen in den später zu besprechenden Texten, in denen NN das Schicksal des Orion teilt. Auch die folgenden zwei Texte engen den Bereich des Sꜣḥ-Orion und seiner Gefährtin Spdt-Sothis nicht näher ein.

Nach PT (691A) überquert Re den Himmel in Gesellschaft seiner als Götter bezeichneten Brüder/Geschwister, die als Sꜣḥ-Orion und Spdt-Sothis spezifiziert werden.

PT 2126c:[13] sn.f pj Sꜣḥ, snt.f pj Spdt;
c: sein Bruder ist Sꜣḥ-Orion, seine Schwester ist Spdt-Sothis.

PT (582) schliesslich schildert eine Himmelfahrt bei der Sꜣḥ-Orion und Spdt Sothis dem NN helfen.
PT 1561a:[14] rḏ n.f Sꜣḥ ꜥj.f
b: šzp n.s Spdt ḏrt.f;
a: möge ihm Sꜣḥ-Orion seinen Arm geben,
b: möge Spdt-Sothis für sich seine Hand nehmen;

Die Lokalisierung des Sꜣḥ-Orion am südlichen Himmel ist auf interpretatorischen Umwegen aus PT (477) ableitbar. Nach Sethe besteht >der Spruch ... aus einer Anzahl sich deutlich voneinander abhebender Stücke<,[15] deren erstes eine Gleichsetzung von Osiris mit Sꜣḥ-Orion bietet. Dieses erste Stück ist ein >rein mythologischer Text, der mit der Auferstehung des Osiris beginnt (956a/c), dem Seth die Vorgänge beim Göttergericht wegen der Ermordung des Osiris ins Gedächtnis ruft, um ihn vor einer Wiederholung gegen den auferwachten Gott zu warnen (957a-959a), und schliesslich mit einer Aufforderung an Osiris sich zu erheben endet, die in gewissem Widerspruch mit dem Anfang steht ...<.[16]

13 Text nach Nt; s. Faulkner, Supplement 53.
14 Text nach P; N grösstenteils zerstört.
15 Sethe, ÜKPT IV 244f.
16 S. Anm. 15.

Aus der Gerichtsverhandlung werden folgende Aussagen des Seth zitiert:

PT 958a:[17] nj jr.n.[.j] js nw jr.f
a: es ist nicht, dass ich es getan habe gegen ihn;
PT 959a:[18] jw.f wnnt jk.n.f wj;
a: er ist es, der mich herausgefordert hat;
PT 959c:[19] m ḏd Stš: jw.f wnnt sꜣḥ.n.f wj
d: ḫpr rn.f pw nj Sꜣḥ
e: ꜣwj rd, pḏ nmtt, ḫntj tꜣ šmꜥw
c: als du sagtest, o Seth: er ist es, der mir nahegekommen ist,
d: (so/da) entstand sein Name Sꜣḥ,[20]
e: der mit gestrecktem Bein, mit weitem Schritt, vorne (der voransteht) im oberägyptischen Land.

Sethe trennte die Beiworte ꜣwj rd und pḏ nmtt von ḫntj tꜣ šmꜥ: >Die Bezeichnung ḫntj tꜣ šmꜥ passt nicht sowohl zu der Stellung des Orion am südlichen Himmel (südlich in senkrechter Beziehung zum Nordpol des Himmels, nicht horizontal zwischen Osten und Westen) als zu seiner Darstellung mit oberägyptischer Königskrone (Brugsch, Thes. I 80)<.[21] An der von Sethe zitierten Stelle hat Brugsch die seinerzeit bekannten Abbildungen des Sꜣḥ-Orion zusammengestellt. Mit oberägyptischer (weisser) Krone erscheint Sꜣḥ-Orion demnach nur im gr.-röm. Tempel von Dendera und auf dem römerzeitlichen Sarg des Heter. Das ist keine ausreichende Basis, um mit Sethe auf die Vorstellung vom Sꜣḥ als Träger der weissen Krone bereits in den PT zurückzuschliessen. Hinzu kommt, dass die (weder von Brugsch noch von Sethe zitierten) bekannten Särge des MR den Sꜣḥ-Orion allesamt ohne oberägyptische Krone abbilden.[22] Auf diesen Särgen lautet die übliche Beischrift zur Figur des Sꜣḥ-Orion: m ꜥj rsj bzw. m pt rsj(t), also >im Süden< bzw. >im südlichen pt-Himmel<. Gegen Sethe kann man daraus schliessen,

17 Text bei P, M und N identisch.
18 Text nach M und N; P hier teilweise zerstört.
19 Text nach P mit Verbesserungen nach N und M.
20 Das etymologisierende Wortspiel zwischen Sꜣḥ als Name und dem Verb sꜣḥ kommt in abgewandelter Form auch in PT 723a vor; vgl. auch B. Altenmüller, Synkretismus (1975) 181.
21 Sethe, ÜKPT IV 249f; vgl. Bonnet, RÄRG 566.
22 Vgl. Neugebauer/Parker, EAT I (1960) Pl. 1-23.

dass sich das oben zitierte ḫntj tꜣ šmꜥw auf die bezeichnende südliche, quasi oberägyptische Position des Sꜣḥ-Orion am Himmel bezieht.

In welcher Weise ꜣwj rd und pḏ nmtt auf die Ikonographie von Sꜣḥ-Orion anspielen oder davon unabhängige Beinamen sind, ist offen. Sargdarstellungen des MR zeigen Sꜣḥ-Orion in mindestens zwei Fällen[23] in einer dem Beinamen entsprechenden Schrittstellung, wobei ein Fuss den Boden nur mit den Zehen bzw. Fussballen und Zehen berührt; darin kann man pḏ nmtt ausgedrückt sehen. Beiläufig vermutete Sethe,[24] dass der Name des Sꜣḥ >irgendwie mit dem Worte für Zehen zusammenhängen wird (läuft er etwa auf den Zehen, wie in späteren Darstellungen?)< Dass Sꜣḥ-Orion auf den >Zehen< läuft ist meiner Meinung nach ein Missverständnis. Soweit ich die Abbildungen übersehe und verstehe, läuft Sꜣḥ-Orion nicht auf den Zehen (beider Füsse), sondern steht mit einem Fuss flach und mit dem anderen auf Mittelfuss und Zehen.

Zusammenfassend lässt sich zu PT (477) sagen, dass hier wortspielerisch der Name des Sꜣḥ-Orion im mythologischen Rahmen der Tötung des Osiris durch Seth erklärt wird. Der Spruch setzt die Gleichung Sꜣḥ-Orion = Osiris voraus, sowie den Konflikt mit Seth, und schafft beides nicht erst. Zu beachten ist, dass die Textzeugen P.M.N. für PT (477) jünger sind als PT 186a, wo die Gleichung Sꜣḥ-Orion = Osiris bereits für W. bezeugt ist. Die aus PT 959e bekannten Epitheta des Sꜣḥ enthalten sonst die erst aus dem MR bekannte Ikonographie des Sꜣḥ-Orion; entsprechendes gilt für das Motiv der Dominanz des Sꜣḥ am Südhimmel.

66. Sꜣḥ-Orion im Binsengefilde und Spdt-Sothis als himmlische Führerin. – Laut PT (442) bewegen sich Sꜣḥ-Orion, Sothis und NN auf den Wegen des pt-Himmels und des Binsengefildes:[25]

821b: dass du herauskommst zusammen mit Sꜣḥ-Orion, ist auf der östlichen Seite des pt-Himmels,

c: dass du herabsteigst zusammen mit Sꜣḥ-Orion, ist auf der westlichen Seite des pt-Himmels;

23 Neugebauer/Parker, EAT I (1960), Nr. 2, Nr. 6.

24 Sethe, ÜKPT III 341f.

25 Zu dieser Stelle, siehe §71.

822a: eure Dritte ist Spdt-Sothis, „rein an Plätzen“,
b: sie ist es, die euch führt auf den schönen Wegen im pt- Himmel,
c: im Binsengefilde;

Sethe kommentierte zu PT 822b:[26] >Die Sothis als Führerin des Orion und seines Gefährten, des toten Königs, obwohl sie im Umlauf der Gestirne dem Orion folgt, der sich eben deshalb nach ihr umdreht. 965a/c<. Sethe scheint mithin zu meinen, dass sich Orion nach Sothis umdreht, eben weil er ihr vorausgeht. Zum Zweck dieses Umdrehens meinte Anthes:[27] >es bedeutet sicher nicht sentimentalisch die Liebe des Gatten, wie wir nach der späteren Gleichung Sothis = Isis denken konnten, in vager Erinnerung an Orpheus und Eurydike, und wie es eben später auch die Ägypter hätten deuten können<. Hier akzeptierte Anthes die Meinung Sethes, Sꜣḥ-Orion würde den Kopf zu Spdt-Sothis wenden, obwohl er wusste, dass Sꜣḥ laut PT den Kopf zu seinem Sohn dreht. Sethes Voraussetzung gilt im übrigen nur für späte Belege, während die Sargdeckel des MR als älteste Belege den Kopf von Sꜣḥ-Orion als von Spdt-Sothis weggewandt zeigen.[28] Anthes selbst interpretierte den sich umwendenden Orion als Vorgänger des toten Königs, der >als Verklärter im Sirius als Horus der Himmelsherrscher erschien, zugleich aber seines irdischen Vaters Nachfolger wurde als Osiris im Orion<. Die Anthessche These von dem mit Sirius identischen Horus halte ich für falsch und gehe hier nicht weiter darauf ein.[29]

Nachzugehen ist dem Hinweis von Anthes, dass das Umwenden des Orion in den PT sonst ausdrücklich dem Sohn gilt und nicht Sothis als Führerin. Angesichts der Varianten von PT 822a kann man sich fragen, ob der Text in Ordnung ist und Sothis auch in einer textgeschichtlich originalen Fassung als Führerin galt. Führerfunktionen werden zwar in den PT häufig von Horusformen ausgeübt, wie aber die feminine sšmwt-Führerschlange zu zeigen scheint,[30] können auch Göttinnen als geeignete Führerinnen gelten.[31] Die Horusform des nṯr dwꜣw-Morgensterns führt den NN laut PT

26 Sethe, ÜKPT IV 69.
27 R. Anthes, ZÄS 102 (1975) 6.
28 Neugebauer/Parker, EAT III 113.
29 Siehe Exkurs.
30 Könnte es sich bei dieser Schlange um das grammatisch feminine Horusauge handeln?
31 Belege: PT 396c, [PT 1782a], PT 2038c.

1123b, wobei Sothis an dieser Stelle als Schwester des NN gilt. Nach PT 1010a leitet der Sohn Horus den NN als seinen Vater. Nach PT 2062b-c leitet Horus Šzmtj auf den Wegen im pt-Himmel bzw. auf[32] den Wegen des Opfergefildes: r w3wt nfrwt njwt pt njwt sḫt ḥtp.

Textspuren in PT 822a können auf einen ursprünglich männlichen Führer *Spdtj, anstelle der weiblichen Spdt-Sothis, deuten.

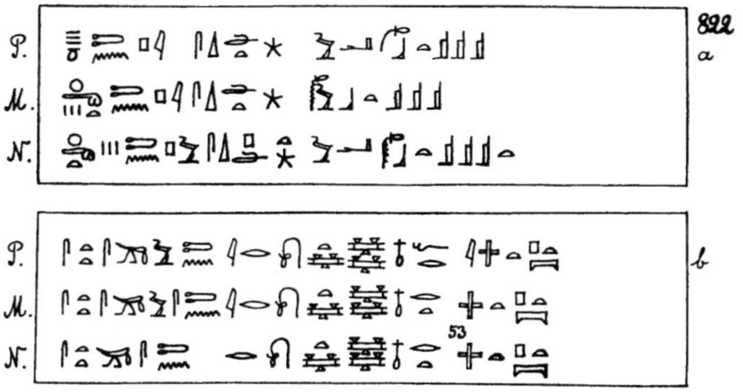

In PT 822a (P) ist Spdt-Sothis mit dem maskulinen Ordinalzahlwort ḫmt-nw als dritter von Orion und NN gezählt. Erwarten könnte man feminines ḫmt-nwt,[33] wie es in den parallelen Stellen PT 1152b (P) und 1082d (P, N) in bezug auf Spdt-Sothis steht.[34] Auf das maskuline ḫmt-nw folgt in PT 822a das feminine Beiwort wᶜbt jswt, das Sothis auch sonst trägt. Dieses Beiwort zeigt, dass der Text möglicherweise nicht nur punktuell verderbt, sondern in einem grösseren Zusammenhang abgeändert ist. M und N bieten in PT 822a anstelle von ḫmt-nw das grammatisch neutrale ḫmt-Gefährte. In PT 822b koppelt P das maskuline Substantiv sšmw-Führer mit stt als vorangestelltem Subjekt. M und N dagegen verwenden in PT 822b sḏm.f-Formen von sšm-führen mit femininem Suffix. Angesichts dieser Situation möchte ich es offen lassen, ob in PT 822a-b ursprünglich maskulines *Spdtj anstelle von femininem Spdt–Sothis stand. Dagegen nehme ich

32 Die Präposition r kann hier „auf“ bedeuten. Ist ein Leiten auf (sic) den Wegen sachlich sinnvoller als ein Führen zu den Wegen im Himmel?

33 Eine entsprechende Emendation hat W. Westendorf, GM 109 (1989) 86 Anm. 6, vorgeschlagen.

34 Zu PT 1082d, vgl. Sethe, ÜKPT IV 355.

an, dass Spdt-Sothis in PT (477) den Spdtj in der Rolle als himmlischer Führer ersetzt hat:

PT 965a:[35] jn Spdt zꜣt.k mrt.k
b: jrt rnpwt.k m rn.s nj rnpt
c: sšmt P. pn, jw P. pn ḫr.k
965a: Sothis ist es,[36] deine geliebte Tochter,
b: die deinen rnpwt-Unterhalt schafft in diesem ihren Namen als rnpt-Jahr,
c: die den P. führt, (wenn) er zu dir kommt.

Die Bezeichnung der Spdt-Sothis als Tochter des Osiris beinhaltet bei direkter wörtlicher Auffassung einen Widerspruch zur Identifizierung der Sothis mit Isis als Schwestergattin des Osiris. „Tochter" kann hier aber metaphorisch gemeint sein: In PT 188b ist jḫt/„Speise, Mahlzeit" als „Tochter" des Osiris bezeichnet und auch an unserer Stelle könnte Sothis in diesem Sinne „Tochter" heissen, weil sie für die Speisen des Osiris sorgt. Immerhin bleibt es möglich, dass der Text verderbt ist und eine ältere Fassung von Spdt(j) als dem geliebten Sohn des Osiris sprach. Der Irrtum kann durch eine der von Anthes diskutierten Orthographien von Spdtj entstanden sein.[37] Statt des für Sothis jedenfalls passenden Wortspiels zwischen rnpwt und rnpt,[38] könnte hier vielleicht ursprünglich der Horus-Beiname rnpwj gestanden haben.[39] Es muss bis auf weiteres offen bleiben, ob ursprünglich vor Sꜣḥ-Orion und Spdt-Sothis eine Horusform als Führer ging.

Zu PT 822c als Aussage über das Binsengefilde kommentierte Sethe:[40] >Es macht den Eindruck, das jmjw pt in einen Relativsatz wie ntt m pt aufzulösen sei, dessen Prädikat „im Himmel" dann durch das folgende m sḫt jꜣrw spezialisiert werde: „im Himmel (d.h.) im Gefilde der Binsen ...<. Ich

35 Text nach P. M und N bieten nur unwesentliche orthographische Varianten.

36 Vgl. allgemein Edel, AG § 954.

37 R. Anthes, ZÄS 102 (1975) 1; siehe § 40.

38 Vgl. auch Sethe, ÜKPT I 140.

39 Sethe, ÜKPT IV 255, verwies auf eine spätere Variante, die er fragend als „zweites Jahr" übersetzte.

40 Sethe, ÜKPT IV 69f.

schliesse mich Sethes Interpretation an und folgere aus PT 822a-c, dass nicht nur der pt-Himmel, sondern auch das Binsengefilde wꜣwt-Wege enthält. Nach Aussage der zitierten Verse PT 821a-822c steigen NN und Sꜣḥ-Orion im Osten auf und gehen im Westen unter. Zwischen Aufgang und Untergang bewegen sich Sꜣḥ–Orion und NN in Gesellschaft von Spdt-Sothis im Gefilde der Binsen, das sich folglich zumindest im Bahnstreifen von Sꜣḥ-Orion, Spdt-Sothis und NN über den gesamten Himmel erstreckt. Möglicherweise hat auch Sethe in diesem Zusammenhang das Binsengefilde als einen weiten Himmelsbereich aufgefasst:[41] >Wenn es sich also um die schönen Wege im Gefilde der Binsen handelt, so ist wohl an ein Spazierengehen, Lustwandeln daselbst gedacht, ein Durchwandern der schönen Landschaft, das bei dem Abstieg zum Westen freilich ein Ende nehmen muss<. Sethe sagt nicht ausdrücklich, dass sich die betreffenden Sterne bis zu ihrem Untergang im Binsengefilde bewegt haben, aber offensichtlich ist dies in seiner Aussage implizit enthalten. Was diese „Wege“ selbst angeht, so liegt die sachliche Deutung auf die Bahnen der Fixsterne nahe.

Abgesehen von PT (442), wo der mit Sꜣḥ-Orion identifizierte Osiris ausdrücklich im Binsengefilde lokalisiert ist, können die anderen Angaben über Osiris und das Binsengefilde nicht eindeutig zum Zweck der Lokalisierung von Osiris bzw. Sꜣḥ-Orion ausgewertet werden. Aussagen wie in PT (482) oder PT (670) über das Binsengefilde als Herrschaftsbereich des Osiris, lassen zwar vermuten, dass sich Osiris in diesem seinem Herrschaftsbereich aufhält, doch kann man dies aus den Texten selbst nicht sicher ableiten.

Die Lokalisierung des Osiris im Binsengefilde lässt sich auch erschliessen aus dem bereits ausführlich behandelten Spruch PT (437) und der Variante PT (610),[42] wonach NN im Norden des Nut-Himmels auf dem ḫꜣ-Kanal kreuzt und dabei auch in den Bereich von Sꜣḥ-Orion kommt. Demnach befindet sich Sꜣḥ-Orion insbesondere nicht im Norden des Nut-Himmels, sondern in seinem Süden und zudem südlich vom ḫꜣ-Kanal. Dass das Binsengefilde südlich vom ḫꜣ-Kanal liegt, ist wiederum aus anderen Texten zu erschliessen.[43]

41 Sethe, ÜKPT IV 69f.
42 Siehe §28.
43 Siehe §§20, 23.

Aus den besprochenen Stellen geht hervor, dass sich das Binsengefilde über den gesamten Himmel von Osten nach Westen erstreckt und zwar südlich von dem als ekliptikalen Streifen verstandenen ẖꜣ-Kanal. Sachlich stimmt dies zur Lage des Sternbildes Orion südlich vom ekliptikalen Streifen. Der ausdrücklichen Lokalisierung von Sꜣḥ-Orion bzw. von Osiris im Binsengefilde entspricht es, dass er nach keiner PT-Stelle im Opfergefilde zu weilen scheint.

Diese Aussagen über das Binsengefilde lassen sich durch ähnliche Angaben über das himmlische Opfergefilde erläutern. Der Himmelfahrtstext PT (684) enthält Informationen über Wege im Opfergefilde:

PT 2062b: dj sw N. ḥr wꜣt.k Ḥrw Šzmtj sšmt.k nṯrw jm.s
c: r wꜣwt nfrwt njwt pt, njwt sḫt ḥtp;
2062b: N. stellt sich auf deinen Weg, o Horus Shesemti,
auf dem du die Götter leitest,
c: auf den schönen Wegen des pt-Himmels und des Opfergefildes.

Aus der Vielzahl der Wege im Himmel und im Opfergefilde folgt eine entsprechende Ausdehnung des Opfergefildes. Wenn diese Wege mit den Bahnen der Sterne identisch sind, kann sich das Opfergefilde nach PT (684) bis zum westlichen Horizont audehnen, wo die Bahnen der Sterne enden. Dazu passt, dass das Opfergefilde nach den in §20 besprochenen Texten nördlich des ekliptikalen Streifens und auch sonst parallel zum Binsengefilde liegt. Demnach könnte der Himmel der PT in das Binsengefilde als südlichen und das Opfergefilde als nördlichen Teil zerfallen.

67. Die stellare Umgebung von Sꜣḥ-Orion nach PT (738). – In einem lükkenhaften Kontext ist die Rede von Sternen, die sich Sꜣḥ-Orion nähern:

PT 2268e:[44] ////[sbꜣ]w sꜣḥw Sꜣḥ.
e: //// [Stern]e, die sich nähern[45] dem Sꜣḥ-Orion.

44 Text nach Nt; s. Faulkner, Supplement 81.
45 Mit Faulkner, AEPT 315, und Allen, IVPT §755, fasse ich sꜣḥw als pluralisches Partizip auf. Dafür sprechen die davor geschriebenen zwei [drei?] Sterne, die entweder zum pluralischen Bezugswort sbꜣw/Sterne oder zum Determinativ eines solchen Plurals gehören.

Für diese Stelle gibt es in den PT keine Parallele, wohl aber in CT (124), wo NN versichert, dass er der vierte jener vier Götter sei, die aus dem Scheitel des Geb herausgekommen sind. Danach folgt eine teilweise zerstörte Passage:

CT II 147a:[46] hꜣ.n.j r mꜣ tnm
b: djw.nw ṯn sbꜣw pw, sꜣḥw
c: m Sꜣḥ;
a: dass ich herabgestiegen bin ist, um zu sehen den Verirrten,[47]
b: der fünfte von euch Sternen ist er, die sich nähern
c: dem Sꜣḥ-Orion.

Wenn diese Übersetzung richtig ist, dann nähern sich Sꜣḥ-Orion gewisse Sterne. Da es fünf an der Zahl sein sollen, kann man an die fünf Planeten denken, von denen sich die Merkur, Venus und Mars häufiger, Jupiter und Saturn aufgrund ihrer langen Umlaufzeiten durch die Ekliptik seltener, in der Nähe des Orion bewegen. Es könnte hier eine Verallgemeinerung jener Situation vorliegen, die in PT (437) als Annäherung von Venus-Morgenstern an Sꜣḥ-Orion geschildert ist.[48] Ich gehe nicht soweit, tnm/Verirrter mit unserem Terminus „Planet", also Irr- oder Wandelstern, gleichzusetzen.

Die fragliche Stelle sꜣḥw m Sꜣḥ könnte man auch übersetzen als: >die in Orion benachbart sind<, vielleicht im Sinne einer Aussage über die Sterne, die das Sternbild Orion zusammensetzen.[49] Aber die in WB IV 21.5, genannten Belege für sꜣḥ m, in der Bedeutung von „an einem Ort weilen", sind auch nach Meinung der Redaktoren des WB fraglich. In PT 2268e ist das Verb sꜣḥ in üblicher Weise mit direktem Objekt benutzt und ist als „herankommen an" zu übersetzen. Ich vermute, dass sꜣḥ m in der zitierten CT-Parallele die gleiche Bedeutung hat wie in der älteren Stelle in den PT und ziehe daher die Übersetzung „die sich dem Orion nähern" vor.

46 Text nach P. Gard. II, mit Ergänzungen nach P. Gard. III.

47 Vgl. WB V 311f, zu tnm. Als Verb wird tnm auch für die untergehende Sonne verwendet, die den Gesichtern >entschwindet<; diese Nebenbedeutung scheint hier aber nicht zu passen.

48 Siehe § 28.

49 B. Altenmüller, Synkretismus (1975) 181.

68. Heliakischer Untergang von Sꜣḥ-Orion? – Nach Sethes Auffassung richtet in PT (216) ein Offiziant einleitende Worte an Nephthys und die Nachtbarke, sowie an andere nicht identifizierte göttliche Wesen; diese Anreden erfolgen zugunsten des vergöttlichten Unas. Es schliessen unpersönliche Aussagen über Orion, Sothis und Unas an, sowie abschliessend eine Bemerkung über Unas und Atum, wobei Atum Vater von Unas heisst. Atum ist hier nicht als leiblicher Vater aufzufassen, eher als Ahn innerhalb der bekannten Göttergenealogie, während in Unas der von Atum stammende Abkömmling Horus verkörpert sein dürfte.

PT 151a:[50] šn Sꜣḥ jn[51] dꜣt, wᶜb(w) ᶜnḫ(w) m ꜣḫt
b: šn Spdt jn dꜣt, wᶜb(w) ᶜnḫ(w) m ꜣḫt
c: šn Wnjs pn jn dꜣt, wᶜb(w) ᶜnḫ(w) m ꜣḫt
a: umschlungen[52] wurde Sꜣḥ-Orion durch die Dat,
während er rein und lebend war in der Achet;
b: umschlungen wurde Spdt-Sothis[53] durch die Dat,
indem er rein und lebend war in der Achet;
c: umschlungen ist dieser Unas durch die Dat,
indem er rein und lebend war in der Achet.

Sethes Übersetzung des dreimaligen 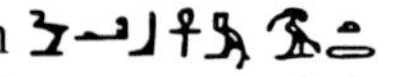 lautet >als sich reinigte der welcher im Horizonte lebt<, und er verstand dies als Anspielung auf die morgendliche Reinigung des Sonnengottes.[54] Allen indiziert wᶜb von PT 151a-c als sḏm.f und teilt somit prinzipiell Sethes Auffassung.[55] Faulkner

50 Text nur bei W belegt.

51 Edel, AG § 756.

52 Speleers, TP 27, übersetzte das passive sḏm.f šn durch „conduit“, nannte aber im Index, TP 387, für šnj die Entsprechungen „entourer, envelopper“. Zu šnj vgl. auch R. Anthes, ZÄS 86 (1961) 86-89, mit den Bedeutungen „umschliessen, festhalten, in magischem Bann halten“.

53 Zu der am Rande liegenden Möglichkeit hier Spdt(j) statt Spdt zu lesen, vgl. R. Anthes, ZÄS 102 (1975) 2. Sachlich wäre das nicht sinnvoll, da Spdtj sonst als Genosse von Orion und Sothis erscheint und seine Rolle hier durch Unas besetzt ist.

54 ᶜnḫ ist aber auch mit dem Sonnenuntergang kombiniert, wie ḥtp m ᶜnḫ als Bezeichnung für das Untergehen zeigt. Für den Gebrauch von ᶜnḫ an dieser Stelle schien Sethe, ÜKPT I 48, eine eigene Begründung notwendig: >ᶜnḫ könnte „der wieder auflebt“ (nach der Todesnacht) bedeuten<.

55 Allen, IVPT § 772.

hat die fragliche Formel jeweils auf Sꜣḥ, Spdt bzw. Unas bezogen und wꜥb(w) ꜥnẖ(w) m ꜣẖt gelesen; zu PT 151b bemerkte er:[56] >Despite the lack of concord of gender, I believe, contra Sethe, Komm. i, 48, that wꜥb ꜥnẖ here is on exactly the same footing as in the other two instances and that both phrases are in the old perfective; in a triple repetition of the phrase, the scribe has ignored the discrepancy of gender in the case of Sothis.<

Allgemein kann man die von Faulkner gesehene Möglichkeit nicht von der Hand weisen, speziell spricht hier aber das Nebeneinander der Örtlichkeiten Dat und Achet dagegen. Während Orion häufig in der Dat lokalisiert wird, was hier auch für Sothis und NN als seine Begleiter gilt, gibt es in den PT (sic) keine Hinweise darauf, dass Orion oder Sothis in der Achet weilen können. Da die Achet in den PT in besonderer Weise als Ort des Sonnengottes gilt,[57] sollte man wꜥb(w) ꜥnẖ(w) m ꜣẖt nicht auf Orion, Sothis und Unas beziehen. Die diskutierten Verse lassen sich als disjunktive Gliederung begreifen: Während Orion, Sothis und Unas von der Dat umschlungen sind, befindet sich ein anonymer „Er“ in der Achet. Wegen der semantisch bedeutsamen Kombination von wꜥb, ꜥnẖ und ꜣẖt dürfte es sich bei diesem „Er“ um den Sonnengott handeln und zwar, angesichts des Spruchschlusses, um seine Form als Atum.

Wird Atum wie üblich als abendlicher oder nächtlicher Sonnengott verstanden, dann sollte die hier gemeinte Achet die westliche sein.[58] Unabhängig davon kann man die Wendung >in den Armen des Atum< mit Junker auf den Nachthimmel beziehen.[59] Eine solche westliche und auf den Abend-oder Nachthimmel bezogene Lokalisierung von PT (216), steht im Gegensatz zu der auf Sethe zurückgehenden Erklärung, dass dieser Spruch das Verschwinden von Orion, Sothis und verstirntem Unas in der Morgendämmerung zum Gegenstand hat.[60] Auch die einleitende Anrufung von Nephythys und Abendbarke scheint mir morgens nicht am Platz zu sein, wohl aber am Abend. Wenn eine abendliche Situation vorliegt, dann bezieht sich die Anwesenheit von Atum in der Achet auf den Sonnenunter-

56 Faulkner, AEPT 44, Utt. 216 n. 4; ders., JNES 25 (1966) 158 Anm. 19.

57 Vgl. J. P. Allen, Cosmology (1989) 17ff.

58 Mit Faulkner, AEPT 2, Utt. 6 n. 2, ist aus PT 4b auf die Existenz einer westlichen neben einer östlichen Achet zu schliessen.

59 H. Junker, Der sehende und der blinde Gott (1942) 87-89.

60 Sethe, ÜKPT I 45; Faulkner, AEPT 44, Utt. 216 n. 3; R. Anthes, ZÄS 86 (1961) 87.

gang, und auch das Verschlungensein von Orion, Sothis und verstirntem Unas durch die Dat könnte als Untergang dieser Gestirne zu deuten sein. Ein Sternuntergang zur Zeit von oder bald nach dem Sonnenuntergang lässt sich als heliakischer Untergang interpretieren, wie er im Fall von Orion und Sothis die Unsichtbarkeitsphase einleitet.[61] Diese Interpretation von šn Sꜣḥ jn dꜣt lässt sich dadurch stützen, dass in pCarlsberg I der terminus technicus für den heliakischen Untergang in ähnlicher Weise šn dwꜣt lautet.[62]

69. Jahreszeitlich-saisonales Verhalten des Sꜣḥ-Orion in Gemeinschaft mit NN als seinem Begleiter. – Zunächst bespreche ich die Texte in denen das saisonale Verhalten des Sꜣḥ-Orion im Vordergrund steht, dann jene Texte die mehr über seinen Begleiter aussagen. Nach Sethe gliedert sich PT (219) in eine aus zwei Teilen bestehende Litanei.[63] PT 181-187 als zweiter Teil dieser Litanei wendet sich an Osiris >in einer jedesmal mit [m rn.k jm] beginnenden Anrufung des Gottes in verschiedenen seiner Kultformen, ... als Orion, wobei der so angeredete Gott aufgefordert wird, sich dem König, „seinem Samen“, also Horus, freundlich zu zeigen. Osiris ist hier also zweifellos Gott des Totenreiches<. Zu bemerken ist noch, dass diese Stelle bei W die älteste bekannte Gleichsetzung von Osiris und Sꜣḥ-Orion enthält.

PT 186a:[64] m rn.k jm[65] Sꜣḥ, tr.k r pt, tr.k r tꜣ
b: Wsjr pšr ḥr.k, mꜣ.k n Wnjs pn
c: mt(wt).k prt jm.k spdt
a: in deinem Namen „der im Sꜣḥ-Orion“;
(der du) deine Zeit am Himmel (hast),
(der du) deine Zeit an/in der Erde (hast);[66]

61 Vgl. allgemein P. V. Neugebauer, Astronomische Chronologie I (1929) 149f.
62 Neugebauer/Parker, EAT I (1960) 41, 57; vgl. Barta, SAK 9 (1981) 100.
63 Sethe, ÜKPT I 79.
64 Text nach W.
65 Die Präposition jm hat vor Nomina kein j, s. Edel, AG § 138. Also ist jm[j] zu verstehen; zu entsprechenden Schreibungen dieser Nisbe vgl. Edel, AG § 347.1.
66 Oder: „der im Orion; mit einer Zeit am Himmel, mit einer Zeit in der Erde“.

b: Osiris, wende dein Gesicht um und blicke auf diesen Unas,[67]
c: deinen Samen, der aus dir gekommen ist, den scharfen.[68]

Das Thema des Begleiters ist hier nicht auf das saisonale Verhalten bezogen und könnte ausgeklammert werden. Den Kern der Aussagen über das saisonale Verhalten des Orion bilden die beiden Adverbialsätze tr.k r pt, tr.k r t3 in PT 186a, die man formal als Aussage, Wunsch oder begleitenden Umstand auffassen kann.[69] Faulkner übersetzte tr.k r pt durch >a season in the sky< und verstand darunter vermutlich die jährliche Sichtbarkeit.[70] Offen ist, ob Faulkner tr.k r t3 als >a season on earth< mit der jährlichen Unsichtbarkeit verbinden wollte.

Sethe übersetzte:[71] >(der du) deine Zeit am Himmel, deine Zeit an der Erde (hast)< und wollte dies so verstehen, dass Osiris >des Nachts, solange der Orion sichtbar ist, in diesem Gestirn, seiner Seele, verweile, des Tages aber oder wenn der Orion nicht sichtbar ist, an seinem Grabe auf Erden, in seinem dort ruhenden Leichnam verweile<.[72]

Gegen Sethes Auffassung meldete Anthes Einwände an:[73] >Der durch tr.k – tr.k anscheinend gekennzeichnete Zeitwechsel spricht für (Sethes) Erklärung, aber ein Ortswechsel des Osiris zwischen Orion in der Nacht und dem Grabe am Tage (oder wann sonst der Orion nicht sichtbar ist) ist mir schwer annehmbar. Eine etwaige Erklärung des Satzes dahin, dass Osiris als Orion am Himmel in 186 und zugleich als Gegenstand der Verehrung an den in 181-185, 187-191 genannten Plätzen auf der Erde ist, würde dem zweifachen tr.k wohl nicht gerecht. Diese beiden Erklärungen

67 Sethe, ÜKPT I 94, und R. Anthes, ZÄS 102 (1975) 5f, erkennen hier eine Anspielung auf die für S3ḥ-Orion ikonographisch bezeichnende Wendung des Kopfes nach hinten. Die Aufforderung pẖr ḥr.k in PT 186b richtet sich explizit nicht an S3ḥ, sondern an Osiris, der aber wegen PT 186a als Osiris–Orion aufzufassen ist.

68 Der >scharfe Samen< spielt vermutlich auf entsprechende Aussagen im „Zeugungstext" PT (366) an, siehe §73.

69 Vgl. Edel, AG §915.

70 Faulkner, AEPT 47.

71 Sethe, ÜKPT I 76.

72 Sethe, ÜKPT I 93.

73 R. Anthes, ZÄS 102 (1975) 5 Anm. 8.

stimmen auch nicht dazu, dass Osiris ausdrücklich als imy Sꜣḥ angeredet ist<.[74]

Anthes eigener Erklärungsvorschlag geht von der astronomisch falschen Annahme einer engen Aufgangsbeziehung zwischen Rigel und Sirius um 3000 v.Chr. aus und entfällt mit dieser Annahme.[75] Die von Anthes angesprochene Schwierigkeit der Setheschen Erklärung, wonach tr.k r tꜣ den Aufenthalt des Sꜣḥ-Orion in einem irdischen Grab bedeuten soll, bleibt bestehen. Für die Existenz des irdischen Grabes eines personifizierten Sternes oder Sternbildes – wie es aus Sethes Erklärung bei wörtlicher Auffassung folgt – lassen sich keine Argumente beibringen. Es ist eben diese irdische Anwesenheit von Sꜣḥ-Orion, die im gegebenen Zusammenhang unverständlich ist. Eine solche irdische Anwesenheit folgt aus der Wendung tr.k r tꜣ, in der nach Edel r tꜣ als „auf der Erde“ aufzufassen ist.[76] Nach Sethe ist >die Präposition [r] in [r pt] und [r tꜣ] „auf Erden“ ... für die Pyr. charakteristisch.[77] Statt dessen steht [m] bei [tꜣ] in Spruch 218, wenn dort „im Lande“ zu übersetzen ist, viell. als älteres Äquivalent. Klare Stellen mit [r] sind 458d. 462a/b<.

Nach diesen Ausführungen Sethes ist „auf der Erde“ eine sichere Übersetzungsmöglichkeit für r tꜣ, zumindest was die für uns relevanten PT angeht. Ein Beispiel für die Bedeutung von (j)r als „in“ habe ich nicht gefunden und analog zu r pt/„am Himmel“ liesse sich r tꜣ allenfalls als „an der Erde“ übersetzen. Die in den PT gegebenen Übersetzungsmöglichkeiten für die Präposition (j)r erlauben mithin keine sachlich sinnvoll erscheinende Übersetzung der Aussage tr.k r tꜣ. In dieser Situation hilft vielleicht ein Vergleich mit pCarlsberg I bzw. dem Dramatischen Text im Sethos-Kenotaph in Abydos. Dort heisst es über die heliakisch untergehenden Dekansterne, dass sie zur Erde oder in die Erde hinein (r tꜣ) gehen.[78] Diese Aussage sollte auch für Sꜣḥ-Orion gelten, weil er zu den Dekanen gehört und daher könnte in unserer PT-Stelle tr.k r tꜣ auf den heliakischen Untergang zielen.

74 Ist in beiden Fällen Sꜣḥ-Orion gemeint? Wenn ja, dann könnte r tꜣ auch „in der Erde“ bedeuten und würde auf die saisonale Unsichtbarkeit des Sternbildes anspielen.

75 Siehe § 77.

76 Edel, AG § 760a.

77 Sethe, ÜKPT I 93.

78 Neugebauer/Parker, EAT I (1960) 68 (6), 72 (35).

Eine gewisse Hilfe für die Interpretation der Stelle PT 186a-c bieten die Verse PT 1523-1524. Es heisst hier in bezug auf Osiris und P. als seinen Begleiter:

PT 1524a:[79] nb jrp m w3ẖ
b: jp.n.sw tr.f, sẖ3.n.sw nw.f
c: jp P. jn tr.f ḥnc.f
d: sẖ3.n.sw nw.f ḥnc.f;
1524a: Der Herr des Weines im Überfluss,
b: seine tr-Zeit hat ihn „erkannt",
seine nw-Zeit hat sich seiner erinnert,
c: erkannt wird P. von seiner tr-Zeit
zusammen mit ihm (Osiris),
d: erinnert wird P. von seinen nw-Zeit
zusammen mit ihm (Osiris).

Allgemein ist in diesen Versen die Tatsache einer Versternung ausgesprochen. Osiris erscheint am Himmel, was für die Gleichsetzung mit S3ḥ-Orion spricht. Für diesen Schluss kann man sich auch auf PT (442) berufen, wo für Osiris bzw. S3ḥ-Orion das Epitheton nb jrpj m w3g benutzt wird, ähnlich wie hier nb jrp m w3ẖ. Ich rechne daher damit, dass Osiris hier implizit mit S3ḥ–Orion gleichgesetzt ist. Die Ausdrucksweise, dass tr und nw den Osiris „zählen" bzw. „erkennen", bleibt inhaltlich unklar; jedenfalls gelten diese Aussagen auch für den Begleiter NN.

70. Der „Grosse Stern"(sb3 c3) als rmnwtj-Begleiter von S3ḥ-Orion. – PT (466) enthält das Thema der saisonalen Verjüngung von S3ḥ-Orion und sb3 c3 sowie das Thema der Geburt des Orion durch die Dat.

PT 882a:[80] ḏd mdw; h3 P. pw
b: ṯwt sb3 pw c3, rmnwtj S3ḥ
c: nm pt ḥnc S3ḥ, ẖn d3t ḥnc Wsjr
883 a: pr[81] P. pn m gs j3btj nj pt

79 Text nur bei P bezeugt. Zu Transkription und Übersetzung vgl. Allen, IVPT § 502.

80 Text nach P; kleine nicht sinnverändernde Varianten bei M.

81 Vom Kontext her kann prospektives sḏm.f vorliegen.

b: mꜣw.tj[82] r [t]r.k, rnpw.tj m nw.k
c: ms.n[83] Nwt P. pn ḥnꜥ Sꜣḥ
d: ssd.n.tw Rnpt ḥnꜥ Wsjr
882a: Spruch: O P. da,
b: du bist (wirst sein?) jener grosse Stern,
der rmnwtj des Sꜣḥ-Orion,
c: der durchfährt den pt-Himmel mit Sꜣḥ-Orion,
der durchquert die Dat mit Osiris;
883a: P. wird herauskommen auf der östlichen Seite des pt-Himmels,
b: erneuert zu deiner tr-Zeit,
verjüngt zu deiner nw-Zeit,
c: nachdem Nut diesen P. zusammen mit Sꜣḥ-Orion geboren hat,
d: nachdem dich das Jahr geschmückt hat zusammen mit Osiris.[84]

Die Identität von Sꜣḥ-Orion und Osiris vorausgesetzt, ordnet dieser Spruch Orion dem pt-Himmel zu und Osiris der Dat, während der >Grosse Stern< zwar sowohl Orion als auch Osiris begleitet, ausdrücklich aber nur rmnwtj von Sꜣḥ-Orion heisst. Die Aussagen über den >Grossen Stern< als rmnwtj von Sꜣḥ-Orion lassen auf Orion selbst zurückschliessen: Beide gehen unter nicht genau definierten zeitlichen Bedingungen auf der östlichen Seite des pt–Himmels auf und sind dann erneuert und verjüngt.[85] Während sich der Aufgang im Osten des Himmels auf einen täglichen Aufgang beziehen könnte, legt der Zustand der Erneuerung und Verjüngung eine Beziehung zum jährlichen Aufgang nahe.

Nach PT 883a-b ist tr mit dem Wunsch mꜣw.tj und nw mit rnpw.tj gekoppelt. Wenn demnach „Erneuerung" und „Verjüngung" mit dem jährli-

82 Zu den Stativen mꜣw.tj, rnpw.tj nach pr(j), vgl. Allen, IVPT § 586 A und allgemein Edel, AG § 585.

83 Zu adverbialem sḏm.n.f hier und im nächsten Vers als Ausdruck der Vorzeitigkeit, vgl. allgemein Edel, AG § 540 und Allen, IVPT § 421.

84 Sethe, ÜKPT IV 151, hielt diese Handlung der Rnpt für etwas, das >nach der Geburt mit dem Neugeborenen vorgenommen wird (Reinigen, Nabelschnur abschneiden, in Windeln hüllen)<. Die Parallele zwischen „Gestirnsaufgang" und „Geburt" ist aber wohl nur metaphorischer Art und ein aufgegangenes Gestirn scheint in den PT nicht als Kleinkind aufgefasst worden zu sein.

85 Ist diese Charakteristik des rmnwtj von Sꜣḥ-Orion auf einen rmnwtj im allgemeinen – z.B. in PT 141a – übertragbar?

chen Aufgang zu tun haben, dann auch die Termini tr und nw, was oben bei der Behandlung von PT (219) offen geblieben war.

71. Rückkehr des getöteten Osiris als Sꜣḥ-Orion. – PT (442) enthält folgende Themen: Wiederkehr des getöteten Osiris als Orion, Empfängnis und Geburt des Osiris-Orion und des NN, parallele himmlische Schicksale von Osiris-Orion und NN sowie ihre Begleitung durch Sothis im Binsengefilde. Nach Sethe ist dieser Spruch homogen und betrifft >die Erscheinung des Toten als Stern zusammen mit Osiris nach seinem Tode. Osiris als Parallele, aber nicht mit dem Toten identisch gedacht, genau genommen als sein Bruder<.[86]

PT 819a:[87] ḫr rf tj[88] wr pw ḥr gs.f, ndj rf jmj Ndjt
b: šzp ꜥj.k jn Rꜥw, ṯz tp.k jn psḏtj
c: mk sw[89] jjj m Sꜣḥ, m<k>[90] Wsjr jjj m Sꜣḥ
820a: nb jrpj[91] m wꜣg,
b: nfr ḏd.n mwt.f, jwꜥ ḏd.n jt.f
c: jwr.n.pt, ms.n.dwꜣt
d: (hꜣ M.)[92] jwr.tw[93] pt ḥnꜥ Sꜣḥ
e: ms.ṯw dwꜣt ḥnꜥ Sꜣḥ
821a: ꜥnḫ ꜥnḫ m wḏ nj nṯrw, ꜥnḫ.k
b: prr.k ḥnꜥ Sꜣḥ m ꜥj jꜣbtj nj pt
c: ḥꜥꜥ.k ḥnꜥ Sꜣḥ m ꜥj jmntj nj pt
822a: ḫmt-nw pj[94] Spdt, wꜥb jswt
b: stt sšmw ṯn[95] jr wꜣwt nfrwt jmjwt pt
c: m sḫt jꜣrw.

86 Sethe, ÜKPT IV 63.
87 Text nach P; zu den Varianten von M und N siehe die Anmerkungen.
88 Vgl. Edel, AG § 842.
89 P und M: mk sw jjj m Sꜣḥ; N: mk jjj m Sꜣḥ.
90 M und N: mk Wsjr jjj m Sꜣḥ.
91 P und M: jrpjj; N: jrpw.
92 Nur bei M.
93 M wie P; N: jwr.tj N. jn pt ḥnꜥ Sꜣḥ.
94 Var. N: pw.
95 Var. stt sšm.s tn (N); stt sšmw.s tn (M).

PT 819a: Worte sprechen.
Gefallen ist (doch) jener Grosse auf seine Seite, niedergeworfen wurde „der in Nedit ist“;

Sethe hielt eine Verstümmelung des Anfangs für möglich und zwar das Ausfallen von Versen zwischen 819a und b, deren einer >das in 819b zum Toten gesagte von Osiris aussagte, und ein zweiter, der das in 819a von Osiris Gesagte zum Toten sagte<.[96] Es könnte aber hinter diesen scheinbaren Auslassungen ein poetischer Kunstgriff stehen, um den vorauszusetzenden Tod des NN nicht direkt aussprechen zu müssen, sondern über die Nennung des Todes von Osiris zu implizieren.

b: genommen ist dein Arm durch Re,
erhoben ist dein Kopf durch die Beiden Neunheiten.
c: Siehe, er ist gekommen als Sꜣḥ-Orion,
siehe, Osiris ist gekommen als Sꜣḥ-Orion,
820a: der Herr des jrpj am Wag-Fest;

Nach Sethe, ÜKPT IV 65, soll das Aussageziel dieser Verse die Wiederkehr des Osiris als Orion sein. Eher scheint mir das Aussageziel zu sein, dass es sich eben um Osiris und nicht um sonst jemanden handelt, der gefallen und gekommen ist. Osiris ist zunächst namenlos und die in PT 819c folgende Identifizierung des in Nedit gefallenen Grossen ist die mit Sꜣḥ-Orion. Dann erst heisst es ausdrücklich, dass Osiris als Sꜣḥ-Orion gekommen ist. Die Anspielungen auf Osiris steigern sich mithin in dieser Weise: wr – jmj Ndjt – Sꜣḥ – Wsjr.

b: „nfr“ ist es, was seine Mutter gesagt hat,
„Erbe“ ist es, was sein Vater gesagt hat,
c: empfangen vom pt-Himmel, geboren von der Dewat;
d: dich empfängt der pt-Himmel zusammen mit Sꜣḥ-Orion,
e: dich gebiert die Dewat zusammen mit Sꜣḥ-Orion.
821a: Lebe! Lebe entsprechend dem Befehl der Götter,
dass du lebst.[97]

96 Sethe, ÜKPT IV 63.
97 Im Anschluss an Allen, IVPT § 697 B.

b: Dass du aufsteigst, ist zusammen mit Sꜣḥ-Orion auf der östlichen Seite des pt-Himmels,
c: dass du hinabsteigst, ist zusammen mit Sꜣḥ-Orion auf der westlichen Seite des pt-Himmels,
822a: eure Dritte nämlich ist Spdt-Sothis, „rein an Plätzen",
b: sie ist es, die euch führt auf den schönen Wegen im pt–Himmel
c: im Binsengefilde.

Erman postulierte eine kalendarische Verbindung zwischen Orion, Wein und Wag-Fest:[98] >Der (Orion) brachte die Weinlese mit sich, die in Ägypten etwa in den Juni und Juli fällt ...<; die Weinlese wiederum erklärte er als das in PT 820 und 1524 genannte Wag-Fest.[99] Für das Schlüsselwort jrpj in PT 820a vermutete Sethe eine Ableitung von jrp-Wein, etwa im Sinn von „Weingelage".[100] Faulkner übersetzte PT 820a einmal als „wine" und schliesslich auch als „wine-jar"; in letzterem Fall stützte er sich vermutlich nur auf das an der fraglichen Stelle geschriebene Determinativ des Weinkruges.[101] Für jrpjj vermuteten Erman-Grapow in WB I 115, die Bedeutung „Weinbereitung" und für jrpj fragend „Gärung"; im Anschluss daran könnte man in jrpw „Most/gärenden Wein" sehen.[102] In der Parallelstelle PT 1524a scheint bei P lediglich jrp-Wein gemeint zu sein.

Hopfner griff Ermans Ansatz auf und präzisierte die Formulierung >der brachte die Weinlese mit sich< kalendarisch als (Früh-)Aufgang des Orion.[103] Es stellt sich die Frage, ob ein an den Frühaufgang des Orion gebundenes hypothetisches Weinlesefest zu den kalendarischen Tatsachen passt? Der Spätuntergang und folgende Frühaufgang der Sterne des Orion bzw. die Zeit ihrer jährlichen Unsichtbarkeit verschob sich zwischen 3000 und 2300 v.Chr. auf der Breite von Memphis um lediglich 3 Tage vom ca. 22.

98 A. Erman, Religion der Ägypter (1934) 23. Ich habe keine Quelle für diese Vermutung Ermans gefunden. Ablehnend äusserte sich E. Winter, Das ägyptische Wag-Fest, Diss., Wien (1951) 30; zustimmend A. Badawy, MIO 10 (1964) 201.

99 Auch Sethe, ÜKPT IV 65, identifzierte wꜣẖ und wꜣg. Faulkner, AEPT 233, dagegen übersetzte nb jrp m wꜣẖ von PT 1524a als >Lord of wine in flood<.

100 Sethe, ÜKPT IV 66.

101 Faulkner, AEPT 233; ders., JNES 25 (1966) 158.

102 Allgemein zur Verbindung von Osiris und Wein, s. Ch. Meyer, LÄ VI (1986) 1175f.

103 Th. Hopfner, Plutarch über Isis und Osiris I (1940) 163.

Mai bis ca. 7. Juni (greg.) auf ca. 25. Mai bis ca. 10. Juni (greg.).[104] Nach den antiken und heutigen Daten für Traubenreife und Weinlese in Ägypten,[105] liegen die zitierten Daten mindestens 2 bis 4 Wochen vor Beginn der Traubenreife.

Was das Wag-Fest selbst angeht, so wurde es zumindest im AR und MR an zwei Terminen gefeiert. Ein Termin lag im Wandeljahr auf einem festen Datum, woraus eine ständige Verschiebung gegenüber dem Naturjahr folgte. Ein anderer Termin lag gegenüber dem Naturjahr fest, verschob sich aber durch das Wandeljahr.[106] Bei Einführung des Wandelkalenders wäre I Achet 17-18 als Wagfest-Datum, entsprechend ca. 15. Juli (greg.), für ein Weinlesefest geeignet gewesen, nicht aber in der Epoche Pepis I., wo es ca. 100 Tage später etwa auf den 25. Oktober (greg.) gefallen wäre.

Wenn der bewegliche Termin für das Wag-Fest auch schon im AR auf den 17. MMT im 2. Mondmonat nach Sothisaufgang fiel, so würde das in der Epoche Pepis I., aber auch in den Jahrhunderten davor und danach, im Mittel einem ca. Ende August (greg.) liegenden Datum entsprechen. Zu dieser Zeit ging das Sternbild Orion vor Mitternacht auf und kulminierte bei Sonnenaufgang, während der 17 Tage alte Mond ca. eine Stunde nach Sonnenuntergang aufging und ca. zwei Stunden nach Sonnenaufgang unterging.[107] Der 17 Tage alte Mond hielt sich im genannten Zeitraum südwestlich vom Orion auf, und wanderte an den folgenden ein oder zwei Tagen am Orion vorbei. Ein „Weinlesefest" ist zu diesem Zeitpunkt möglich, da damals neuer Wein verfügbar gewesen sein sollte.[108]

Es zeigt sich mithin, dass die Erman-Hopfnersche Hypothese zu den kalendarischen Tatsachen passen kann. Nach dem heutigen Stand der Forschung ist aber nicht klar, ob beim Wag-Fest der Wein eine besondere Rolle

104 Vgl. K. Schoch, Planeten-Tafeln (1927) XLIV, zu den heliakischen Daten von Bellatrix (γ Orionis) und Beteigeuze (α Orionis) auf der Breite von Babylon und um 3000 v.Chr.

105 Vgl. R. Krauss, Das Ende der Amarnazeit (1978) 177f.

106 Vgl. R. Krauss, Sothis- und Monddaten (1985) 86 ff; P. Posener-Krieger, in: Ägypten – Dauer und Wandel. Symposium anlässlich des 75jährigen Bestehens des DAI Kairo 1982 (1985) 40 f.

107 Berechnungen mit Urania-Star.

108 Nach E. Hornung, Untersuchungen zur Chronologie und Geschichte des Neuen Reiches (1964) 77 f, fällt zumindest im NR die Versiegelung der Weinkrüge in den August greg.

spielte. Man rechnet mit der Möglichkeit von Weinopfern, >sans qu'il soit question d'une fête d'ivresse<.[109]

72. Die „Geburt" des Sꜣḥ-Orion. – In allgemeiner Weise spielt PT (569) auf diese Geburt an. Dieser Spruch enthält eine Serie magischer Bedrohungen des Sonnengottes für den Fall, dass der Sonengott den NN nicht zu sich nehmen will. Auch die Geburten anderer (himmlischer) Götter sollen verhindert werden,dabei sind die einzelnen Drohungen unter sich unverbunden.

PT 1436c:[110] ẖsfw mswt Sꜣḥ
d: ẖsf.k w P. pn, jw.f jr bw ntj.k jm;
c: abgewehrt wird die Geburt von Sꜣḥ-Orion,
d: wenn du verhinderst, dass dieser P. an den Platz kommt, wo du bist.

Aus einigen Vergleichen geht hervor, dass Orion vom pt-Himmel geboren wird. Innerhalb einer Serie von >miscellanies of short utterances< steht in PT (690) die vom Kontext isolierbare Aufforderung an NN, sich zu erheben.[111]

PT 2116a:[112] ṯz.ṯw ḥr nẖt.k, prr.k jr pt
b: ms.ṯw pt mr Sꜣḥ, sẖm.k m ḏt.k
a: mögest du dich erheben wegen deiner Stärke, so dass du zum pt-Himmel gehst,
b: der pt-Himmel gebiert dich wie Orion, indem dein sẖm-Zepter in deiner Hand ist.

Während es hier die pt-Himmelsgöttin ist, die den Sꜣḥ-Orion gebiert, ist es in PT (697) speziell Nut, die ihn zur Welt bringt. Es handelt sich dabei um einen Himmelfahrtstext, in dem nach Öffnung des östlichen Himmelstores

109 P. Posener-Krieger, LÄ VI (1986) 1135.

110 Text nach P1; P2 und M unterscheiden sich vor allem durch den Gebrauch der Negationspartikel ꜣ statt w.

111 Faulkner, AEPT 298.

112 Text nur bei N bezeugt.

die Rede davon ist, was Nut für den König tut; diese Aktivität der Nut wird in einem Punkt mit dem verglichen, was Nut für Orion tut.

PT 2171b:[113] ḥṯṯ.s[114] n.s ṯw jr pt, nj ptḫ.n.s N jr tꜣ,
2172a: ms.s ṯw N. mr Sꜣḥ,
2171b: sie „schultert" dich (für sich) zum pt-Himmel, nicht hat sie N. zur Erde geworfen;
2172a: möge sie dich, (o) N., gebären wie Sꜣḥ-Orion;

Von diesen wenig informativen Texten gehe ich über zu PT (504) und (442), nach welchen Sprüchen es die Dat ist, die den Orion bzw. den NN so wie Orion gebiert. Mit Sethe ist PT (504) gegenüber dem verwandten Spruch PT (442) als jünger und schlechter zu beurteilen.[115] Textgeschichtlich lassen sich in PT (504) mehrere Stücke unterscheiden, von denen für unsere Zwecke Sethes Stück (1) in Frage kommt und aus dem sich wiederum die Verse PT 1082a-b isolieren lassen:

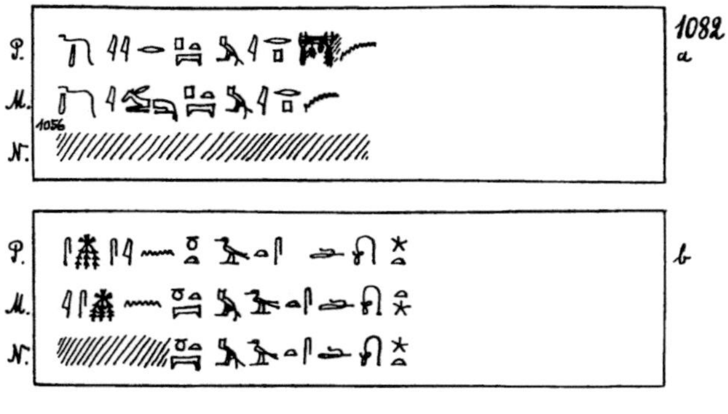

Allen hat im Sinne der unkorrigierten Setheschen Textausgabe sms.jn/smsj.n Nwt zꜣt.s dwꜣt (P) bzw. js ms.n Nwt m zꜣt.s dwꜣt (M) gelesen und letzteres dementsprechend übersetzt:[116] >The sky has become pregnant with wine: behold, Nut has delivered herself of her daughter, the morning star<. Speziell die Übersetzung von dwꜣt als „morningstar" hat Allen später zurückgenommen.[117]

113 Text nur bei N bezeugt.
114 Vgl. Allen, IVPT § 732.
115 Sethe, ÜKPT IV 353.
116 Allen, IVPT §§ 130, 372.
117 Allen, Cosmology (1989) 22 Anm. 146. Die Übersetzung von dwꜣt als Morgenstern

Sethe bemerkte, dass in PT 1082a bei P jrp zu lesen ist, bei M aber jrpj und dass mit diesem Wort >das Suffix.s von 1082b (gegen die Abteilung im Text m. Ausgabe) zu verbinden ist.[118] ... Seltsam ist das m vor dem Objekt des Gebärens; es hat mich seiner Zeit zu der gewiss irrigen Auffassung verführt, dass smsj „entbinden“ zu lesen sei, wobei ja aber das n vor Nwt unerklärt bliebe. Dieses m, das bei P fehlt, wo der Text ganz einfach ist, kann wohl nur „als“ bedeuten und stellt uns dann vor die Frage, ob der „Weinstocksaft“ von 1082a, und die Dwꜣt hier etwa identisch sein sollen, was ja im Grunde das Gegebene ist, da der Gegenstand der Empfängnis mit dem Gegenstand der Geburt identisch sein sollte<.

In diesem Sinne übersetzt Sethe PT 1082a-b:[119] >Schwanger geworden ist der Himmel mit seinem Weinstocksaft, geboren hat Nut (ihn) in Gestalt ihrer Tochter, des Morgens.< Zwar verweist Sethe im Kommentar dazu auf die Beziehung zwischen Osiris und Wein (speziell nach den Parallelstellen PT 820a und 1524a), meint aber >es dürfte doch ganz konkret an die Morgen- od. Abendröte gedacht sein, die „der Weinstocksaft des Himmels“ heisst<.[120] Dabei fasst er die als Morgenröte gedeutete dwꜣt auf als >Objekt des Gebärens<. Seine deutsche Übersetzung ist ambivalent, da sie auch so verstanden werden könnte als hätte Nut, um zu gebären, die Gestalt ihrer Tochter dwꜣt angenommen. Meinerseits gehe ich aus von Sethes Beobachtung, dass in PT 820c und PT 1527a die Dat Subjekt des Gebärens ist und an diesen Stellen anscheinend keine Interpretationsschwierigkeiten vorliegen. Es heisst in PT 820c zunächst in bezug auf Osiris, dann in PT 820d-e in bezug auf NN als seinen Begleiter:[121]

PT 820c: empfangen vom pt-Himmel, geboren von der Dat;
d: empfangen hat dich der pt-Himmel zusammen mit Orion,
e: geboren hat dich die Dat zusammen mit Orion;

findet sich zum Beispiel in der neueren Literatur auch bei Ch. Meyer, LÄ VI (1986) 1175 und in der älteren Literatur bei L. Speleers, Comment faut-il lire les Textes des Pyramides Égyptiennes (1934) 34.

118 Sethe, ÜKPT IV 354.

119 Sethe, ÜKPT IV 351.

120 Sethe, ÜKPT IV 354.

121 Zu dieser Stelle, siehe § 71.

Die andere Stelle in PT (577) wiederum stellt nach Sethe einen >Osirisspruch< dar, der als Königstotentext eingerichtet ist.[122] Die Bestandteile (4) bzw. (5) des >Osirisspruches< sind nach Sethe Begrüssungsreden der Götter bzw. eine Aussage über die Herkunft des Osiris. Nach Allens überzeugender Auffassung gehören aber die Setheschen Stücke (4) und (5) engstens zusammen, insofern (5) noch einen Teil der Begrüssungsreden der Götter bildet.[123]

PT 1527a:[124] jwr.n <s>w[125] pt, ms.n sw dwꜣt;
1527a: es ist der pt-Himmel, der ihn empfangen hat,
es ist die Dewat, die ihn geboren hat.

Diese Textpassagen machen klar, dass nach den Vorstellungen der PT die Dewat gebären kann, was der pt-Himmel empfangen hat, wie auch immer diese Aufteilung zu verstehen ist. In diesem Sinn versuche ich auch die fraglichen Verse PT 1082a-b zu übersetzen. Dabei gehe ich davon aus, dass die von Sethe selbst vorgenommene Korrektur der Textabteilung richtig ist. Unter dieser Voraussetzung bietet PT 1082a nach P und M den gleichen Text und die Abweichungen sind nur orthographisch: jjr (P)/jwr (M) und jrp.s(P)/ jrpj.s (M).

Da nach Allen das Vorkommen von sḏm.jn.f-Formen innerhalb der PT im allgemeinen sehr unwahrscheinlich ist,[126] ziehe ich es dementsprechend nicht ernsthaft in Betracht, dass in PT 1082b (P) ms.jn Nwt zu lesen sei. In PT 1082b könnte sowohl msj.n(P) als auch ms.n(M) ein sḏm.n.f darstellen, da der schwache Radikal beim sḏm.n.f der 3ae inf., wenn auch selten, geschrieben wird.[127] Den scheinbaren Unterschied zwischen m zꜣt.s bei M und zꜣt.s bei P kann man beseitigen, indem man zꜣt.s als Badalapposition versteht, welche Form im Altägyptischen insbesondere im Zusammenhang mit Filiationen üblich ist.[128] In diesem Sinne transkribiere und übersetze ich wie folgt:

122 Sethe, ÜKPT V 474f.
123 Allen, IVPT § 533 C.
124 Text nur bei P bezeugt.
125 Geschrieben ist jw; vgl. Faulkner, AEPT 233, Utt. 577 n. 2.
126 Vgl. Allen, IVPT § 477.
127 Edel, AG § 533.
128 Vgl. Edel, AG § 306; siehe insbesondere auch E. Edel, MIO I (1953) 336.

PT 1082a (P): ḏd mdw; jjr pt m jrp.s,
b: msj.n Nwt, zꜣt.s dwꜣt;
1082a: Worte sprechen;
schwanger geworden ist die pt-Göttin mit ihrem jrp,
b: es ist, dass Nut geboren hat,
(vielmehr) ihre Tochter Dewat;
PT 1082a (M):[129] ḏd mdw; jwr pt m jrpj.s
b: ms.n Nwt m zꜣt.s dwꜣt;
1082a: Worte sprechen;
schwanger geworden ist die pt-Göttin mit ihrem jrpj,
b: es ist dass Nut geboren hat als ihre Tochter Dewat.

Die Informationen der „genealogischen“ Texte lassen sich wie folgt zusammenfassen: Neben der einfachen Aussage, dass es die pt-Himmelsgöttin bzw. Nut-Himmelsgöttin ist, die den Orion gebiert, steht in zwei Sprüchen die Aufteilung von Empfängnis und Geburt auf Nut und Dat/Dewat. In PT (442) und (577) empfängt Nut den Osiris und Dewat gebiert ihn; Osiris trägt die Bezeichnungen Sꜣḥ-Orion und nb jrp(j). Als Zitat liegt diese Aussage sehr gedrängt in PT (504) vor, wo zwar die pt-Himmelsgöttin empfängt, aber sowohl Nut als auch Dewat mit der Geburt zu tun haben, wenn Nut auch lediglich mittelbar durch Dewat als ihre Tochter. Diese Aufspaltung des Himmels in Nut und Dewat ist vielleicht so zu deuten, dass pt bzw. Nut der Oberbegriff ist, während Dat/Dewat einen Unterbegriff darstellt. Diese Aussagen führen zu der in einem späteren Abschnitt behandelten Frage, wie die Dat/Dewat sachlich zu verstehen ist.

73. Zur Gleichsetzung von Isis und Spdt-Sothis. – Die pyramidenzeitliche Gleichsetzung des Sothissterns mit Isis und die damit gegebene Einbeziehung der Sothis in den Osiris- und Horus-Mythus ist umstritten. PT (366) und die Variante PT (593) gelten traditionell als älteste Belege für die sonst nur aus späterer Zeit bekannte Gleichsetzung von Sothisstern und Isis.[130] Gegen diese traditionelle Auffassung hat sich vor Jahren Roeder[131]

129 N geht mit M zusammen, doch ist N bis auf … Nwt m zꜣt.s dwꜣt zerstört.
130 Bonnet, RÄRG 743f; J. G. Griffiths, Plutarch's De Iside (1970) 371 Anm. 5.
131 G. Roeder, RE IX,2 (1916) 2090.

ausgesprochen und 1975 wiederum Anthes,[132] der den Inhalt von PT (366) wie folgt umreisst:[133] >ein Anruf an Osiris NN als den Auferstehenden, den von den Göttern anerkannten Überwinder, den von Isis und Nephthys Instandgesetzten und von seinem Sohn Horus Geretteten<. Hier interessiert der aus den Versen PT 632a – 633b bestehende Schluss des Spruches, der sich vom Kontext isoliert behandeln lässt.

PT 632a:[134] jj n.k snt.k ꜣst ḥꜥꜥ.t(j) n mrwt.k,
b: d(j).n.k s(j) tp ḥms.k,
c: pr mtwt.k jm.s spd.t(j) m Spdt,
d: Ḥrw spd pr(j) jm.k m Ḥrw jmj Spdt.
633a: ꜣẖ.n.k jm.f m rn.f nj ꜣẖ jmj ḏndrw,
b: jnḏ.f ṯw m rn.f nj Ḥrw zꜣ nḏ-jt.f.

Diese Verse berichten zuerst von der Zeugung des Sohnes, dann von seiner Qualifikation als Rächer des Vaters. Sethe hielt diese Verse für textgeschichtlich nicht einheitlich und vermutete eine Quellenscheidung zwischen PT 632 und PT 633. Er verwies darauf, dass in PT 633b m rn.f steht und zwar anstelle der auch möglichen Präposition m, was von m in gleicher Funktion in PT 632c-d >stark absticht<.[135] An m rn.f statt m in PT 633a störte sich Sethe nicht, weil m rn.f dort am Platze zu sein scheint, während ein einfaches m >auch auf den angeredeten Osiris hätte bezogen werden können<.[136] Dieses Argument hat seine Berechtigung, weil eben dieses Missverständnis bei P eingetreten ist, was Sethe übersehen zu haben scheint. Wenn aber in PT 633a m rn.f ohne Annahme einer Quellenscheidung zwischen PT 632 und 633 sinnvoll ist, dann kann die gleiche Formulierung im inhaltlich anschliessenden Vers PT 633b nicht anstössig sein. Ich sehe daher keinen ausreichenden Grund für die von Sethe vermutete Quellenscheidung.

Sethe übersetzte PT 632a-633b wie folgt:

132 R. Anthes, ZÄS 102 (1975) 3-5.

133 R. Anthes, ZÄS 102 (1975) 3.

134 Text nach T. P und M sind nahezu identisch. N bietet in PT 632a jḥꜥ[ꜥ.tj] statt ḥꜥꜥ.tj. P schreibt in PT 633a m rn.k statt m rn.f.

135 Sethe, ÜKPT III 176.

136 Sethe, ÜKPT III 176.

632a: Zu dir kommt deine Schwester Isis, froh der Liebe zu dir.
b: Du hast sie auf deinen Phallus gesetzt,
c: damit dein Same hervorgehe (aufsteigt) in sie,
indem er scharf ist (der scharfe), als Sothis.
d: Horus der Scharfe ist hervorgekommen aus dir als Horus, der in der Sothis war.
633a: Du hast Gefallen an ihm/Angenehm ist es dir durch ihn/
in seinem Namen „Geist, der in der ḏnḍrw-Barke war“;
b: er rächt dich in seinem Namen
„Horus, Sohn, der seinen Vater rächt“.

An dieser Übersetzung kritisierte Anthes die interpretierende Lesung Sethes in PT 632c:[137] >... durch das Komma vor „als Sothis“ trennt er, wie er im Kommentar näher ausführt, m Spdt vor dem voraufgehenden spdt(j) zugunsten einer Verbindung jm.s ... m Spdt „in sie (d.i. Isis) als Sothis“. Das erscheint mir sehr gezwungen; offenbar unwillkürlich hatte Sethe selbst früher, beim Autographieren des Textes, spdtj m Spdt zusammengefasst, vom Vorhergehenden abgesetzt, also „indem er (der Same) spitz ist in (oder als) Sothis“. Die entscheidende aufschlussreiche Parallele zu unserem Text bietet mir [PT] 1505 mit 1508: (1505a) NN ist dein Same, o Osiris, der spitz ist in deinem (des Samens!) Namen Horus, der im Meere ist, Horus, der den Verklärten voransteht“, dazu die Variante 1508b-c mit „Re“ statt „Osiris“ und mit dem Namen „Horus, der den Verklärten voransteht, der Stern, der das Meer durchfährt“. Mir bestätigen diese Sätze vom Samen, der spitz ist als Stern, das Verständnis von spdtj m Spdt „(dein Same), der spitz ist als Sothis“.<

Nach diesen Voraussetzungen übersetzte Anthes selbst den Vers PT 632c:[138] >so dass dein Same hervortritt in sie (=Isis), der spitz ist als Sothis<. Entsprechend der Anthesschen Auffassung hiesse es im ersten Halbvers von PT 632 zunächst, dass der Same aus Osiris heraus und in Isis hineinginge. Danach soll aber im zweiten Halbvers nicht mehr von Isis die Rede sein, sondern die Aussagen sollen nur noch dem Samen gelten, der einmal durch die Eigenschaft des „spd/spitz Seins“ und zum andern durch

137 R. Anthes, ZÄS 102 (1975) 4.
138 R. Anthes, ZÄS 102 (1975) 5.

eine Gleichsetzung (sic) mit der scheinbar neu in den Text eingeführten Sothis qualifiziert wäre. Diese Gleichsetzung von Horus und Sothis verstand Anthes im Sinne einer kompositen, männlich-weiblichen Gottheit, die er Sothis-Horus nannte.[139]

Bei meiner Kritik an der Anthesschen Auffassung von PT 632c-d gehe ich davon aus, dass in den von ihm herangezogenen Stellen PT 1505a und 1508b mtwt bildlich für „Sohn" steht, während mtwt in PT 632c wörtlich „Sperma" bedeutet. Nichts spricht dagegen, in PT 1505 und 1508 den Sohn metaphorisch als mtwt zu bezeichnen, und ihn, der ein Stern ist, als spitzen/trefflichen o.ä. Stern zu qualifizieren. Aber bei mtwt in PT 632c handelt es sich bei wörtlicher Interpretation nicht um einen metaphorischen Ausdruck für „Sohn", sondern um frisch ejakuliertes Sperma. Wir wissen nicht, ob dieses Sperma entsprechend den altägyptischen Konzeptionsvorstellungen sofort einen Keim im Mutterleib gebildet haben könnte.[140] Die Anthessche Argumentation impliziert die Gleichsetzung von Ejakulation und Konzeption.

Diese Auffassung scheint mir nur vertretbar, wenn mtwt in ein und demselben Vers PT 632c seine Bedeutung wechseln würde, indem es im ersten Halbvers, also in pr mtwt.k jm.s, Sperma bedeutet und im zweiten Halbvers, also in spdt(j) m Spdt, den sich daraus entwickelnden Sohn meint. Doch stellt nach dem syntaktischen und grammatischen Zusammenhang spdt(j) eine Qualifikation von mtwt.k dar und mithin bilden beide Halbverse zusammen nur eine einzige Aussage über mtwt im Sinne von Sperma. Etwas anderes ist es, dass im folgenden Vers PT 632d von Horus schon in einem zukünftigen Sinn gesprochen wird.

Abgesehen von diesem Einwand und auch abgesehen von der Interpretation der Präposition m in PT 632c, folge ich bei der grammatischen Analyse dieser Verse Anthes und nicht Sethe. Anthes und Sethe fassten beide die Präposition m in PT 632c als das „m der Äquivalenz" auf. Demnach würde der erste Halbvers von PT 632 aussagen, dass das Osiris-Sperma in „sie" geht, während der zweite Halbvers (ohne auf „sie" nochmals zu sprechen zu kommen) das Sperma in sachlich unverständlicher Weise beschreiben würde als „scharf als der (weibliche) Stern Sothis".[141]

139 Vgl. Exkurs.

140 Vgl. H. Grapow, Kranker, Krankheiten und Arzt (1956) 9-11.

141 Vgl. J. G. Griffith, Plutarch's De Iside (1970) 353 Anm. 6: >she is equipped as Sothis<.

Gegen Sethe und Anthes verstehe ich m als „räumlich-lokales m“ mit der Bedeutung „in/in etwas hinein“, hier bezogen auf den Körper der Isis. Alle anderen möglichen Bedeutungen der Präposition m scheinen in PT 632c keinen Sinn zu geben.[142] In diesem Sinne übersetze ich PT 632c: „dein Sperma geht heraus in sie, indem es scharf ist (spdtj) in der Scharfen (Spdt)“. Danach ist zwar die Aussage des ersten Halbverses die gleiche wie nach Sethe und Anthes, insofern das Osiris-Sperma in „sie“ geht, doch bietet der zweite Halbvers eine sinnvolle Aussage darüber, wie sich das Sperma in der als Sothis spezifizierten Empfängerin verhält. Aus der Parallelität von jm.s und m Spdt schliesse ich, dass s durch Spdt erläutert wird. Wegen des Textzusammenhangs von PT 632a-d und der Situation des Kopulationsaktes, ist unter „sie“ und damit auch unter „Sothis“ Isis zu verstehen, die einleitend in PT 631a ausdrücklich als Partnerin des Osiris genannt ist.

Bei der Annahme einer Wesensgleichheit zwischen der Horusform Ḥrw Spd und Spdt-Sothis ging Anthes von PT 632d aus, welche Stelle er unter Berücksichtigung der Variante so übersetzte:[143] >der spitze Horus, der aus dir gekommen ist (in seinem Namen) als Horus, der in der Sothis ist<. Sethe hatte Ḥrw jmj Spdt von PT 632a als „Horus, der in der Sothis war“ übersetzt. Anthes bestand aber zugunsten seiner Hypothese von der männlich-weiblichen Gottheit Sothis-Horus auf den beiden grammatisch gleichwertigen Übersetzungen „Horus, der in der Sothis ist“ oder „Horus, in dem die Sothis ist“ als ausschliesslichen Möglichkeiten.

Ich war versucht Sethe recht zu geben und mich dabei auf PT 260b zu berufen, wo Osiris als jm(j) Ndjt angerufen wird. Da Ndjt bekanntlich der Ort ist, an dem Osiris den Tod fand, könnte man jm(j) Ndjt unter Berufung auf Garnot als Anspielung auf die Vergangenheit auffassen und als >der in Nedit war< übersetzen.[144] Aber eher ist die mythologische Anspielung zeitlos gemeint. In diesem Sinne äusserte sich mir gegenüber Dieter Kurth, der im Anschluss an eine Erwähnung des Ḥrw jmj Spdt in den Edfu-Texten, auch die Stelle PT 632a-d neu übersetzte. Dabei gab er Ḥrw jmj Spdt wieder als >Horus-, der-in-Sothis ist< und deutete diese Horusform als >real in der Nähe der Sothis befindlicher Stern<.[145] Diese Auffassung ver-

142 Vgl. allgemein Edel, AG § 758.
143 R. Anthes, ZÄS 102 (1975) 5.
144 Vgl. J. S. F. Garnot, JNES 8 (1949) 100.
145 D. Kurth, Treffpunkt der Götter (1994) 378.

trägt sich mit einer wörtlichen Deutung von >Ḥrw jmj Spdt<, wenn man Spdt-Sothis als Sternbild versteht, nicht aber als Einzelstern.

Schliesslich habe ich in den Zetteln des Berliner Wörterbuches der Ägyptischen Sprache einen Beleg aus dem Grab des Chaemhet (TT 57) gefunden, der zumindest die Gleichsetzung von Spdt und Ḥrw jmj Spdt im Sinne von Anthes ausschliessen dürfte. Es heisst dort in einer von Sethe kollationierten Inschrift:[146]

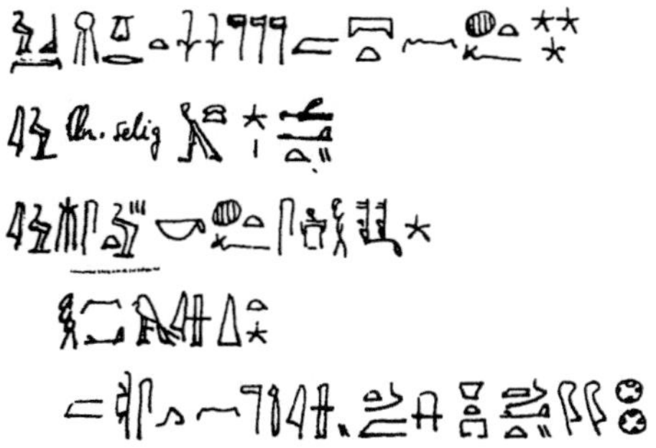

Übersetzung: „Diese Götter aber erscheinen am Himmel gleichzeitig mit den Sternen. Chaemhet erscheint als „Einzelner Stern". Deine Geburt ist entsprechend der des Sꜣḥ-Orion zusammen mit Ḥrw jmj Spdt, im Gefolge des grossen Gottes ...".

Nach diesem Text sollen Sꜣḥ-Orion und Ḥrw jmj Spdt zusammen aufgehen, während von Spdt-Sothis dabei ausserhalb des Namens Ḥrw jmj Spdt keine Rede ist.[147] Da Sꜣḥ-Orion ein Sternbild ist, könnte dies auch für Ḥrw jmj Spdt gelten, was die Übersetzung des fraglichen Ausdrucks als „Horus(-Sternbild), in dem Sothis(-Einzelstern) ist" nach sich zieht. Für das von Anthes aufgeworfene Problem scheint es mithin zwei Lösungswege zu geben, die ich hier lediglich skizziere, aber nicht zum Ende verfolge. Man kann die beiden grammatischen Möglichkeiten für die Übersetzung von Ḥrw jmj Spdt so deuten, dass entweder Horus bzw. nach PT 632 d genauer Horus-Seped als Einzelstern in einem Sternbild Spdt-Sothis enthalten ist oder Spdt-Sothis als Einzelstern in einem Sternbild Horus bzw. Horus-Seped. Die Auffassung auch von Spdt-Sothis als Sternbild liegt auf der Linie

146 Vgl. V. Loret, Mém. Miss. I (1889) 130.

147 In TB 101, Nachschrift 9-10 kommt [ḥrw] jmj Spdt in ähnlicher Weise wie in TT 57 vor.

von Kurt Lochers neuer Deutung von Orion-Sꜣḥ und Spdt-Sothis als Sternbilder.[148] Die alternative Deutung von Horus-Seped bzw. Ḥrw jmj Spdt als Sternbild könnte an den Dekan Seped anschliessen.[149]

Im Sinne der obigen Diskussion gliedere und übersetze ich PT 632a-d wie folgt: Kopulation von Osiris und Isis (PT 632a-b), Ejakulation des Osiris und wortspielerische Beschreibung erst seines Spermas (PT 632c), dann des Sohnes Horus-Seped (PT 632d) in bezug auf Isis-Sothis.

632a: (als) zu dir kam deine Schwester Isis, da hat sie gejubelt aus Liebe zu dir,
b: nachdem du sie auf deinen Phallus gesetzt hast
c: kam heraus dein Same in sie, indem er scharf war in der „Scharfen“ (Spdt),
d: so ist Horus der „Scharfe“ (=spd) herausgekommen aus dir als Ḥrw jmj Spdt.

Aus PT (366) und der Variante PT (593) folgt mithin, dass Osiris mit Isis-Sothis den Sohn Horus-Seped bzw. Ḥrw jmj Spd zeugt, der auch bezeichnet wird als ꜣḫ jmj ḏndrw und „Horus, Sohn, Rächer/Schützer seines Vaters (Harendotes)“. Insofern die ägyptologische Gleichsetzung von Harendotes mit Harsiese gilt, könnte der Schluss auch lauten, dass Osiris und Isis-Sothis die Eltern von Harendotes/Harsiese sind.

Eine Einzelheit bei der Kopulation ist, dass Isis dabei auf Osiris sitzt. Sethe hat dies im Sinne der bekannten späteren mythologischen Anspielungen auf die postume Zeugung des Horus gedeutet.[150] Sethes Auffassung scheint aber der von ihm selbst gegebenen Übersetzung von PT 632b zu widersprechen, wonach Osiris aktiv sein soll: >du hast sie auf deinen Phallus gesetzt<. Vielleicht hat Griffiths aufgrund daran anknüpfender Überlegungen PT 632b wie folgt übersetzt:[151] >she places for thee thy phallus on her vulva<. Dies würde aber ein auf das Subjekt Isis bezogenes sḏm.f voraussetzen: **d(j)[.s?] n.k s(j) tpj ḥms.k.

148 Vgl. §74.

149 Wenn ich Neugebauer/Parker, EAT I 25, richtig verstehe, dann kann im Bereich von Spdt-Sothis mit einem Dekan Spd gerechnet werden, der im Laufe des MR durch den Dekan Spdt-Sothis ersetzt wurde.

150 Sethe, ÜKPT III 175.

151 J. G. Griffiths, Plutarch's De Iside (1970) 353 Anm. 6.

Anthes hat aus unserem Text ohne weiteres geschlossen, dass Horus-Seped als Sohn von Osiris und Isis-Sothis ein Stern ist. Zugunsten dieser Meinung kann man zwar anführen, dass die Mutter Spdt-Sothis ein Stern und der Vater Osiris möglicherweise als Sꜣḥ-Orion auch stellarer Natur ist.[152] Dier Schluss lässt sich aus anderen Aussagen über Horus-Seped und die damit identische Horusform Spdtj erhärten. Auch ist daran zu erinnern, dass Osiris als Sꜣḥ–Orion in PT 186a-c mit NN als seinem „spitzen Samen" vergesellschaftet ist, was zumindest eine semantische Verbindung zum „Zeugungstext" PT (366) ergibt. In PT (302) 458a-c heisst der Stern Spd bzw. Spdt(j) auch „Sohn der Sothis" bzw. ꜥnḫ. Der Vater dieses Sohnes von Isis-Sothis bleibt allerdings ungenannt.

Schliesslich ist in PT (573) ein Sohn der Sothis genannt. Dieser Spruch bezieht sich auf einen Himmelsaufstieg des NN, dabei soll der Sohn der Sothis dem NN helfen:

PT 1482a:[153] jwḏ n ꜥnḫ, zꜣ Spdt, mdwj.f[154] ḥrj-tp P. pn,
b: smn.f [n P. pn] nst jr pt;
1482a: Befiehl dem ꜥnḫ, dem Sohn der Spdt-Sothis,
dass er spricht wegen dieses NN
b: und dass er befestigt für diesen P. den Thron im Himmel.

Wie in PT (302) führt der Sohn der Sothis auch hier einen mit „Leben" gebildeten Namen. In den beiden Texten PT (302) und (573) handelt es sich demnach offensichtlich um ein und denselben Sohn der Spdt-Sothis. Die Verbindung zum „Zeugungstext" PT (366) besteht darin, dass Sothis durchweg als Mutter und der Sohn auch nach PT (302) durch spd qualifiziert ist. Aufgrund dieser untereinander zusammenhängenden Texte schliesse ich bis auf weiteres, dass der in PT (366) erzeugte Horus als Sohn von Osiris und Spdt–Sothis ein Stern ist. Da der Spd-Stern bzw. Spdtj-Stern eine Horusform ist,[155] kann man Osiris als Vater vermuten. Horus als sexueller Partner von Isis sowie als Vater der Horussöhne kommt hier nicht in Frage, da Horus nicht sein eigener Vater ist.

152 Dieser Schluss war für Anthes deswegen nicht möglich, weil er die Gleichsetzung von Isis und Sothis ablehnte.

153 Text nach P. M bietet nj ꜥnḫ, N: n ꜥnḫ.

154 Vgl. allgemein Edel, AG § 479dd.

155 Siehe § 40.

VIII. Sꜣḥ-Orion und sbꜣ ꜥꜣ aus astronomischer Sicht.

74. Wissenschaftsgeschichtliche Einleitung. – Die Gleichsetzung von Sꜣḥ mit Orion und die wahrscheinliche Identität des sbꜣ ꜥꜣ erfordern eine längere Erörterung. Der „Stern“ Sꜣḥ-Orion wird im Onomasticon Amenemopes nach >Himmel, Sonne, Mond und „Stern“< an 5. Stelle, noch vor den darauf folgenden Sternbildern des nördlichen Himmels genannt.[1] Nach der Determinierung des Namens Sꜣḥ mit der Sternhieroglyphe N 14 ist es klar, dass es sich bei Sꜣḥ um einen Stern oder um ein Sternbild handelt. Champollion selbst setzte als erster Sꜣḥ mit dem Sternbild Orion gleich.[2] Darin folgten ihm beispielsweise Lepsius[3] und Brugsch,[4] während de Rougé[5] skeptisch blieb.[6] 1902 kritisierte der Arabist P. Casanova den auf Champollion zurückgehenden Standpunkt und schlug stattdessen vor, Sꜣḥ mit dem Einzelstern Canopus (α Carinae) gleichzusetzen.[7] Casanova hatte auf seine Frage nach unwiderleglichen Argumenten für Champollions Auffassung keine zufriedenstellende Antwort gefunden:[8] >A ma grande surprise, voulant trouver la réponse à cette question, j’ai constaté que jamais personne n’a donné la moindre preuve à l’appui de cette affirmation. Champollion dit purement et simplement „[Sꜣḥ] Orion“<.

Casanova gab den Sachverhalt allerdings nicht vollständig wieder, denn Champollion identifizierte Orion und Sꜣḥ auf der Basis einer Liste >d’étoiles, de constellations, des astérismes et de décans<[9] und sagte dazu in einer

1 A. H. Gardiner, Ancient Egyptian Onomastica I (1947) 4*.

2 J. F. Champollion, Grammaire égyptienne (1836) 95.

3 C. R. Lepsius, Chronologie der Ägypter (1849) 77.

4 H. Brugsch, Thesaurus Inscriptionum Aegyptiacarum I (1883) 80-86.

5 E. de Rougé, in: Mémoires de l’Académie des Inscriptions, Savants étrangers (1851) III, 1-196; hier zitiert nach Bibliothèque Égyptologique XXII (1908) 91: >... la constellation si remarquable du zodiaque de Dendérah, dans laquelle Champollion crut reconnaître Orion<.

6 Vgl. P. Casanova, BIFAO 2 (1902) 3.

7 P. Casanova, a.O. 1-39.

8 P. Casanova, a.O. 5.

9 J. F. Champollion, Grammaire égyptien (1836) 95f.

Fussnote: >Tous ces noms sont extraits des tableaux astronomiques des tombeaux des rois à Thèbes, et des zodiaques de Dendéra.< Auf den von Champollion genannten Denkmälern ist Sꜣḥ ein unmittelbarer Nachbar von Spdt-Sothis und kann demnach mit dem am Himmel in nächster Nachbarschaft zu Sothis stehenden Orion identisch sein.

Casanovas Einwände blieben weitgehend unberücksichtigt und die Ägyptologen gingen ohne Bedenken von der Gleichung Sꜣḥ = Orion aus,[10] wie eine Formulierung von Bonnet aus dem Jahre 1952 zeigt:[11] >Es [Sꜣḥ] ist das Hauptsternbild des Himmels und fällt ohne Frage mit dem Orion zusammen<.[12] Aber im gleichen Jahr sprach sich Briggs[13] dafür aus, in Sꜣḥ jedenfalls kein Sternbild wie Orion zu erkennen, sondern im Anschluss an Casanova und mit einem gewissen Vorbehalt den Einzelstern Canopus. Darüber hinaus bezweifelte Briggs schliesslich die Identifizierung des Sꜣḥ mit irgendeinem bestimmten Stern:[14] >Still it is perchance more probable that Sꜣḥ, like N., was not identified with any one star. He appears to function almost exclusively in the East<.

Den Briggsschen Ansatz hat Anthes in kritischer Weise aufgegriffen und die Frage untersucht, ob Sꜣḥ in den PT vielleicht als Einzelstern und nicht als Sternbild zu verstehen sei; die von Briggs vermutete Beziehung des Sꜣḥ zu Canopus hat Anthes dabei ausser acht gelassen.[15] Anthes kam zu dem Schluss, dass unter Sꜣḥ ursprünglich der Stern Rigel (ß Orionis) zu verstehen sei und Sꜣḥ als Name des Rigel aufgrund besonderer, im 3. Jt.v.Chr. gegebener astronomischer Verhältnisse auf das Sternbild Orion übertragen wurde.

Nach der 1960 von Neugebauer und Parker gegebenen Definition der Dekane liegt Orion in der Dekanzone. Damit ist ein Argument gegen die Gleichsetzung von Sꜣḥ mit Canopus gegeben, weil Sꜣḥ zu den Dekangestir-

10 Den Einwänden von Casanova folgte zunächst lediglich F. Hommel an, Ethnologie und Geographie des Alten Orients (Handbuch der Altertumswissenschaften III.1, 1926) 767 Anm. 1, 794-797.

11 Bonnet, RÄRG 566.

12 Allenfalls die Formulierung >ohne Frage< lässt vermuten, dass Bonnet sich seiner Sache vielleicht doch nicht sicher war.

13 R. E. Briggs, in: Mercer, PT IV 40f, 49.

14 R. E. Briggs, a.O., 49.

15 R. Anthes, in: Fs. Schott (1968) 1-6.

nen gehört, Canopus aber nicht. In Abb. 5c habe ich die Position des Canopus für die Epoche um 2400 v. Chr eingetragen. Aus der damaligen südlichen Position des Canopus resultierte eine rund fünf Monate dauernde Unsichtbarkeit von Ende März bis Ende August (greg.)[16]. Dies schliesst die Zugehörigkeit zu den Dekanen mit ihrer belegten 50tägigen oder 70tägigen Unsichtbarkeit aus.

In den letzten Jahren hat Kurt Locher die geltende ägyptologische Definition des Dekangestirns Sꜣḥ-Orion modifiziert.[17] Nach Locher gehören die sogenannten Schultersterne des klassischen Sternbildes Orion nicht zum Sꜣḥ nach altägyptischer Definition, sondern das Sternbild beginnt mit den sogenannten Gürtelsternen als „Krone" des Sꜣḥ und setzt sich noch unterhalb der Fussterne des klassischen Orion fort.[18]

75. Zur Identifizierung des Sꜣḥ nach antiken Quellen. – Methodisch stellt die auf Champollion zurückgehende Gleichsetzung von Sꜣḥ und Orion eine Schlussfolgerung dar, abgeleitet aus der Prämisse der räumlichen Nähe von Sꜣḥ und Spdt-Sothis-Sirius in den damals bekannten astronomischen Darstellungen. Beschränkt man sich auf die Interpretation der Champollion bekannten Darstellungen und lässt die Funktion von Sꜣḥ als Dekangestirn beiseite, so kommen ausser Orion gewiss noch andere Sterne in der Nähe von Sirius als Sꜣḥ in Frage und insofern war die 1902 von Casanova vorgetragene Kritik an Champollion berechtigt.[19] Davon abgesehen berief sich Casanova vor allem auf Plutarch, nach dem die Ägypter den Orion nicht mit Osiris, sondern mit Horus gleichgesetzt hätten.

Plutarch sagt in De Iside et Osiride, c. 21, nach der Übersetzung Hopfners:[20] >Und die Seele der Isis werde von den Griechen Hundsstern, von den Ägyptern Sothis genannt, der Orion sei die Seele des Horus und der Grosse Bär die Seele des Typhon<. In De Iside, c. 22, heisst es:[21] >Auch nennen sie den Osiris Feldherrn und den Kanobos Steuermann, nach dem

16 Abgelesen aus der in § 14 genannten Drehbaren Sternkarte.

17 K. Locher, Sesto Congresso Internazionale di Egittologia. Atti II (1993) 279 ff; mit Literaturangaben.

18 Locher, a.O. Abb. 2.

19 P. Casanova, BIFAO 2 (1902) 1ff.

20 Th. Hopfner, Plutarch über Isis und Osiris. I (1940) 13.

21 Hopfner, a.O. II (1941) 10.

das Sternbild benannt werde, auch sei das Fahrzeug, das die Griechen Argo nennen, das versternte Abbild des Fahrzeuges des Osiris und kreise nicht weit entfernt vom Orion und vom Hunde, von denen sie das eine Sternbild für dem Horos, das andere für der Isis heilig halten<.

In seinem Kommentar zu De Iside versteht Hopfner dies so,[22] dass der versternte Kanobos Steuermann auf dem Schiffe des Osiris sei und dass dieses Schiff selbst der Argo entspräche als dem versternten Schiff der Argonauten.[23] Unter „Hund“ sei Sirius bzw. Isis-Sothis als „Hundsstern“ der Griechen zu verstehen; Orion sei das Sternbild des Horos, des Sohnes von Osiris. Wohlgemerkt spricht aber Plutarch nicht davon, dass Osiris als Stern in diesem himmlischen Schiff fährt,[24] bzw. spricht er nur über den Stern Canopus als Steuermann des Osiris in diesem Schiff. Aus Plutarch lässt sich jedenfalls Casanovas Hypothese nicht ableiten, dass Sꜣḥ-Osiris im Stern Canopus wiederzuerkennen sei.

Die Bezeichnung des Orion als Sternbild des Horos ist in der griechisch-römischen Literatur singulär.[25] Wegen ihrer Wiederholung bei Plutarch in c. 21 und in c. 22 kann die Authentizität der Angabe kaum bezweifelt werden.[26] Maspero,[27] Boll[28] und Bonnet[29] beispielsweise haben darin einen Irrtum des Plutarch sehen wollen. Griffiths dagegen hält es für möglich, dass Plutarch recht hat und verweist im Anschluss an andere Autoren auf eine Horusfigur, die sich in zwei astronomischen Darstellungen im Tempel von Dendera findet;[30] dabei steht diese Horusfigur jeweils zwischen Sothis

22 Hopfner, a. O. II (1941) 101.

23 Das Sternbild Argo erstreckt sich südlich vom Orion. Man unterteilt dieses ausgedehnte Sternbild heute so, dass der Hauptstern Kanopus (lateinische Form von Kanobos) als Stern α Carinae in der Konstellation Carina (Schiffskiel) liegt.

24 Es kann sich allein um die Vorstellung von der Versternung eines Schiffes handeln, das Osiris einmal benutzt hat, ohne dass Osiris gleichzeitig auch versternt wurde.

25 Die von R. Merkelbach, ZÄS 99 (1973) 119 Anm. 12, zitierte Stelle, wonach Horos auch Horion (=Orion) heisst, ist nach anderen und von Merkelbach zitierten Bearbeitern als Schreibfehler zu streichen.

26 So J. G. Griffiths, Plutarch's De Iside et Osiride (1970) 372.

27 G. Maspero, Études de Mythologie et d'Archéologie Égyptiennes II (1888); zitiert nach Bibliothèque Égyptologique 2 (1893) 17.

28 F. Boll, Sphaera (1903) 165f.

29 Bonnet, RÄRG 567.

30 J. G. Griffiths, Plutarch's De Iside et Osiride (1970) 372f.

und S3ḥ.[31] Offensichtlich kann aber aus dieser Anordnung nicht auf Identität des dargestellten Horus mit S3ḥ, der als separate Figur daneben steht, geschlossen werden, eher könnte ein Stern oder Sternbild zwischen Orion und Sothis gemeint sein.[32] Ein brauchbares Argument zugunsten von Plutarchs Nachricht liegt nicht vor.

In entschiedener Weise hat sich auch Hani zugunsten der Authentizität von Plutarchs Nachricht ausgesprochen:[33] >... on peut se demander, étant donné que visiblement le rapprochement est dû à l'assonance des deux noms „῟Ωρος-᾽Ωρίων", si l'erreur est imputable à Plutarque ou si, à l'époque romaine, il n'y a pas eu une tradition à ce sujet<. Im Anschluss an Merkelbach bringt Hani drei Argumente vor, die zugunsten einer römerzeitlichen Vorstellung vom Orion als Sternbild des Horos zu sprechen scheinen.

1) Merkelbach hat die anonymen Gestalten der „Tazza Farnese" in die Sterne projiziert und identifizierte auf diese Weise die von anderen Autoren als Triptolemos-Horos gedeutete Gestalt mit Orion.[34] Die kontroverse hypothetische Deutung einer anonymen Figur eignet sich jedoch nicht als Argument in einer anderen Kontroverse.

2) In der Figur des Osiris-Orion, im Zodiakus A von Athribis, erkennt Merkelbach fälschlich Horos-Orion.[35] Merkelbach versteht anscheinend die Armhaltung des S3ḥ als die des speerenden Horusgottes unter den Sternbildern des Nordhimmels.[36] Aber in Athribis ist die erhobene Hand des S3ḥ offen.[37] Weder hält die Figur einen Speer, noch könnte sie ihrer offenen Hand wegen einen Speer halten. Es ist offensichtlich so, dass hier die traditionelle Arm- und Handhaltung von Spdt-Sothis, wie sie in den astronomischen Darstellungen seit Senenmut belegt ist, auf die benachbarte Figur des S3ḥ übertragen wurde.

31 Vgl. Neugebauer/ Parker, EAT III (1969), 73f (Dendera B), 80f (Dendera E).

32 Vielleicht kommt Horus-Seped in Frage, vgl. §73.

33 J. Hani, La Réligion Égyptienne dans la pensée de Plutarque (1976) 201.

34 R. Merkelbach, ZÄS 99 (1973) 116-127; vgl. ders., Isisfeste in griechisch–römischer Zeit (1963) 30 Anm. 101.

35 R. Merkelbach, Isisfeste in griechisch-römischer Zeit (1963) 30 Anm. 101; vgl. J. Hani, La Réligion Égyptienne dans la pensée de Plutarque (1976) 201.

36 Vgl. G. A. Wainwright, in: Studies Griffith (1932) 375-379.

37 Vgl. W. M. F. Petrie, Athribis (1908) 12, Pl. XXXVI, XXXVII; Neugebauer/Parker, EAT III, Pl. 51.

3) Schliesslich verweist Merkelbach darauf,[38] dass auch Orion die Nilflut bewirkt haben soll und vermutet in einem Gedicht des Dioskoros eine entsprechende Anspielung auf Orion. Daran knüpft er die weitergehende Vermutung, Orion könne bei Dioskoros als Stern des Horos gegolten haben.

Merkelbachs Argumente scheinen entweder sachlich falsch oder methodisch irrelevant zu sein. Weiter führt vielleicht der Beleg für „Stern des Hor" als koptische Übersetzung des griechischen Orion in Hiob 38.31 und Jesaja 13.10.[39] Demnach gab es wahrscheinlich eine spätzeitliche Vorstellung nach der Orion als Sternbild des Horos und nicht des Osiris galt. Wenn also Plutarch in diesem Punkt eine geltende Meinung wiedergibt, dann ist seine korrespondierende Nachricht über das Sternbild Argo als Schiff des Osiris möglicherweise auch authentisch. Dies schliesst aber nicht aus, dass seine Nachricht auf ein griechisch-ägyptisches Wortspiel zurückgeht und demensprechend jung ist. In c. 52 seines Werkes berichtet Plutarch auch über die Meinung Osiris sei mit Sirius gleichzusetzen, „wenn auch die Vorsetzung des [maskulinen griechischen] Artikels bei den Ägyptern den Namen [o-seirios: Osiris] unkenntlich gemacht habe".[40]

Casanova berief sich für seine These auch auf eine arabische Sternsage folgenden Inhalts:[41] Der männliche Stern Suhel-Canopus heiratet das weibliche Sternbild Orion; bei der ersten ehelichen Zusammenkunft bricht Suhel das Rückgrat von Orion, worauf Suhel die Mitte des Himmels verlässt, um nicht zur Rechenschaft gezogen zu werden. Suhel hat die Sterne Sirius und Procyon zu Schwestern. Als Suhel nach Süden flieht, folgt ihm Sirius und überquert dabei die Milchstrasse; Procyon bleibt zurück, weint sich aber wegen der Flucht des Bruders die Augen krank. Nach Mitteilung von K. Locher findet sich diese Sage bei al-Sufi in den autochthon-arabischen Nachträgen zu Canis Maior und Minor.[42] Casanova erkannte in die-

38 R. Merkelbach, a.O. (1963) 26.

39 W. E. Crum, A Coptic Dictionary (1939) 368; W. Westendorf, Koptisches Handwörterbuch (1965/1977) 203.

40 Hopfner, a.O. 32, 226.

41 Zusammengefasst nach P. Casanova, BIFAO 2 (1902) 2, und H. v. Bronsart, Kleine Lebensbeschreibung der Sternbilder (1963) 82.

42 Al-Sufi, Ausgabe Schjellerup, Petersburg (1874) 220, 223.

ser Sage >de curieuses analogies avec les mythes égyptiens<,[43] womit er die Osiris-Mythe meinte. Soweit ich sehe, ist die Suhel-Sage von der Osiris-Mythe inhaltlich völlig verschieden. Eine Analogie besteht lediglich hinsichtlich des Motivs der getreuen Schwestern, von denen eine mit Sirius identisch ist. Es bleibt mir unerfindlich, wie aus dieser arabischen Sage abzuleiten wäre, dass die alten Ägypter Canopus mit Osiris gleichgesetzt hätten.

76. Zur Identifizierung des Sꜣḥ unter Berücksichtigung der Präzession. – Auf anscheinend methodisch solideren Erwägungen beruhte die Kritik, die Casanova gegen Brugschs Auffassung vom Orion als Sternbild des südlichen Himmels par excellence richtete:[44] >Que les habitants de la Laponie puissent voir dans Orion la constellation par excellence du ciel méridional, j'y consenterais volontiers; mais il est inadmissable que les habitants de l'Égypte qui voient passer Orion presque à leur zénith adoptent un tel point de vue. Orion est traversé par l'équateur et est presque autant boréal que méridional. Les Égyptiens ayant dans leur ciel méridional de magnifiques étoiles: Sirius, Canope, Fomalhaut, etc., seraient allés choisir la moins méridionale de toutes les constellations de cette partie du ciel! Non. On peut affirmer que: ou bien les Égyptiens n'ont pas considéré Sahou comme la constellation du sud par excellence, ou bien Sahou n'est pas Orion<.[45]

Casanovas Rhetorik wäre für die Gegenwart angebracht. Aber seine Auffassung, Orion sei heute >presque autant boréal que méridional<, gilt nur eingeschränkt. Seine Aussage bezieht sich auf das äquatoriale Koordinatensystem, bei dem für frühere Zeiten die Auswirkungen der Präzession zu berücksichtigen sind.[46] Dies gilt nicht nur für die Positionen von Canopus und Orion, sondern auch für die Helligkeiten von >Canope, Fomalhaut, etc.<.

In Abb. 9 habe ich die Kulminationen von Canopus und dem jeweils südlichsten bzw. nördlichsten Stern des von Casanova gemeinten klassischen Sternbildes Orion für die Breite von Memphis und die Epoche um 2400 v.Chr. (innerer Kreis) bzw. um 1900 n.Chr. (äusserer Kreis) markiert.

43 P. Casanova, a.O. 2.

44 Vgl. H. Brugsch, Thesaurus Inscriptionum Aegyptiacarum I (1883) 84.

45 P. Casanova, BIFAO 2 (1902) 4.

46 Vgl. J. Herrmann, dtv-Atlas zur Astronomie (1973) 62f.

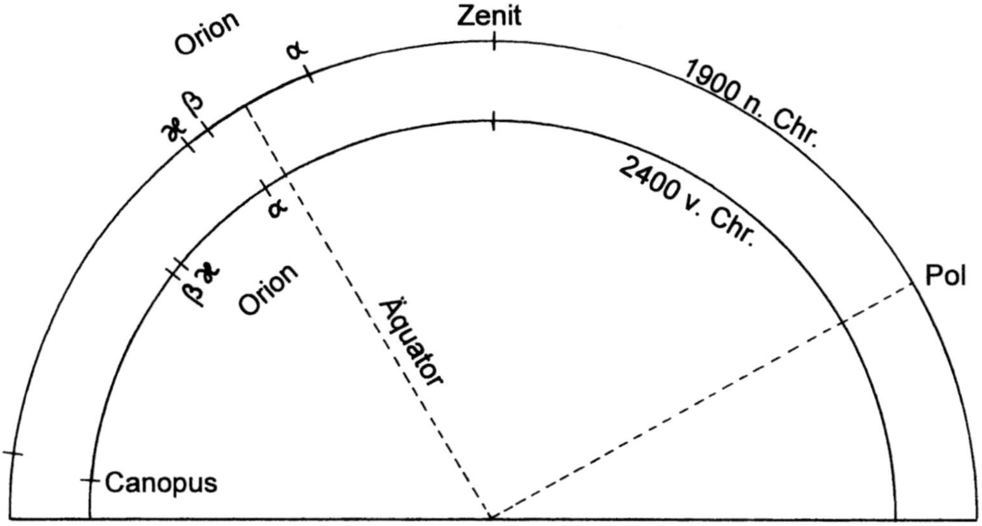

Abb. 9
Kulminationshöhen auf der Breite von Memphis um 1900 n.Chr.
Kulminationshöhen auf der Breite von Memphis um 2400 v.Chr.

Anders als um 1900 n.Chr. stieg Canopus um 2400 v.Chr. nur ca. 5° über den Horizont von Memphis. Der kulminierende Orion lag damals weit ab vom Zenit und südlich des Äquators. Um 2400 v.Chr. stand der kulminierende Orion in der Mitte zwischen Südhorizont und Zenit, was die Auffassung von Brugsch über Orion als kennzeichnendes Sternbild des ägyptischen Südhimmels vollauf rechtfertigen würde. Noch tiefer und damit südlicher stand aber das Sternbild Sꜣḥ im Sinne von Locher.

Um 1900 n.Chr. dagegen (und heute) stieg der Canopus auf der Breite von Memphis über 7° hoch und das klassische Sternbild Orion lag (und liegt) zu beiden Seiten des Himmelsäquators, wenn auch weit entfernt vom Zenit. Die Kulminationshöhen wirken sich auf die scheinbaren Helligkeiten der betroffenen Sterne aus. Die Werte für die scheinbaren Helligkeiten – auf die sich Casanova berufen hat, als er den Canopus als zweithellsten Fixstern neben Sirius bezeichnete – gelten für die Beobachtung eines Sterns in Zenitalstellung und auf Meereshöhe.[47] In der Zenitalstellung ist die Abschwächung (Extinktion) des Sternlichts durch die Atmosphäre am gering-

47 Vgl. K. Schoch, Planeten-Tafeln (1927) XXVIIf.

sten, am stärksten ist sie im Horizont. Erst in einer Höhe von ca. 50° über dem Horizont spielt die Extinktion praktisch keine Rolle mehr. Für eine gegebene Beobachtungsbreite hängt demnach die maximale Helligkeit eines Sterns davon ab, wie hoch er auf seiner Bahn steigt, d.h. in welcher Höhe er kulminiert. Die folgende Tabelle enthält die Zenitalhelligkeiten m der 19 hellsten Fixsterne und ihre Kulminationshelligkeiten m', bezogen auf 30° n.Br. um 2400 v.Chr.[48] Als letzten und lichtschwächsten Stern dieser Serie habe ich Fomalhaut gewählt, weil Casanova diesen Stern neben Canopus und Sirius als besonders hellen Fixstern des Südhimmels anführte.

	m	m'
1) Sirius	−1.6	−1.5
2) Wega	+0.1	+0.1
3) Arctur	+0.2	+0.2
4) Capella	+0.2	+0.2
5) Rigel	+0.3	+0.4
6) α Centauri	+0.1	+0.5
7) Procyon	+0.5	+0.6
8) Canopus	−0.9	+0.8
9) Beteigeuze	+0.9	+0.9
10) Atair	+0.9	+1.0
11) ß Centauri	+0.9	+1.2
12) Aldebaran	+1.1	+1.1
13) Spica	+1.2	+1.2
14) Antares	+1.2	+1.2
15) Pollux	+1.2	+1.2
16) Deneb	+1.3	+1.3
17) Regulus	+1.3	+1.3
18) α Crucis	+1.1	+1.3
19) Fomalhaut	+1.3	+2.9

48 Für eine Breite zwischen Memphis und Heliopolis; praktisch auf Meereshöhe. Werte m' berechnet nach K. Schoch, Planeten-Tafeln (1927) XXVIII; Deklinationswerte nach P. V. Neugebauer, Sterntafeln (1911).

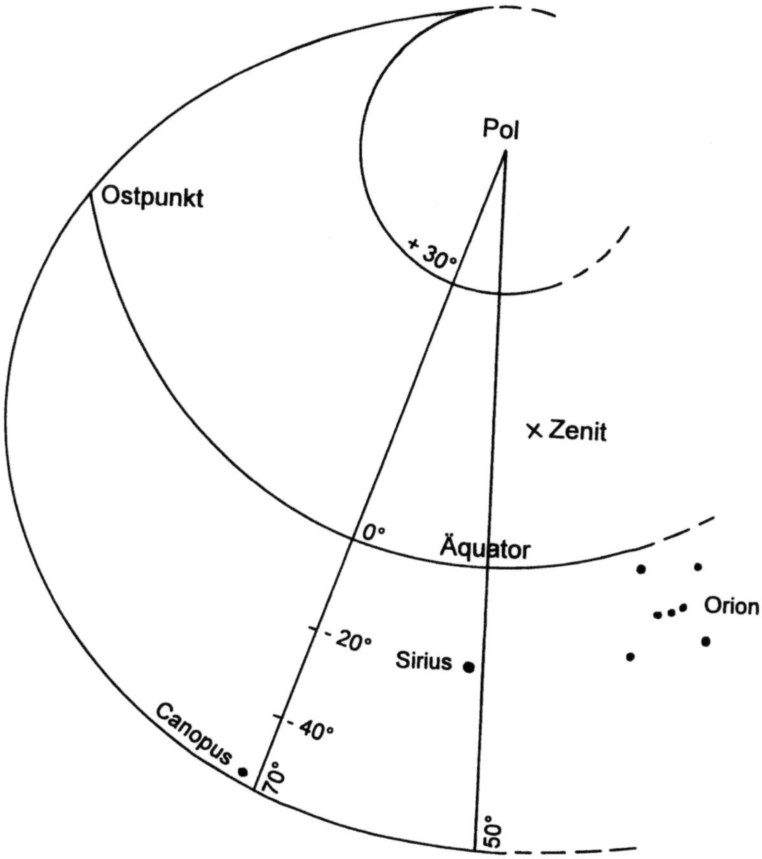

Abb. 10a
Aufgang des Canopus; Beobachtungsbreite 30°, um 2400 v.Chr.

Ausgenommen bei Canopus und Fomalhaut sind die Veränderungen der Lichtstärken nicht einschneidend. Bei Fomalhaut beträgt die Differenz –77%, bei Canopus –79%. Statt an 2. Stelle, wie in der Ordnung der Zenitalhelligkeiten m, stand Canopus in der Ordnung der örtlichen Kulminationshelligkeiten m' erst an 8. Stelle. Infolge der seit der Pyramidenzeit veränderten Kulminationen hat die scheinbare Helligkeit des Canopus für 30° n.Br. ständig zugenommen, erreicht aber auch heute mit m' = +0.3 nur 67% seiner Zenitalhelligkeit m = -0.9. Der maximale Wert wird auch heute nur für Beobachter südlich des Erdäquators erreicht. Zu beachten ist, dass Canopus in Oberägypten höher steigt als in Unterägypten. Um 2400 v.Chr.

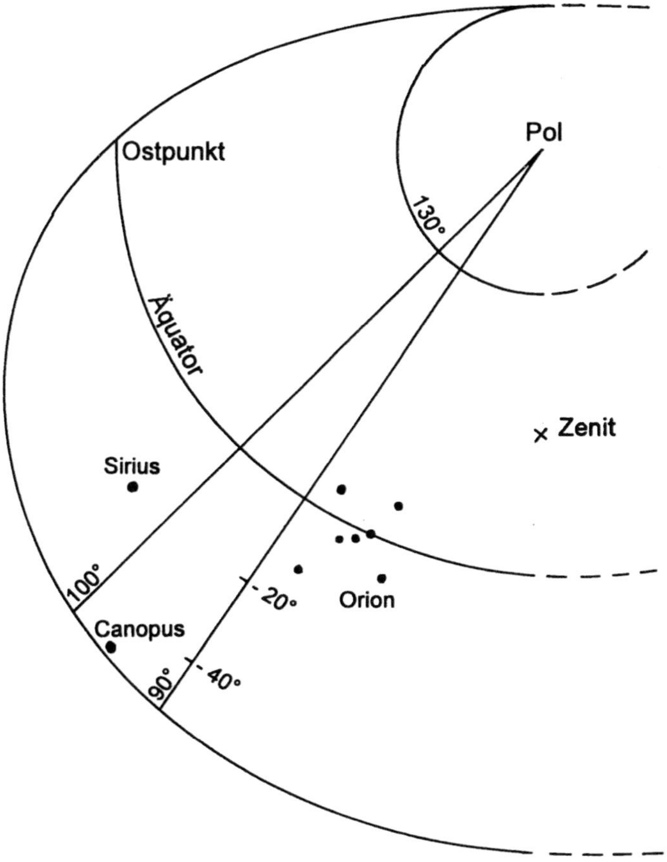

Abb. 10b
Aufgang des Canopus, Beobachtungsbreite 30°, um 1900 n.Chr.

erreichte dieser Stern auf der Breite von Aswan die Helligkeit m' = -0.1 und erschien damit auf dieser Breite als hellster Fixstern neben Sirius. Mithin war Canopus neben Rigel der hellste Fixstern in der Nähe von Sirius und zwar für altägyptische Beobachter zwischen 1. Katarakt und Mittelmeer.

In der Pyramidenzeit sollte die Kulminationshelligkeit des Canopus ihn nicht als stellaren Partner von Sirius empfohlen haben. Näher bei Sirius als Canopus stehen bzw. standen Rigel und Procyon, beide damals auf der Breite von Memphis heller als Canopus; auch die damals im Vergleich zu Canopus nur wenig lichtschwächere Beteigeuze ist ein Nachbar des Sirius. Rigel und Beteigeuze sind die hellsten Sterne des klassischen

Sternbildes Orion. Wenn im Sinne Casanovas für den in den PT genannten Begleiter des Sirius die Helligkeit ausschlaggebend gewesen sein sollte, dann stellte in altägyptischer Zeit offensichtlich das Sternbild Orion oder zumindest Rigel als einer der Hauptsterne dieses Sternbildes den geeignetsten Partner für Sirius dar. Rigel ist auch nach Locher ein Hauptstern des SꜢḥ.[49]

Auch das für die Vorstellung stellarer Partnerschaft wichtige Auf- und Untergangsverhaltens von Canopus und Sirius ist heute anders als in der Epoche der PT. Heute steht Sirius auf 30° n.Br. seit 1 1/2 h am Himmel, wenn Canopus fast 11° westlich und rund 27° südlich vom Sirius aufgeht (Abb. 10b); der Untergang erfolgte bei Canopus rund 3 h vor Sirius. Zwar bewegt sich Sirius höher als Canopus, doch ist der Winkelabstand nicht allzu gross, so dass man heute den Canopus im Sinne von Casanova als einen Begleiter des Sirius ansehen könnte.

Um 2400 v.Chr. galten jedoch die in Abb. 10a dargestellten Bedingungen. In Abb. 10 a.b sind die Hauptsterne des klassischen Sternbildes Orion eingetragen; die folgenden Überlegungen gelten auch für SꜢḥ-Orion im Sinne von Locher. Damals ging Canopus fast 5 h später auf und mehr als 1 1/2 h früher unter als Sirius. Da Canopus damals 20° östlich und 35° südlich vom Sirius stand, sollten weder Lagebeziehung noch Helligkeit dazu eingeladen haben den Canopus als Begleiter des Sirius anzusehen.

Von Wichtigkeit ist schliesslich noch, dass sich Canopus in altägyptischer Zeit hinter (östlich von) Sothis-Sirius bewegte. In spätzeitlichen Texten heisst es von Sothis mit ausdrücklichen Worten, dass sie am Himmel hinter SꜢḥ wandert.[50] Diese Angabe passt für die gesamte altägyptische Zeit sehr gut zur Gleichsetzung des SꜢḥ mit Orion, aber nicht des SꜢḥ mit Canopus: Erst ab dem 11. Jh. n. Chr. wirkte sich die Präzession so aus, dass die Rektaszension von Sirius grösser wurde als die von Canopus und dieser dementsprechend in eine westliche Position vor Sirius geriet; dazu vgl. man P.V. Neugebauer, Sterntafeln (1911), Stern 142 (Canopus) und Stern 148 (Sirius). Die Position von Sothis-Sirius hinter SꜢḥ ist auch für die ältere Zeit erschliessbar, wenn man die Dekane in einem Gürtel anlegt und damit den MR-Sargmatrizen erst einen eigentlichen Sinn gibt.[51]

49 Vgl. Locher, a.O. Abb. 2.

50 Vgl. Bonnet, RÄRG 743 und R.O. Faulkner, in: Mélanges Maspero I (1935-1938) 340.

51 Hinweis von K. Locher.

Während Casanova die Präzession oder ihre Auswirkungen wahrscheinlich nicht kannte, hat Briggs es vergessen bei seinen Überlegungen über die mögliche Rolle des Canopus in den PT, die ihm als Astronomen wohlbekannten Auswirkungen der Präzession auf die Positionen und scheinbaren Helligkeiten der Fixsterne zu berücksichtigen. Eben auf die scheinbare Helligkeit hat sich Briggs bei seinem Urteil über die wichtigsten Fixsterne in den PT berufen:[52] >The chief stars are Sothis, our Sirius, and Sꜣḥ (possibly Canopus). These are the two brightest stars<. Dieses Urteil kommt einigermassen überraschend, da Mercer zunächst über Casanovas Hypothese gesagt hatte:[53] >His criticism of the Sꜣḥ-Orion equation appears better than his evidence that Sꜣḥ is Canopus<. Auch bei seiner These von Sꜣḥ als Einzelstern griff Briggs auf die scheinbare Helligkeit zurück und leitete daraus und aus der Tatsache, dass Sꜣḥ häufig zusammen mit dem verstirnten NN und Spdt-Sothis eine Triade bildet, folgenden schiefen Schluss ab: >Surely a triad of three stars is more probable than two stars and one constellation. ... Star and star companionship is well balanced; star with constellation is not. Surely no star is more naturally paired with Sothis than Canopus – the second brightest star<.

77. Die Anthessche These über Rigel (ß Orionis) als ursprüngliche Form des Sꜣḥ. – In verallgemeinerter Form hat Anthes das zuletzt zitierte Briggssche Argument aufgegriffen:[54] >Die genannten Paarungen des Sꜣḥ mit dem Sirius und dem wohl als Morgenstern gedachten NN ebenso wie die dabei gedachten Situationen lassen den unbefangenen Hörer an zwei Sterne gleich und gleich denken, und nicht an einen Stern gekoppelt mit dem unproportioniert grossen Sternbild des Orion<.

Es mag sein, dass ein >unbefangener Hörer< in der von Anthes beschriebenen Weise urteilt, doch bleibt dabei die Anschauung des Sternenhimmels ausgeklammert. Es ist zwar richtig, dass das klassische Sternbild des Orion gross und der Sirius ein davon entfernt stehender Einzelstern ist. Aber diese Kombination von Sternbild und Einzelstern wirkt nach meiner eigenen Anschauung hinsichtlich der räumlichen Verteilung und der Lichtstärken

52 Briggs, in: Mercer PT IV 49.

53 Mercer, PT IV 41.

54 R. Anthes, in: Fs. Schott (1968) 2.

der beteiligten Sterne ausgewogen. Richtig ist immerhin, dass Orion und Sirius weltweit nicht häufig kombiniert werden;[55] ein seltenes Beispiel bietet der griechische Kulturbereich mit der Kombination von Orion als Jäger und Sirius als sein Hund.[56]

Bei Briggs ist mir unverständlich, wie er seine zitierte Meinung vertreten konnte, da er als Astronom eine anschauliche Vorstellung vom Sternenhimmel gehabt haben sollte. Für den Ägyptologen Anthes ergab sich aus der Übernahme des Briggsschen Argumentes die Möglichkeit, seine These von der Repräsentation des königlichen Vorgängers durch Sꜣḥ-Osiris auf eine scheinbar tragfähige astronomische Basis zu stellen:[57] >Nachdem durch Briggs dieses Problem mir deutlich geworden war, dass wir nämlich den Sꜣḥ der Pyramidentexte gern als Stern verstehen möchten, aber als Sternbild verstehen müssen, kam mir eine Idee, die wie manche Ideen ganz hübsch war, aber nicht weiterzuführen schien. Das ägyptische Nomen Sꜣḥ bezeichnet bekanntlich nicht nur den Orion, sondern auch die menschliche Zehe, und im Sternbild des Orion gibt es anscheinend nur einen Stern, dessen heutige Bezeichnung auf die Gestalt des Orion sich bezieht, das ist der Stern ß im Orion, der „Rigel", arabisch rigl = Fuss, den vorgesetzten Fuss des Orion-Mannes kennzeichnet. Da kann man sich fragen, ob ein Zusammenhang besteht zwischen dem arabischen rigl „Fuss" und dem altägyptischen Sꜣḥ „Zehe" am Sternhimmel, ob sie den gleichen Stern ursprünglich bezeichnen und der Sꜣḥ-Name von diesem Stern auf den Orion übertragen wurde.<

Anthes hat sich nicht darüber ausgesprochen, wie er sich den geschichtlichen Zusammenhang zwischen dem altägyptischen Sternbild Sꜣḥ (männlich) und dem altarabischen Sternbild al-gawza (weiblich),[58] das den Einzelstern Rigel/Fuss enthält, vorstellte. Soweit ich sehe, wäre ein geschichtlicher Zusammenhang für den Anthesschen Ansatz nur dann von Wert, wenn ein solcher Zusammenhang in das 3. v. chr. Jt. zurückreichen würde, doch kenne ich für altägyptisch-altarabische Kulturzusammenhänge ver-

55 Vgl. H. v. Bronsart, Kleine Lebensbeschreibung der Sternbider (1963) 115–145.

56 N. N. Wehrli, RE XVIII,1 (1939) 1076.

57 R. Anthes, in: Fs. Schott (1968) 3.

58 Zu diesem Orion korrespondierenden altarabischen Sternbild, s. P. Kunitzsch, Untersuchungen zur Sternnomenklatur der Araber (1961) 21f, 23f, 98f (Nr. 251 a. b). – Ich danke P. Kunitzsch für weitere briefliche Mitteilungen vom 7. 1. 1995.

gleichbarer Art keine Belege. Insofern wäre es müssig zu fragen, ob das altägyptische Sꜣḥ ursprünglich den gleichen Stern wie das altarabische Rigel bezeichnete. Die Frage erledigt sich aber auch dann, wenn im Sinne von Locher nicht der Fusstern (ß Orionis), sondern die drei Gürtelsterne des klassischen Orion dem altägyptischen Sꜣḥ/Zehe entsprechen.

Anthes suchte nach einer astronomischen Erklärung, die eine Hervorhebung des Rigel verständlich machen würde: >Es erschien unerfindlich, warum der Rigel den alten Ägyptern hätte auffallen sollen, und gar so, dass das ganze Sternbild des Orion nach ihm benannt sein würde. Als letzte Möglichkeit, etwas besonderes über den Rigel zu finden, blieb nach meinem Urteil die Frage, wie er sich in der Zeit des Frühaufgangs des Sirius, also beim ägyptischen Jahreswechsel verhielt, da wir Grund haben zu der Vermutung, dass die Konstellation des Jahresanfangs Richtung gebend war für die Sternenvorstellung der Pyramidentexte.[59] Mit dieser Frage wandte ich mich jetzt an das Zeiss–Planetarium der Wilhelm-Foerster-Sternwarte zu Berlin, und ihr wissenschaftlicher Leiter, Herr Studienrat A. Kunert, hatte die Freundlichkeit, den Sternenhimmel über uns zu legen, der sich einem Beobachter auf 30° nördlicher Breite im Jahre 3000 v.Chr. zeigte; auch wiederholte er die Vorführung einige Wochen später zur Bestätigung und Erweiterung unserer Beobachtungen. ...

Nun zeigte das Ergebnis beispielhaft die Unersetzlichkeit und den Wert des Planetariums auch für die Forschung. Denn sobald der richtige Sternenhimmel über uns stand, trat meine vorgefasste Frage gänzlich in den Hintergrund. Vielmehr erkannte Herr Kunert mit seinem Assistenten sofort, und ich konnte es mir demonstrieren lassen, dass Sirius und Rigel vor 5000 Jahren in einer sehr eigentümlichen Verbindung zueinander standen. Ich möchte auch hier betonen, dass wohl niemand an diese Verbindung gedacht und eine Berechnung dafür angestellt haben würde – allein das Planetarium konnte uns ungefragt die richtige Antwort geben: der nächtliche Aufgang des Rigel erfolgte für den in Heliopolis befindlichen Beobachter um 3000 v.Chr. an genau der gleichen Stelle des Horizontes, an der etwa 1 1/2 Stunden später der Sirius aufging, während heutzutage der Rigel ein

59 Anthes hat diese Andeutung nicht näher ausgeführt; vielleicht dachte er an inhaltlich wenig präzise Äusserungen von S. Schott, Bemerkungen zum ägyptischen Pyramidenkult (1950) 204f, die sich in diesem Sinne deuten lassen.

erhebliches Stück weiter nördlich vom Sirius aufgeht, so dass die Frage des Verhältnisses ihrer Aufgänge sich gar nicht stellt. Mit dieser Feststellung ist die spielerische Idee, dass die altägyptische Bezeichnung Sꜣḥ = „Zehe" dem heutigen Rigel = „Fuss" gilt, zu einer durchaus ernstzunehmenden Theorie geworden<.

Wie ich an schon anderer Stelle kurz bemerkt habe, täuschte die Vorführung im Planetarium die geschilderte Aufgangsbeziehung zwischen Rigel und Sirius lediglich vor:[60] Der Mechanismus der Zeiss-Planetarien berücksichtigt die Eigenbewegung der Fixsterne im allgemeinen nicht, was sich in diesem Fall, infolge der besonders grossen Eigenbewegung des Sirius, in einer von den Wissenschaftlern des Planetariums nicht erwarteten Weise auswirkte. Um 3000 v.Chr. ging Sirius auf der Breite von Heliopolis nicht an der gleichen Horizontstelle auf wie Rigel, sondern 3°.7 (ca. 7 Vollmondbreiten) nördlich davon; die im Planetarium rekonstruierte besondere Aufgangsbeziehung zwischen den beiden Sternen existierte in der Frühzeit und im Alten Reich nicht.

Inwieweit sich die beratenden Astronomen dieses Problems bewusst waren, zeigen folgende Angaben von Anthes, die er >im Planetarium notiert< hat:[61] >Vorausgeschickt sei, dass zwar das Verhältnis der Standorte der Sterne zueinander von der Erde aus gesehen ständige Verschiebungen durchmacht, dass aber dieser Wandel der Erscheinung des Sternenhimmels innerhalb der astronomisch sehr kurzen Frist von 5000 Jahren unberücksichtigt bleiben kann und im Planetarium natürlich nicht erscheint<. Hier ist die Tatsache ausgesprochen, dass die Mechanik der Zeissplanetarien die Eigenbewegung der Fixsterne nicht simuliert und es ist ferner die hoffnungsvolle Annahme ausgedrückt, dass die Eigenbewegung im untersuchten Fall unberücksichtigt bleiben darf.

78. Ägyptologische Argumente zugunsten der Gleichsetzung von Sꜣḥ und Orion. – Ungeachtet seiner nicht haltbaren Auffassung über Rigel als Prototyp des Orion verdanken wir Anthes eine wertvolle Zusammenfassung der Argumente, die zumindest für die teilweise Gleichsetzung des Sꜣḥ

60 R. Krauss, Sothis- und Monddaten (1985) 50 Anm. 2; vgl. C. Leitz, Studien zur ägyptischen Astronomie (1989) 41 Anm. 21.

61 R. Anthes, in: Fs. Schott (1968) 5.

mit dem Sternbild des Orion schon in der Pyramidenzeit sprechen:[62] >... es führt eine ganz gerade Linie von der Spätzeit, in der Dekansterne „nach Arm, Ohr, Gürtel und Bein des Sternbildes Orion" benannt sind (Schott bei [W.] Gundel, [Dekan und Sternbilder, 1936], S. 5) und in der Orion z.B. als der einen Feind schlagende König dargestellt wird (WB s.v. S3ḥ „Orion") zurück über das N.R. (ibid.) zu den Sargtexten des M.R., wo S3ḥ als stehender, also schreitender Mann entweder mit einem erhobenen und einem seitwärts abgestreckten Arm erscheint (C.T. IV 381f) oder mit einem hängenden und einem seitwärts abgestreckten Arm (z.B. Schott a.O. Taf. 1 und 2b), in beiden Variationen mit zurückgewandtem Gesicht, und weiter zu den Pyramidentexten mit S3ḥ determiniert als ein Mann mit ausgestreckten Armen (Pyr. 151 a-c in Oudjebten Ze. 225), von dem es heisst „der S3ḥ mit ausgestrecktem Fuss und gespannten Schritt, der voransteht in Oberägypten" (Pyr. 959d-e) und der angerufen wird, „Osiris wende dein Gesicht um, dass du den NN siehst" (Pyr. 186b), gleichwie die Beischrift in der Nachpyramidenzeit, z.B. auf den oben zitierten Tafeln von Schott aus dem M.R. folgerichtig lautet, „S3ḥ wende dein Gesicht um, dass du den Osiris siehst", wo im Bilde die Sothis dem S3ḥ-Orion und die Nut dem msẖtjw-Schenkel, dem Sternbild des Grossen Bären, gegenübergestellt ist. Es ist keine Frage: schon die Pyramidentexte denken bei der Erwähnung des S3ḥ an das Sternbild des Orion.< Die zitierten Anthesschen Argumente gelten auch, wenn im Sinne von Locher das klassische Sternbild Orion um die Schultersterne gekürzt und nach unten erweitert wird.

79. Astronomische Erklärung des sb3 ʿ3 nach Wainwright. – Der >Grosse Stern< und Orion sind durch den Terminus rmnwtj verknüpft. Dieser Ausdruck kommt in den PT in einigen wenigen Sprüchen vor. Nach PT 882c teilt ein rmnwtj das saisonale Schicksal seines stellaren Partners.[63] Nach PT 141a gehört zu jedem Sterngott ein rmnwtj. In PT 531b ist der mit sb3 nṯrj vergesellschaftete rmnwtj nicht weiter qualifiziert.

Sethe leitete die Bedeutung Gefährte/Kollege von rmnwt/ „gleicher Rang" ab und nannte rmnwtt als Femininum.[64] Anthes folgte prinzipiell

62 R. Anthes, in: Fs. Schott (1968) 2f.
63 Siehe §70.
64 Sethe, KPT I 23.

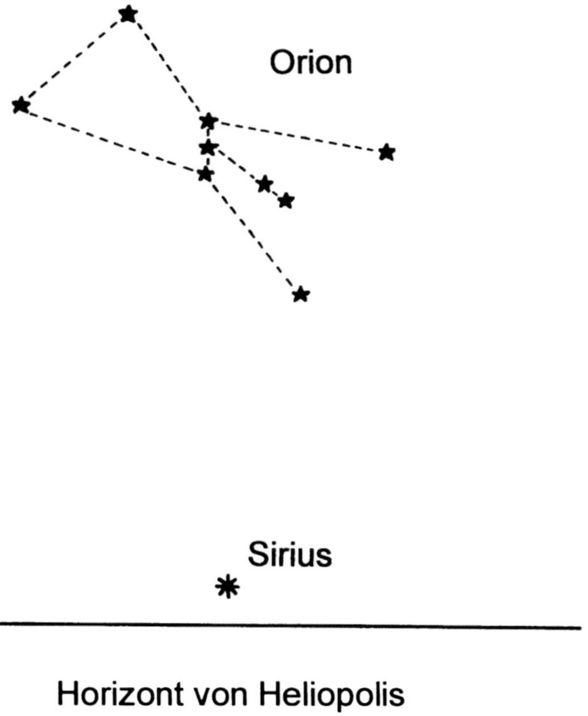

Abb. 11
Aufgangsposition von Sirius und Orion
nach Wainwright, JEA 22, fig. 1

der Setheschen Auffassung,[65] während nach Faulkner rmnwtj und kꜣ zusammengehören sollen.[66] Anders als Sethe fassten Erman und Grapow rmnwtj als >Träger< auf, als >Gottheiten, welche Sterngötter u.ä. tragen oder stützen<.[67]

Im Anschluss an die Auffassung von Erman und Grapow schlug Wainwright vor im >Grossen Stern< den Sirius zu sehen.[68] Dagegen hat Faulkner eingewendet, dass Sirius stets durch feminines Spdt-Sothis vertreten sei und daher nicht mit dem grammatisch maskulinen sbꜣ ꜥꜣ verbunden werden

65 R. Anthes, ZÄS 110 (1983) 1.

66 Faulkner, AEPT 43.

67 WB II 240. – H. Junker, Der sehende und der blinde Gott (1942) 88 Anm. 2, folgte dieser Erklärung und lehnte Sethes Interpretation ab.

68 G. A. Wainwright, JEA 22 (1936) 45 f.

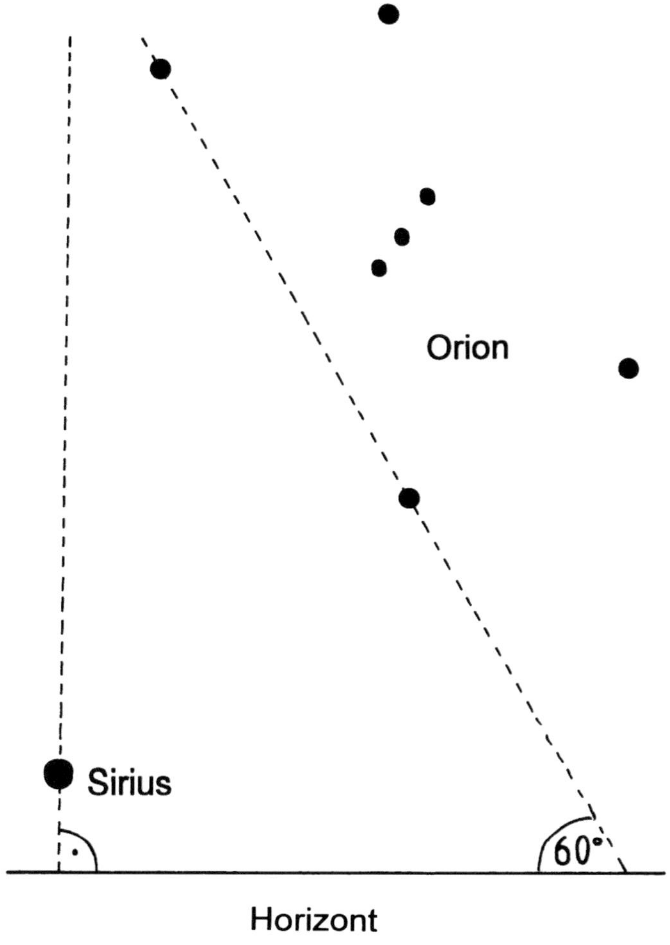

Abb. 12a
Aufgangsposition von Sirius und Orion um 3500 v. Chr.

könne.[69] Zusätzlich kann man auf PT 883d verweisen. Wenn die dort belegte Gleichung Rnpt = Spdt gilt, dann kann sb3 c3 nicht Spdt-Sothis sein, da nach PT 883d Rnpt-Jahr alias Spdt-Sothis den sb3 c3 schmückt.

Wainwrights Vorschlag beruht allerdings auf einer korrekten astronomischen Voraussetzung: >Although the name of the Great Star is not given, his identity and the meaning of the statements made about him are unmis-

69 Faulkner, AEPT 155, Utt. 466 Anm. 1.

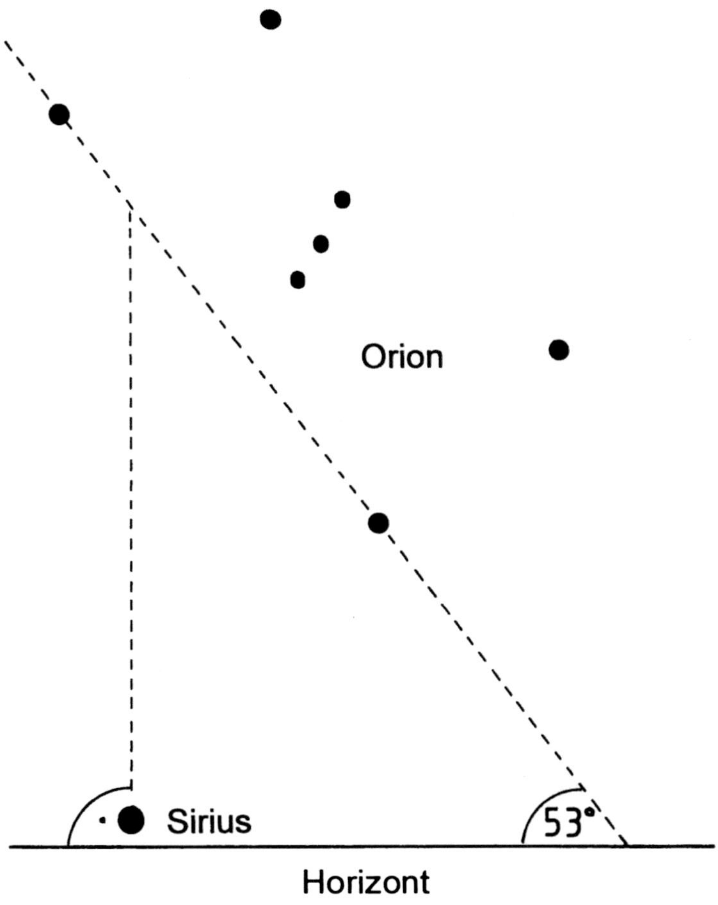

Abb. 12b
Aufgangsposition von Sirius und Orion um 2300 v. Chr.

takable for any one, who has watched the skies in Egypt night after night.... On his rising each night Orion does not stand upright as he does when overhead, but lies flat on his back. In this attitude he is gradually pushed up above the horizon, which in Egypt is quite flat and limitless. Soon after he is clear of the horizon Sirius (Spdt, Sothis) follows him, and appears to be almost exactly under his belt (Fig. 1 [hier Abb. 11]). In this way the two might be compared to the acrobats who used commonly to exhibit a certain feat of strength. This consisted in one man's putting his hand in the small of the back of another and so raising him above his head. The man lying su-

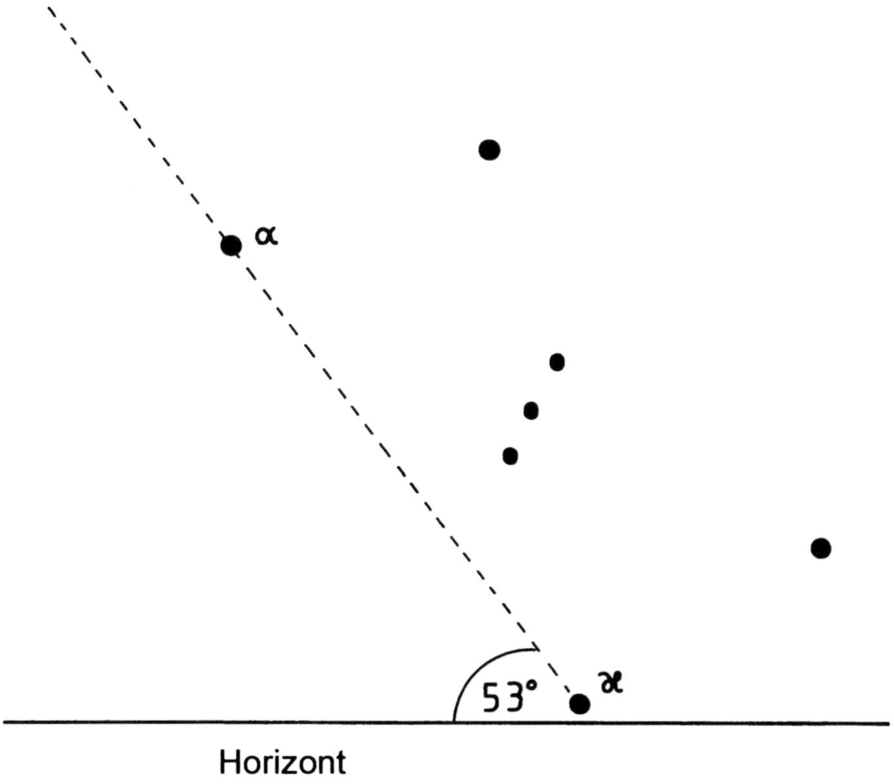

Abb. 13a
Aufgangssituation des Orion um 3500 v. Chr
Breite von Memphis

pine, balanced across the hand at his middle, was in exactly the position of Orion to Sirius at their rising. Once the idea has occurred to the observer that Sirius is pushing up Orion extended across him, the simile is a very striking one.<

Ich habe Wainwrights Angaben rechnerisch kontrolliert,[70] und demnach geht das klassische Sternbild Orion in modernen Zeiten und in ägyptischen Breiten tatsächlich fast „liegend“ auf. Auch gilt im Sinne der Hypothese von Wainwright, dass Sirius bei seinem Aufgang unterhalb der Gürtelsterne steht. Soweit neuzeitliche Verhältnisse betroffen sind, ist Wain-

70 Nach P. V. Neugebauer, Tafeln zur astronomischen Chronologie III (1925) XIIIf, XXVIIf.

wrigths sinnbildliche Interpretation der Aufgänge von Orion und Sirius mithin nicht von der Hand zu weisen. Aber infolge der Präzession gestaltete sich in altägyptischer Zeit das Aufgangsverhältnis von Orion und Sirius anders als heute. Im folgenden illustriere ich diese Verhältnisse für die Zeit von 3500 und 2300 v.Chr.

Nach Abb. 12a stand Sirius, um 3500 v. Chr. und auf der Breite von Memphis, nach dem Aufstieg in eine Höhe von ca. 2°.5, nördlich von Beteigeuze (α Orionis) und damit nicht unterhalb vom Sternbild Orion. Kein Beobachter sollte damals auf die Idee gekommen sein, dass Sirius bei seinem Aufgang den Orion „trägt".

Nach Abb. 12b hatte sich bis um 2300 v.Chr. das Verhältnis von Sirius und Orion tendenziell im Sinne von Wainwright verändert, doch stand Sirius, wenn er nach dem Aufgang für den Beobachter erstmals sichtbar wurde, nicht senkrecht unter den Gürtelsternen, sondern zwischen Beteigeuze und den Gürtelsternen und bewegte sich sehr bald danach nicht mehr unterhalb des Orion, sondern hinter ihm. Folglich sollte in der Epoche der Pyramidentexte kein Beobachter auf Wainwrights Interpretation verfallen sein. Ferner zeigt Abb. 13a-b, dass Orion in den älteren Epochen nicht im Sinne Wainwrigths „liegend" aufging, sondern eher aufrecht.

Ob Orion eher stehend oder liegend aufging, verdeutlicht in den Abb. 13a-b der jeweilige Winkel, den die Linie von α Orionis über ϰ Orionis mit dem Horizont bildet. Dieser Winkel ist in den älteren Epochen grösser als heute und dementsprechend erfolgte der Aufgang des Orion früher eher „stehend" als „liegend". Über diese durch die Präzession bewirkten Unterschiede wusste Wainwright nur ungenügend Bescheid. Er informierte seine Leser über Berechnungen der von ihm nicht weiter identifizierten >Mrs. Williamson of the Department of Applied Mathematics, UC London<,[71] wonach die Aufgangsazimute der Sterne des Orion und des Sirius um 3500 v.Chr. südlicher lagen als heute. Die Implikation dieser Unterschiede ist Wainwright nicht klar geworden, da er die neuzeitliche Aufgangssituation (vgl. Abb. 11) auf die Epoche von 3500 v.Chr. bezogen hat.[72] Im übrigen könnte die Wainwrightsche Deutung auch in der Neuzeit nur für den Auf-

71 G. A. Wainwright, JEA 22 (1936) 46 Anm. 1.

72 Darin folgte ihm R. Anthes, ZÄS 110 (1983) 11.

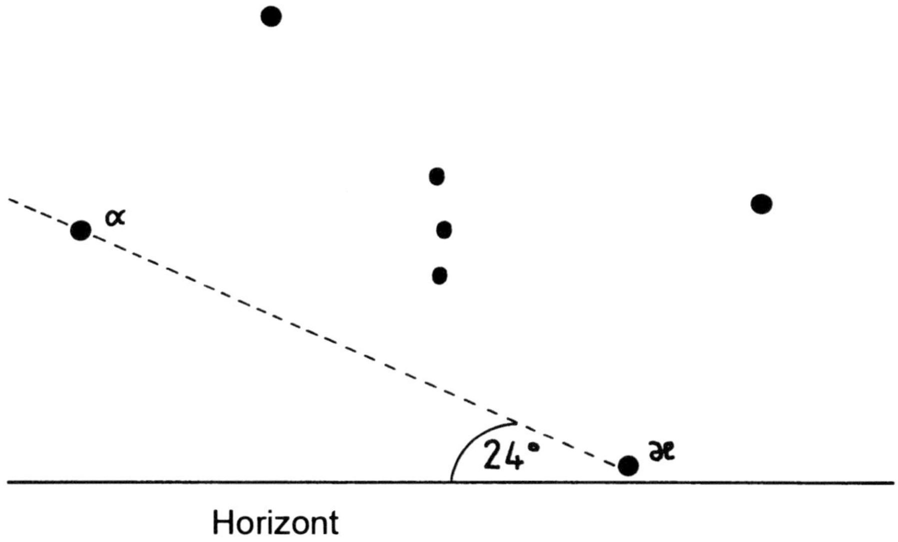

Abb. 13b
Aufgangssituation des Orion um 1900 n. Chr.
Breite von Memphis

gang von Sirius und Orion und einige Zeit danach gelten. Orion durchquert den Meridian lange vor Sirius, wobei sich dieser auf gleicher Höhe wie die Fussterne des Orion bewegt, was zur Deutung des Sirius als „Träger" und des Orion als „Getragener" nicht passt[73]. Beim Untergang schliesslich würde sich das anfängliche Verhältnis von >getragenem< Orion und >tragendem< Sirius umkehren.

Diese Kritik an Wainwright gilt unter der von ihm selbst gemachten Voraussetzung, dass das klassische Sternbild Orion mit dem altägyptischen Sternbild Sꜣḥ identisch ist. Wenn aber die Gürtelsterne des klassischen Orion mit der „Krone" des Sꜣḥ gleichzusetzen sind, dann gilt Wainwrights Trägerbeziehung zwischen Sirius und Sꜣḥ weder für die Vergangenheit, noch inbesondere nicht für die Gegenwart. Letzteres geht aus Abb. 11 hervor, wonach sich Sirius beim Aufgang nicht unter der Körpermitte des altägyptischen (sic) Sternbildes Sꜣḥ, sondern unter dem „Kronensternen" als Kopf des Sꜣḥ befindet.

73 Dies sollte auch Wainwright klar gewesen sein, wie ein Blick auf seine Fig. 2, in JEA 22 (1936) 45, zeigt.

Zu beachten ist schliesslich, dass Wainwrights Erklärung nur auf die Kombination zwischen einem Einzelstern und einem möglichst ausgedehnten Sternbild passt und – wie die Anschauung zeigt – auf Paare von Einzelsternen nicht übertragbar ist.[74] Dies steht im Gegensatz PT 141a, wonach jeder Sterngott (also nicht nur das Sternbild Sꜣḥ-Orion) einen rmnwtj hat. Mithin ist Wainwrights Erklärung des sbꜣ ꜥꜣ in keiner Hinsicht haltbar.

80. Versuch einer astronomischen Deutung des sbꜣ ꜥꜣ. – Folgende Qualifikationen des „Grossen Sterns“ als rmnwtj von Sꜣḥ-Orion lassen sich aus PT (466)882a-883d ableiten: a) er ist gross/ bedeutend/ gewaltig; b) er ist rmnwtj des Sꜣḥ-Orion; c) er durchfährt den pt-Himmel mit Orion und die Dat mit Osiris; d) er geht auf „zu seiner Zeit“ auf der östlichen Seite des pt-Himmels und ist dann erneuert und verjüngt; e) er wird zusammen mit Orion von Nut geboren; f) er wird von Rnpt (Spdt) zusammen mit Osiris geschmückt(?).

Wie auch andere Autoren nehme ich an, dass sbꜣ ꜥꜣ ein Einzelstern ist und kein Sternbild wie Sꜣḥ-Orion.[75] Die Qualifizierung durch ꜥꜣ kann bedeuten, dass es sich um einen auffallend hellen Stern handelt. In diesem Sinn hat Faulkner den nicht weit vom Orion stehenden Procyon (α canis minoris) mit dem sbꜣ ꜥꜣ identifiziert.[76] Tatsächlich ist nach den Kriterien c-f) mit einer Nachbarschaft zwischen Sꜣḥ-Orion und sbꜣ ꜥꜣ zu rechnen, aber ausser Procyon kommen noch andere helle Sterne in der Nähe von Sꜣḥ-Orion in Frage, wie Aldebaran und Pollux bzw. die Schultersterne Beteigeuze und Bellatrix des klassischen Orion selbst. Nach d) handelt es sich möglicherweise beim sbꜣ ꜥꜣ um einen Stern mit einem ähnlichen Jahreskreislauf wie Orion, also mit einer Phase der Unsichtbarkeit.[77] Dies würde nur solche

74 In diesem Zusammenhang liesse sich CT I 256a-c zitieren, wonach Orion den NN emporzuheben scheint. Wie auch immer diese Stelle zu deuten ist, so ist jedenfalls nicht von einer rmnwtj-Beziehung die Rede.

75 Die Möglichkeit, dass es sich um ein Sternbild handelt, ist nicht auszuschliessen. Es scheint keinen Terminus für „Sternbild“ zu geben und daher könnte auch ein „sbꜣ ꜥꜣ“ eine Konstellation sein; vgl. den Kommentar zu PT 2061b in § 19.

76 Faulkner, AEPT 155.

77 PT (466) macht keine Angaben zum sbꜣ ꜥꜣ, die auf einen Dekanstern schliessen lassen, doch würde dieser Einwand auch Sꜣḥ-Orion selbst treffen, der nach anderen Quellen eben doch zu den Dekansternen gehört.

Sterne in der Nachbarschaft des Orion betreffen, die nicht zu weit nördlich von der Ekliptik stehen; ein auffallend heller Stern, der aber weit weg von der Ekliptik steht wie Capella (α Aurigae), wäre daher als sbꜣ ꜥꜣ ausgeschlossen. Orion blieb im 3. Jt.v.Chr. ungefähr von Mitte April bis Mitte Juni unsichtbar, Aldebaran von Mitte April bis Mitte Mai, Procyon von Mitte Mai bis Anfang Juli, Pollux von Ende Mai bis Mitte Juni.[78] Aldebaran wurde vor Orion wieder sichtbar, während Procyon später als Orion unsichtbar wurde, aber früher sichtbar; Pollux verschwand nach Orion, wurde aber etwa zur gleichen Zeit wie die Schultersterne des Orion wieder sichtbar. Aber auf die Wiederkehr der Sichtbarkeit ist wenig Wert zu legen, da PT 883b den Aufgang des sbꜣ ꜥꜣ nicht ausdrücklich mit dem Aufgang des Orion verknüpft.[79]

Ein sbꜣ ꜥꜣ ist auch in PT 1038 genannt, aber es ist nicht klar, ob der gleiche Stern wie in PT (466) gemeint ist. Sbꜣ ꜥꜣ könnte in beiden Fällen appellativisch gebraucht sein und an sich verschiedene stellare Individuen bezeichnen. Wenn sich beide Belege auf das gleiche Sternindividuum beziehen, dann ist möglicherweise relevant, dass der in PT 1038 genannte „Grosse Stern“ >in der Mitte des Ostens< (ḥrj-jb jꜣbt) positioniert ist.[80] Auf der Breite von Memphis ging Aldebaran um 2800 v.Chr. ca. 4° südlich vom Ostpunkt auf und um 2300 v.Chr. etwas weniger als 1° südlich.[81] Procyon dagegen ging um 2800 v.Chr. auf der Breite von Memphis mehr als 5° und um 2300 v.Chr. fast 7° nördlich vom Ostpunkt auf; der entsprechende Aufgangspunkt von Pollux lag ca. 25° nördlich vom Ostpunkt. Möglicherweise konnte der Ägypter die Aufgangsazimute sowohl von Procyon als auch von Aldebaran als ḥrj-jb jꜣbt beschreiben.

78 K. Schoch, Planetentafeln (1927) XLIV; vgl. auch R. Böker, RE XXIII (1957) 627.

79 PT 883c dagegen, wo die Rede ist von der gemeinsamen Geburt des Orion und sbꜣ ꜥꜣ, gehört nicht als nähere Erläuterung zu PT 883b, sondern zu PT 883d, dem Schmücken (sšd) des >Grossen Sterns< zusammen mit Osiris.

80 Eine solche Angabe kann sich auf den Aufgang beziehen, möglicherweise aber auch auf eine systematisierte Position, wie sie von den Planeten bekannt ist, vgl. Neugebauer/Parker, EAT III (1969) 177 ff.

81 Unter Berücksichtigung von Extinktion und Refraktion wird Aldebaran um 2400 v.Chr. und auf der Breite von Memphis ziemlich genau über dem Ostpunkt sichtbar geworden sein, die anderen Sterne aber weiter nördlich als oben angegeben.

Wenn das allgemeine rmnwtj-Konzept dem Verhalten des „Grossen Sterns“ entspricht, dann wäre ein rmnwtj ein Stern, der in räumlicher Nähe zu einem anderen Stern dessen jährliches Verhalten nachvollzieht. Endlich ist noch zu fragen, ob der rmnwtj von PT (466) eine Variante jenes Sterns sein kann mit dem Orion und Sothis sonst eine Triade bilden.[82] Wenn sich Sꜣḥ-Orion als Vater zu diesem Stern als seinem Sohn umdreht, dann wäre dieser Stern wahrscheinlich westlich (sic) vom Orion zu suchen, da Orion in den älteren Darstellungen seinen Kopf von Spdt-Sothis wegdreht und folglich wohl nach „Westen“ blickt.[83] Dies würde gegen die von Faulkner vermutete Gleichsetzung mit dem östlich von Orion stehenden Procyon sprechen und zugunsten der Gleichsetzung mit Aldebaran.

82 Beispielsweise in PT (216), siehe § 68.

83 Vgl. Neugebauer/Parker, EAT III (1969) 177f.

IX. Zur Definition und Lokalisierung der Dat in den PT

81. Wissenschaftsgeschichtliche Einleitung. – Fragen zur Etymologie und Orthographie von Dat/Dewat liegen ausserhalb des Rahmens dieser Arbeit.[1] Prinzipiell wird Fecht recht haben, wenn er dꜣt vom Stamm dwꜣ/ „Morgen, früh sein“ ableitet.[2] Die Dat ist das einzige astronomische Konzept in den PT, das von ägyptologischer Seite weitgehend aufgearbeitet ist.

Abgesehen von Breasted,[3] der lediglich eine kurze Analyse lieferte, war Sethe der erste, der versucht hat alle relevanten PT-Stellen auszuwerten um die Dat zu lokalisieren. Er ging aus von PT (216), wo es über Sꜣḥ/Orion und Spdt/Sothis sowie NN als Stern heisst, dass sie von der Dat verschlungen werden, während sich der Sonnengott in der Achet befindet (s. § 68). Sethe deutete das Verschlungenwerden dieser Gestirne auf ihr Verschwinden in der Morgendämmerung:[4] >Die dꜣ.t ... ist eben diese Dämmerung oder ihr räumliches Gebiet, namentlich im Osten des Himmels zwischen Himmel und Erde, auch in die Tiefe unter der Erde hinabreichend (daher später geradezu die Unterwelt), in dessen Seen sich die Sonne wie der aufgehende Stern badet, ehe er durch das östliche Thor des Himmels in diesen eintritt, um ihn zu durchziehen. Das Zeichen ⊗ giebt vielleicht dieses Umschlingen der Sterne wieder?<

Im Anhang seines Kommentars zu PT (216) behandelte er die Lage der Dat in den PT und lokalisierte sie in sieben Fällen >sicher am Himmel< und in mehreren Fällen im >Osten des Himmels<.[5] Mit Vorbehalt identifizierte Sethe die Dat in weiteren sechs Stellen als unterweltlich und schliesslich liess er vier Stellen als >ganz unbestimmt< übrig. Einer der Fälle in denen

1 Zur Orthographie von dꜣt/dwꜣt s. J. P. Allen, Cosmology (1989) 21 f.

2 G. Fecht, Wortakzent und Silbenstruktur (1960) § 233 A. 365; s. auch J. Osing, Die Nominalbildung des Ägyptischen I (1976), 266.

3 J. H. Breasted, Development (1912), 144 Anm. 2. – Breasted schloss aus verschiedenen PT-Stellen auf eine himmmlische neben einer unterirdischen Dat.

4 Sethe, ÜKPT I 47f.

5 Sethe, ÜKPT I 49ff.

Sethe die Dat >sicher am Himmel< lokalisierte ist PT 390a-b, eine Stelle, die auch fast alle anderen Bearbeiter in diesem Sinne nennen.

Schott resümierte Sethes Ergebnis wie folgt:[6] >Sethe hat ... versucht, die Lage der Dꜣ.t zu bestimmen und sie dabei sowohl „sicher am Himmel", wie „im Osten des Himmels", wie als „Unterwelt" gefunden. Dꜣ.tjw, „die zur Dꜣt gehörenden", ist eine Bezeichnung der Sterne, welche den toten König zum Westen geleiten (Pyr. 306) und ihn wie eine Standartengottheit tragen (Pyr. 953). Die Dꜣ.t ist demnach das Reich der Sterne. Vgl. auch Kees, in Götterglaube S. 223ff, wo er von dem „Sternenkreis der Nacht" und in Totenglauben S. 91, wo er von ihrer „nahen Beziehung zur Sternenwelt" spricht<.

Schotts Beschreibung der Dat als „Sternenkreis der Nacht" beruht aber auf einem Missverständnis: An der zitierten Stelle bei Kees folgt auf das Thema der Dat zwar das des „Sternenkreises der Nacht", doch versteht Kees darunter die Dekansterne, die die Nachtstunden bestimmen.[7] Im Anschluss daran hat Kees über die Dat noch folgendes geäussert: >Die Bewohner dieser Dat, „die Götter in der Dat", sind sinngemäss die Gestirne, die am Nachthimmel leuchteten, die aber der Tote auch bei seinem Eintritt in die Unterwelt des Gegenhimmels antreffen konnte<.

Ähnlich wie Kees urteilte 1952 Bonnet, der die eindeutig unterweltliche Lokalisierung der Dat, wie sie ab dem NR belegt ist, auch für die älteren Texte konstatierte:[8] >Schon die Pyramidentexte setzen sie an manchen Stellen voraus (Kees, Totenglauben 93). Zumeist verlegen sie aber doch die Dat an den Himmel (Sethe, Kommentar I 49). In sie wird der Tote aufgenommen, nachdem er auf der Himmelsleiter aufgestiegen ist (Pyr. 390). Auch von den „Bewohnern" der Dat, unter denen der Tote weilt, ist die Rede (Pyr. 953). Nach der Schreibung sind unter ihnen die Sterne verstanden. Das ist beachtlich. Denn Sterne erscheinen auch sonst in enger Verbindung mit der Dat. Ja, das Wort Dat selbst wird mit einem Sterne geschrieben, der in einen Kreis eingeschlossen ist. So wird die Dat im letzten der Nachthimmel sein<.

6 S. Schott, Mythe und Mythenbildung im Alten Ägypten (1945) 125 Anm. 1.

7 H. Kees, Götterglaube^{2} (1956) 224.

8 Bonnet, RÄRG 148.

Für das Lexikon der Ägyptologie hat Hornung als Spezialist für kosmologische Begriffe des NR den Forschungsstand zu Dat/Dewat zusammengefasst.[9] Wie Bonnet unterscheidet er in den PT eine himmlische von einer chthonischen Dat. Wie Bonnet, so verweist auch Hornung auf PT 390a-b, welcher Text eine himmlische Dat erschliessen lässt. Doch >seit dem Beginn des Neuen Reiches scheint der Ägypter unter D[at] nur noch die Unterwelt zu verstehen, besonders deutlich in der Dreiteilung der Welt in pt/tꜣ/dꜣt, wie sie seit der 18. Dyn. greifbar wird<.

Die jüngste Behandlung des Themas stammt von J. P. Allen.[10] Anstelle der Zweiteilung in eine chthonische und himmlische Dat, wie sie die älteren Analysen kennzeichnet, soll nach Allen eine fast exklusive Beschränkung auf die chthonische Dat gelten:[11] >it is possible to conclude that the authors of the Pyramid texts visualized the Duat primarily, if not exclusively, as lying in the region beneath the earth ...<. Allen hat den von Sethe, Bonnet und Hornung im Sinne der Existenz einer himmlischen Dat ausgewerteten Text PT 390a-b nicht berücksichtigt und daher ist seine Schlussfolgerung entsprechend zu korrigieren.

Am Schluss dieser Übersicht möchte ich noch darauf hinweisen, dass die Speleersche Idee von einer stockwerkartigen Aufteilung des oberirdischen Himmels in pt-Himmel und darunter liegende Dat von ägyptologischer Seite nicht aufgegriffen wurde.[12]

82. Die Dat als himmlischer Bereich. – Wie bereits angedeutet ist in Spruch PT (271) eine eindeutige Aussage über die himmlische Lokalisierung der Dat enthalten. Es handelt sich um die Schilderung einer Himmelfahrt bei der NN die mꜣqt-Leiter benutzt, die sein Vater Re für ihn gemacht hat. Nach einer Anrufung an die Leiter greifen Horus und Seth helfend ein:

9 E. Hornung, LÄ I (1975) 994f.

10 J. P. Allen, Cosmology (1989) 21 ff.

11 J. P. Allen, a.O. 23.

12 L. Speleers, Comment faut-il lire les Textes des Pyramides Égyptiennes (1934) 22. – Zu himmlischen Stockwerkvorstellungen im allgemeinen vgl. E. Hornung, LÄ II (1977) 1217.

PT 389b:[13] ꜥḥꜥ[14] ḏd.wj, hꜣjj[15] ḥḏ(w)t[16]
390a: pr[17] W. ḥr mꜣqt tn jrt.n n.f jt.f Rꜥw
390b: nḏr Ḥrw Stš m ꜥj nj W., šd.sn sw r dꜣt.
389b: Steht (ihr) beiden ḏd, kommt herab (ihr) ḥḏwt,
390a: damit W. herauskommt auf dieser mꜣqt-Leiter, die sein Vater Re für ihn gemacht hat,
b: mögen Horus und Seth den Arm des W. ergreifen,[18] mögen sie ihn zur Dat führen.

Dieser Himmelsaufstieg endet damit, dass NN auf dem „grossen Thron" neben dem „Gott" sitzt. Es bleibt zwar unklar bis in welche Höhe die Himmelsleiter reicht, aber es ist jedenfalls so, dass Horus und Seth ihrerseits den NN von der Leiter aus weiter zur Dat führen. Demnach liegt jener Teil der Dat, in den NN kommt, höher als die Leiter selbst. Wenn, wie anzunehmen, dieser Himmelsaufstieg im Osten stattfindet, dann kommt NN dementsprechend in einen östlichen Teil der Dat, die sich nach dem als nächstes behandelten Text PT (466) von Ost nach West erstreckt. Zusammenfassend gilt, dass die Dat in PT (271) ein himmlischer Bereich ist, der im Osten über der mꜣqt-Leiter beginnt und in dem sich Horus und Seth bewegen. Wenn Seth als Himmelsgott im Sinne von Abschnitt XI in den PT dem Planeten Merkur entspricht, dann würde die Dat den Bewegungsbereich von Merkur-Morgenstern einschliessen. Insofern Venus-Morgenstern nach (§ 87) eine Horusform ist, überschneidet sich die Dat ferner mit dem Bewegungsbereich von Venus-Morgenstern, der seinerseits grösser ist als der Bewegungsbereich von Merkur-Morgenstern.

83. Die Dat als Bewegungsbereich von Sꜣḥ-Orion. – Nach dem in § 70 schon behandelten Spruch PT (466) durchfährt der vergöttlichte NN zusammen mit Sꜣḥ-Orion den pt-Himmel, bzw. durchquert NN zusammen

13 Text nach W; P und N weichen nur orthographisch von W ab.
14 Imperativ nach Allen, IVPT § 774.
15 Imperativ nach Allen, IVPT § 779. N schreibt: hꜣ.
16 Vgl. Sethe, ÜKPT II 127 ff, zur Beziehung von ḏd.wj und ḥḏwt zu Holmen und Sprossen der Leiter.
17 N: prjj; P: zerstört.
18 Horus und Seth ergreifen je einen Arm des NN.

mit dem S3ḥ-Orion offenbar gleichgesetzten Osiris die Dat. Wie die Schlussverse PT 883a-d wahrscheinlich machen, ist das Nebeneinander von S3ḥ und Osiris bzw. von pt und Dat als parallelismus membrorum zu verstehen:

883a: P. wird herauskommen auf der östlichen Seite des pt-Himmels,
b: erneuert zu deiner tr-Zeit, verjüngt zu deiner nw-Zeit,
c: nachdem Nut diesen P. zusammen mit S3ḥ-Orion geboren hat,
d: nachdem dich das Jahr geschmückt hat zusammen mit Osiris.

Nach diesen Versen befinden sich NN, S3ḥ-Orion und Osiris offensichtlich in der gleichen Situation, der Erneuerung und Verjüngung auf der östlichen Seite des Himmels. Folglich können auch die S3ḥ-Orion bzw. Osiris geltenden anderen Verse als Aussagen im parallelismus membrorum aufgefasst werden. In diesem Fall wäre das Durchfahren des pt-Himmels seitens des S3ḥ-Osiris nur eine andere Ausdrucksweise für die Durchquerung der Dat seitens des Osiris. Unter dieser Voraussetzung ist die Dat von PT (466) am sichtbaren und nicht am subhorizontalen Himmel zu suchen. So wie auf alle Fälle der pt-Himmel, müsste dann auch die Dat den Bahnstreifen des S3ḥ-Orion am Südhimmel einschliessen.

Nach dem in § 28 schon ausgewerteten Spruch PT (437) befährt der Horus–Morgenstern den ḫ3-Kanal bzw. den ekliptikalen Streifen im Norden der Nut; gleichzeitig oder danach führt ihn die Dat an den Platz, wo Orion ist. In Vers PT 802c ist „Dat" bei P, nicht jedoch bei M und N, zusätzlich zum üblichen „Stern in einem Kreis" (SL N 15) mit der Himmelshieroglyphe SL N 1 determiniert. Mithin ist hier die Dat als „himmlisch" charakterisiert und kann möglicherweise südlich des ḫ3-Kanals bzw. nordwestlich des Orion zu suchen sein. Orion seinerseits ist nach PT (437) am morgendlichen Osthimmel zu suchen, weil sich ihm der Morgenstern nur in dieser Situation nähern kann.

In PT (610) liegt eine gegenüber PT (437) stark umgestaltete und verderbte Variante vor.[19] Der Aufstieg zu Orion scheint hier direkt von „unten" über eine Treppe zu erfolgen:

19 Vgl. Sethe, ÜKPT IV 11.

PT 1717a:[20] sq n.k rd j(n)[21] dꜣt, jr bw ntj Sꜣḥ jm.
1717a: Geschlagen wird für dich eine Treppe seitens der Dat, zu dem Platz wo Sꜣḥ-Orion ist.

Es bleibt in dieser Version offen, wo sich die Dat selbst befindet. Kombiniert man aber die Angaben dieser Variante mit den Angaben von PT (437), dann wäre auch hier auf eine am Himmel lokalisierte Dat zu schliessen.

84. Die himmlische Dat nach Sethes Auffassung von PT (252). – Bei der Interpretation dieses Spruches berücksichtige ich einige Verbesserungen Faulkners gegenüber Sethes bereits sehr weit gediehener philologischer und inhaltlicher Bearbeitung.[22]

PT 272a:[23] fꜣ ḥr ṯn, nṯrw jmjw dꜣt,
b: jj.n W., mꜣ.ṯn sw ḫpr(j) m nṯr ꜥꜣ,
c: jbz W. m sdꜣ, ḏbꜣ W.
273a: mk.ṯn r ḏr.ṯn, wḏ W. mdw n rmṯ(w)
b: wḏꜥ W. mdw n ꜥnḫw m ẖnw jdb Rꜥw,
c: ḏd W. r jdb pw wꜥb, jr.n.f ḥms.f jm ḥnꜥ wp nṯr.wj,
274a: sḫm W. jr tp.f, ꜣms W., twr.f W.
b: ḥms W. ḥnꜥ ḫnnw Rꜥw
c: wḏ W. nfrt, jr.f s, W. pj nṯr ꜥꜣ.
272a: Erhebt euer Gesicht, (ihr) in der Dat befindlichen Götter,
b: nachdem W. gekommen ist, damit ihr ihn seht, geworden zu einem grossen Gott.
c: Führt den W. ein unter Zittern, kleidet den W.,
273a: hütet euch, ihr alle,[24] (denn) W. befiehlt den Menschen,

20 Text nach M.
21 Sethe, ÜKPT IV 28, hat j zu j[n] ergänzt. Faulkner, AEPT 254, Utt. 610 n. 3, hat j zu j(r) ergänzt. Faulkners Ergänzung ist grammatisch nicht zufriedenstellend, weil kein Subjekt zur passiven sḏmw.j-Form von sq vorhanden wäre, andererseits ein solches Subjekt durch jn eingeführt sein sollte.
22 Faulkner, AEPT 62; Sethe, ÜKPT I 282-290.
23 Text nur bei W.
24 Zur Übersetzung vgl. Faulkner, AEPT 62, Utt. 252 n. 1.

b: (denn) W. richtet die Lebenden
im Innern des „Uferlandes des Re“,[25]
c: wie W. zu diesem[26] reinen Land sagt,
nachdem er dort seinen Sitz gemacht hat zusammen mit dem,
der getrennt hat die Beiden Götter.
273a: Die sẖm-Macht des W. ist gegen(?) seinen Kopf (gerichtet?),
W. gebraucht das ꜣms-Zepter, damit (?) er den W. ehrt.
b: W. sitzt zusammen mit denen, die Re rudern,
c: W. befiehlt das nfrt-Gute, und er[27] tut es, (denn) W. ist ein grosser Gott.

Nach Sethe liegt die >dwꜣ.t hier deutlich am Himmel und zwar wahrscheinlich am Morgenhimmel.[28] Sie ist mit dem jdb „Land“ oder „Reich“ des Re identisch, von dem in 273b/c die Rede ist<. Diese Interpretation ist evident, bis auf die Spezifizierung der Dat als Morgenhimmel, die Sethe selbst nicht weiter begründet. Aus der Vergesellschaftung von Thot-Mond mit den bekanntlich stellaren Ruderern des Re kann man zunächst auf eine prinzipiell nächtliche Situation schliessen, da zwar der Mond zu allen Tages- und Nachtzeiten gesehen werden kann, nicht aber die Sterne. Daher mache ich mit Vorbehalt den Vorschlag, hier die Ruderer als Mannschaft der Nachtbarke zu identifizieren. Die Dat liesse sich in diesem Fall als Bereich der „Unermüdlichen Sterne“ erklären und auch als der ekliptikale Bereich in dem sich der Mond bewegt.

Einen weiteren Hinweis auf die Beziehung des Mondes zur Dat bietet CT (824).

CT VII 25h:[29] wbn Jꜥḥ r šrt štꜣjjt, Ḏḥwtj, kꜣ wr,
i: mꜣ/// ḥnmmt, shdd jrjw dꜣt, ꜥj.wj.f ꜣw(j.wj).
25h: Dass Jꜥḥ-Mond aufgeht ist an der Nase der Geheimen,
Thot, der grosse kꜣ-Stier,

25 Von Sethe, ÜKPT I 287, als Bezeichnung der Dat aufgefasst.
26 Nach Sethe, ÜKPT I 287, auf dꜣt in PT 272a bezogen.
27 Sethe: Thot; Faulkner: Re.
28 Sethe, ÜKPT I 284.
29 Text nur bei T 1 Be.

i: der die ḫnmmt sieht,[30] der die zur Dat gehörenden straft,
(indem) seine beiden Arme lang/weit sind.

Nase dürfte hier metaphorisch als „Vorderseite" aufzufassen sein.[31] Dabei kann offen bleiben, ob eher die Vorderseite jenes Himmelsteils gemeint ist in den der Mond aufsteigt oder der unter dem Horizont gelegene Bereich aus dem er kommt.[32] Der Mond „sieht" die ḫnmmt als eine Gruppe der Himmelsbewohner, die Bewohner der Dat dagegen „straft" er. Im Sinne anderer Aussagen über den „Arm" oder den (die) „Flügel" des Mondes, deute ich die „weiten" Arme auf die beiden Hälften der Mondsichel.[33]

Wahrscheinlich liegt folgende Situation vor: Der abnehmende Mond geht im Osten auf, wobei seine Sichelspitzen nach Westen zeigen.[34] Der Text scheint diese Konfiguration als Angriff auf die Sterne westlich vor der offenen Mondsichel zu deuten. Bei den angegriffenen Sternen handelt es sich, entsprechend der Position des Mondes, um solche im ekliptikalen Streifen oder in nächster Nähe dazu. Mithin impliziert der Text bei enger Interpretation, dass die zur Dat gehörenden (Sterne) solche in der Ekliptik sind.

85. Zusammenfassung. – Nach PT (466) bewegt sich Osiris als Sꜣḥ-Orion in der himmlischen Dat, die nach PT (437) mit dem südlich vom ẖꜣ-Kanal gelegenen Gebiet von Sꜣḥ-Orion in Kontakt steht. Nach PT (252) scheint der ekliptikale Streifen, in dem sich Thot-Mond und die Mannschaft der Sonnenbarke bewegen, zur Dat zu gehören. Da sich die Bahn von Sꜣḥ-Orion über den gesamten Himmel hinweg erstreckt, gehört zur Dat jenes sich von Ost nach West über den Südhimmel spannende breite Band, in dem die Bahn des Orion liegt. Nördlich davon ist der ekliptikale Streifen auch zur Dat zu rechnen, so dass die himmlische Dat näherungsweise als

30 Vgl. Faulkner, AECT 15, Sp. 284 n. 8.

31 Vgl. WB IV 523.C.

32 Die Bedeutung „Unterwelt" für štꜣjjt nach WB IV 553.8, ist erst für das NR belegt. Es kann sich in älteren Zeiten durchaus um einen sichtbaren Himmelsteil handeln.

33 Vgl. § 20.

34 Man beachte, dass es sich nicht wie bei den Überquerungen des ẖꜣ-Kanals um einen Vorgang der monatlichen Mondbewegung handelt, sondern um den Aufgang im täglichen Umschwung aller Gestirne.

der durch den Nordrand des ekliptikalen Streifens begrenzte Südhimmel aufgefasst werden kann. Als chthonische Dat wäre der entsprechende subhorizontale Südhimmel aufzufassen, aus dem Sꜣḥ-Orion aufgeht.

Die in §72 besprochene genealogisch-kosmologische Beziehung zwischen Nut-Himmelsgöttin als „Mutter" und Dat als „Tochter", könnte man aus dieser topographischen Abgrenzung der Dat erklären: Als Teil des gesamten Himmels wäre die Dat bzw. der über und unter dem Horizont liegende personifizierte „Südhimmel" dem Gesamthimmel begrifflich untergeordnet, und daraus könnte die Bezeichnung als „Tochter" gegenüber dem Gesamthimmel als „Mutter" folgen.

Wenn diese Schlüsse zutreffen, dann wären die Sterne der Dat astronomisch charakterisiert durch eine jahreszeitliche Unsichtbarkeit. Entsprechend dieser Definition sollten die „Unvergänglichen Sterne" (jḫmjw skjw) nicht zur Dat gerechnet worden sein. Zu dieser Forderung passt, dass es keine Aussagen der PT gibt, wonach die „Unvergänglichen Sterne" aus der Dat aufgehen oder in die Dat untergehen. Anders als das Modell des „ekliptikalen Streifens" für den mr nj ḫꜣ bzw. das Modell der „nordekliptikalen Fixsterne" für die jḫmjw skjw, lässt sich die diskutierte Modellvorstellung für die himmlische Dat bei weitem nicht vollständig verifizieren.

X. nṯr dwꜣw-Morgenstern und Horus Dati als verwandte Horusform

86. Wissenschaftsgeschichtliche Einleitung. – Der in den PT, CT und anderen Quellen genannte nṯr dwꜣw/j bzw. sbꜣ dwꜣw/j gilt in der Ägyptologie traditionellerweise als Morgenstern,[1] genauer als Planet Venus in Morgensternphase. Diese Gleichsetzung hat sich den Interpreten offensichtlich aufgedrängt, da sbꜣ dwꜣw bzw. „morgendlicher Stern“ unserem „Morgenstern“ mehr oder weniger wörtlich entspricht.[2] Eine klassische Formulierung bietet Faulkner:[3] >... there can be little doubt that, as elsewhere, the Morning Star is Phosphoros, Venus seen at dawn<.

Wie Faulkners Formulierung andeutet, besteht eine geringe Unsicherheit bei der Gleichsetzung des nṯr dwꜣw mit Venus-Morgenstern. Methodisch falsch ist jedenfalls der Einwand, den Briggs gegen die Gleichsetzung von sbꜣ dwꜣw bzw. nṯr dwꜣw mit Venus-Morgenstern erhoben hat.[4] Zunächst kaprizierte er sich auf die Definition des Morgensterns als weibliche Entität >except when identified with Horus<. Ohne dafür einen Grund anzugeben, vermutete er ferner, >the Morning Star is the brightest star visible near the eastern horizon shortly before dawn. This would be the planet Venus only by occasional coincidence<. Letztere Aussage ist schief, denn wenn Venus Morgenstern ist, dann ist sie das nicht >on occasional coincidence<, sondern jeweils für sieben oder acht Monate, wobei sie stets der bei weitem hellste Stern am östlichen Horizont ist. Abgesehen von diesem Einwand ist zu berücksichtigen, dass Briggs keine zweckfreie Interpretation der Textaussagen über den Morgenstern vorlegen wollte, sondern offensichtlich eine Ableitung des Systems der Dekansterne im Auge hatte: >There would be a succession of stars throughout the year, each one called the Morning Star ... We suggest that an observation of this succession may have been the first step toward the later system of Decans<. Die Briggssche Erklärung ist

1 WB V 423.10-14.
2 H. Brugsch, Die Ägyptologie (1891) 322.
3 R. O. Faulkner, JNES 25 (1966) 161.
4 R. E. Briggs, in: Mercer, PT IV 46f.

gegenstandslos, weil das Dekansystem nach aller Wahrscheinlichkeit älter ist als die Pyramidentexte und auch in den PT selbst bezeugt ist.[5] Briggs selbst zitierte PT 269a: >The Morning Star and its attendants are aggregates of individuals – asterisms, not constellations. They are placed over the hours (269a)<. Es ist aber eben diese Beziehung zu den (Nacht-)Stunden, die die Dekansterne charakterisiert und auf die mithin in den PT angespielt ist. In ähnlicher Weise hat Briggs die Beweglichkeit von NN als Morgenstern, wie sie z. B. in PT 1295a-b ausgesagt ist, nicht als naheliegenden Hinweis auf planetarische Bewegung deuten wollen.[6] Hier lautete sein nicht näher begründetes Urteil: >N. must use far more freedom of motion than is possible for any „fixed" star or planet<.

Obwohl die Begründung, die Briggs für seine Definition des Morgensterns gegeben hat, offensichtlich ad hoc ist, hat sich seine Auffassung doch verselbständigt und zum Beispiel in Anthes einen Anhänger gefunden.[7] In der auf Briggs folgenden Diskussion spielt auch eine frühestens in der Ramessidenzeit belegte Aussage über Merkur eine Rolle: Sbg, Stš m wḫ(ꜣ), nṯr m dwꜣ(j)t:[8] >Sbg-Merkur (ist) Seth am Abend, nṯr-Gott am Morgen<. Graefe hat dies in folgender Weise kommentiert:[9] >Als morgendliche Götter können daher sicherlich mehrere Sterne oder Planeten angesehen werden<. Abgesehen davon, dass nṯr m dwꜣ(j)t eine andere Aussage beinhaltet als der Name nṯr dwꜣw, ist die zitierte verallgemeinernde Schlussfolgerung nicht richtig, da der Text nur einen einzigen und keinen anderen Stern als nṯr m dwꜣ(j)t bezeichnet. Bei diesem Stern handelt es sich um den Planeten Seth–Merkur, der als anderer innerer Planet neben Venus allein die Eigenschaft besitzt, nur am Abend oder am Morgen zu erscheinen. Die Beschreibung als „morgendlicher Gott" kann im astronomischen Sinn auf die beiden inneren Planeten Venus und Merkur beschränkt sein. Möglicherweise beschreibt nṯr m dwꜣ(j)t Seth-Merkur als Morgenstern. Wenn diese Deutung nicht zutrifft, dann bleibt die Bezeichnung inhaltlich unklar. Sollte geschlossen werden können, dass der Gott Seth unter irgendwelchen Umständen nicht nṯr ist? Wäre das für einen ägyptischen Gott nicht ein Wider-

5 Vgl. Neugebauer/Parker, EAT I (1960) 111f.
6 R. E. Briggs, in: Mercer, PT IV 45.
7 R. Anthes, ZÄS 102 (1975) 9 Anm. 21.
8 Neugebauer/Parker, EAT III (1969) 180, Pl. 62.
9 E. Graefe, LÄ IV (1982) 206.

spruch in sich? Jedenfalls lässt sich aus dem gleichfalls ramessidischen Kairener Tagewählkalender erschliessen, dass Seth ausdrücklich auch am Morgen als Planet Merkur galt.[10]

Aus einem anderen Text scheint zu folgen, dass nṯr dwꜣw keine unbestimmte Bezeichnung ist: Nach pEbers 93, 11-17 soll ein Rezept beim Aufgang des Morgensterns (m prt nṯr dwꜣj) angewendet werden.[11] Soweit ich sehe, setzt die Anwendung des Rezeptes voraus, dass man unter nṯr dwꜣj einen bestimmten Stern versteht.[12]

87. Horus als Morgenstern in PT (437). – Wie dieser in § 28 in einiger Ausführlichkeit behandelte Spruch zeigt, steigt NN im Osten des Himmels auf und zwar als Horus ḥrj šdšd pt, befährt später den ẖꜣ-Kanal bzw. den ekliptikalen Streifen in der Gegend des Orion und nimmt dann als Morgenstern seinen Thron im Binsengefilde ein.

Wie in § 32 erläutert, lässt sich die in PT (437) beschriebene Bewegung des Morgensterns astronomisch auf Venus-Morgenstern beziehen. Auch die nach dem Aufstieg zum Himmel und vor der Befahrung des ẖꜣ-Kanals erfolgende Verbrüderung mit Seth lässt sich astronomisch deuten, wenn man Seth mit Merkur identifiziert. Es kann dabei an eine Begegnung der beiden Planeten gedacht sein, bei der Venus-Morgenstern an Merkur-Morgenstern vorbeizieht. Beispielsweise begann in unseren Breiten am 25. 1. 1990 eine Morgensichtbarkeit der Venus, die bis Oktober dauerte und während der Venus, ähnlich wie in PT (437) geschildert, auch an Orion vorbeiwanderte. Merkur war vom 22. 1. bis 1. 2. 1990 als Morgenstern zu sehen. In dieser Zeit verfrühte sich sein Aufgang von 6 h 39 m auf 6 h 35. Venus dagegen ging zunächst um 6 h 52 m auf, am 1. 2. 90 aber um 6 h 13 m und war mithin zunächst hinter Merkur zu sehen, dann aber vor ihm.[13]

Nach PT 802a-b überquert NN den ẖꜣ-Kanal als Stern, der das „Meer unter dem Bauch der Nut" befährt. Ich stelle im folgenden die verwandten Formulierungen zusammen.

10 R. Krauss, BSEG 14 (1990) 52.

11 Vgl. H. v. Deines, H. Grapow, W. Westendorf, Übersetzung der medizinischen Texte (1958) 286.

12 Zu diesem Punkt s. E. Graefe, LÄ IV (1982) 206 Anm. 10.

13 Zu den genannten Daten s. H.-U. Keller, Das Himmelsjahr 1990 (1989) 29f, 41f.

PT 1508c:[14] Ḥrw ẖntj ꜣẖw sbꜣ ḏꜣj Wꜣḏ-wr --
1845b-1846[15]: sbꜣ ḏꜣj Wꜣḏ-wr –
802b: (Ḥrw ẖntj ꜣẖw) sbꜣ ḏꜣj Wꜣḏ-wr –
1720c: sbꜣ ḏꜣj Wꜣḏ-wr –
347c: sbꜣ pw –
357b: P. pw –
2061b: (mn N. jr.k) (jmj Wꜣḏ-wr) –

1508c:
1845b-1846:
802b: ẖrj ẖt Nwt[16]
1720b: ẖr <ẖr> Nwt
347c: jr ẖr ẖt pt[17]
357b: jr ẖr ẖt pt ḥr Rꜥw
2061b: jr ẖr ẖt pt m sbꜣt nfrt ḥr qꜣbw mr nj ẖꜣ

Das Meer wird in PT 802b und in der Variante PT 1720b ausführlich lokalisiert in bezug auf den Bauch der Nut als Wꜣḏ-wr ẖrj ẖt Nwt.[18] Die Beziehung zum Bauch der Nut fehlt in PT 1508c und PT 1845b -1846. Das Meer fehlt in PT 347a und PT 357b sowie in PT 2061b. Mit dem Wꜣḏ-wr ẖrj ẖt Nwt in PT 802b (und in der Variante PT 1720b) dürfte das gleiche gemeint sein wie mit Wꜣḏ–wr in PT 1508c (und auch in PT 1845c-1846). Als Klammer zwischen beiden Formulierungen sehe ich die Bezeichnug des Horus als ẖntj ꜣẖw an, auch wenn sie sich nicht unmittelbar vor PT 802b findet, sondern schon in PT 800c. Nach PT 805b-c handelt es sich bei diesem Stern um Venus-Morgenstern, der vor Erreichen des Binsengefildes anders genannt wird. Die in die Schilfbündelsprüche gehörenden Formulierungen von PT 347c und PT 357b sind offensichtlich verwandt mit der ersten Gruppe, die das Wꜣḏ-wr erwähnt. Es ist fraglich, ob hier der Morgenstern gemeint ist. Sethe störte sich daran, dass Re den Toten laut PT 805a als Morgenstern einsetzt, >der anderwärts als msṯw des Toten bezeichnet wird und also nicht mit

14 Text nach P.
15 Zum Text s. Faulkner, Supplement 19. Der Textzusammenhang ist teilweise zerstört. Das Zitat selbst scheint im Kontext eines Fluges des NN zum Himmel zu stehen.
16 „Meer, befindlich unter dem Bauch der Nut".
17 „Meer, am Unteren/Unterteil des Bauches/Leibes des pt-Himmels".
18 Vgl. J. P. Allen, Cosmology (1989) 14 Anm. 95.

ihm [dem Toten; Verf.] identisch sein soll (357a. 363b und die Parallelstellen dazu); vgl. aber auch 1295a. 1366c, wo der Tote als nṯr dwꜣw herab- oder heraufsteigen soll<.[19] Sethes Einwand bleibt offen, da im vorliegenden Fall die Bedeutung von msṯw unklar ist.[20] Weiter entfernt von der ersten Gruppe ist PT 2061b, wo nach § 19 eine Beziehung zu Venus vorliegen kann.

Die Formulierung „unter dem Bauch der Nut“ kann auf die Vorstellung von der über die Erde gebeugten Nut abzielen. Den Bauch der Nut wird man horizontnah im Osten lokalisiert haben. Dies folgt aus der anatomischen Nähe des Bauches zu den Schenkeln der Göttin, wo Re geboren wird und auch aus dem ausdrücklichen „bei Re“, was auf den Osten deutet. Die Situation wird dadurch kompliziert, dass Wꜣḏ-wr nach PT 628c auch eine Bezeichnung des Osiris ist.[21] Aber die Position des himmlischen Osiris (in dem Zusammenhang kann man an Sꜣḥ-Orion denken) unter dem Bauch der Himmelsgöttin macht der Vorstellung keine Schwierigkeiten.

Als wesentliche Informationen aus PT (437) betrachte ich die Gleichsetzung des Morgensterns mit Horus oder vielleicht besser gesagt mit einer Horusform. Diese Gleichsetzung scheint sukzessiv gemeint zu sein, indem der Stern erst als Ḥrw ḥrj šdšd pt erscheint, dann als Ḥrw ḫntj ꜣḫw, ferner als sbꜣ ḏꜣj Wꜣḏ-wr ẖrj ẖt Nwt, bis er schliesslich nṯr dwꜣw heisst.

88. Zur Lokalisierung des Morgensterns im Binsengefilde. – PT (461) ist ein letzten Endes unergiebiger, andererseits einen beträchtlichen interpretatorischen Aufwand erfordernder Spruch, von dem ich lediglich die relevanten Teile transkribiere und übersetze.

PT 871a:[22] ḏd mdw; hꜣ M. pw
b: [pr.k][23] m sbꜣ dwꜣw, ḫntj.k m ḥntj
c: snḏ n.k jmjw Nnw
d: w[ḏ.k] mdw n ꜣḫw
....

19 Sethe, ÜKPT IV 35.

20 Vgl. allgemein zu msṯw G. Fecht, SAK 1 (1974) 193f.

21 Vgl. Sethe, ÜKPT V 465.

22 Dieser Spruch ist bei P, M und N belegt. Hier gebe ich den Text nach M; P grösstenteils ab PT 871b zerstört. N weicht in grammatischen Details von M ab: sḏmw.f statt sḏmtj.f in PT 871b; ḥrtj (N), statt ḥntj (M).

23 Bei P und N erhalten.

873a: ḥms r.k ḥr ẖnd(w).k pw bjꜣ(j)
b: wḏ.k mdw n štꜣw swt,
c: wn n.k ꜥꜣ.wj pt, jzn[24] ꜥꜣ.wj qbḥ[w]
d: jṯ.k ḥpt r sẖt jꜣrw
874a: skꜣ.k jt, ꜣsẖ.k bdt
b: jr.k rnpwt.k jm mr Ḥrw zꜣ Jtmw.
871a: Worte sprechen; O dieser M.,
b: mögest du aufgehen als/zusammen mit (dem) Morgenstern,
mögest du gerudert werden als/zusammen mit (dem) ḥntj,[25]
c: so dass sich fürchten vor dir die im Nun befindlichen,
d: so dass du den Achu befehligst,
....
873a: Sitze auf diesem deinen Thron aus bjꜣ,[26]
b: so dass du befiehlst denen mit geheimen Sitzen,
c: geöffnet werden für dich die Türen des pt-Himmels,
zur Seite gezogen werden für dich die Türen des qbḥw-Himmels,
d: so dass du richtest die Fahrt nach dem Binsengefilde,
874a: so dass du Gerste anbaust, so dass du Emmer erntest,
b: so dass du dort deinen jährlichen Unterhalt erzeugen mögest, wie Horus, Sohn des Atum.

Sethe zerlegte diesen Spruch in drei >ursprünglich selbständige Bestandteile<.[27] Vor allem in PT 873c-874b sah er als Stück (3) einen gegenüber den Stücken (1) und (2) neuen Text, >der auch von ganz anderen Dingen handelt, der Fahrt zu dem Gefilde der Binsen und der Feldarbeit darin, die eigentlich einem König, dem Beherrscher der Toten, gar nicht ziemt. Es ist eine völlig andere Vorstellung vom Ziel und Zweck der Himmelfahrt als in den ersten Teilen des Spruches<.[28] Diese Argumente sind zwar nicht von der Hand zu weisen, andererseits zeigt aber Faulkners Übersetzung, dass PT (461) als eine Einheit aufgefasst werden kann. Faulkner übersetzte die

24 Vgl. Allen, IVPT § 736. s. v. jzn.
25 Sethe, ÜKPT IV 137, hält den ḥntj für einen bestimmten Stern, entsprechend dem Morgenstern; vgl. zu ḥntj auch Faulkner, AEPT 154, Utt. 461 n. 1.
26 Vgl. E. Graefe, Wortfamilie (1971) 20.
27 Sethe, ÜKPT IV 136.
28 Sethe, ÜKPT IV 139.

sḏm.f-Formen in PT 871a-871d optativisch; Sethe dagegen indikativisch. Es bleibt bei Faulkner in der Schwebe, ob NN mit dem Morgenstern identisch sein soll, weil das englische as in >as the Morning Star, ... as the Lakedweller< ambivalent ist.

Am Spruchende steht eindeutig ein Vergleich zwischen Horus und NN. Als Horusform kann „Horus, Sohn des Atum"[29] mit dem Morgenstern des Spruchanfangs identisch sein. Auch das am Spruchanfang stehende und mit dem Morgenstern zu verbindende Thema der Herrschaft über die ꜣḫw, kennen wir als Charakterisierung des Horus oder einer Horusform. Die redaktorische Einheit dieses Spruches vorausgesetzt, sollte am Spruchanfang keine Einheit zwischen NN und der Horusform Morgenstern vorliegen. Die Präposition m in PT 871b wäre dann als „zusammen mit"[30] zu übersetzen. Über den Morgenstern als Horusform wäre mithin im Text gesagt, dass er aus dem Nun aufsteigt und identisch ist mit dem ḥntj, ferner dass er einen Thron besitzt sowie den Achu befiehlt. Ferner wäre impliziert, dass Horus–Morgenstern im Binsengefilde weilt.[31] Sethe war der Meinung, die Verbindung des Morgensterns mit dem Binsengefilde wäre auf PT 805a beschränkt.[32] Doch bildet hier in PT (461) die Fahrt zum Binsengefilde einen Teil der Himmelsreise des mit dem Morgenstern verglichenen NN.[33] Ich verweise auch auf den anonymen „Grossen Gott" von PT (517), dessen Thron im Binsengefilde steht und der die verklärten Toten (jmꜣḫww) beherrscht. Diese Charakterisierung entspricht der des Morgensterns nach PT 1508c und PT 800c (437). Im übrigen führt Horus in CT II 151b den Namen oder Titel nb sḫt jꜣrw/„Herr des Binsengefildes".[34]

89. Der vierfältige Horus von PT (519). – Dieser in § 46 teilweise ausgewertete Spruch handelt von einer Himmelsreise, deren Ziel das Opfergefilde als Ort der „Unvergänglichen Sterne" ist. Wie schon ausgeführt, hat

29 Sethe, ÜKPT IV 141, fasst diese Bezeichnung als >Altertümlichkeit< auf.

30 Vgl. Edel, AG § 758 d.

31 Das folgt aus dem auf das Binsengefilde von PT 873d bezogenen jm in PT 874b und dem Vergleich der Aktivitäten des NN mit denen des Horus.

32 Sethe, ÜKPT IV 35.

33 Zu vergleichen ist PT 1084a-1087a, wo NN als Ḥrw nṯrw gilt und dessen Thron im Binsengefilde steht.

34 Vgl. § 26.

Sethe in diesem Spruch 10 Stücke unterschieden, von denen die einleitenden Stücke (1) bis (4) den NN auf der südlichen Seite des ḫꜣ-Kanals zeigen. In Stück (5) und (6) ruft NN den Morgenstern an und verlangt im Boot des Gottes zum Opfergefilde mitgenommen zu werden.

PT 1207a:[35] nṯr dwꜣw, Ḥrw dꜣtj, bjk nṯrj, wꜣḏꜣḏ,
b: msw pt, j(n)ḏ[36]-ḥr.k m fdw.k jpw ḥrw ḥtpw,
c: mꜣꜣjw jmjt knzt,
d: ḫsrw sšn n ḥtpw
....
1209a: bꜣ.tj, ḫᶜ.tj m ḫntj smḥ.k pw nj mḥ 770,
b: sp.n n.k nṯrw P(j)w, ᶜrq.n n.k nṯrw jꜣbtjw,
c: sḏꜣ n.k M. pn ḥnᶜ.k m šnᶜw smḥ.k.
1207a: Morgenstern, Datischer Horus, Göttlicher Falke, Wꜣḏꜣḏ(-Vogel),
b: Himmelgeborene,[37] sei gegrüsst in diesen deinen vier gnädigen/friedvollen Gesichtern,
c: die sehen was in Kenzet ist,
d: die vertreiben[38] das Unwetter dem[39] Frieden (= gutes Wetter),[40]
....
1209a: Du bist ba-haft, du bist erschienen vorne in deinem smḥ–Schiff von 770 Ellen,
b: das zusammengebunden/gebaut[41] haben für dich die Butischen Götter,

35 Text nach P; bei M und N nur unwesentliche Varianten.
36 Zur Orthographie s. WB II 372.
37 Vgl. R. Anthes, ZÄS 100 (1974) 81.
38 ḫsrw wird als Partizip aufgefasst von Faulkner, AEPT 192, und von Allen, IVPT § 775, von Sethe, ÜKPT V 105f, aber als Passiv.
39 Im Anschluss an Sethe, ÜKPT V 94, übersetze ich hier die Präposition n im Sinne ihrer dativischen Grundbedeutung, vgl. Edel, AG § 757. Faulkner, AEPT 192, umschreibt den Sinn dieses n durch >for the sake of<.
40 Diese vermutliche Bedeutung ist für ḥtpw nach WB III 194.5, erst seit den Königsgräbern (des NR) belegt.
41 Vgl. WB IV 96.13-14.

das krummgezogen[42] haben für dich die östlichen Götter,
c: nimm dir diesen M. mit in der Kajüte deines smḥ-Schiffes.

In seinem Kommentar deutete Sethe den hier angerufenen viergestaltigen Morgenstern zunächst als Horusform, letztendlich aber als Sonnengott.[43] Er erkannte >die beiden ersten (vgl. 362b) deutlich als Morgengötter< und den dritten >wie sie als Horusform<; im vierten sah er einen Vogel, >der wie der bnw dem Sonnengotte gleichgesetzt wurde<. Die Gleichsetzung der vier Gestalten mit dem Sonnengott leitete er nicht ab, sondern scheint sie als evident angesehen zu haben: >Sie entsprechen den in 1207b genannten „4 Gesichtern" eines universalen Gottes, der Sonne natürlich, der im Folgenden in 2. sg. angeredet wird, als ob sich die Rede an jede einzelne der 4 Erscheinungsformen richtete<.

Anthes hat diese Gleichsetzung mit dem Sonnengott abgelehnt.[44] Er knüpfte bei seiner Kritik an Textstück (4) an, das Zitate aus den Schilfbündelsprüchen enthält. Da es in diesen Sprüchen in erster Linie Harachte ist, der sich neben Re der Bündel für eine Fahrt zur Achet bedient, vermutete Anthes, dass der Anruf an den viergestaltigen Gott eben dem Harachte gilt. Diese Vermutung halte ich für unbegründet. Es ist zwar richtig, dass Harachte nach Aussage der Schilfbündelsprüche zur Achet geht, in unserem Text ist aber schon vor der Anrufung an den vierfältigen Gott das Thema der Schilfbündelreise abgeschlossen. Im Zusammenhang mit der Anrufung an den vierfältigen Gott handelt es sich um ein anderes Thema, nämlich das der Reise zum Opfergefilde und mit diesem Thema hat Harachte sonst nichts zu tun.

Relevant ist dagegen die Anthessche Beobachtung, dass >die Stern- und Vogelbezeichnungen des Gottes wohl sicher zeigen, dass Horus gemeint ist<. Dabei dachte er offensichtlich an die Determinierung von nṯr dwꜣw mit einem Stern (SL N 14), ferner an die ein Wort für „Falke" enthaltende Bezeichnung bjk nṯr(j) und vor allem an den Namen Ḥrw dꜣtj.

Zuletzt hat Graefe aufgrund dieser Stelle Horus Dati und Morgenstern ohne Vorbehalt einander gleichgesetzt.[45] Aus dieser Gleichsetzung folgt

42 Vgl. WB I 21 l.1 6-17.

43 Sethe, ÜKPT V 105.

44 R. Anthes, ZÄS 100 (1974) 81f.

45 E. Graefe, LÄ IV (1982) 206.

auch für den Morgenstern selbst eine Horusnatur. Da die vier Götter eine Quaternio bilden, ist auch im Wꜣḏꜣḏ(-Vogel) eine Horusform zu sehen.[46] Zugunsten der Identifizierung als Horusform spricht ferner, dass der vierfältige Gott ein als Kriegsschiff des Horus bekanntes smḥ-Schiff besitzt.[47]

Schwierig war es für Sethe auch Stück (10) als eine auf den Sonnengott bezogene Aussage zu erklären.[48]

PT 1217a: sḏꜣ.kꜣ.k n.k P. pn ḥnꜥ.k
b: jr sẖt.k tw wrt, sẖrt n.k m-ḏr nṯrw,
c: wnmt.k m ẖꜣw jḥḏ.sn m mḥt m ḥw,
1218a: wnm P. pn m wnmt.k jm,
b: zwj[49] P. pn m zwt.k[50] jm.
1217a: Nimm dir den P. mit dir,[51]
b: zu jenem deinem grossen Gefilde,
das dir unterworfen[52] ist im Bereich[53] der Götter,
c: was du isst in der Dunkelheit[54], indem sie hell sind,
ist das Volle[55] des ḥw-Speisengottes,[56]

46 Vgl. H. Kees, NAWG phil.-hist. Kl., 11 (1943) 430 Anm. 77. -Ob eine Beziehung zum ꜣpd wꜣḏ von PT 1530b besteht?
47 WB IV 140.4; vgl. H. Junker, Der sehende und der blinde Gott (1941) 77f.
48 Sethe, ÜKPT V 118. – Der Setheschen Deutung hat sich auch Faulkner, AEPT 194, Utt. 519 n. 11, angeschlossen.
49 M und N schreiben zwr.
50 M und N schreiben zwrt.
51 Übersetzung nach Edel, AG § 553.
52 Im Anschluss an Allen, IVPT § 804, fasse ich sẖrt als Partizip auf. Anders Sethe, ÜKPT V 96, 118, sowie Faulkner, AEPT 193.
53 Edel, AG § 812, nennt „aus der Grenze, aus dem Bereich" als Grundbedeutung von m-ḏr, während „weg von" davon abgeleitet ist. Allerdings erinnert er auch daran, dass die einfache Präposition m sowohl „in" wie „aus" bedeutet. Daher schlage ich vor, dass in PT 1217b m-ḏr „im Bereich" bedeutet. Sethe, ÜKPT V 118, hat für m-ḏr die Bedeutungen „mit Hilfe der Götter" oder „trotz" erwogen und fügte hinzu: >Sonst scheint m ḏr wie ein Synonym von m „in" zu stehen (412c), also „unter den G." oder „durch die G." ?< Faulkner, AEPT 193, übersetzte im engen Anschluss an Sethe: >with the help(?) of the gods<.
54 Zu ẖꜣw/Dunkelheit, vgl. E. Hornung, Nacht und Finsternis im Weltbild der alten Ägypter. Diss. Tübingen (1956) § 3.
55 mḥt verstanden als Partizip: „welches gefüllt ist".
56 Bei der Lesung und Übersetzung dieses Verses folge ich Faulkner, AEPT 194, Utt. 519 n. 12.

1218a: und dieser P. wird essen von dem, was du dort isst,
b: und dieser P. wird trinken von dem, was du dort trinkst.

Um die von ihm postulierte Beziehung auf den Sonnengott beibehalten zu können, berief sich Sethe auf die Möglichkeit, im Mond den nächtlichen Vertreter der Sonne zu sehen:[57] >1217c legt aber nahe an etwas zu denken, das zu 709a/c in Betracht gezogen werden musste, dass der Sonnengott in der Nacht, statt in die Unterwelt zu versinken, als Mond am Himmel weiter leuchte: ein Gedanke, der in den Tempelinschriften der griech. Zeit immer wiederkehrt<.

Demgegenüber liegt es sachlich nahe, einem stellaren Gott die Unterwerfung jenes grossen Gefildes zuzuschreiben, in dem der Gott speist, wenn es dunkel ist und wenn die Sterne leuchten. Andererseits wäre die in PT 1220a-b ausgesprochene Aufforderung, den NN als sr-Fürst unter den „Unvergänglichen Sternen" einzusetzen auch als eine an Re gerichtete Aufforderung möglich, da ihm die „Unvergänglichen Sterne" als Ruderer unterstellt sind. Aber auch ein stellarer Gott wie Horus Dati könnte in seiner Eigenschaft als ḫntj jḫmw skjw offensichtlich ein solches Amt verleihen.[58]

90. Der Datische Horus als Form des Morgensterns. – Fraglich bleibt, wie sich die vier Horusformen von PT 1207a-1209c untereinander verhalten. Die Anrede im Singular statt im Plural lässt sich nicht in eindeutiger Weise interpretieren. Ist es ein einziger Gott, der sich in vier Gestalten zeigen kann?[59] Oder handelt es sich um vier verschiedene Namen für ein und denselben Gott?[60] Folgt aus der Nennung des Morgensterns an erster Stelle, dass ihm die anderen drei Götter inkorporiert sind? Alle vier sind msw pt/Himmelgeborene und jeder hat ein eigenes Gesicht – oder hat der eine Gott, dem sie inkorporiert sind, vier Gesichter?[61]

57 Sethe, ÜKPT V 118.

58 Zu dieser in § 90 besprochenen Qualifizierung siehe PT 1301a, ähnlich auch in 1925e + 1926a und 1948f Nt.

59 Sind vielleicht Venus-Morgenstern und die in späteren Zeiten ausdrücklich bezeugten anderen drei Horusplaneten (Mars, Jupiter und Saturn) gemeint?

60 Zur Vielnamigkeit ägyptischer Götter vgl. im allgemeinen E. Hornung, Der Eine und die Vielen (1971) 77 ff.

61 Auch die Bezeichnung des/eines Horus als fdw ḥrw/„Vier Gesichter" in CT VII 347h scheint das Problem nicht zu lösen.

Auch wenn man diese Fragen nicht beantwortet, kann man doch versuchen, die neben dem Morgenstern genannten drei anderen Götter im Einzelnen zu charakterisieren. Detailliert ist dies für Horus Dati möglich, während sich über bjk nṯrj[62] und Wꜣḏꜣḏ sehr wenig herausfinden lässt.

Ein unsicherer Beleg für Horus Dati ist PT 5b mit einer Äusserung von Nut über den König.

PT 5b:[63] rḏ.n [.j] n.f dꜣt, ḫntj.f jm.s Ḥrw js ḫntj dꜣt.
5b: dass ich ihm gegeben habe ist die Dat,
damit er ihr darin vorsteht als Horus, „vorne in der Dat".

Die herrscherliche Anwesenheit des Horus von PT 5b in der Dat genügt nicht, um ihn als Datischen Horus zu identifizieren. Nach CT V 330i-j[64] gab es anscheinend auch einen westlichen (Abend-) Stern als Herrn der Dat, was vom ausdrücklich östlichen und morgendlichen Datischen Horus zu unterscheiden ist. Auch andere göttliche Wesen, die eine Beziehung zur Dat haben, sind vom Datischen Horus zu unterscheiden.[65]

In PT (532) 1258a-b schliesslich bleibt die Aussage über den Datischen Horus unklar.[66] Nach PT 1258a-b verhindern Isis und Nephthys das Faulen von Ḥrw jꜣbtj, Ḥrw nb pꜥt, Ḥrw dꜣtj und Ḥrw nb tꜣwj. Sethe vermutet, dass sich Ḥrw, nb pꜥt und Ḥrw, nb tꜣwj auf den König beziehen und die Göttinnen den König ebenso schützen wie die zwei anderen genannten Horusformen.[67] Der Datische Horus ist hier mit dem Östlichen Horus vergesellschaftet, was auch in PT (510) vorkommt (s.u.), doch verrät dies nichts über die Natur dieser Horusformen.

Ein wenig informativer Beleg für den Datischen Horus ist in einer Gliedervergottungs-Litanei in PT (215) enthalten.

62 Die Belege für bjk nṯrj (PT 1783c, 1845b(?), 2034c, 2042c, 2043a-b) enthalten lediglich allgemeine Aussagen, die für unsere Fragestellung nichts bringen.
63 Text nur bei T belegt.
64 jnk Ḥrw, nb dꜣt, jtjj ꜣḫt jmntt: Ich bin Horus, der Herr der Dat, der Herrscher der westlichen (sic) Achet.
65 Dies gilt für den jmj dꜣt in PT 330-331. Auch der Falke, der nach PT 1959a um das in der Dat befindliche Horusauge herumfliegt, kann nicht ohne weiteres als Datischer Horus gelten. Offen lasse ich auch, wer in PT 715b mit ḫntj dꜣt gemeint sein mag.
66 Text nach N. Bei P ist Ḥrw [Dꜣtj] zu ergänzen.
67 Sethe, ÜKPT V 162.

PT 148a:[68] Dein tp-Kopf ist Horus Dati,
o „Unvergänglicher Stern“.

Dagegen bietet PT (266) Aussagen über Lokalisierung und Glanz des Datischen Horus.

PT 362a:[69] ///[70].n n.f Rᶜw P. pn jr pt m gs jꜣbtj nj pt,
b: Ḥrw js pw, dꜣtj js, sbꜣ js pw wpš pt,
c: Spdt snt.f, /////////////
362a: Re hat mich zu sich [genommen?] am pt-Himmel,
auf der östlichen Seite des pt-Himmels,
b: wie diesen Horus, wie diesen Datischen,
wie diesen Stern, der den pt-Himmel bestrahlt,
c: Spdt-Sothis ist seine Schwester,[71] ////////////////

Demnach gehört der Datische Horus als Stern an den östlichen pt-Himmel, wo er in einer besonderen Weise strahlt.

Auch nach dem in § 48 behandelten Spruch PT (463) ist der Datische Horus umständehalber im Osten zu lokalisieren.

PT 877c:[72] Du bist jener Einzelne Stern (sbꜣ wᶜtj),
der hervorzukommen pflegt auf der östlichen Seite des pt-Himmels,
d: der sich (oder: seinen „Schlangenleib“) dem Datischen Horus nicht gibt.

Demnach lässt sich der zu den „Unvergänglichen Sternen“ gehörende sbꜣ wᶜtj in einer für die Interpretation unklar bleibenden Weise nicht vom Datischen Horus kontrollieren. Die Begegnung zwischen sbꜣ wᶜtj und Datischem Horus scheint laut Kontext im östlichen pt-Himmel stattzufinden, wo der Datische Horus auch laut anderen Aussagen zu finden ist. Dass der

68 Siehe § 49.
69 Text nur bei P belegt.
70 Zur möglichen Ergänzung dieser Lücke vgl. Sethe, ÜKPT II 78.
71 Es ist nicht klar, ob die Schwester-Relation nur für NN gilt oder auch für den mit ihm verglichenen Datischen Horus.
72 Siehe § 47.

Datische Horus den sbꜣ wʿtj nicht kontrollieren kann, setzt eine räumliche Nachbarschaft voraus. Folglich müsste sich der Datische Horus in einem Teil der Ekliptik aufhalten können, welcher in der Nähe des als Fixstern verstandenen sbꜣ wʿtj verläuft. Entsprechend der in §48 durchgeführten Analyse der Angaben über sbꜣ wʿtj müsste dieser Ekliptikabschnitt in der Nähe des Orion liegen.

Schliesslich lässt sich die Lokalisierung des Datischen Horus im Osten eindeutig aus der Reinigungslitanei erschliessen,[73] die in den >aus ganz disparaten Teilen zusammengesetzten< Spruch PT (510) eingefügt ist.[74] Laut PT 1134a reinigt sich NN beim tp hrww im Binsengefilde, nachdem die Himmelstüren im Osten geöffnet sind für Ḥrw jꜣbtj und NN, dann für Ḥrw Dꜣtj und NN sowie für Ḥrw Šzmtj und NN.[75] Tp hrww ist auf die Morgendämmerung zu beziehen,[76] da dies die Zeit ist, wenn der Morgenstern (= Datischer Horus nach PT 1207a-b) aufzugehen pflegt. Es bleibt offen, ob die genannten anderen Horusformen mit dem Datischen Horus identisch sind, wie dies nach PT 1207a-1209c auch hier möglich sein könnte.[77] Die Aufgänge und Reinigungen der drei Horusgestalten sind zwar als sukzessive Ereignisse geschildert, aber auch der Aufgang und die Reinigung von NN als ein und derselben Person werden in unserem Text dreimal genannt; sollte sich NN dreimal nacheinander reinigen oder handelt es sich nur um eine einzige Reinigung?

In PT (537) wird der zum Himmel aufsteigende NN mit dem Datischen Horus gleichgesetzt.

PT 1301a:[78] pr.k m Ḥrw dꜣtj, ẖntj jẖmjw skjw,
b: ḥms.k ḥr ẖndw.k bjꜣj tp mr.k qbḥw.
1301a: Mögest du herausgehen als Datischer Horus,
„befindlich an der Spitze“ der „Unvergänglichen Sterne“,

73 Zu den Reinigungslitaneien der PT, vgl. Sethe, ÜKPT I 290-292.
74 Sethe, ÜKPT V 30.
75 Zur östlichen Lage dieser Türen vgl. Sethe, ÜKPT I 294.
76 Ich verstehe hier hrww als „lichter Tag“, der in der Morgendämmerung und mithin vor Sonnenaufgang begonnen hat.
77 Mit NN zusammen würde auch hier eine Quaternio vorliegen. Es ist aber unsicher, ob die Vierzahl in PT 1207a-1209c eine systematische Bedeutung hat.
78 Text nach P. N weicht orthographisch von P ab und determiniert beispielsweise jẖmjw skjw mit drei Sternen, während P nur einen Stern setzt.

b: mögest du dich setzen auf deinen Thron aus bjꜣ,
an[79] deinem Teich[80] mit qbḥw-Wasser.

Wesentlich ist hier das Epitheton ḫntj jḫmjw skjw, das den Rang des Datischen Horus gegenüber den „Unvergänglichen Sternen“ klarstellt. Über den Rang des Datischen Horus sagt auch die in § 41 besprochene Stelle PT 1948f aus: >mögest du dauernd sein, an der Spitze des Himmels wie/als Horus (dꜣtj)<.[81]

In dem interpretatorisch schwierigen Spruch PT (612) wird NN mit dem Datischen Horus und anderen Horusformen gleichgesetzt.

PT 1734a:[82] šwjj.k r.k jr jrt Rꜥw jr rn.k pw, jr.n nṯrw,
b: n(j?) Ḥrw dꜣtj, n(?) Ḥrw sksn,
c: n(?) Ḥrw ////
....
1735c: dbn.k jꜣwt Ḥrwjwt, db[n.k jꜣwt Stšjwt].
1734a: Mögest du dich erheben zum Auge des Re,
wegen jenem deinem Namen, den die Götter gemacht haben,
b: (nämlich) des(?) Datischen Horus, des(?) Horus sksn,
c: des(?) Horus ////
....
1735c: mögest du umwandeln die Horischen Stätten,
mögest du umwan[deln die Sethischen Stätten].

Auch Anthes und Faulkner haben, ohne es zu kommentieren, die Namen der Horusformen von PT 1734b-c als Namen des NN aufgefasst. Ich nehme an, dass sie dabei von der Phrase m rn.f pw n X[83] ausgegangen sind und in jr(w).n[84] nṯrw einen Einschub zwischen rn.k pw und n Ḥrw dꜣtj gesehen haben. Anthes übersetzte die Präposition jr vor rn.k pw als räumliches „zu“,

79 Vgl. Edel, AG § 771, zu dieser Stelle.
80 Vgl. WB II 97, mr: Ib.
81 Dieser Zusatz bei Nt 491.
82 Text nach dem besser erhaltenen N.
83 WB II 426.26.
84 Vgl. Edel, AG § 665.

was zum nicht-räumlichen rn/Namen wenig passt.[85] Faulkner übersetzte jr durch „for“ (für),[86] was der von mir angenommenen Bedeutung „wegen“ oder vielleicht auch „entsprechend“ näher kommt.[87] Mithin kann NN dem Namen nach mit dem Datischen Horus identisch sein.

Trotz der Lücke in PT 1734c-d meine ich, dass sich der Schluss des Spruches auf NN als Horusform bezieht. Nach dieser Voraussetzung bewegt sich NN als Datischer Horus in den im Osthimmel gelegenen Horischen und [Sethischen] Stätten. Eine gleichartige Bewegung ist für NN als nṯr dw³w/Morgenstern – der wiederum nach PT 1207a mit dem Datischen Horus identisch ist – in PT (536) ausdrücklich bezeugt.[88]

PT (666) enthält Aussagen, die in ähnlicher Art in dem zuletzt behandelten Spruch PT (612) enthalten sind.

PT 1925a:[89] šw r.k jr pt m ᶜb sb³w jmjw pt,
b: jdẖ n.k jmjw b³ḥ.k
c: snḏ n.k jmjw ẖt.k
d: n rn.k pw jr.n jt.k Wsjr
e: n(j) Ḥrw d³tj[90]
....
1926a: ᶜḥᶜ.k m ẖnt jẖmjw skjw

Faulkner hat in PT 1925d-e eine Haplographie vermutet:[91]

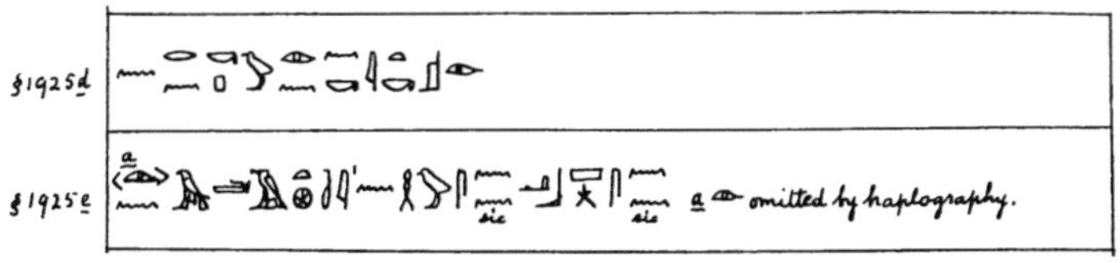

85 R. Anthes, ZÄS 86 (1961) 10.
86 Faulkner, AEPT 254.
87 Vgl. Edel, AG § 760e.f.
88 Die Analyse von PT (536) und der verwandten Stellen (s. § 99) bestätigt im übrigen weitgehend die Identität des nṯr dw³w der PT mit Venus–Morgenstern.
89 Text nach Nt, s. Faulkner, Supplement 34 f.
90 Zu der hier mit n ḥw.sn, n ᶜbš.sn n ... anschliessenden Fortsetzung des Textes, s. Faulkner, AEPT 277 f.
91 Hieroglyphischer Text nach Faulkner, Supplement 34. In JPII 723, ist die betreffende Stelle nicht erhalten.

Meiner Meinung nach liegt hier keine Haplographie vor. In PT 1926a heisst es, dass NN an der Spitze der „Unvergänglichen Sterne“ steht. Da nach PT 1301a auch der Datische Horus als Herrscher der „Unvergänglichen Sterne“ gilt, kann man aus PT 1926a auf Identität von NN und Datischem Horus schliessen. Demnach ist in PT 1925d-e auch nicht mit einer Haplographie zu rechnen. Dieser Schluss wird durch folgende parallele Aussagen gestützt:

PT 1925d-e: … rn.k pw jr.n n.k jt.k Wsjr nj Ḥrw dꜣtj
PT 1734a-b: … rn.k pw jr.n nṯrw nj Ḥrw dꜣtj

Offensichtlich liegen hier Aussagevarianten vor und ich halte es daher für richtig, Faulkners Vermutung einer Haplographie mitsamt ihrer Konsequenz abzulehnen. Trotz des verhältnismässig grossen interpretatorischen Aufwandes, hat sich hier nur das in anderer Formulierung bekannte Ergebnis eingestellt, dass der Datische Horus an der Spitze der „Unvergänglichen Sterne“ steht.

Zusammenfassend schlüssele ich die Angaben über Horus Dati nach folgenden Gesichtspunkten auf: a) Natur als Stern; b) Lokalisierung am (morgendlichen) Osthimmel; c) planetarische Natur; d) Identifizierung mit dem Morgenstern; e) Beziehungen zu anderen Himmelsbewohnern.

a) Horus Dati leuchtet oder dauert am Himmel laut PT 362a-b und 1948f. b) Er ist am (morgendlichen) Osthimmel lokalisiert nach PT 362a-b, 1134a, 1735c und implizit auch in PT 877c-d. c) Die planetarische Natur ist in PT 362a-b angedeutet, wenn dort eine ausschliesslich östliche Lokalisierung gemeint ist. Als ein Mitglied der Quaternio von PT 1207a-1209c bewegt sich der Datische Horus am Himmel und überquert insbesondere den ḫꜣ-Kanal zum Opfergefilde und bewegt sich dort weiter. Abgesehen von der in PT 1207a-b ausgesagten Identität des Datischen Horus mit nṯr dwꜣw/Morgenstern, spricht für diese Gleichsetzung vor allem die dem Datischen Horus nach PT 1735e und dem Morgenstern nach Spruchgruppe PT (536), (563) und (676), gemeinsame Bewegung in den Horischen und [Sethischen] Stätten. e) Horus Dati gilt rangmässig oder räumlich als ḫntj jḫmw skjw nach PT 1301a, sowie nach PT 1925e + 1926a und 1948f. Nach PT 877c-d erfahren Macht und Rang des Datischen Horus eine Einschränkung gegenüber dem sbꜣ wꜥtj, der seinerseits nach § 47f ein >sehr hoher [Stern] unter den „Unvergänglichen Sternen“< ist. Als dem Datischen Horus übergeordnet erscheinen Re (PT 362a–b) und Osiris als Vater (PT 1925d-e).

Aus den Kriterien b, c und d folgt, dass es sich beim Datischen Horus um einen Planeten am morgendlichen Osthimmel handelt. Auf mögliche Unterschiede zwischen dem Datischen Horus und nṯr dwꜣw/Morgenstern gehe ich im folgenden Absatz ein.

91. Zusammenfassung. – Nach den hier in Abschnitt X besprochenen Texten handelt es sich bei nṯr dwꜣw/Morgenstern und seinen verwandten Formen um einen Planeten. Aus den Hinweisen auf den morgendlichen Osthimmel ist auf Venus-Morgenstern zu schliessen. Weitere Argumente zugunsten dieser Gleichsetzung werden in Abschnitt XII präsentiert, wo ich das hier lediglich angeschnittene Thema der Horischen und Sethischen Stätten ausführlich behandle.

Die hier analysierten Stellen enthalten Hinweise auf Unterschiede zwischen nṯr dwꜣw/Morgenstern und Datischem Horus. Es kann jedoch Zufall sein, dass die überlieferten Texte nur den Datischen Horus als ḫntj jḫmjw skjw oder ähnlich benennen. Wegen eines entsprechenden Zufalls sind vielleicht nur Angaben zur Lokalisierung von nṯr dwꜣw/Morgenstern im Binsengefilde bekannt, während gleiche Angaben zum Datischen Horus fehlen. Wenn diese Unterschiede tatsächlich existieren, können die Ägypter dabei für ein und denselben Planeten Unterschiede in der Phase oder Position berücksichtigt haben. Astronomisch kann man bei Venus-Morgenstern folgende Stadien unterscheiden: Konjunktion – Erscheinen im Osten – Rückläufigkeit – grösster Glanz – Stillstand – Rechtsläufigkeit – grösste westliche Elongation – Abnahme der Helligkeit und der Sichtbarkeitsdauer – Verschwinden.[92] Es ist denkbar, dass die Unterscheidung von entsprechenden Stadien zu verschiedenen Benennungen ein und desselben Planeten führen konnte.

Vom Namen her ist es seine Beziehung zur Dat, die den Datischen Horus kennzeichnet. Nach der in Abschnitt VIII gegebenen Beschreibung der Dat als bestehend aus nördlichem und südlichem ekliptikalem Band und Südhimmel, ist die Lokalisierung des Planeten Venus in der Dat in jeder

92 P. V. Neugebauer, Tafeln zur Astronomischen Chronologie III (1925) § 26.

Phase gegeben. Demgegenüber wäre die Beziehung des nṯr dwꜣw/Morgenstern zum Binsengefilde enger,[93] da das Binsengefilde nur den südlichen Teil des ekliptikalen Bandes zu bezeichnen scheint.[94]

93 In Pt (519) ist zwar auch von der Fahrt ins Opfergefilde die Rede, aber es ist nicht klar welche der vier Formen des Morgensterns diese Fahrt unternimmt.

94 Vgl. § 32a.

XI. Seth als Himmelsbewohner

92. Seth als Bewohner des nördlichen Himmels. – Den meisten Aussagen der PT über Seth scheint ein astronomischer Bezug zu fehlen. Die CT nennen Seth einige Male explizit als Bewohner des nördlichen Himmels, dagegen fehlen entsprechende ausdrückliche Formulierungen in den PT. Nicht beweisend für die nördliche Lokalisierung ist eine Ergänzung, die Faulkner für PT 2158a-b vorgeschlagen hat:[1]

PT 2158a:[2] ḥms.<j> ḫr ḫndw Rꜥw, ḫsr.n<.j> Ḥrw m rsjt pt
b: ḫsr[n.j Stš m pt mḥtjt]
a: ich sitze auf dem Thron des Re,
nachdem ich Horus vertrieben habe aus dem Süden des Himmels,
b: [nachdem ich Seth] vertrieben [habe aus dem Norden des Himmels].

Man kann diese Ergänzung aus den CT begründen. Dagegen enthalten die PT keine Aussagen, in denen Seth ohne Umschweife dem Nordhimmel zugewiesen ist, wenn auch entsprechende Indizien vorhanden sind. In den CT ist die Zuweisung Seths zum Nordhimmel eine ausdrückliche:[3] In CT III 138 führt Seth das Epitheton „Herr des nördlichen pt-Himmels": Stš, nb pt mḥtjt. Nach CT VI 196t-u ist das Ziel des NN der nördliche Himmel, worin er zusammen mit Seth sitzen will: jw.j r pt mḥtjt, ḥms.j jm.s ḥnꜥ Stš. Nach CT V 214c und V 225n führt Seth das Epitheton grosses ngꜣ-Rind im nördlichen Himmel: ngꜣ ꜥꜣ ḥrj-jb pt mḥtjt.[4] Ergänzend verweise ich auf CT VII 408g-409j, wo Horus auf „jener (nördlichen Seite)" weilt und zur „anderen (südlichen) Seite" (des ḫꜣ-Kanals) will. Seth greift Horus in dieser Situation an und sollte sich mithin auf der nördlichen Seite des ḫꜣ-Kanals befinden. Im übrigen kann der regulären nördlichen Lokalisierung des Seth

1 Faulkner, AEPT 304, Utt. 695 Anm. 2.
2 Text N nach Sethes Ausgabe; Faulkner, a.O., bezieht JPII ein.
3 Vgl. J. Zandee, ZÄS 90 (1963) 150.
4 Zu einer ähnlichen, wenn auch weniger ausdrücklichen Aussage, s. CT V 331u-y.

eine reguläre südliche Lokalisierung des Horus entsprechen, wie beispielsweise aus dem fiktiven Horusnamen ꜥꜣ wr, nb sḫt jꜣrw in CT II 151b zusammen mit der Lage des sḫt jꜣrw im südlichen Himmel hervorgeht.[5] Horus wird aber gelegentlich auch als „Nördlicher" bezeichnet und zwar in CT VI 41o und 251a.

Einen einleuchtenden sachlichen Grund für diese Zuweisung kann ich nicht nennen. Vermutlich ist auch hier jene astronomisch unbegründete Systematisierung am Werk, in deren Sinn man spätestens im NR den Planeten verschiedene Himmelsrichtungen zugewiesen hat. In diesem Sinn gilt Jupiter als „südlicher Stern des Himmels" und Saturn als „westlicher" oder „östlicher Stern".[6]

93. Seth als Planet Merkur. – In einer kleinen Gruppe von Sprüchen steht Seth mit dem ḫꜣ-Kanal in Verbindung. Von diesen Texten habe ich bereits PT 2235b besprochen, wonach Seth den NN über den ḫꜣ-Kanal setzt (§ 27). Gleichfalls besprochen ist auch PT (359) und die Variante PT (475), nach welchen Texten Horus und Seth im östlichen Himmel und auf der Nordseite des ḫꜣ-Kanals kämpfen (§ 24). Demnach hat Seth für sich allein, aber auch in Gesellschaft mit dem Horusauge Verbindung zum östlichen Himmel und zum ḫꜣ-Kanal, den er fallweise überquert. Aus dieser Qualifizierung schliesse ich auf die prinzipielle Identität des Seth mit einem planetarischen Himmelskörper,[7] der eine besondere Beziehung zum Osten hat. Da Horus als nṯr dwꜣw-Morgenstern in den PT mit dem inneren Planeten Venus-Morgenstern gleichzusetzen ist, kommt wegen der engen Vergesellschaftung von Horus und Seth, als Planet des Seth zunächst Merkur als der andere innere Planet in Frage. Dieser Ansatz entspricht der seit dem frühen NR bezeugten Identität von Seth und Merkur als Abend- bzw. Morgenstern, wie auch der schon im NR bezeugten Gleichsetzung der äusseren Planeten (Mars, Jupiter und Saturn) mit Horusformen.[8] Nach Sethes Ver-

5 Zu CT II 151b vgl. U. Luft, in: Studia Aegyptiaca IV (1978) 97; zur südlichen Lage des Binsengefildes s. § 32.

6 Vgl. Neugebauer/Parker, EAT III (1969) 177, 178, 181.

7 Diese Aussage gilt ganz allgemein, da ein Himmelskörper, der irgendeinen himmlischen Kanal „kreuzt", entweder Mond oder Planet ist.

8 Vgl. Neugebauer/Parker, EAT III (1969) 175 ff.

mutung wäre Seth bereits in PT 296 b als Insasse der Sonnenbarke belegt,[9] was astronomisch am ehesten über die Gleichsetzung von Seth mit dem sonnennahen Planeten Merkur zu verstehen ist,[10] da Venus als der andere sonnennahe Planet eine Horusform ist.

Dies vorausgesetzt scheinen die PT, insoweit sie astronomische Aussagen über Seth enthalten, Seth nur im Osten als Merkur-Morgenstern zu kennen. Diese Lokalisierung kann aus der allgemeinen Bevorzugung der östlichen Seite des Himmels in den PT folgen. Erst in den CT tritt Seth ausdrücklich sowohl als Merkur-Abendstern wie auch als Merkur-Morgenstern entgegen. Zu Seth als Merkur-Morgenstern gehört anscheinend die zeitliche Angabe CT (62), wonach [Seth] als Räuber am Tagesanfang gilt. Man vergleiche CT I268 (g) ẖsf n.k sbj jj m grḥ, (h) ᶜwꜣjj (i) n tp dwꜣjjt: zurückgetrieben für dich wird der Rebell, der in der Nacht kam, der Räuber vom Tagesanfang. Diese Tageszeit entspricht der üblichen Erscheinungszeit von Merkur-Morgenstern in der Morgendämmerung.[11] Dagegen agiert Seth nach CT II 387 am Westhimmel und gehört ganz allgemein zu den Seelen der Westlichen. Laut CT II 379 tritt er, von der Barke der untergehenden Sonne aus und mithin im Westen einer Schlange entgegen.

94. Seth als Bewohner des niederen Himmels. – Hinweisen möchte ich noch auf die Lokalisierung des Seth am horizontnahen Himmel. Dieser Sachverhalt lässt sich z.B. aus PT 801c-802a ableiten, wonach sich Seth-Merkur mit Horus-Morgenstern verbrüdert. Da dies nach Interpretation am Anfang einer Venus-Morgensternphase geschieht und mithin vor der grössten Elongation von Venus-Morgenstern, trifft Horus-Morgenstern hier den Seth-Merkur in einer horizontnahen Position an.

In diesem Sinne lässt sich auch die am Himmel relativ niedere Lage der Sethischen Stätten zitieren, wie sie aus der in PT (470) beschriebenen Bewegung des NN am Himmel von den „Hohen Stätten" zu den „Sethischen Stätten" hervorgeht (§ 98). Hierher kann gehören, dass Horus nach CT

9 Sethe, ÜKPT I 350.

10 Vgl. § 61.

11 Der Kairener Tagewählkalender nennt an einer Stelle als Zeitpunkt des im Osthimmel stattfindenden Kampfes zwischen Seth-Merkur und Apophis das ḥḏ–tꜣ/Morgengrauen, vgl. R. Krauss, BSEG 14 (1990) 52.

(148) am Himmel höher hinauffliegt als Seth. Es ist mir nicht klar geworden, ob bei einer hohen Position am Himmel auch Stockwerksvorstellungen eine Rolle spielen oder ob die Höhe am Himmel nur zwischen Horizont und Zenit – soz. „an der Sphäre" – gemessen wird.

XII. Zur Lage der Stätten des Horus und des Seth

95. Einleitung. – In der Regel werden die „Stätten des Horus“ und die „Stätten des Seth“ (sei es als Genitiv[1] oder als Nisbe-Konstruktion)[2] gemeinsam genannt, wobei die „Stätten des Horus“ stets den Vorrang vor den „Stätten des Seth“ geniessen. Nur in PT 915b-916a kommen die jꜣwt Stšjwt scheinbar ohne Gesellschaft der Horischen Stätten vor, doch stehen dort jꜣwt qꜣjwt (Hohe Stätten) neben den Sethischen Stätten. Hier vermutete Sethe eine Fehldeutung von „Horische Stätten“ als „Hohe Stätten“.

Nur in PT 1295b als einziger Stelle findet sich singularisches jꜣt Ḥrw, ohne Komplementierung durch jꜣt Stš. An dieser Stelle allein ist die Rede von der „Horusstätte der Südlichen“ bzw. der „Horusstätte der Nördlichen“.

96. Himmlische Lokalisierung der Stätten des Horus und des Seth. – In PT (475) ruft NN einleitend den mẖntj-Fergen an, der Horus sein Auge und Seth seine Hoden bringen soll. Der Wunsch des NN ist es, zusammen mit dem Horusauge „aufzuspringen“ (stp) und sich auf der östlichen Seite des pt–Himmels zu bewegen. Aus diesem Zusammenhang geht zunächst einmal hervor, dass sich NN auf einer Seite des ẖꜣ-Kanals befindet und ihn überqueren will. Auf diese Einleitung folgen Angaben über weitere Stationen der Reise des NN zum Himmel.

PT 948a:[3] šm.f stp-zꜣ.f jr Rꜥw,
b: m st [nṯrw zj]w[4] n kꜣw.sn
c: ꜥnḫw m jꜣwt Ḥrw, ꜥnḫw m jꜣwt Stš,
949a: mk P. pn jjj, mk P. pn pr n ꜥnḫ wꜣs[5]

1 jꜣwt Ḥrw, jꜣwt Stš: Stätten des Horus, Stätten des Seth.
2 jꜣwt Ḥrwjwt, jꜣwt Stšjwt: Horische Stätten, Sethische Stätten, vgl. Edel, AG §§ 342, 352.
3 Text nach P. M und N bieten nur geringfügige Varianten, die gegenüber P. den Sinn nicht ändern.
4 Ergänzt nach M. – Zum Verb zj s. Allen, IVPT §§ 32, 729.
5 Der Zusatz n ꜥnḫ wꜣs fehlt bei M und N.

b: pḥr.n[6] P. pn qꜣw pt,
c: nj ẖsf P. pn jn ꜥḥ ḥḏ wrw jr msqt sḥdw
950a: njs[7] mꜥnḏt jr P. pn, P. pw pnq s(j)
b: dj Rꜥw P. pn m nb ꜥnẖ wꜣs.
948a: er wird gehen, um zu schützen bei Re (ihn zu eskortieren),
b: am Platz der Götter, die zu ihren Kas gegangen sind,
c: die leben in den Stätten des Horus, die leben in den Stätten des Seth.
949a: Siehe, P.ist gekommen, siehe, P. ist herausgekommen zu Leben und Heil,
b: es ist die qꜣw-Höhe des pt-Himmels, die dieser P. erreicht hat,
c: nicht wurde abgewehrt dieser P. durch das ꜥḥ ḥḏ der Grossen[8] auf der msqt der sḥdw-Sterne;[9]
950a: möge die Tagesbarke diesen P. rufen, damit dieser P. es ist, der sie ausschöpft,
b: möge Re diesen P. einsetzen als Herrn von Leben und Heil.

PT 948a-c teilt die Absicht des NN mit, zu den Stätten des Horus und den Stätten des Seth, bzw. zu den dort hausenden verklärten Toten zu gehen. PT 949a-c hingegen setzt die Ausführung dieser Absicht voraus und erinnert an die dabei bewältigten Schwierigkeiten. In eindeutiger Weise liegen die Stätten des Horus und die Stätten des Seth sowie der „Platz der Götter, die zu ihren Kas gegangen sind“ am Himmel, und wohl niedriger als diese Stätten liegt das ꜥḥ ḥḏ auf der msqt sḥdw. Nach einem in § 17 besprochenen Hinweis scheint es die Auffassung der PT zu sein, dass der Einstieg in die Sonnenbarke auf der Nordseite des ẖꜣ-Kanals erfolgt, so dass NN hier in PT 949a-c den Kanal von Süden nach Norden überquert hätte. Diese topographischen Umstände lassen vermuten, dass die Stätten des Horus und die Stätten des Seth in Nachbarschaft zum ẖꜣ-Kanal bzw. zum ekliptikalen Streifen liegen. Zu der in § 101 besprochenen horizontnahen Lokalisierung

6 M und N schreiben pḥ. Zu pḥr bei P, s. Sethe, ÜKPT IV 234, mit weiterem Verweis.

7 Ich nehme an, dass hier ein Beleg für njs r, WB II 204 II, vorliegt. Sethe, ÜKPT IV 230, übersetzte njs als aktivisches sḏm.f; so auch Allen, IVPT § 772. Faulkner dagegen übersetzte in AEPT 163, passivisch und hinsichtlich der Auffassung von jr unklar: >The Day-bark is summoned for me<.

8 Zu dieser Übersetzung s. H. Kees, Der Opfertanz des ägyptischen Königs (1912) 179.

9 Vgl. § 101.

der msqt sḥdw passt, dass NN die qꜣw-Höhe des Himmels erreicht, ohne durch das umständehalber unterhalb dieser qꜣw-Höhe zu lokalisierende ꜥḥ ḥḏ wrw auf der msqt sḥdw behindert worden zu sein. Im übrigen nehmen Faulkner und Allen an, dass wrw ꜥḥ ḥḏ zu lesen sei.[10] Allen übersetzt in diesem Sinne die Version von P: >this King NN has not been barred from the starry stretch by the great ones of the White Castle<. In dieser Übersetzung entspricht „from" der Präposition jr. Für diese Bedeutung von jr bietet Edel, AG § 760, keine Entsprechung. Bis auf weiteres möchte ich daher bei der auch von Sethe vertretenen Auffassung bleiben, dass es das auf der msqt befindliche ꜥḥ ḥḏ der wrw-Grossen ist, das den NN abwehren könnte.[11]

In PT (262) finden sich thematisch ähnliche Angaben, insofern auch dort der bei der Sonnenbarke endende Aufstieg eines nḫḫ-Sterns über die Stationen msqt sḥdw und ꜥḥ ḥḏ wrw führt.

PT 334c:[12] nj ḫsf.n.f sw m ꜥḥ ḥḏ wrw ḥr msqt sḥd[w],[13]
335a: mk jr.k pḥ.n W. qꜣw pt,
334c: nicht hat er ihn abgewehrt[14] im ꜥḥ ḥḏ[15] der Grossen auf der msqt sḥdw,
335a: siehe, darum hat NN die Höhen des Himmels erreicht.

Einen Teil der in PT (475) enthaltenen Informationen bietet auch PT (478). Nach diesem Spruch benutzt NN bei seinem Aufstieg die Himmelsleiter, der ḫꜣ-Kanal wird dabei nicht erwähnt.[16] In einer ähnlichen, aber sehr ver-

10 Faulkner, AEPT 163; Allen, IVPT § 506 A.
11 Sethe, ÜKPT II 19.
12 Text nach W.
13 W: sḥd, T: sḥdw.
14 Sethe, ÜKPT II 19, hält ḫsf.n.f sw in W für sinnlos. Die wörtliche Übersetzung von PT 334c W lautet: >nicht hat Er abgewehrt ihn im ꜥḥ-ḥḏ der Grossen auf der msqt des sḥdw-Himmels<. Könnte hier die Rede von einem anonym gelassenen „er" sein, der als Bewohner des ꜥḥ-ḥḏ den NN nicht abgewehrt hat?
15 Nach PT 141d gehören Horus und Seth zu den Bewohnern des ꜥḥ und nach PT 1900a könnte auch Thot dazu gehören.
16 Die Seiten der Leiter entsprechen den Seiten des ḫꜣ-Kanals, was daran zu erkennen ist, dass sich das Horusauge auf der gleichen Seite der Leiter befindet, wie sonst bei diesem Kanal.

kürzten Wendung wie in PT (475) heisst es hier in PT (478) nach der Aufforderung, die mꜣqt-Leiter zur Verfügung zu stellen:

PT 975b:[17] pr N. ḥr.s jr pt, stp.f zꜣ [j]r Rꜥw,
c: jj nṯr[j] js nj zjw n kꜣw.sn.
975b: so dass ich auf ihr aufsteige zum pt-Himmel,
so dass ich schütze bei Re (ihn eskortiere),
c: (als?) der göttliche jj derer,
die zu ihren Kas gegangen sind.[18]

Wesentlich ist, dass auch hier der Ort der verklärten Toten, „die zu ihren Kas gegangen sind“, am Himmel liegt. Es fehlen die aus PT (478) bekannten Hinweise auf die Nähe dieses Ortes zu den Stätten von Horus und Seth. Wenn nicht nur NN, sondern auch die anderen von ihm am Himmel vorgefundenen verklärten Toten, den Re eskortieren, so kann diese Beziehung zu Re auf die „Unvergänglichen Sterne“ anspielen; dies ist auch aus PT (512) herauszulesen. In diesem Spruch liegt nach Sethe ein >Auferstehungstext< vor >mit Schilderung der Thätigkeit des Toten am Himmel<.[19] PT 1164a-1165b enthält eine Aussage über den Ort der verklärten Toten.

PT 1164d:[20] swꜥb.k ḥr-tpj šꜣbt.k m sḫt jꜣrw
1165a: ḫnz.k pt
b: jr.k jmn.k m sḫt ḥtp mm nṯrw zjw[21] n kꜣw.sn
1164d: mögest du gereinigt sein auf deiner šꜣbt-Pflanze[22] im Binsengefilde;
1165a: mögest du den Himmel queren,
b: mögest du deinen Aufenthalt nehmen im Opfergefilde,
unter den Göttern, die zu ihren Kas gegangen sind.

17 Text nach N. P fehlt für Vers b, M ist zerstört.
18 Zu dem seiner Bedeutung nach unbekannten jj vgl. Sethe, ÜKPT IV 264f, und Faulkner, AEPT 166, Utt. 478 n. 6.
19 Sethe, ÜKPT V 60.
20 Text nach N. P bietet jr.k mnw.k statt des korrekten jr.k jmn.k von N.
21 Allen, IVPT §765.
22 Diese Pflanze ist nicht identifiziert, vgl. R. Germer, Untersuchung über Arzneimittelpflanzen im Alten Ägypten. Dissertation Hamburg (1979) 318.

Demnach halten sich die >Götter, die zu ihren Kas gegangen sind< im Opfergefilde und mithin nördlich vom ḫꜣ-Kanal auf und die Schlussfolgerung liegt nahe, dass es sich zumindest um einen Teil der „Unvergänglichen Sterne“ handelt.

97. Verhältnis der Sonne zu den Stätten des Horus und des Seth. – PT (359) handelt von einer Himmelsreise, in deren Verlauf der ḫꜣ-Kanal überquert wird und deren Ziel unter anderem die Horischen und Sethischen Stätten sind. Die wesentlichen Informationen teilt NN in einer Anrufung an den Fährmann mit.

PT 597b:[23] rs.k m ḥtp, jmj ẖn Nwt, mẖntj nj mr nj ḫꜣ
c: jḏd rn nj T. n Rꜥw, sjw T. n Rꜥw
598a: jw jr[24] T. jr ꜥḥ pf ḥrj nj nbw kꜣw
b: dwꜣw Rꜥw jm, m jꜣwt Ḥrwjwt, m jꜣwt Stšjwt,
c: nṯr.sn jšmw n kꜣw.sn.

Bereits 1916 hat G. T. Allen für die entscheidende Stelle PT 598b zwei Übersetzungsmöglichkeiten angegeben:[25] >... where Re is at morn (dwꜣ.w; or „is praised“)...<. Sethe akzeptierte die Auffassung von dwꜣw als sḏm.w.f in grammatischer Hinsicht.[26] Aus sachlichen Gründen lehnte er aber diese Möglichkeit ab, denn er setzte die Horischen und Sethischen Stätten mit dem irdischen Ägypten gleich, von dem man in sinnvoller Weise nicht sagen könnte, dass sich Re dort am Morgen aufhielte. Allerdings bemerkte Sethe, dass die Horischen und Sethischen Stätten laut PT 915b und 916a am Himmel gelegen sind, was >doch auch hier zutreffen könnte<.[27] Die beiden von Sethe genannten Möglichkeiten, dass sich die Preisenden entweder im Himmel oder auf Erden befinden, stehen ohne Ausgleich nebeneinander und auf alle Fälle bestimmte Sethe dwꜣw als imperfektisches passives Partizip („wird gepriesen“).[28]

23 Text nach T; P und N bieten kleine Varianten, die die Aussagen nicht dem Sinn nach ändern.

24 Zu diesem jr vgl. Sethe, ÜKPT III 112.

25 G. T. Allen, Horus (1916) 30 (D 80).

26 Sethe, ÜKPT III 112f.

27 Sethe, ÜKPT III 113.

28 Allen, IVPT § 775, folgt ihm darin prinzipiell, da er die Form als relatives sḏm.f definiert.

Meine Auswertung von PT (475) hat aber ohne Frage gezeigt, dass die Horischen und Sethischen Stätten, unter anderem auch als Ort der verklärten Toten (= „die zu ihren Kas gegangen sind"), am Himmel liegen. Ferner kann es an und für sich keinen Einwand dagegen geben, dass sich die Sonne morgens in bestimmten Himmelsbereichen aufhält. Dass sich die Sonne in den Horischen und Sethischen Stätten aufhalten kann, folgt aus der Nähe dieser Stätten zum ẖꜣ-Kanal in dem sich die Sonne bewegt. Prinzipiell ist damit der sachliche Einwand Sethes gegen eine Übersetzung im Sinne von G. T. Allen ausgeräumt und ich übersetze daher:

PT 597b: Erwache du in Frieden,"Im Innern der Nut Befindlicher", Fährmann des ẖꜣ-Kanals,
c: Sage den Namen des NN dem Re, melde ihn dem Re;
598a: NN ist auf dem Weg zu jenem fernen ꜥḥ der Besitzer der Kas,
b: es ist dort, dass Re am Morgen weilt, in den Horischen Stätten und in den Sethischen Stätten,
c: als Gott von ihnen, die zu ihren Kas gegangen sind.

Inwiefern sich die Sonne tatsächlich morgens in diesen „Stätten" aufhält, erkläre ich in § 100.

98. Die „Hohen Stätten" (jꜣwt qꜣjwt). – Neben den Sethischen Stätten kommen die „Hohen Stätten" noch in PT (470) vor. Dieser Spruch stellt nach Faulkner >a collection of spells< dar, die sich um das Thema des Himmelsaufstieges von NN gruppieren.[29] Nach der Anrufung des Hḏhḏ, des Fährmannes des ẖꜣ-Kanals, muss NN dem „Stier der Opferspeisen" Antwort auf eine Frage geben:[30]

PT 915b:[31] j(w).k[32]jr jꜣwt qꜣjwt, jr jꜣwt Stšjwt
916a: rḏj sw jꜣwt qꜣjwt n jꜣwt Stšjwt,
b: n nht tf qꜣjt jꜣbtt pt, qrqr.tj, ḥmst nṯrw tp.s.

29 Faulkner, AEPT 159.
30 Auch Sethe, ÜKPT IV 188, unterscheidet den Stier vom Fährmann.
31 Text nach P. Bei N finden sich nicht sinnstörende Varianten, P ist teilweise zerstört.
32 Sethe, ÜKPT IV 194.

915b: bist du (unterwegs) nach den Hohen Stätten oder den Sethischen Stätten?[33]
916a: Geben werden ihn die Hohen Stätten an die Sethischen Stätten,
b: an jene hohe Sykomore im Osten des Himmels, qrqr.tj,[34] auf der die Götter sitzen.

Es ist Sethe aufgefallen, dass NN hier erst nach längerer Wanderung im Osten ankommt.[35] Die Erklärung dafür scheint mir zu sein, dass das Ziel des NN nicht der Osten allgemein ist, sondern der Osthimmel auf einer bestimmten Seite des ḫꜣ-Kanals. Denn der Anruf an den Fährmann impliziert eine Überquerung des ḫꜣ-Kanals, wobei offen bleibt an welcher Stelle und nach welcher Seite NN den Kanal überqueren will. In der astronomischen Wirklichkeit hängt bei Mond und Planet die Überquerungsstelle von der jeweiligen Lage des Bahnknotens ab. Um zu seinem horizontnahen Ziel zu kommen, müsste sich NN nach der Kanalüberquerung auf jeden Fall (weiter) abwärts bewegen. Dementsprechend kann sich NN nach der Überquerung unbestimmt hoch über dem Horizont in den „Hohen Stätten" des Himmels befinden. Nachdem die Hohen Stätten den NN an die Sethischen Stätten weitergegeben haben, endet der Weg des NN an der Sykomore im Osten. Der Text von PT (470) selbst lässt offen, auf welcher Seite des ḫꜣ-Kanals die Sykomore steht, doch kann man aus PT (568) eine nördliche Lokalisierung ableiten.

PT (568) schildert einen Himmelsaufstieg auf einem kürzeren Weg als in PT (470). Auf die Nennung der Himmelsfähre folgt die an einen Stier gerichtete Aufforderung, den NN vorbeigehen zu lassen. Anschliessend überquert NN den allerdings nicht ausdrücklich genannten ḫꜣ-Kanal mit Hilfe eines Sykomorenpaares. Die Sykomoren stehen auf „jener Seite" (gs pf) im Osthimmel, also nach der sonstigen Sprachregelung in den PT auf der nördlichen Seite des Kanals. Falls die einzelne Sykomore von PT (470) eine der zwei Sykomoren von PT (568) ist, so steht sie mithin am Nordufer.

Sethe hielt das nur hier in PT (470) 915b und 916a belegte qꜣjwt für eine verderbte Ableitung aus Ḥrwjwt mit der Begründung, dass >die „Hori-

33 Sethe, ÜKPT IV 187, fügt in die Übersetzung ein >und/oder< ein.
34 Vgl. dazu Sethe, ÜKPT IV 195f.
35 Sethe, ÜKPT IV 195.

schen Stätten" ... sonst immer den Stätten des Seth gegenüberstehen ...<.[36] Dagegen hat Kees diese Variante ernstgenommen und aus PT 915-916 und PT 2099[37] geschlossen, dass >die horischen Stätten oben im Zenith< liegen,[38] doch ist diese Schlussfolgerung nicht durchdacht: Die zenitale Lage ist zwar die am Himmel höchstmögliche, doch sagt PT (470) nur etwas aus über die relativ höhere Lage der Hohen Stätten gegenüber den Sethischen Stätten. Die „Stätten" stehen nicht in Relation zum Zenit, sondern zu den horizontnahen Sykomoren im Osten. Entsprechend muss auch die „Höhe (qꜣw) des Himmels" in PT 949b sachlich nicht den „hohen Himmel" an sich bedeuten, sondern kann einen Teil des Himmels relativ zur Erde als hoch bezeichnen. Der zitierte Einwand von Sethe kann allenfalls als Verdachtsmoment gelten. Im Anschluss an Kees halte ich es für wahrscheinlich, dass die „Hohen Stätten" eine authentische Variante neben den „Horischen Stätten" darstellen.

Wenn die „Horischen" und die „Hohen" Stätten parallele Begriffe darstellen, dann könnte man auch eine Parallelität zwischen Sethischen und „*Unteren Stätten" erwarten. Als singularischer Begriff kommt in PT 1203 und 1324 jꜣt ẖrt/„untere Jat" vor. Zumindest nach PT 1203 liegt die jꜣt ẖrt am tiefen Himmel und bildet die erste oder eine der ersten Stationen beim Himmelsaufstieg. Es ist daher möglich, dass diese „Untere Jat" der „Jat des Seth" entspricht.

99. Versuch einer astronomischen Identifizierung der Stätten des Horus und der Stätten des Seth. – Es gibt folgende astronomisch relevante Merkmale für die „Stätten": a) Nähe zum ẖꜣ-Kanal, b) Nähe zu der ihrerseits horizontnahen msqt der sḥdw-Sterne (Planeten), c) der Morgenstern (Venus) bewegt sich in den „Stätten", d) Horus und Seth halten sich in den „Stätten" auf, e) die Sonne hält sich dort am Morgen auf.

Unter den besprochenen Voraussetzungen, dass Venus-Morgenstern eine Horusform ist und Seth im Osten den Merkur-Morgenstern repräsentiert, ist es evident, dass die Merkmale a) – d) die Bereiche kennzeichnen in denen sich Venus und Merkur als Morgensterne bewegen. Um auch das

36 Sethe, ÜKPT IV 194f.

37 Kees hat diesen Hinweis nicht näher erläutert. Ich sehe nicht, wie PT 2099 zur Lösung des Problems beitragen könnte.

38 H. Kees, Totenglauben² (1956) 91.

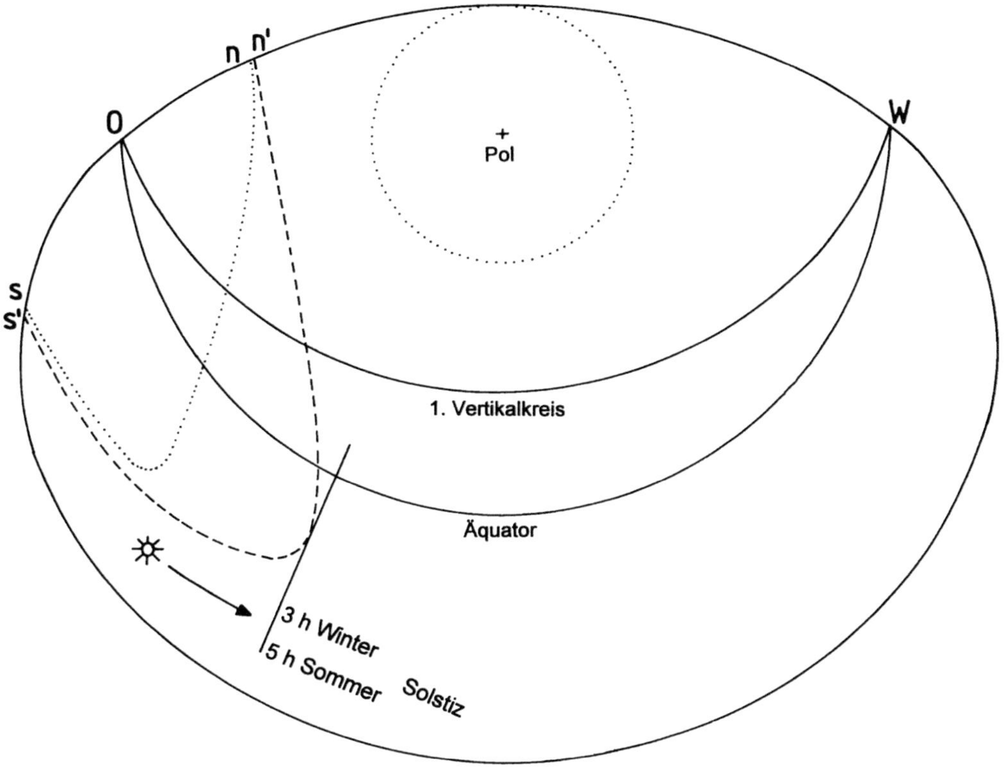

Abb. 14
Bewegungsbereiche von Merkur, Venus und Morgensonne
Breite von Memphis
– – – – – *Grenze des Venusbereichs*
.... *Grenze des Merkurbereichs*
n: nördlichster Punkt des Sonnenaufgangs
s: südlichster Punkt des Sonnenaufgangs
n′: nördlichster Punkt des Venusaufgangs
s′: südlichster Punkt des Venusaufgangs
☼ ⟶ *Linie, die die Sonne nach x h (Stunden) erreicht*

Merkmal e) einordnen zu können, habe ich in Abb. 14 den maximalen Bewegungsbereich von Merkur und Venus am Osthimmel für den Horizont von Memphis dargestellt. Die markierten Bewegungsbereiche resultieren aus der jahreszeitlich wechselnden Lage der Ekliptik und den maximalen

Entfernungen (Elongationen), die Venus und Merkur von der Sonne erreichen können; der Bewegungsbereich des Merkur liegt innerhalb des Bewegungsbereiches der Venus.

Dieser Zusammenhang kann verständlich machen, dass Horus nach CT II 223e-224a (= Sp. 148) am Himmel höher fliegt als Seth: Der Planet Venus erreicht grössere Entfernungen von der Sonne als der Planet Merkur bzw. grössere Höhen über dem Horizont. Ähnlich kann es zu verstehen sein, dass sich nach CT II 143a-144b (= Sp. 119) Horus und Seth am Himmel hinter NN befinden, ohne diesen erreichen zu können. In diesem Fall kann NN als Fixstern oder äusserer Planet die Bereiche von Merkur und Venus verlassen haben. Für die Vorstellung einer Himmelssphäre oder für ein gleichwertiges Konzept gibt es keine Hinweise in altägyptischen Texten. Vielleicht rechneten die alten Ägypter mit einem stockwerkähnlichen Aufbau des Himmels, so dass die zitierten Angaben über die von Seth und Horus erreichten verschiedenen himmlischen Höhen im vertikalen Sinn zu verstehen wären (vgl. §94).

Wie Abb. 14 verdeutlicht, verlässt die Sonne je nach Jahreszeit den Bewegungsbereich von Venus und Merkur nach 3 bis 5 Stunden. Dieser Sachverhalt kann in PT 598b durch die Aussage umschrieben sein, Re würde sich am Morgen in den Horischen und Sethischen Stätten aufhalten.

100. Der Morgenstern in der Horus-Jat. – In der Spruchgruppe PT (536), (563) und (676) ist NN als nṯr dwꜣw-Morgenstern mit einer Horusform gleichgesetzt. Die Bewegung des Morgensterns am Himmel wird wie folgt beschrieben:

PT 1295a:[39] wḏ.n Jnpw, ḫntj sḥ nṯr, hꜣjj.k m sbꜣ, m nṯr dwꜣw
b: dndn.k jꜣt Ḥrw rsjw, dndn.k jꜣt Ḥrw mḥtjw;
1295a: Anubis, an der Spitze der Gotteshalle, hat befohlen, dass du „herabsteigst“ als Stern, als Morgenstern,
b: mögest du durchwandern die Horus-Jat der Südlichen,[40] mögest du durchwandern die Horus-Jat der Nördlichen.

39 Text nach P.

40 Vgl. Sethe, ÜKPT V 211, 220f, der zwar inhaltlich, nicht aber sprachlich anders, „Horus-Reich der Südlichen“ übersetzt.

PT 1295a-b kann man nicht voneinander trennen, da 1296a bereits ein neues Subjekt einführt. Also besteht der Befehl des Anubis aus zwei Teilen: a) „steige herab“ als Morgenstern und b) durchwandere die Horusstätten der Südlichen und der Nördlichen. Die Übersetzung von hꜣj durch „herabsteigen“ ist konventionell. Sethe selbst kommentierte in einem Fall:[41] >das „Herabsteigen“ scheint keinen Abstieg, sondern nur ein Betreten der betr.[effenden] Gegend zu bezeichenen, s. zu 1196a.< Offen ist, wer hier mit den „Nördlichen“ und „Südlichen“ gemeint ist. Im Kommentar zu PT 1295a fasste Sethe das durch hꜣj ausgedrückte „Herabsteigen“ des Morgensterns als Besuch des Toten in seinem irdischen Reich auf und deutete die beiden Horus-Stätten der „Südlichen“ und der „Nördlichen“ als die irdischen Landesteile.[42] Andere Stellen spezifizieren dieselben Bewegungsbereiche des Morgensterns als südliche bzw. nördliche Jat-Stätten des Horus.

PT 1364a:[43] dndn.k jꜣwt rsjwt, dndn.k jꜣwt mḫtjwt

....

1366c: pr.k jr pt m sbꜣ m nṯr dwꜣw,

1364a: mögest du die südlichen Jat-Stätten durchwandern,
mögest du die nördlichen Jat-Stätten durchwandern;

....

1366c: mögest du hinaufsteigen zum pt-Himmel als Stern, als Morgenstern.

PT 2011b:[44] dndn.k jꜣwt.k rsjwt, (dndn.k jꜣwt.k) mḫtjwt

....

2014b: pr.k nn m sbꜣ m nṯr dwꜣw.

2011b: mögest du deine südlichen Jat-Stätten durchwandern,
[mögest du deine] nördlichen [Jat-Stätten durchwandern],

....

2014b: mögest du hier[45] aufsteigen als Stern, als Morgenstern.

41 Sethe, ÜKPT IV 358.
42 Sethe, ÜKPT V 219f.
43 Text nach P.
44 Text nach N.
45 Zu nn s. Edel, AG §754.

Es ist sachlich sinnvoll, die in diesen Texten gemeinten Bewegungsbereiche des Morgensterns am Himmel zu suchen, weil dort tatsächlich Bewegungen des Morgensterns beobachtet und weil die „Nördlichen" bzw. „Südlichen" des Himmels als entsprechende Sterne verstanden werden können.[46] Wie in § 99 gezeigt, lassen sich die Jat-Stätten von Horus-Morgenstern und Seth-Merkur mit den Bewegungsbereichen der Planeten Venus und Merkur in Morgensternphase in begründeter Weise gleichsetzen. Abb. 14 zeigt, dass die so verstandenen Jat-Stätten des Horus teils im nördlichen, teils im südlichen Osthimmel liegen. Diese Teile der Jat können offensichtlich den nördlichen bzw. südlichen Sternen des Himmels zugewiesen bzw. in himmelstopographisch sinnvoller Weise als nördliche bzw. südliche Jat bezeichnet werden.

Innerhalb einer mittleren synodischen Venusperiode von 583,6 Tagen tritt eine Morgensichtbarkeit zwischen Tag 298 und 549 ein. Da 5 synodische Perioden nur um 4 Tage kürzer sind als 8 julianische Jahre, wiederholen sich die in 8 Jahren eintretenden maximal 5 Morgensichtbarkeiten in Zyklen von grob 8 Jahren. Daher konnten in ägyptischen Breiten und im AR um -2400 prinzipiell 5 verschiedene Morgensichtbarkeiten der Venus beobachtet werden, die sich mit geringer Verfrühung in Zyklen von 8 Jahren wiederholten. Die Abb. 15 a-e zeigen mithin alle Positionen, die Venus-Morgenstern über dem Osthorizont und jeweils 30 min vor Sonnenaufgang um -2400 einnehmen konnte.

Morgensichtbarkeiten des Merkur wiederholen sich annähernd in Zyklen von 20 ägyptischen Jahren, so dass die Abb. 15 a-e nicht alle um -2400 zyklisch eintretenden Positionen von Merkur-Morgenstern zeigen. Immerhin sind die in Frage kommenden anderen Bahnkurven von Merkur-Morgenstern den in Abb. 15 a-e dargestellten prinzipiell ähnlich. Wesentlich ist bei den Merkurbahnen eine Überschneidung oder ungefähre Parallelität zu tiefliegenden Abschnitten der Venus-Bahn.

Die Bahnkurven der Abb. 15 a-e illustrieren, wie Venus-Morgenstern im Laufe der im AR eintretenden fünf Sichtbarkeitsphasen vom Nordhimmel zum Südhimmel wandert oder umgekehrt. Diese Wanderung kann in den PT durch die Aussagen über die Bewegung des Morgensterns in der nördlichen und südlichen Horus-Jat ausgedrückt sein. Merkur-Morgenstern bewegt sich in gleichen Himmelsbereichen wie Venus-Morgenstern, aber

46 Siehe § 46 zu den Unvergänglichen Sternen als den Nördlichen des pt–Himmels.

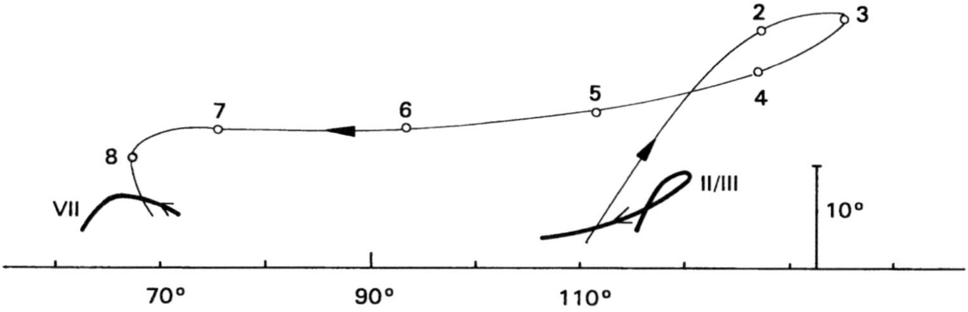

Abb. 15 a
Osthorizont von Memphis
Venus: Januar bis August -2400
Merkur: Februar bis März und Juli – 2400

deutlich tiefer; dieser Höhenunterschied kann dem Unterschied von Horischen und Sethischen Stätten entsprechen. In Abb. 15 a-e sind die Venus-Bahnen durch dünne Linien angegeben, die Merkur-Bahnen durch dicke Linien. Die arabischen Zahlen bezeichnen die Positionen von Venus jeweils zum Monatsersten. Die römischen Zahlen bezeichnen die Monate der Sichtbarkeit von Merkur.

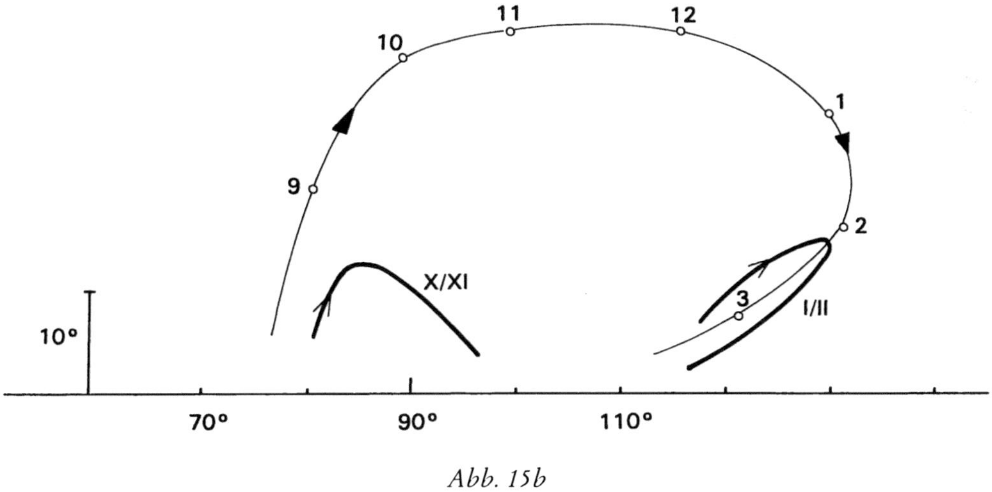

Abb. 15b
Osthorizont von Memphis
Venus: August bis März -2399/98
Merkur: Oktober bis November -2399
und Januar bis Februar -2398

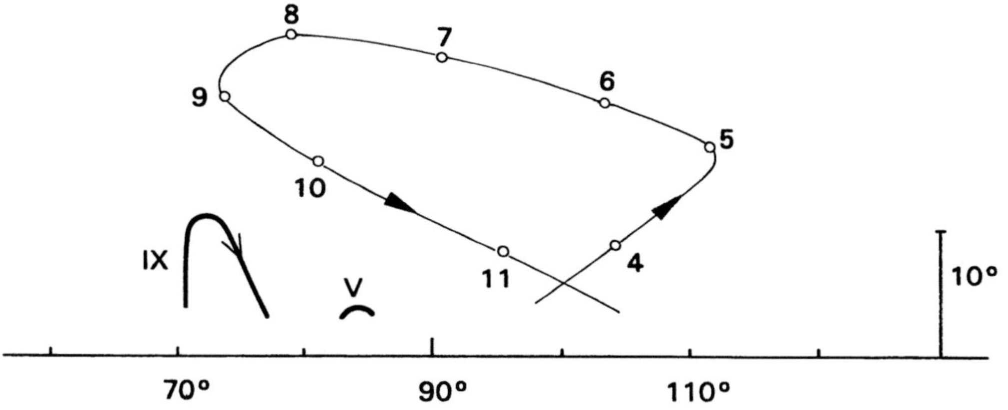

Abb. 15 c
Osthorizont von Memphis
Venus: April bis November -2397
Merkur: Mai und September -2397

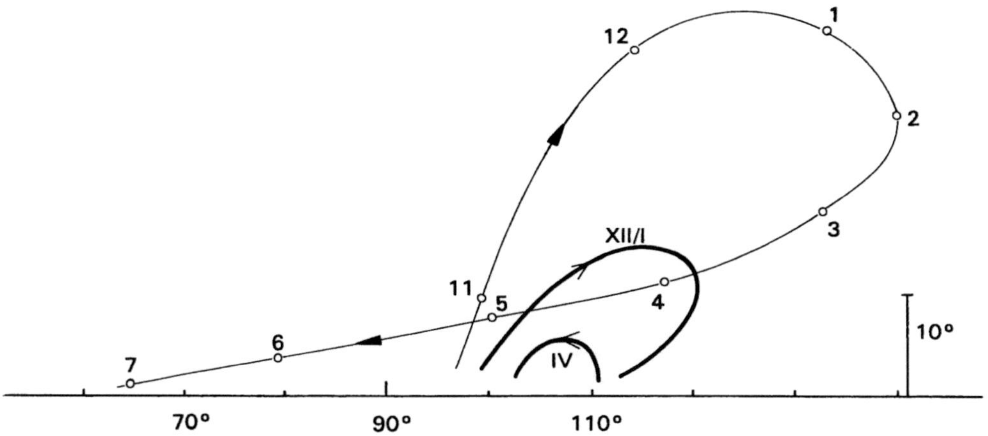

Abb. 15 d
Osthorizont von Memphis
Venus: November bis Juli -2396/95
Merkur: Dezember bis Januar -2396/95 und April -2395

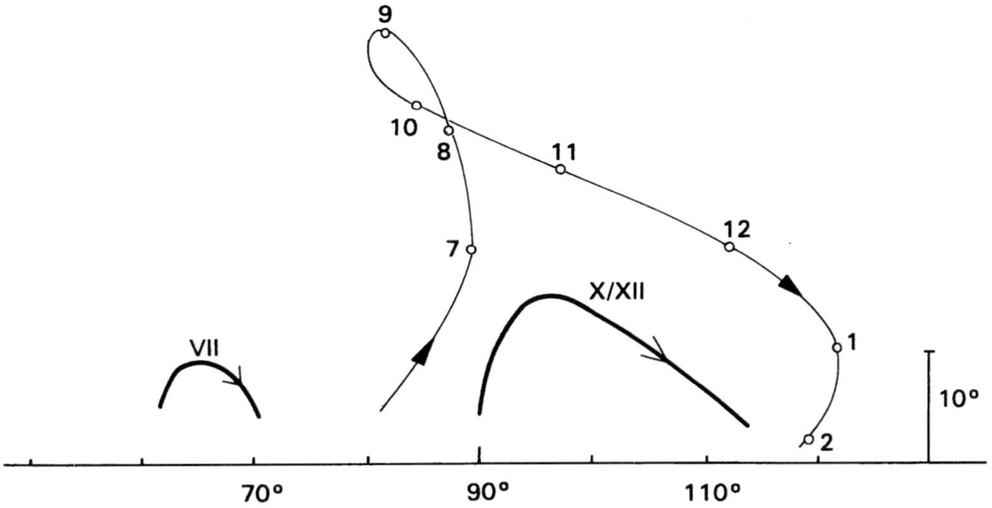

Abb. 15 e
Osthorizont von Memphis
Venus: Juni bis Februar -2394/93
Merkur: Juli -2394 und Oktober bis Dezember -2394

XIII. Sḥdw-Sterne, sḥdw-Himmel und msqt-sḥdw

101. Wissenschaftsgeschichtliche Einleitung. – Sethe sah in einem sḥd, determiniert mit SL F 18 + N 14 [Elephantenzahn + Stern] >einen Stern, vielleicht in Form eines [Elephantenzahnes = SL F 18]<.[1] In einleuchtenderer Weise vermutete Briggs in den sḥdw-Sternen die Planeten.[2] Mercer teilte diese Vermutung und bezog den Terminus msqt sḥdw in die Erklärung ein:[3] >The word msk.t is clearly „way" or „road", not the milky way (...). ... The word sḥdw seems to designate a series of stars in the zodiacal zone stretching from east to west,[4] but not the „milky way", which extends from north to south; and as they seem to have free motion, they may possibly have been planets ...<. Mercers Angabe über den Verlauf der Milchstrasse gilt nur für die Lage an der Himmelskugel, nicht aber für einen bestimmten Horizont zu einer bestimmten Zeit, was für einen Beobachter allein relevant ist (vgl. Abb. 2a-d). Mercer folgte jedenfalls nicht Sethe, der in beiläufiger Weise die msqt sḥdw als Milchstrasse erklärt hatte, >oder was msk.t sḥd.w sonst sein mag<.[5] Faulkner jedoch schloss sich Sethes leichthin ausgesprochener Meinung in dezidierter Weise an: >Msqt sḥdw, „street of stars(?)" is doubtless the Milky Way<.[6]

Entgegen Sethe und Mercer geht aus pCarlsberg I, 2, 4-6, eindeutig hervor, dass msqt einen horizontnahen Bereich bezeichnet,[7] in dem sich die

1 Sethe, ÜKPT IV 158.

2 Briggs, in: Mercer PT IV 39, 49.

3 Mercer, PT II 157 und PT IV 211.

4 Diese Formulierung Mercers erinnert an die von Allen, IVPT § 506A gegebene Übersetzung von msqt sḥdw als „starry stretch".

5 Sethe, ÜKPT II 20.

6 Faulkner, AEPT 72, Utt. 262 n. 11.

7 Vgl. Neugebauer/Parker, EAT I (1960) 50. Schon vor der Veröffentlichung dieses Hinweises hat A. Volten, MDAIK 16 (1958) 348f, erkannt, dass pCarlsberg I gegen Sethes Erklärung von msqt als Milchstrasse spricht. Vgl. auch D. Müller, JEA 58 (1972) 109, der zumindest für CT VII 2j die Bedeutung „Milchstrasse" für msqt abgelehnt hat.

Sonne bald nach ihrem Aufgang bewegt.[8] In den Pyramidentexten selbst lässt sich die horizontnahe Lage der msqt aus PT 279d-285a herauslesen und daher kann der Terminus durch die Zeiten hindurch zumindest in diesem Punkt gleiche Bedeutung gehabt haben. Von dieser Richtigstellung ist zunächst der auf msqt allein lautende Terminus in PT 279d betroffen, den aber auch schon Sethe fragend mit der Milchstrasse gleichsetzte.[9] Ich nehme an, dass die msqt sḥdw ein der msqt entsprechender Bereich ist, in dem sich die sḥdw-Sterne bald nach ihrem Aufgang bewegen.

102. Zu den Aussagen über einzelne sḥd-Sterne. – Lediglich allgemein ist der Informationsgehalt von PT 1583b,[10] wonach NN als sḥd jr pt mm nṯrw, >ein sḥd-Stern am Himmel unter den Göttern< ist. Aus dieser Stelle geht nicht hervor, worin der Unterschied zwischen einem sḥd-Stern und anderen Sternen besteht.

In PT (467) liegen Aussagen über den versternten NN als Sohn des Sonnengottes vor, der im Osten und Westen des Himmels anzutreffen ist, der auf Befehl des „Horus, Herr des pt-Himmels" (Ḥrw, nb pt) lebt und ferner im Sonnenboot rudert. Es ist nicht klar, ob NN lediglich mit einem sḥd-Stern verglichen wird oder tatsächlich ein solcher Stern ist.

PT 889b:[11] šzp P. pn mᶜwḥ.f,
c: ẖnjj P. pn Rᶜw m nmt pt,
d: sḥd n nbw, sšd kꜣ jꜣḫw,
e: sn n nbw jr nmt pt.
889a: dieser P. ergreift sein Ruder,
b: damit dieser P. den Re beim Durchschreiten des pt- Himmels fährt,
c: ein sḥd-Stern aus Gold,[12] Schmuck/Blitz(?)[13] des Stieres des jꜣḫw,
d: ein sn-Speer(?)[14] aus Gold an dem, der den pt-Himmel durchschreitet.

8 In diesem Sinne versteht P. Barguet, RdE 29 (1977) 15, den Terminus msqt in einem Edfu-Text.
9 Sethe, ÜKPT I 315.
10 Text nach Nt, s. Faulkner, Supplement 11.
11 Text nach P; M und N bieten nur unwesentliche Varianten.
12 Eher so als „zugehörig zum Gold".
13 Vgl. Faulkner, AEPT 156, Utt. 467 n. 4.
14 Vgl. Faulkner, AEPT 156.

Auf alle Fälle gehört NN zu den Ruderern des Re und ist als solcher ein Begleiter des Re, überdies auch „Schmuck des Re“[15]. Die Beinamen des NN helfen dem sachlichen Verständnis eines sḥd-Sternes nicht weiter. Es bleibt offen, ob ein Fixstern oder Planet gemeint ist.

Nach PT 506a wird der göttliche Fährmann Ḥmj von einem sḥd-Sterngott begleitet.[16] Ḥmj ist ausdrücklich als Überquerer des ḫꜣ-Kanals bekannt, und umständehalber sollte auch sein Begleiter ein Überquerer des ḫꜣ-Kanals sein. Folglich wäre in diesem sḥd-Stern ein Planet zu erkennen, da nur der Mond und die Planeten den ḫꜣ-Kanal bzw. den ekliptikalen Streifen überqueren.

Schwierig ist die Interpretation von PT 698b, wonach NN ein sḥd-Stern ist, der sich im Opfergefilde hin- und her bewegt und als Auge des Re bzw. als Auge des Horus gilt. Hier halte ich fest, dass dieser sḥd-Stern sich hin- und her bewegt (wnwn), was zu einem Fixstern nicht passt, wohl aber zu einem Planeten; für weiteres verweise ich auf § 111.

103. Zu den Aussagen über sḥdw-Sterne (pl.).[17] Nach PT (374) verhindern einerseits die ꜣkrw und andererseits die sḥdw-Sterne den Himmelsaufstieg des NN nicht.[18]

PT 658d:[19] [nj nḏ]rr.k jn ꜣkrw,
e: nj ḫsff.k jn sḥdw,
659a: wn n.k ꜥꜣ.wj pt, pr.k jm.sn,
658d: nicht wirst du von den ꜣkrw gepackt,[20]
e: nicht wirst du von den sḥdw-Sternen zurückgewiesen,
659a: geöffnet sind für dich die beiden Türflügel des pt-Himmels, damit du durch sie hinaufsteigst.

15 Sethe, ÜKPT IV 158f.
16 Siehe § 34 oben.
17 Sethe, ÜKPT II 20, zählt PT 658e, 1575b und 2001a zu den Belegen für pluralisches sḥdw.
18 Bei der sprachlichen Analyse dieser Verse halte ich mich an Sethe, ÜKPT III 208ff.
19 Text nach T.
20 Wenn NN die Erde verlässt; vgl. Bonnet, RÄRG 13.

PT 658d-e lässt keine Informationen zur astronomischen Natur der sḥdw-Sterne erkennen. Sethe sah in den sḥdw-Sternen dieser Stelle in vager Weise die „Mächte des Himmels" im allgemeinen.[21] Es ist möglich, dass das Thema des Abwehrens mit den sḥdw-Sternen enger verbunden ist, da auch die msqt sḥdw in weiteren Texten den NN vom Himmel abzuwehren scheint.

Inhaltlich ist PT (689) ein Triumph des Horus, bei dem NN Zeuge ist und der dem Horusauge zum pt-Himmel folgt.

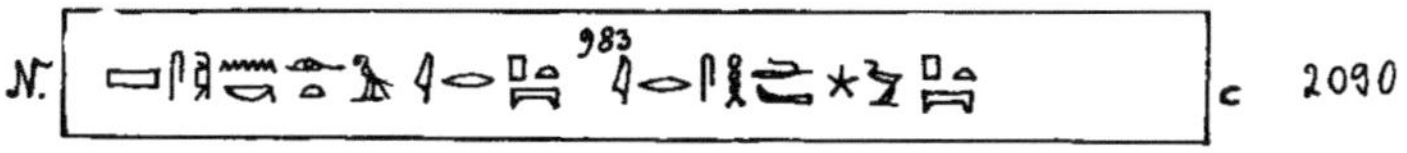

....

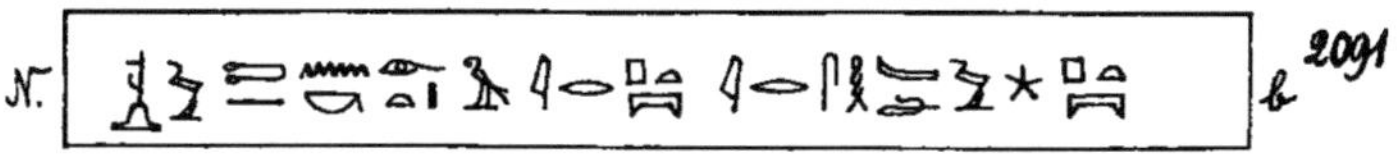

2090c: folge (für dich) dem Horusauge zum pt-Himmel,
zu den sḥdw-Sternen des pt-Himmels,

....

2091b: erhebe (für dich) das Horusauge zum pt-Himmel,
zu den sḥdw-Sternen des pt-Himmels.

Ähnlich wie in PT 698b liegt auch hier eine Verbindung des Horusauges zu den sḥdw-Sternen vor,[22] auf die ich in § 110 näher eingehe.

104. Aussagen zu dem sḥdw genannten Teil des Himmels. – In PT (412) und (572) heisst es in ähnlichen Wendungen, dass die Türen des sḥdw geöffnet sind.

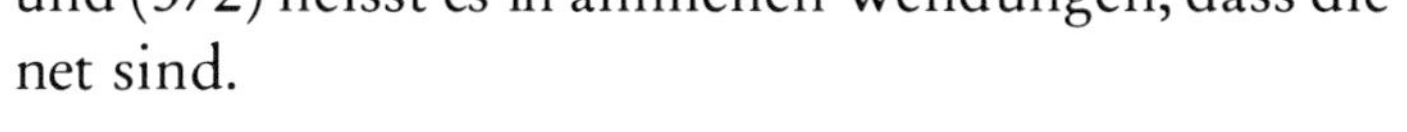

21 Sethe, ÜKPT III 210.

22 Allen, IVPT § 466, fasst sḥdw pt auf als >starry firmament of the sky<; Faulkner, AEPT 298, übersetzt >the stars of the sky<. Beides ist möglich, doch scheint mir hier die Orthographie von sḥdw eher für pluralische Auffassung zu sprechen.

727a: geöffnet sind dir die Türflügel des pt-Himmels,
zurückgezogen sind dir die Türflügel des sḥdw.

P. M.
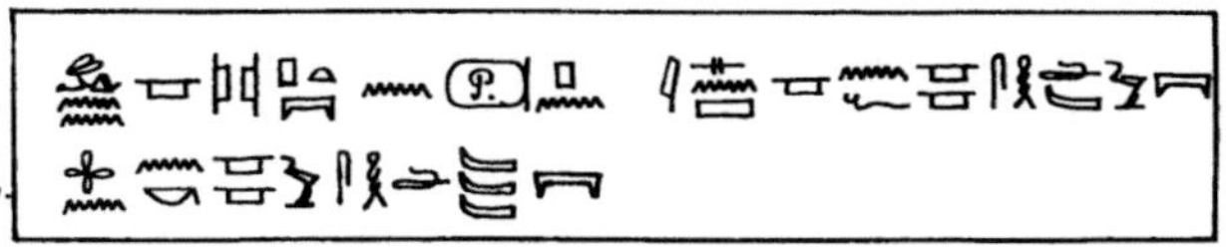
1474 c

1474c (P): die Türen des pt-Himmels öffnen sich für diesen P.,
zurückgezogen sind für ihn die Türen des sḥdw.
1474c (M): geöffnet sind dir die Türen des sḥdw.

P.
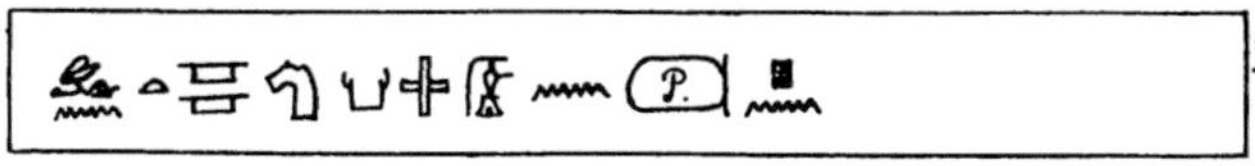
907 a

P.
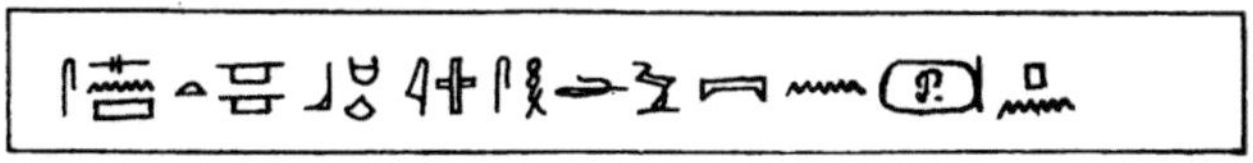
b

907a:[23] Geöffnet werden die Türflügel des bꜣ-kꜣ, der im qbḥw ist, diesem NN,
b: aufgetan werden die Türflügel des bjꜣ, der im sḥdw[24] ist, diesem NN.[25]

W.
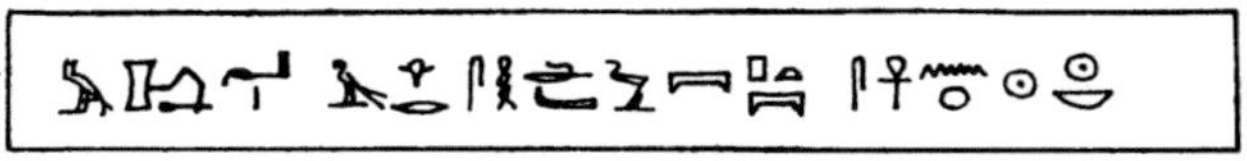
449 b

449b: „Der mit ausgestrecktem Arm“,[26] Horus,
der sich über dem sḥdw des pt-Himmels befindet.

Nach den ausgewerteten Belegen hat sḥdw als Himmelsteil Beziehungen zum Horusauge und zu dem als ḥrj sḥdw pt qualifizierten Horus. Der älteste Beleg für sḥdw als Teil des Himmels ist der Name der Pyramide von

23 Text nach P.
24 In der teilweise zerstörten Variante PT 1575b ist sḥdw dreifach mit SL F 18 determiniert.
25 Vgl. E. Graefe, Wortfamilie (1971) 54, zu bꜣ kꜣ und bjꜣ.
26 WB II 49.5; vgl. Sethe, ÜKPT II 241 und Faulkner, AEPT 91, Utt. 301 n. 7.

Ḏd.f–R^{c}w.[27] Wie bei ꜣḫt-Ḫwfw als Name der Cheopspyramide, ist hier die Bezeichnung einer himmlischen Lokalität als Name der Pyramide gewählt.[28]

105. Ambivalente Aussagen über sḥdw. – In PT (675) ist nicht klar, ob die sḥdw-Sterne oder der sḥdw-Himmelsteil gemeint sind. Nach Neith 608 lautet der Text:[29]

608
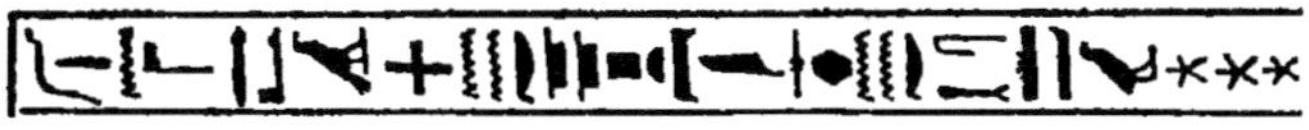

Laut einleitendem Halbvers sind die Türflügel des pt-Himmels geöffnet. Im zweiten Halbvers fehlt ein Hinweis auf die Türflügel, so dass sich die Frage stellt, wer oder was aufgetan oder zurückgezogen sein soll. Ist hier unter sḥdw der Himmelsteil zu verstehen, trotz der Schreibung als Plural sḥdw–Sterne?

106. Angaben der CT zu den sḥdw-Sternen. – Nach CT VI 350f-i ist der Morgenstern eindeutig ein sḥd-Stern. Aus CT II 117f-g lässt sich die Aussage zitieren, dass Ḫntj-jrtj ein zur Stadt Ḫm gehörender sḥd wr ist: Ḫntj-jrtj, sḥd wr, zmꜣ r Ḫm. Ḫntj-jrtj seinerseits ist bekanntlich eine Form von „Horus dem Älteren", für den wiederum nach CT VII 491h zumindest die stellare Umgebung belegt ist: >Horus der Ältere ist inmitten der oberen Sterne und gegenüber den unteren [Sternen??]<. Die Gleichsetzung eines bestimmten sḥd-Sternes mit Venus liegt wahrscheinlich auch in CT IV 57a-b vor. Die Varianten zu dieser Stelle stimmen darin überein, dass NN als sḥd-Stern erscheint, der durch die Adjektive w^{c}tj, w^{c} oder wr gekennzeichnet ist. Über diesen sḥd-Stern heisst es, dass er sich im Westen des Himmels und im Osten der Erde befindet. Bei wörtlicher Interpretation sollte es sich mithin um einen Stern handeln, der im Westen als Abendstern und im Osten als Morgenstern erscheint. Berücksichtigt man die oben zitierte Be-

27 K. Zibelius, Ägyptische Siedlungen nach Texten des Alten Reiches (1978) 212f; W. Helck, LÄ V (1984) 5.

28 Zuletzt hat W. Westendorf diese Pyramidennamen als Nisben erklärt: „Zum Horizont gehörig ist Cheops", „Zum Firmament gehörig ist Djedefre", s. W. Helck, LÄ V (1984) 5. Diese Interpretation lässt sich schon bei A. Badawy, MIO 10 (1964) 205, nachweisen.

29 Bei N ist der Text teilweise zerstört.

zeichnung des Morgensterns als sḥd, dann liegt auch hier der Schluss auf Venus nahe.

Die zitierten Angaben der CT über je einen einzigen sḥd-Stern deuten mithin auf Venus als Morgen- und/oder Abendstern. Unter dieser Voraussetzung können mit den sḥdw-Sternen im allgemeinen Planeten gemeint sein. Dies folgt im Material der PT aus den Stellen, wo ein sḥd-Stern näher charakterisiert wird, nämlich durch das wnwn-Wandeln des sḥd-Sterns von PT 698b und durch die implizierte Überquerung des ḫꜣ-Kanals von PT 506a seitens des den Fährmann Ḥmj begleitenden sḥd-Sterns. Es gibt keine eindeutigen Hinweise darauf, dass sich unter den sḥdw-Sternen auch Fixsterne befinden. Insofern bestätigt sich die eingangs zitierte Vermutung von Mercer und Briggs über die sḥdw-Sterne: >they may possibly have been planets …<.

XIV. Zur kosmologischen Identität der Horusaugen

107. Wissenschaftsgeschichtliche Einleitung.[1] – Nach Bonnets Formulierung von 1952 ist das Horusauge >in der Sprache des Mythus und des Kultes einer der häufigsten und zugleich vieldeutigsten Ausdrücke<.[2] Griffiths hat 1958 das Verhältnis der beiden Horusaugen zueinander untersucht und die Vorstellung von der Existenz zweier Horusaugen schon für die PT bestätigt.[3] Griffiths war der Meinung, nur eines der beiden Augen sei von Seth verletzt worden, das andere sei als wḏꜣt heil geblieben. 1977 fasste Westendorf für das Lexikon der Ägyptologie Befund und Interpretation zum Horusauge im nicht symbolischen Sinn wie folgt zusammen:[4] >Die bruchstückhaften Aussagen lassen erkennen, dass es seinem Besitzer Horus geraubt oder verletzt wird (durch Seth und dessen Gefolge), jedoch stets wieder zurückerstattet und geheilt wird (unter Mitwirkung des Thot). Die gestörte Ordnung wird also regelmässig wiederhergestellt. Im allgemeinen werden (ausgehend von ptolemäischen Texten) diese Einzelaussagen zu einer Mythe des Himmelsherrn Horus zusammengesetzt, dessen Augen Sonne und Mond sind, wobei sich in der periodischen Schädigung des Auges der Untergang der Gestirne bzw. der Wechsel der Mondphasen widerspiegeln soll. Demgegenüber ist (ausgehend von Schott, aufgegriffen von Rudnitzky, vertieft von Anthes und Griffiths) der kosmische Aspekt als sekundär erklärt worden. Danach sei das „Horusauge" ursprünglich vielmehr „wie oder als der Uräus ein Zubehör des irdischen Königs",[5] und zwar als Symbol für sämtliche das Leben sichernden Werte, die der König (dem Horus wesensgleich) kultisch zu garantieren hatte<.

1 Zu einer thematisch gegliederten Zusammenstellung der auf das Horusauge bezüglichen PT-Stellen, s. L. Speleers, Comment faut-il lire les Textes des Pyramides Égyptiennes (1934) 74-86.

2 Bonnet, RÄRG 314.

3 J. G.Griffiths, CdE 33 (1958) 182 ff.

4 W. Westendorf, LÄ II (1977) 48-51.

5 R. Anthes, ZÄS 86 (1961) 1.

Offensichtlich trifft die jüngere und vor Schott schon bei Speleers anzutreffende Meinung zu, dass die Vorstellung von dem in den ptolemäischen Texten greifbaren Himmelsgott Horus mit Sonne und Mond als Augen in älterer Zeit noch nicht existierte.[6] Unbegründet wäre aber die Schlussfolgerung, dass das Horusauge keine kosmologische Vorstellung sein kann, weil Horus ursprünglich kein Himmelsgott im Sinne der ptolemäischen Texte war. Die folgenden Ausführungen sind als kurzgefasster Entwurf einer kosmologischen Erklärung der Horusaugen zu verstehen.

108. Das verwundete Horusauge und der ḫꜣ-Kanal. – Der bereits in § 24 behandelte Text PT (359; Variante 475) enthält die Themen vom Kampf zwischen Horus und Seth und von der Gefährdung des Horusauges im östlichen Himmel bzw. auf der Nordseite des ḫꜣ-Kanals. Das herausgerissene Horusauge scheint zunächst auf der nördlichen Kanalseite geblieben zu sein, wollte aber – nach Sethes Interpretation – auf die südliche Seite überwechseln. Denn nach PT 594b ist es auf der nördlichen Seite, dass das Auge aufspringt und auch, dass es auf den Flügel des Thot fällt.[7] Mithin scheint sich Thot bald nach dem Kampf zwischen Horus und Seth auf der nördlichen Seite des ḫꜣ–Kanals befunden zu haben. Laut PT 595a will NN zusammen mit einer Gruppe anonymer Götter auf dem Flügel des Thot zur nördlichen bzw. zur östlichen Seite des Kanals überfahren, um mit Seth zu reden wegen des Horusauges. Folglich wäre Thot zwischenzeitlich von der nördlichen auf die südliche Seite gekommen. Es fragt sich aber, ob er dabei das Horusauge mitgenommen hat, das auf seinen Flügel gefallen war. Nach PT 600c nämlich ist NN auf der Suche nach dem beschädigten Horusauge; ist also das Horusauge in der gegenwärtigen Situation von PT (359) nicht auffindbar?

Das herausgerissene Horusauge bewegt sich anscheinend mit Hilfe des Flügels von Thot-Mond (§ 24). Da dieses Horusauge im östlichen Himmel weilt, sollte der mit diesem Horusauge vergesellschaftete Thot als abnehmender Mond im Osten erscheinen.

Schützend gegenüber dem Horusauge tritt Thot-Mond auch in PT 1233 auf, während in PT (615) ein Horusauge und Seth ohne Kampf vergesell-

6 L. Speleers, Comment faut-il lire les Textes des Pyramides Égyptiennes (1934) 85 f.
7 Sethe, ÜKPT III 108.

schaftet sind. Hier steht das Horusauge, ähnlich wie in dem zuletzt behandelten Spruch PT (359), kurz vor einer Überfahrt über den ḫꜣ-Kanal.

PT 1742a:[8] ḏjj jrt Ḥrw ḥr ḏnḥ nj sn.f Stš,
b: ṯzjj ꜥḥw, zmꜣjj mḫnwt,
c: n zꜣ (J)tm(w), nj zꜣ (J)tm(w) jwj.j
d: M. pw jr[9] zꜣ (J)tm, nj zꜣ (J)tm jwj.j.[10]
1742a: Setze das Auge des Horus auf den Flügel seines Bruders Seth,
b: knote die Seile, vereinige die Fähren,
c: für den Sohn des Atum, damit der Sohn des Atum[11] nicht schifflos ist,
d: M. nämlich ist der Sohn des Atum (und) nicht ist der Sohn des Atum schifflos.

Eine Parallele zu PT (615) bieten die Verse PT 1376a-b und 1377a-c in PT (555),[12] wo allerdings zunächst die Fähre bereit gemacht wird und dann erst die Aufforderung an Thot erfolgt den NN auf seinem Flügel über den ḫꜣ–Kanal zu transportieren. Nach dieser Parallele würde sich in PT (615) ein Horusauge zusammen mit Seth von der südlichen Seite auf die nördliche Seite des ḫꜣ-Kanals begeben. Im Unterschied zu PT (555) kommt in PT (615) ein Horusauge vor und ist Thot durch Seth ersetzt. Während Seth selbst als Überquerer des ḫꜣ-Kanals dem Verständnis keine Schwierigkeiten bietet,[13] ist der „Flügel des Seth" anstössig.[14] Das Attribut des „Flügels" kann von Thot auf Seth übertragen sein. Der Sachverhalt bleibt mit der auch sonst belegten Vorstellung konform, dass sowohl Seth als auch das Horusauge den ḫꜣ-Kanal überqueren. Es bleibt offen, ob das Horusauge hier die Fähre darstellt und Seth den Fergen oder ob eine

8 Text nur bei M.
9 Faulkner, AEPT 256, liest jr als deiktische Präposition. Allen, IVPT 578, versteht jrj im Anschluss an Edel, AG § 821 Nachtrag.
10 Allen, IVPT § 578.
11 Zu Horus als Sohn des Atum in PT (461) siehe § 28.
12 Siehe § 20.
13 Siehe § 93.
14 Der Verweis von J. G. Griffiths, Conflict (1960) 3 Anm. 8, auf geflügelte Sethfiguren des NR nach G. Brunton, Matmar (1948) 612, ist für die Pyramidenzeit irrelevant.

Variante der aus anderen Texten bekannten beiden Fährleute des ẖ3-Kanals vorliegt.[15]

109. Mögliche Lokalisierung eines Horusauges in der Dat nach PT (668). –

PT 1959a:[16]	N. pw bjk ngg, dbn jr[t] Ḥrw ḥrj[t]-jb D3[t],
b:	N pw bjk, jdjj [m?] //// [j]d n ṯn N. jm
1960a:	jw N. r gs j3bt(j) nj nwt,
b:	jwrr N. jm, msjw N jm.
1959a:	N. ist ein schreiender bjk-Falke, der umkreist[17] das Horusauge, befindlich in der Dat,
b:	N. ist ein bjk-Falke, ...
1960a:	N ist auf dem Weg zur östlichen Seite des nwt-Himmels,
b:	dort wird N. empfangen, dort wird N. geboren.

In PT 1960a handelt es sich um eine am Himmel stattfindende Bewegung nach Osten, was der täglichen Bewegung der Himmelskörper entgegengesetzt ist, wohl aber den ekliptikalen Bewegungen des Mondes und der Planeten entspricht. Im übrigen befindet sich hier das betreffende Horusauge in der Dat, die sich als ekliptikaler und südekliptikaler Bereich des Himmels erklären lässt.[18] Ḥrj-jb D3[t] kann wegen des maskulinen ḥrj auf Horus allein bezogen sein. Da auch kein t von jrt und d3t geschrieben ist, lässt sich ḥrj[t]-jb D3[t] lesen. Demnach würde sich das Auge von Horus in der Dat befinden. Dies würde aber auch aus der anderen Möglichkeit folgen, dass in diesem Text eine Aussage allein über Horus in der Dat vorliegt: Da es keine Hinweise darauf gibt, dass hier das Auge von seinem Herrn getrennt ist, können sich beide in der Dat aufhalten. Da NN dem Horusauge

15 Siehe § 34.

16 Soweit erhalten identischer Text bei N und JP II; zu letzterem s. Faulkner, Supplement 47-48.

17 G. Rudnitzky, Aussage (1956) 36, fasst dbn jrt auf als „mit rundem Auge", so auch J. G. Griffiths, Conflict (1960) 38, offensichtlich im Anschluss an Rudnitzky. Als einen isolierten Ausdruck kann man dbn jrt im Sinne von Rudnitzky deuten, dabei bleibt aber die Parallelität der Aussagen von PT 1959a und b unberücksichtigt. Speleers, TP 213, Faulkner, AEPT 283, und Allen, IVPT § 775, haben dbn als Partizip aufgefasst.

18 Siehe § 81 ff.

auf seinem Weg zum östlichen Nwt-Himmel begegnet, ist mithin auch das betreffende Horusauge selbst im Osten des Nwt-Himmels zu lokalisieren.

110. Horusauge und sḥdw-Sterne. – Himmlisch lokalisiert ist ein Horusauge auch in PT (689). Der Inhalt dieses Spruches lässt sich als Triumph des Horus beschreiben, NN ist Zeuge bei diesem Triumph und folgt dem Horusauge zum Himmel. In einen verwandten Zusammenhang gehört PT (478) 971a-98ac als ein Spruch, der den Himmelsaufstieg des NN als Horusauge schildert. Nach Sethe liegt eine Anspielung auf einen mythischen Präzedenzfall vor, bei dem sich das Horusauge (bei seinem Aufstieg zum Himmel) links von der Himmelsleiter befand, wie NN in der Situation von PT (478).[19]

PT 2090c:[20] šms n.k jrt Ḥrw jr pt, jr sḥdw pt,
d: [21]...........................
2091a: Šw wṯz Nwt, wṯz n.k jrt Ḥrw jr pt, jr sḥdw pt,
2090c: folge (für dich) dem Horusauge zum pt-Himmel, zu den sḥdw-Sternen des pt-Himmels,
d: ....
2091a: Shu, der Nut erhebt,
erhebe (für dich) das Horusauge zum pt-Himmel
zu den sḥdw-Sternen des pt-Himmels.

Hier hält sich das betreffende Horusauge speziell unter den sḥdw-Sternen auf, was entsprechend der anscheinend planetarischen Natur der sḥdw-Sterne einen Hinweis auf die gleichfalls planetarische Natur auch des Horusauges bildet.[22]

111. Beziehung eines Horusauges zum „Auge des Re". – In PT (402) machen T, P und M gleichlautende Aussagen über das „Auge des Re", während in N statt von „Auge des Re" vom Horusauge die Rede ist.

19 Sethe, ÜKPT IV 265.
20 Text nur bei N.
21 Unverstandene Textstelle, vgl. Faulkner, AEPT 298, Utt. 689 n. 8.
22 Siehe § 106.

PT 698 T.P.M a: ḏd mdw, swsḫ st N. ḥnꜥ Gb
N a: ḏd mdw, swsḫ.n N. st.f ḥnꜥ Gb
T.P.M.bsqꜣ sḥd N. ḥnꜥ Rꜥw[23]
N b: sqꜣ sḥd N. ḥnꜥ Nwt
T.P.M c:wnwn N. m sḫwt ḥtp[24]
N c: wnwn N. m sḫt ḥtp
T.P.M.dN. pw jrt tw nt Rꜥw, sḏrt jwr.t(j) ms.t(j) rꜥw nb.[25]
N d: N. pw jrt tw nt Ḥrw, sḏrt jj.t(j) ms.t(j) rꜥw nb.

Schon in seiner 1912 veröffentlichten Studie über das Sonnenauge ging Sethe ohne weiteres davon aus, dass die Bezeichnung jrt Rꜥw den Sonnengott selbst meint. Unter dieser Voraussetzung kommentierte er später auch PT (402); seine Übersetzung der Version von T.M.N. lautet:
>698a. Weit gemacht ist die Stätte des NN. mit Geb (d.i. auf Erden),
698b. hoch gemacht soll werden das sḥd-Gestirn des NN. mit Re (d.i. am Himmel),
698c. damit NN. wandle in den Gefilden der Speisung.
698d. NN. ist jenes Auge des Re, das in der Nacht (wieder) empfangen und geboren wird alle Tage<.

Da ihm die Bezeichnung als sḥd-Stern und auch das Wandeln im Opfergefilde nicht gut zur Sonne zu passen schien, wollte Sethe den Spruch PT (402) in zwei Quellen zerlegen:[26] >Ein Text, der aus 2 heterogenen, nicht miteinander vereinbaren Stücken besteht: 1) die Stellung des Toten als Stern am Himmel bei Re betrefffend: 698a/c. 2) der Tote als Sonnenauge d.i. die Sonne selbst: 698d, eine Var. zu 705a/c, das dort ähnlich in Widerspruch zum übrigen Text steht<.

Während Griffith in seinen 1958 erschienenen „Remarks on the Mythology of the Eyes of Horus" Sethe beipflichtete,[27] wandte Anthes wenig später gegen Sethe ein:[28] >"Nachtsüber empfangen und geboren alle Tage"

23 Bei M zerstört.
24 P. schreibt M. pn m sḫwt ḥtpt; M. ist zerstört. Der Gebrauch des Plurals sḫwt ist nach Sethe, ÜKPT III 279, älter als der des Singulars.
25 T. schreibt jj.t(j) für jwr.tj wie N. , vgl. Sethe, ÜKPT III 280.
26 Sethe, ÜKPT III 277.
27 J. G. Griffiths, CdE 33 (1958) 191.
28 R. Anthes, ZÄS 86 (1961) 8.

scheint mir zur Sonne gar nicht zu passen, wohl aber zu einem Stern: „(Pyr. 132a) NN wird in der Nacht (m grḥ) empfangen, NN wird in der Nacht geboren.[29] (b) Er gehört zu denen (oder: ihm gehören die), welche dem Re folgen und die dem Morgenstern (nṯr dwꜣ(y)) voraufgehen“. Da ist NN ein Stern, sicher nicht die Sonne, der in der Nacht empfangen und geboren wird, also ein abendlicher Stern, der bald nach der Sonne untergeht, und ein morgendlicher Stern, der kurz vor der Sonne aufgeht: Untergang und Aufgang finden in der Nacht statt<. In diesem Sinne schloss Anthes, dass in PT (402) das „Auge des Re“ >unzweifelhaft als Stern, und zwar als Abend- und Morgenstern gekennzeichnet< ist.[30]

Anthes störte sich an der gleichen Stelle an der Zeitbestimmung rʿw nb/ täglich, in „empfangen und geboren alle Tage“.[31] Aber muss man diese Redewendung wörtlich nehmen? Sollte mit „täglich“ hier nicht gemeint sein „viele Tage nacheinander“? N bezieht den Ausdruck rʿw nb auf das Horusauge, zu dessen Mythe das zeitweise Verschwinden gehört. Also fasst zumindest N die Formulierung rʿw nb nur gleichsam und nicht wörtlich auf. Man vergleiche etwa die Aussage, dass Orion „täglich“ aufgeht.[32] Auch diese Formulierung dürfte „gleichsam“ gemeint sein, da der Aufgang des Orion nur im Sommer und Herbst zur Nachtzeit geschieht und mithin zu beobachten ist. Meiner Auffassung von rʿw nb entspricht die Erklärung des Gebrauchs von „immer“ in folgendem Zitat: „Im Schrank hat Grossvater immer einen Kasten mit Äpfeln stehen – natürlich nicht immer, aber jedenfalls in der Jahreszeit, in der es Äpfel gibt. Jedesmal, wenn wir ihn besuchen, bekommen wir einen Apfel“.[33]

Anthes verwies schliesslich auch auf die Textvariante bei N, wonach der >NN zusammen mit Geb weit ist und zusammen mit Nut hoch ist, und dass er jenes Auge des Horus ist, das nachts empfangen und geboren wird. Damit steht N im Gegensatz zu T und P, die „Re“ statt „Nut“ und „Auge des Re“ statt „Auge des Horus“ haben. Da die jüngste Fassung N zunächst leichter verständlich scheint, hat Sethe sie mit gutem Grunde für die schlechtere gehalten und unberücksichtigt gelassen. Aber beide Fas-

29 Zu dieser Stelle siehe auch § 55.
30 R. Anthes, ZÄS 86 (1961) 9.
31 Vgl. § 57.
32 R. O.Faulkner, Mélanges Maspero I (1935) 339 (4.2).
33 Astrid Lindgren, Die Kinder aus Bullerbü. Hamburg (1970) 41.

sungen ergeben guten Sinn<. Man kann einen Schritt über Anthes hinausgehen: N hat möglicherweise nicht „Auge des Re“ durch „Auge des Horus“ ersetzt, weil ihm das im Kontext auch sinnvoll zu sein schien, sondern weil seiner Meinung nach beide Augen identisch sind. Wie Anthes störe ich mich nicht an der Bezeichnung eines Sterns als „Auge“ der Sonne und im vorliegenden Fall insbesondere nicht, weil für N nicht nur die Gleichsetzung von Horusauge und Sonnenauge galt, sondern auch die Qualifizierung des Horusauges als sḥd-Stern.

An Sethes Bearbeitung ist prinzipiell zu kritisieren, dass er gegenüber PT (402) ohne weiteres bzw. aufgrund einer bereits fertigen Meinung den Vorwurf erhoben hat, dieser Text würde aus nicht zusammengehörenden Teilen bestehen. Liest man den Text ohne vorgefasste Meinung, dann zeigt sich NN als sḥd-Stern, der im Opfergefilde umherwandelt, der auch die Bezeichnung „Auge des Re“ trägt und als solcher die Nacht verbringt.

Die Art und Weise, in der dieser Stern die Nacht verbringt, ist durch die Stative jwr.tj, ms.tj in einer grammatisch anscheinend noch nicht endgültig analysierten Weise ausgedrückt. Sethe meinte, das imperfektische sḏrt würde >die untergeordneten perf. Pseudopartizipformen mit sich in die imperfektische Aktion reiss(en)<.[34] Anthes folgte dieser Auffassung, wie seine Übersetzung >... das Auge des Re ist NN, das nachtsüber emfangen und geboren wird alle Tage< zeigt.[35] Allen übersetzt sḏrt jwr.tj in PT 698d: >which spends the night pregnant< was sachlich schwierig ist, weil das Auge selbst nicht „schwanger“, sondern „empfangen“ ist.[36] An der verwandten Stelle PT 705c übersetzte Allen sḏr NN pn jwr, msj.j r^{c}w nb, unter Annahme einer resultativen Bedeutung des Stativs msj.j:[37] >„This King spends the night conceived and (subsequently in a state of having been) born, every day<. In ähnlicher Weise übersetzt Westendorf:[38] >... dieses Auge des Horus das zu Bett (...) gegangen und schwängernd empfangen ist und jeden Tag geboren wird<.[39] Astronomisch ist in PT (402) über das Ho-

34 Sethe, ÜKPT III 279.

35 R. Anthes, ZÄS 86 (1961) 7.

36 Allen, IVPT § 586C.

37 Allen, IVPT § 589.

38 W. Westendorf, GM 25 (1977) 104.

39 Zu kosmologischen Empfängnissen und Geburten in diesem Zusammenhang, vgl. J. P. Allen, Cosmology (1989) 14.

rusauge gesagt, dass es sich dabei um einen sḥd–Stern handelt, der sich im Opfergefilde hin- und her bewegt (wnwn). Wenn man diese Angaben wörtlich interpretiert, dann ist auf einen Planeten zu schliessen, der sich in der Tat hin- und her bewegt, nicht aber auf einen Fixstern, der seine Stellung gegenüber den anderen Fixsternen nicht ändert.

112. Horusauge und Älterer Horus. –In PT 301b-c liegt anscheinend eine innerhalb der PT isolierte Spezifizierung eines Horusauges als Auge des „Älteren Horus“ vor.

PT 301b:[40] … jw.f ḥr nst Ḥrw smsw,
c: jw jrt.f m nḫt.f, jw mkt.f m jrjjt r.f
301b: er (NN) sitzt auf dem Thron von Horus dem Älteren,
c: sein (Horus) Auge ist seine (NN) Stärke,
er (NN) ist geschützt vor dem, was gegen[41] ihn (Horus) getan wurde.[42]

Da nach den bisherigen Ergebnissen „das Horusauge“ als kosmologische Entität ein Stern ist, impliziert PT 301b-c die stellare Natur des Älteren Horus. Auf alle Fälle kann man damit rechnen, dass die beiden schon in den PT bezeugten Horusaugen (§ 107) auf den Älteren und Jüngeren Horus aufgeteilt waren.

113. PT 2061b als Hinweis auf ein Horusauge? – An der in § 19 besprochenen Stelle PT 2061b ist mit sbꜣt nfrt (schöne Sternin) möglicherweise ein Horusauge gemeint. Anders als Sothis, die im biologischen Sinn weiblich ist, könnte das Horusauge (jrt Ḥrw) lediglich grammatisch weiblich sein.[43] Wie sbꜣt nfrt hat auch eines der beiden Horusaugen eine in § 108 besprochene Verbindung zum ẖꜣ-Kanal.

40 Text nach W. T bietet unwesentliche Ausdrucksvarianten.
41 Zu dieser Bedeutung der Präposition m, s. Edel, AG § 758(k).
42 Sethe, ÜKPT I 355, übersetzt anders: >sein Schutz besteht in dem, was gegen ihn gethan worden ist<.
43 Faulkner, AEPT 295, Utt. 684 n. 8, hält die Gleichsetzung von sbꜣt nfrt mit Sothis für möglich. Sothis hat aber an keiner Stelle der PT mit dem mr nj ẖꜣ zu tun.

114. Horusauge und Morgendämmerung. – In dem sehr schwierigen Dramatischen Text im Kenotaph Sethos I. in Abydos gibt es einige Stellen, die sich auf ein Horausauge beziehen und die mit PT (639) verwandt sind. Kol.(18): šm.f šzp.f jrt.f wḏ3t [m] mᶜnḏt, m33[.f] jm.s m ḥḏ-t3 m dj sw Rᶜw: „er (=Horus) ging, er empfing sein heiles Auge in (?) der Morgenbarke, (damit er) mit ihm sehe in der Morgendämmerung (wenn die Erde hell wird), wenn Re sich zeigt".[44] Hier liegt ein zeitlicher Zusammenhang zwischen Horusauge und Morgendämmerung vor, der nach aller Wahrscheinlichkeit aus der Beziehung des einen Horusauges zu Venus-Morgenstern folgt.

115. Zusammenfassung: Die beiden Horusaugen in den PT. – Die himmlische Lokalisierung der Horusaugen geht daraus hervor, dass es von einem der Horusaugen heisst, es wäre (wahrscheinlich) in der Dat und (eindeutig), dass es als sḥd-Stern bezeichnet wird, der in den Opfergefilden umherwandelt. Hierher gehört auch die Aussage der PT, dass sich das östliche Horusauge im östlichen Himmel befindet. Dieses Horusauge „fällt" im Kampf zwischen Horus und Seth im Norden des ḫ3-Kanals im östlichen Himmel; nach dem Kampf steht das Horusauge mit Thot-Mond in Verbindung. Dagegen scheint ein Horusauge (westliches?) ohne Kampf mit Seth vergesellschaftet zu sein und überquert den ḫ3-Kanal gemeinsam mit Seth von Süden nach Norden.

Die Bewegung des Auges über den ḫ3-Kanal (ekliptikaler Streifen) und auch die wnwn-Bewegung des Auges im Opfergefilde deuten allgemein auf einen Planeten. Speziell auf Venus-Morgenstern deutet die Lokalisierung im Osten.[45] Das mit Horus dem Älteren verbundene Auge kann man daher provisorisch mit Venus-Abendstern gleichsetzen. Die enge Beziehung der Horusaugen zu Thot–Mond kann aus dem sowohl während einer Morgensternphase als auch während einer Abendsternphase monatlich wiederholten Zusammentreffen von abnehmender bzw. zunehmender Mondsichel und Venus verstanden werden. Die gleichfalls enge Beziehung zu Seth schliesslich lässt sich aus der Vergesellschaftung der beiden inneren Planeten Merkur und Venus verstehen, unter Voraussetzung der Identifikation des Merkur mit Seth.

44 M. Münster, Untersuchungen zur Göttin Isis (1968) 15.

45 Eine ausschliessliche Deutung auf Venus-Morgenstern ist vermutlich falsch. Das Horusauge steht auch zu Horus dem Älteren in Beziehung, der mit Venus–Abendstern zu tun haben kann.

116. Astronomische Angaben zum Horusauge in den CT. – Zur Ergänzung der Aussagen in den PT stelle ich im folgenden zusammen, was die CT an astronomisch verwertbaren Aussagen über das Horusauge bieten. Vorweg sei gesagt, dass die ausgewerteten Texte keine Sortierung nach östlichem bzw. westlichem Horusauge erlauben. Die Lokalisierung des Horusauges und seine Bewegung am Himmel, sowie eine Verbindung zu Thot-Mond, finden sich in CT (1151):[46]

CT VII 501e:[47] jw.j m dbn
f: n[48] jrt-Ḥrw r-ʿj šmsw Ḏḥwtj
g: rḏ.n.j ḏꜣ.s pt, ḫft[49] swꜣ.j,
h: nj snḏ.j.
501e: ich bin beim Umhergehen,
f: (wenn?) das Horusauge nicht neben dem Gefolge von Thot-Mond ist;
g: ich lasse es (= Horusauge) den pt-Himmel durchziehen, wenn ich vorbeigehe,
h: (ohne?) dass ich mich fürchte.

Anders als Faulkner, aber im Anschluss an Lesko,[50] fasse ich den Text so auf, dass NN den Himmel zu einer gewissen Zeit nicht durchzieht und zwar dann, wenn sich das Horusauge im Gefolge des Toth befindet. Unberührt von dieser Unsicherheit bleibt die Aussage der Textstelle über die Bewegung des Horusauges am Himmel und die Tatsache, dass sich das Horusauge zeitweise im Gefolge von Thot-Mond befinden kann.[51]

Eine ähnliche Aussage bietet auch CT (277), ein Spruch mit der Überschrift „Werden zu Thot-Mond“.

46 Eine ähnliche Aussage enthält CT VII 293a-295c, wo aber die Textzeugen untereinander stark abweichen; vgl. L. Lesko, Two Ways (1972) 47. Immerhin lässt sich soviel sagen, dass NN auch in CT (1042) den Himmel in Begleitung des Horusauges durchzieht; mithin ist das Horusauge himmlisch lokalisiert.

47 Transkription nach B4L als dem am besten erhaltenen Text.

48 Faulkner, AECT III, Sp. 1151 n. 4, fasst SL N 35 hier als Präposition n/„wegen“ auf.

49 Zu ḫft mit folgendem sḏm.f, s. Gardiner, Grammar, 3rd Ed., § 168.6.

50 J. H. Lesko, Two Ways (1972) 47.

51 Zum Gefolge von Thot-Mond in den CT, s. B. Altenmüller, Synkretismus (1975) 239.

CT IV 19a:[52] jw dbnt jrt Ḥrw r-ᶜj.j m šmsw Ḏḥwtj.
19a: das Umherkreisen des Horusauges ist neben mir in der Gefolgschaft von Thot-Mond.

Obwohl Thot-Mond sich auch am Tage zeigen kann, ist in beiden Texten unbedingt damit zu rechnen, dass es sich um die Nachtzeit handelt, da tagsüber kein Gefolge des Mondes zu sehen ist. Eine weitere Verbindung des Horusauges mit dem Mond bietet CT (1096).

CT VII 380a:[53] Ḏḥwtj nwnt? m pt
b: jrt Ḥrw ḥr ᶜj.wj.f m ḥt Jᶜḥ.
a: Thot-Mond ist dieses im pt-Himmel,
b: das Horusauge ist auf seinen beiden Händen im Haus von Jᶜḥ-Mond.

Nach Vers a bezieht sich der Text auf eine himmlische Lokalität; also ist auch das „Haus von Jᶜḥ-Mond“ im Himmel zu suchen. Ein irdisches Haus scheint in CT VII 380 nicht gemeint zu sein. Ein ḥt-Jᶜḥ existierte in Achmim,[54] und CT III 177a nennt ein ḥt hb/„Haus des Ibis“ im Gefilde der Binsen. Ist dies ein Haus des Thot-Ibis und lässt sich von daher eine Beziehung zu Jᶜḥ-Mond herstellen?

Ausdrücklich mit der Nacht verbunden ist das Horusauge in drei Texten, von denen zwei nahe verwandt sind. In CT (1053) und (1157) ist von der „Wirksamkeit“ des Horusauges in der Nacht die Rede.

CT VII 305g:[55] jnk jrt Ḥrw
h: ꜣḫt m grḥ, jrt sḏt m nfrw.s
g: ich bin das Horusauge,
h: „herrlich/trefflich/nützlich“ in der Nacht, das Feuer macht mit seiner „Schönheit“ (=Licht).[56]

52 Transkription nach BH2C.
53 Transkription nach B9C und B2L.
54 Vgl. H. Gauthier, Dictionnaire géographique IV (1927) 47 und P. Kuhlmann, Materialien zur Archäologie und Geschichte des Raumes von Achmim (1983) 24.
55 Transkription nach B2Bo.
56 Vgl. WB II 260.11.

CT VII 504b:[57] jnk jrt tw nt Ḥrw, ꜣḫ[t] m grḥ
c: jrt sḏt m nfrw.s
b: ich bin dieses Auge des Horus, „herrlich/trefflich/nützlich" in der Nacht,
c: das Feuer macht mit seiner Schönheit.

Ein Epitheton in CT (453) verbindet das Horusauge in einer besonderen Weise mit der Nacht.

CT V 323b:[58] nknt, nbt grḥ.
b: ... das Verletzte,[59] die Herrin der Nacht.

Abgesehen von der allgemeinen Verbindung des Horusauges mit der Nacht, steht hier die auffallende Bezeichnung „Herrin der Nacht", was das Horusauge als eine nächtlich auffallende Erscheinung bezeichnen dürfte. Diese Auffälligkeit kann mit dem als „Feuer" verstandenen Lichtglanz des Horusauges zu tun haben, wofür ich noch zwei weitere Beispiele anführe:

CT IV 98a:[60] ḫpr m jrt Ḥrw, ḫtt.
: Verwandlung in das Horusauge, das Feurige.
CT IV 91h: jw qmꜣ n jrt[.j] m nsr;
h: die Gestalt meines Auges ist Feuer.[61]

Dieser „Feuerglanz" des nächtlichen Horusauges ist offensichtlich das tertium comparationis bei der symbolischen Gleichsetzung mit tkꜣ/Fackel/Kerze.[62]

Schliesslich ist das Horusauge in CT (316) – wie Horus selbst in CT IV 102 j – noch mit dem Konzept wḥm ḫꜥw verbunden.

57 Transkription nach B4L.
58 Transkription nach B2L im Anschluss an Faulkner, AECT II 85, Sp. 453 n. 4.
59 Zu nkn im Sinne von „das Horusauge beschädigen/verletzen", s. WB II 346.9.
60 Transkription nach S2P und S1C.
61 Es spricht Horus selbst. Faulkner, AECT I 234, übersetzte: >I created my eye in flame<.
62 Vgl. R. Hari, La tombe thébaine du père divin Neferhotep (TT 50), (1985) 41; Sethe, Urk. IV 148. 13f; H. Nelson, JNES 8 (1949) 321-324, 337-341; N. de G. Davies, JEA 10 (1924) 13; N. de G. Davies/A. H. Gardiner, The Tomb of Amenemhet (No. 82) (1915) 97f; A. Moret, Le rituel du culte divin journalier en Égypte (1902) 9.

CT IV 100g:[63] ḫpr.kj m nbt ḫꜥw
h: wḥm.n.j ḫꜥw.j.
g: ich habe mich verwandelt in die Herrin des „Erscheinens“;
h: dass ich wiederholt habe, sind meine „Erscheinungen“.

117. Zusammenfassung: Das Horusauge in den CT. – Nach den CT durchzieht das Horusauge nachts den Himmel und gehört zeitweise zum Gefolge von Thot-Mond. Wenn es sich um ein konkretes himmlisches Phänomen handelt, dann sollte das Horusauge auch in den CT ein Stern sein, der durch sein besonderes „Feuer“ auffällt und daher auch „Herrin der Nacht“ (nbt grḥ) genannt werden kann. Das Verschwinden und Wiedererscheinen des Horusauges ist in den CT durch wḥm ḫꜥw ausgedrückt. Die Angaben der CT passen prinzipiell auf alle Planeten. Wenn die Hervorhebung des „Feuers“ auf den Glanz des Horusauges als Stern anspielt, dann kommen die Planeten in der Reihenfolge Venus – Jupiter – Mars in Frage. Verschwinden und Wiedererscheinen gilt für jeden Planeten, wie auch die Beziehung zum Mond.

PT und CT zusammengenommen bezeichnen das Horusauge unmissverständlich als Planeten. Die Hinweise auf grossen Glanz (Feuer), die häufige lokalisierende Beziehung zum Osten, aber auch zum Westen und die Vergesellschaftung mit Seth als Gott des inneren Planeten Merkur, deuten am ehesten auf Venus als anderen inneren Planeten.

63 Transkription nach S2P und S1C; keine Varianten erhalten.

XV. Zusammenfassung der Ergebnisse und Ausblick auf offene Fragen

118. Topographie des pyramidentextlichen Himmels. – Wie bekannt gliederte Sethe den Sternenhimmel der PT in einen nördlichen und südlichen Bereich. Im Norden lokalisierte er die als Zirkumpolarsterne identifizierten „Unvergänglichen Sterne" (jḫmjw skjw) und im Süden die als Dekansterne und Planeten verstandenen „Unermüdlichen Sterne" (jḫmjw wrḏw).[1] Die Trennlinie zwischen „nördlichem" und „südlichem" Himmel blieb dabei unbestimmt, da Sethe selbst die Dekansterne im Äquatorgürtel ansetzte, aber nicht beachtete, dass die Planeten im davon verschiedenen ekliptikalen Streifen wandern.[2]

Prinzipiell habe ich Sethes grobe Einteilung bestätigt gefunden, mache aber für die Trennlinie zwischen nördlichem und südlichen Himmel den neuen Vorschlag, dass es sich dabei um den ḫꜣ-Kanal als ekliptikalen Streifen handelt. Daraus folgt für die PT eine präzise Definition von nördlichem und südlichem „Himmel". Sethe dagegen hat den ḫꜣ-Kanal als ein am Himmel unbestimmt weit von Ost nach West verlaufendes mythisches Gewässer gedeutet und mithin nicht als astronomisch konkretes Phänomen.[3]

Da der ekliptikale Streifen seine Lage am Himmel eines bestimmten Beobachtungshorizontes ständig in gewissen Grenzen ändert, zerlegt er je nach Zeit und Ort auch den pyramidentextlichen Nachthimmel in zwei ungleich grosse Teile. In den PT heisst der nördliche Teil „Opfergefilde", der südliche Teil „Binsengefilde". Die PT fassen diese beiden Gefilde als p.tj/ „Zwei Himmel" zusammen. Man kann darin eine Vorform der Ordnung des Himmels nach dem modernen ekliptikalen Koordinatensystem sehen, das den Himmel durch die Ekliptik in eine nördliche und eine südliche Hälfte teilt. Auch wenn es sich dabei nur um eine ungefähre Entsprechung handelt, so folgt daraus doch, dass der Himmel in den PT in einer sachlich

1 K. Sethe, Sonnenlauf (1928) 26f.
2 K. Sethe, NAWG phil.-hist. Kl. (1920) 97 f.
3 Sethe, ÜKPT II 44.

sinnvollen Weise gegliedert ist. Abgesehen vom Opfer- und Binsengefilde kennen die PT andere Himmelsbereiche, die sich zwar auch mit modernen astronomischen Begriffen beschreiben lassen, selbst aber keine himmelstopographischen Begriffe der modernen Astronomie darstellen. Als solche Himmelsbereiche nenne ich hier die Stätten (jꜣwt) des Horus und Seth sowie die Dat und die Naunet.

Sethe konnte sich in seinem Kommentar zu den PT nicht schlüssig werden, ob in diesen Texten die „Horischen und Sethischen Stätten" auf der Erde (Ägypten) oder im Himmel lokalisiert sind. Es ist aber zweifelsfrei so, dass diese Stätten am horizontnahen Osthimmel und in der Nachbarschaft zum ẖꜣ-Kanal bzw. zum ekliptikalen Streifen liegen (§ 100). Eine zu dieser Lokalisierung passende Interpretation stammt von Kees, der die als Synonym für „Horische Stätten" verstandenen „Hohen Stätten" im Zenit lokalisieren wollte und die „Sethischen Stätten" zwischen Zenit und Horizont. Demgegenüber habe ich dafür argumentiert, dass die „Hohen" bzw. „Horischen Stätten" in mittlerer Höhe zu suchen sind und die „Sethischen Stätten" darunter, also in Horizontnähe. Als definierend betrachte ich die Angaben in PT 598b-c, wonach sich die Sonne morgens in den „Horischen und Sethischen Stätten" aufhält und ferner, dass die Horusform Morgenstern die „Horische Stätte" durchwandert. Astronomisch korrekt ist damit jener östliche Himmelsbereich beschrieben, den die Sonne am Morgen durchläuft und in dem sich Venus-Morgenstern und Merkur-Morgenstern als himmlische Götter Horus und Seth aufhalten.

Was die Dat angeht, so kann ich die bisherigen ägyptologischen Analysen bestätigen, wonach die PT eine himmlische und eine chthonische Dat kennen. Als himmlische Dat meine ich einen Bereich definieren zu können, der sich aus dem ekliptikalen Streifen und dem Binsengefilde als südekliptikalem Bereich zusammensetzt. Der entsprechende subhorizontale Himmelsteil scheint der chthonischen Dat zu korrespondieren. In diesem Sinne lassen sich die Angaben der PT verstehen, dass sich z. B. Sꜣḥ-Orion als stellare Form des Osiris in der Dat bewegt und zwar sowohl im Binsengefilde als Teil der himmlischen Dat, wie auch in der chthonischen Dat. Auch Sonne und Mond sowie ein Teil der Sterne, die den Re rudern, bewegen sich in jenem Teil der himmlischen Dat, der sich als ekliptikaler Streifen oder Teil davon verstehen lässt. Mythologisch erscheint die in diesem Sinne definierte Dat als Tochter der Himmelsgöttin Nut oder der personifizierten pt-

Himmelsgöttin. Während es von der Mutter heisst, dass sie den Sꜣḥ-Orion empfängt, ist es die Tochter Dat, die den Orion gebiert.

Den „Gegenhimmel“ Naunet hat z.B. Bonnet als den gesamten subhorizontalen Himmel aufgefasst.[4] Es ist aber so, dass nach den PT nur die „Unvergänglichen Sterne“ als Bewohner des nördlich vom ẖꜣ-Kanal gelegenen Himmels aus der Naunet aufsteigen und in die Naunet untergehen. Weder heisst es, dass die „Unvergänglichen Sterne“ in die Dat eingehen, noch heisst es beispielsweise über die südekliptikalen Sterne des Sꜣḥ-Orion, dass sie in der Naunet ein- und ausgehen. Dies deutet darauf, dass als Naunet nicht der gesamte subhorizontale Himmel zu verstehen ist, sondern nur der subhorizontale Himmel nördlich des ekliptikalen Streifens. Die Sonne, die per definitionem stets an der Grenze beider Himmelsteile steht, kann wegen dieser Situation sowohl mit der Naunet als auch mit der Dat verbunden werden.

Im Anschluss an diese Überlegungen stelle ich die Arbeitshypothese auf, dass nach den Vorstellungen der PT der Himmel in Viertel aufgeteilt ist: Das über dem Horizont liegende und sichtbare nördliche Himmelsviertel heisst „Opfergefilde“, das entsprechende unter dem Horizont liegende und unsichtbare Himmelsviertel heisst „Naunet“. Im Süden liegen die Dinge komplizierter: Das sichtbare südliche Himmelsviertel heisst „Binsengefilde“, während die „Dat“ das Binsengefilde und den ekliptikalen Streifen sowie das subhorizontale südliche Himmelsviertel einschliesst.

119. Fixsterne als Himmelsbewohner. – Prinzipiell kennen die PT am Nachthimmel verschiedene Gruppen von Fixsternen, vor allem die nördlich vom ẖꜣ-Kanal lokalisierten „Unvergänglichen Sterne“ (jẖmjw skjw) und die „Unermüdlichen Sterne“ (jẖmjw wrḏw), die umständehalber südlich vom ẖꜣ-Kanal und vielleicht auch im Kanal selbst zu suchen sind. Einen Hinweis darauf meine ich in CT I 240a-241b zu finden, wonach die „Unermüdlichen Sterne“ der Barke des Osiris folgen, und sich mithin bei Gleichsetzung von Osiris mit Orion am Südhimmel bewegen.

Es gilt in der Ägyptologie als eine ausgemachte Sache, dass nicht nur in den PT, sondern auch in allen anderen altägyptischen Quellen als „Unvergängliche Sterne“ nur und ausschliesslich die Zirkumpolarsterne gemeint

4 Bonnet, RÄRG 506.

sind. Demgegenüber verstehe ich die Angaben der PT so, dass zu den „Unvergänglichen Sternen" zwar auch die Zirkumpolarsterne gehören, vor allem aber jene zahlreicheren Sterne gemeint sind, die von den zirkumpolaren zu den ekliptikalen Fixsternen überleiten. Für die modern als solche definierten Zirkumpolarsterne gibt es in den PT keinen eigenen Terminus. Im übrigen wird msḫtjw/Ursa maior (bzw. genauer unser „Grosser Wagen"), als das in den altägyptischen Quellen wichtigste zirkumpolare Sternbild, in den PT lediglich einmal, und dies auch nur am Rande, genannt (§ 40ff).

Nach den PT gehen die „Unvergänglichen Sterne" im allgemeinen im Osten aus dem Naunet-Gegenhimmel zum pt-Himmel auf und sie gehen im Westen wieder zur Naunet hinab (§ 49). Astronomisch liegt ihre „Unvergänglichkeit" darin, dass sie zwar – soweit sie nicht zirkumpolar sind – auf- und untergehen, dabei aber in jeder Nacht zu sehen sind. Denn diese nördlich von der Ekliptik liegenden Fixsterne lassen sich so definieren, dass bei ihnen die heliakischen Aufgänge vor (sic) den heliakischen Untergängen erfolgen, so dass sie stets sichtbar bleiben. Demgegenüber folgen bei den ekliptikalen und südekliptikalen Fixsternen heliakische Aufgänge auf vorhergehende Untergänge, und zwischen beiden Ereignissen liegt eine Zeit der Unsichtbarkeit.

Von diesen südekliptikalen und ekliptikalen Fixsternen kennen die PT namentlich Sꜣḥ-Orion(-Osiris) und seinen rmnwtj-Begleiter „Grosser Stern" (sbꜣ ꜥꜣ) sowie Spdt-Sothis(-Isis) und Horus-Sepd. Beim sbꜣ ꜥꜣ handelt es sich um einen vermutlich durch Helligkeit hervorgehobenen ekliptikalen oder südekliptikalen Fixstern in der Nachbarschaft von Sꜣḥ-Orion und Spdt-Sothis, der beider Schicksal einer jahreszeitlichen Unsichtbarkeit teilt. Diese und andere hier nicht wiederholte Kennzeichen treffen am ehesten auf Aldebaran (α Tauri) zu; unter Voraussetzung von Lochers Abgrenzug des altägyptischen Sternbildes Orion könnte es sich auch um Bellatrix (γ Orionis) handeln. Nach den Aussagen der PT über dieses Trio ist für die südekliptikalen Sterne die jährliche Erneuerung typisch, was wiederum eine jährliche Unsichtbarkeit impliziert, die aber in den PT nicht offen ausgesprochen wird.

Zusammenfassend lässt sich sagen, dass in den PT die Fixsterne nach ihren jeweiligen jahreszeitlichen Sichtbarkeiten bzw. Unsichtbarkeiten gruppiert sind, welche Phänomene ihrerseits aus den Fixsternpositionen südlich oder nördlich vom ekliptikalen Streifen folgen. Nach einer Auszählung waren im pyramidenzeitlichen Ägypten auf 30° n. Br. mit dem blossen Auge 5900 Fixsterne sichtbar, davon lagen 4230 nördlich und 1670 südlich von der Ekliptik.[5] Dementsprechend verhielt sich die Anzahl der Sterne im Binsengefilde zur Anzahl derer im Opfergefilde wie 2: 5.

120. Mond und Planeten als Himmelsbewohner. – Nach den PT überquert der Mond in verschiedenen Gestalten (z.B. als Thot) den ḫꜣ-Kanal bzw. den ekliptikalen Streifen. Auch die inneren Planeten Seth-Merkur und Horus–Venus sowie das Horusauge als „Körperteil" des Gottes Horus und als Form des Venus–Planeten überqueren den Kanal. Die in den PT genannten Überquerungen des ḫꜣ-Kanals entsprechen mithin häufig zu beobachtenden Vorgängen im ekliptikalen Streifen.

Bekanntlich gelten die Planeten Venus, Mars, Jupiter und Saturn nach späteren Quellen als Horusformen, denen Seth als Planet Merkur gegenüber steht[6]. In den PT lassen sich die äusseren Planeten nicht sicher nachweisen. Vielleicht verbergen sich die Horusplaneten (einschliesslich Venus) in den PT hinter den vier Horusformen der Reinigungslitaneien[7]. In einer unklaren Verbindung mit dem ḫꜣ-Kanal nennen die PT auch Harachte, der vielleicht auch schon hier in den PT den äusseren Planeten Mars vertritt (§25).

121. Schicksal des als Fixstern verstirnten Toten. – In den Bewohnern des pyramidentextlichen Nachthimmels lassen sich die bekannten sichtbaren Himmelskörper wiedererkennen. Unter funerär-jenseitigen Gesichtspunkten können die in den PT genannten Himmelsbewohner in ursprüngliche Götter und vergöttlichte Tote eingeteilt werden. Vergöttlichte Tote finden sich sowohl unter den nördlichen als auch unter den südlichen Fixsternen, wie es der „Einzelne Stern" (sbꜣ wꜥtj) im Norden und der „Grosse Stern" (sbꜣ ꜥꜣ) im Süden exemplifizieren. Demgegenüber stellen das südliche Sternbild Orion und der südliche Fixstern Sothis ursprüngliche Gottheiten dar.

5 Auszählung von Oliver Fabel, Wilhelm-Foerster-Sternwarte Berlin.
6 O. Neugebauer/ R. A. Parker, EAT III (1969) 177 ff.
7 Vgl. Sethe, ÜKPT I 290 ff.

Entsprechend ihrer Zugehörigkeit zu den nördlichen oder südlichen Fixsternen, gehören die versternten Toten zu mindestens zwei nach ihrem Los verschiedenen Klassen. In den nördlichen Himmelsteil gelangt der verklärte Tote durch eine Himmelsreise. Astronomisch nachvollziehbar wird diese Himmelsreise südlich vom ḫꜣ-Kanal bzw. dem ekliptikalen Streifen: Um das Opfergefilde als nordekliptikales Gebiet zu erreichen und um dort ein „Unvergänglicher Stern" zu werden, muss der Tote den ḫꜣ-Kanal überqueren. Es ist denkbar, dass ein einzelner Stern als Ziel galt, falls der verklärte Tote nicht etwa am Ziel als „neuer" Stern erscheinen sollte. Ein Text der 3. Zwischenzeit (sic) nennt einen einzelnen Stern als Ziel.[8]

In der Regel ist es der Mond als himmlischer Fährmann der den NN über den Kanal transportiert. Der Mond kann dabei in verschiedenen Gestalten auftreten,[9] wie ausdrücklich als Thot-Mond oder als Zwnṯw (Vollmondphase?). Noch häufiger aber erscheint der himmlische Fährmann als „Rückwärtsblicker" oder „Vorwärtsblicker", was als zunehmender bzw. abnehmender Mond erklärbar ist. Schliesslich können auch Seth-Merkur und Horus-Venus als himmlische Fährleute handeln. Es liegt im Rahmen der astronomischen Möglichkeiten, dass der himmlische Fährmann im ḫꜣ-Kanal bzw. im ekliptikalen Streifen auch zusammen mit einem als Planet zu interpretierenden sḥd-Stern in Aktion treten kann.

Für den am Nordufer des ḫꜣ-Kanals angekommenen versternten Toten kennen die PT verschiedene Möglichkeiten eines weiteren Schicksals unter den „Unvergänglichen Sternen". Im allgemeinen sprechen die Texte lediglich von der Aufnahme unter die als nördliche Götter im Opfergefilde weilenden „Unvergänglichen Sterne", was abgesehen von der Teilhaftigkeit an der „unvergänglichen" Natur dieser Sterne vor allem die Versorgung mit Speisen im Opfergefilde beinhaltet. Neben diesem allgemeinen Los gibt es Sonderschicksale, wie das des NN, der nach PT (437) als sr-Fürst unter den „Unvergänglichen Sternen" eingesetzt werden will. Ein besonderes Los ist ferner die Versternung des NN als sbꜣ wꜥtj, einer der wenigen in den PT namentlich genannten „Unvergänglichen Sterne". Nach den Angaben der PT nimmt der sbꜣ wꜥtj auf seiner Himmelsbahn eine Position hoch über Osiris

8 Vgl. G. Steindorff, JEA 25 (1939) 31, Pl. VII und W. Barta, Aufbau und Bedeutung der altägyptischen Opferformel (1968) 181 (Bitte 227).

9 Zur „Vielgestaltigkeit" der ägyptischen Götter im allgemeinen, s. E. Hornung, Der Eine und die Vielen (1973) 114 f.

(Orion) und den von diesem beherrschten Achu-Totengeistern ein, deren anscheinend als unerwünscht geltendes Schicksal er nicht teilen muss (§ 48). Ich habe diese Aussagen modellweise auf Capella (α Aurigae) bezogen, den hellsten Fixstern nördlich vom Orion, der in der Pyramidenzeit auf 30° n. Br. durch den Zenit ging und dabei hoch über S3ḥ-Orion (Osiris) stand. Es fällt auf, dass auch andere Einzelsterne in Beziehung zu S3ḥ-Orion gesetzt sind: Sothis ist Begleiterin und auch Führerin von S3ḥ-Orion, während der sb3 ꜥ3 den Orion als rmnwtj begleitet.

Die Hinweise auf ein vergleichsweise weniger wünschenswertes Schicksal der südlichen Sterne sind in den PT sehr allgemein gehalten. Beispielsweise ist es so, dass versternte Tote nicht nur in die Rudermannschaft der Tagesbarke aufgenommen werden, sondern als „Unermüdliche Sterne" (jḫmjw wrḏw) auch in die Mannschaft der Nachtbarke. Jedoch impliziert die Bezeichnung der nördlichen Sterne als „Unvergängliche", der südlichen dagegen als „Unermüdliche" eine irgendwie geartete „Vergänglichkeit" der südlichen Gruppe. In späteren Zeiten fasste man die Versternung als „Unvergänglicher Stern" so auf, dass der Verklärte nicht mehr „stirbt". So heisst es bereits in den CT von den als „Unvergängliche" versternten Menschen, dass sie nicht „gestorben" seien,[10] und auch noch in Texten des NR bedeutet die Versetzung unter die „Unvergänglichen Sterne", dass der Verklärte nicht „stirbt".[11] Nach dem späten pCarlsberg gilt,[12] dass die Dekansterne (als eine Gruppe der Fixsterne des Südhimmels) bei ihrem heliakischen Untergang „sterben".[13] Vielleicht sind diese Verhältnisse auf die ekliptikalen und südekliptikalen Sterne, bzw. die „Unermüdlichen Sterne", insgesamt zu übertragen und es sind die jährlichen Sichtbarkeitsverhältnisse nach denen die Schicksale der versternten Toten gedeutet wurden.

Aber auch die „Unvergänglichen Sterne" selbst sind Bedrohungen ausgesetzt. Nach PT (519) trifft Horus-Morgenstern im Opfergefilde auf Gegner, die er köpft. Vermutlich handelt es sich dabei um Sterne im ekliptikalen Streifen, in dem sich Venus-Morgenstern bewegt. Infolge der Bewegung

10 CT I 300b-f.

11 W. C. Hayes, Royal Sarcophagi of the XVIIIth Dynasty (1935) 67, 184 (Text 1); I. Nagy, Studia Aegyptiaca 3 (1977) 99 ff.

12 Neugebauer/Parker, EAT I (1960) 60, 68, 72, 78.

13 In diesen Zusammenhang könnte CT 189b gehören, wo das Motiv vom Abschlachten der an den Enden der Dekaden zum Westen hinabsteigenden Sterne begegnet.

des Morgensterns in der Ekliptik sollten im Laufe einer Phase stets neue Sterne als potentielle Gegner in Frage kommen. Auch der „Kannibalenspruch“ PT (273-274) lässt himmlische Gefahrengebiete erkennen, insofern die „Nördlichen des Himmels“, d.h. die nordekliptikalen Fixsterne für den kannibalischen NN die Kessel heizen und mithin selbst nicht durch NN bedroht sind. Da der Mond als Chonsu die Opfer des NN mit dem Lasso einfängt, befinden sich die Opfer in oder nahe beim ekliptikalen Streifen, wo der Mond als Fänger sinnvoll ist.

Vielleicht lässt sich hier ein Bezug zur Bande des Seth ableiten,[14] die nach den PT stellarer Natur sein und sich aus der jeweiligen Fixsternumgebung von Seth-Merkur rekrutieren kann. Man vergleiche PT 575b-c, wo Thot-Mond die Gefolgsleute des Seth zurückweichen lässt. Aus der himmlischen Natur von Thot-Mond kann man auf eine himmlische bzw. stellare Natur der Gefolgsleute von Seth-Merkur zurückschliessen;[15] entsprechendes sollte für die Gefolgsleute des Horus gelten, insoweit sie am Himmel anzutreffen sind.

122. Schicksal des als Planet versternten Toten. – Im Falle der Horusform (Venus-) Morgenstern überschneiden sich die sonst getrennten Kategorien der ursprünglichen Götter und der verklärten Toten. Nach der hier vorgelegten Interpretation schildert PT (437), wie der verklärte König als Horusform Morgenstern noch sonnennah im Osten erscheint und sich dann weiter von der Sonne entfernt, wobei er an Seth-Merkur vorbeiwandert, der sich seinerseits stets nahe bei der Sonne aufhält. Der Morgenstern bewegt sich dabei im ekliptikalen Streifen von West nach Ost und zieht auf dieser Bahn nördlich am Orion vorbei um im Binsengefilde des nördlichen Ekliptikbogens schliesslich seinen „Thron“ einzunehmen. Über das weitere Schicksal des als Morgenstern verklärten Toten, nachdem er das Binsengefilde erreicht hat, machen die PT keine Aussagen. Es ist aber so, dass der Planet Venus spätestens ca. 250 Tage nach Beginn der Morgensichtbarkeit vom Himmel bzw. hier von seinem „Thron im Binsengefilde“ verschwindet, um erst nach ca. 330 Tagen wieder als Morgenstern zu erschei-

14 Zum Motiv des Köpfens vgl. PT 84c, wo im Zusammenhang einer Opfergabe von den abgeschnittenen Köpfen der Gefolgsleute des Seth die Rede ist, vgl. Faulkner, AEPT 27, Utt. 136 n.1.

15 Vgl. Krauss, BSEG 14 (1990) 51 Anm. 11.

nen.[16] Über das Verschwinden des NN als Morgenstern schweigen sich die PT aus.

Das jenseitige Schicksal des als Morgenstern verklärten Königs scheint sich in der Bewegung dieses Planeten am Osthimmel und in der Nähe von Sꜣḥ-Orion zu erschöpfen. Eine dabei auftretende konkrete astronomische Situation, wie die Begegnung von Merkur und Venus, ist mythologisch als Verbrüderung zwischen Seth und Horus gedeutet.

123. Soziale Unterschiede im stellaren Jenseits. – Es stellt sich die Frage, ob für die pyramidenzeitlichen Ägypter jeder am Himmel sichtbare Stern als verklärter Toter oder als Gott galt, oder ob man mit stellaren Himmelsbewohnern rechnete, die weder Götter noch verklärte Tote waren? Die ägyptologische Position dazu ist offen, wie ein Zitat von Gardiner zeigt:[17] >... the conception of the stars as the multitude of blessed dead – a conception simply asserted by Egyptologists (e.g. Erman, Rel. d. Ägypter, 212), but nowhere actually proved<. An der von Gardiner gemeinten Stelle hatte sich Erman wie folgt geäussert:[18] >Allnächtlich sah der Ägypter über sich die Sterne wandeln in jener ungetrübten Pracht, die der glückliche Himmel seines Landes zeigt. Er kannte einzelne unter ihnen, die besonders auffielen, den Hundsstern, den Orion, den Morgenstern und dachte wohl, dass dies Götter sein möchten, die gleich dem Sonnengotte die Erde verlassen hätten. Wer aber war die unendliche Zahl namenloser Sterne, die jene wenigen umgaben? Ohne Zweifel waren das Tote, glückliche Seelen, die ihren Weg zum Himmel gefunden hatten ...<. In zurückhaltenderer Weise leitete auch Breasted die altägyptischen Vorstellungen von einem stellaren Jenseits aus den Beobachtungsbedingungen in Ägypten ab:[19] >In the cloudless sky of Egypt it was a not unnatural fancy which led the ancient Nile-dweller to see in the splendor of the nightly heavens the host of those who had preceded him ...<. Da es aber auf der Erde viele andere Landstriche mit gleichartigen Beobachtungsbedingungen gibt, ohne dass man dort stellare Jenseitsideen

16 Eine vergleichbare Schilderung vom Ablauf einer Morgensternphase ist in CT IV 58h-59s zu finden.

17 A. Gardiner, Ancient Egyptian Onomastica I (1947) 111*.

18 A. Erman, Die ägyptische Religion^{2} (1909) 104; ders., Die Religion der Ägypter (1934) 212.

19 J. H. Breasted, Development (1912) 101.

entwickelt hätte, handelt es sich bei den Erklärungen Ermans und Breasteds methodisch gesehen um Unterstellungen.

Ermans Formulierung >... Tote, glückliche Seelen, die ihren Weg zum Himmel gefunden hatten ...<, impliziert eine Beschränkung, insofern nicht alle Tote ihren Weg in den Himmel gefunden hätten. Die Frage der sozialen Exklusivität des himmlischen Jenseits hat beispielsweise Junker behandelt.[20] Seine Argumentation ist grösstenteils indirekt, weil im AR relevante Aussagen im Textmaterial des privaten Totenkultes fehlen. Im Anschluss an Sethe fasste jedoch auch Junker PT 474a-475b als privaten Totentext auf.[21] An dieser Stelle steht die bekannte Formel, dass der ꜣḫ-Geist zum pt-Himmel gehört und der Leichnam zur tꜣ-Erde. Demnach sollte in der Pyramidenzeit ein himmlisches Jenseits nicht nur auf den König gewartet haben. Doch ist im stellaren Jenseits wie schon im Diesseits mit königlichen Privilegien zu rechnen. Zum Beispiel dürfte die Gleichsetzung mit der Horusform Morgenstern, wohl auch mit sbꜣ wꜥtj oder sbꜣ ꜥꜣ, in der Pyramidenzeit auf den König beschränkt gewesen sein, der als irdischer Horus allein die identifikatorischen Voraussetzungen erfüllte. Hinzu kommt, dass für die sozialen Klassen der rḫjt und pꜥt mit unterschiedlichen Jenseitserwartungen zu rechnen ist.[22] Nach verschiedenen Stellen der PT hatten die Angehörigen der sozialen Unterschicht der rḫjt keinen Zutritt zum himmlischen Jenseits, sondern wurden durch die (personifizierten) Himmelstüren abgewiesen.[23] Kann man daraus schliessen, dass ausser den Königen auch der sozialen Oberschicht der pꜥt der Himmel offen stand?

124. Zum Verhältnis zwischen solarem und stellarem Jenseits. – Seit Breasted gilt die These, dass in den PT ein älteres stellares Jenseits neben einem

20 H. Junker, Pyramidenzeit (1949) 124-135.

21 Sethe, ÜKPT II 280 f.

22 Zu rḫjt und pꜥt vgl. A. Gardiner, AEO I (1947) *100ff, *108 ff und W. Helck, Untersuchungen zur Thinitenzeit (1987) 206 ff.

23 Vgl. Sethe, ÜKPT III 204. Den von Sethe genannten Stellen ist noch PT 604c hinzuzufügen; zu PT 604c-d, vgl. auch M. Gilula, JEA 64 (1978) 45 f. – Wohl nicht richtig fasste A. Gardiner, AEO I (1947) *107, die in PT 655b genannte Tür nicht als irdische Tür (in einem Tempel?) auf. H. Junker, Pyramidenzeit (1949) 126, behandelt zwar auch diese Stelle, doch bleibt in seiner Übersetzung offen, ob nach seiner Meinung eine Himmelstüre gemeint ist oder nicht.

jüngeren solaren Jenseits steht:[24] > While there are utterances in the Pyramid Texts which define the stellar notion of the hereafter without any reference to the Solar faith,[25] and which have doubtless descended from a more ancient day when the stellar belief was independent of the Solar, it is evident that the stellar notion has been absorbed in the Solar<. Demgegenüber vertritt Barta eine gegensätzliche Position:[26] >... die Zirkumpolarsterne (sind) sowohl ihrer Funktion wie auch ihrer Lokalisierung nach voll und ganz in das Geschehen beim täglichen Zyklus der Sonne einbezogen. Das Jenseitsschicksal des Königs im Alten Reich folgt danach also einer einheitlichen Vorstellung, die ausschliesslich solar geprägt ist. Die Konzeption einer stellaren Konkurrenz mit einem Paradies am Nordhimmel findet sich dagegen in den Pyramidentexten nicht<.

Es ist im Sinne Bartas richtig, dass die „Unvergänglichen Sterne" (Barta: „Zirkumpolarsterne") als Ruderer der Sonnenbarke in den Sonnenzyklus integriert sind. Aber eine derartige Integration gilt nicht für den als sr/Fürst der „Unvergänglichen Sterne" eingesetzten versternten Toten im Morgensternspruch PT (519) bzw. in diesem Text für den Morgenstern selbst.[27] Keine Beziehung auf die Sonne liegt für den sbꜣ wꜥtj vor, der vielmehr auf Osiris (Orion) und die himmlischen (stellaren) Achu-Totengeister ausgerichtet ist. Und schliesslich verläuft das Schicksal der Gestirne Orion, Sothis und sbꜣ ꜥꜣ unabhängig vom Sonnengott Re. Die in den PT insgesamt gegebene Situation dürfte mithin dem Urteil von Breasted entsprechen, insofern eine alte selbständige stellare Schicht vorliegt und damit kombiniert eine solare Schicht mit solarisierten stellaren Vorstellungen.

125. Allgemeines zur pyramidentextlichen Astronomie. – Die in den PT greifbaren astronomischen Kenntnisse, wie z.B. die saisonale Unsichtbarkeit der südekliptikalen Fixsterne, die prinzipiell immerwährende Sichtbarkeit der nordekliptikalen Fixsterne, die von West nach Ost führende Bewegung des Mondes und der Planeten im ekliptikalen Streifen, setzen längere Beobachtungen voraus. Aus dem ethonologischen Material, das P. M.

24 J. H. Breasted, Development (1912) 101 f.

25 Pyr. Ut. 328, 329, 503 [Breasted].

26 W. Barta, ZÄS 107 (1980) 4.

27 Der Morgenstern ist aber in vermutlich sekundär solarisierten Texten, wie z.B. CT (148), an den Sonnengott bzw. seine Barke gebunden.

Nilsson kompiliert und ausgewertet hat,[28] schliesse ich, dass man die Erkenntnis des saisonalen Verhaltens der Fixsterne in beiden Hälften des Himmels auf kalendarisch motivierte Beobachtungen zurückführen darf. Anders verhält es sich dagegen mit der Erkenntnis von Existenz und Lage des ekliptikalen Streifens und der Vorgänge darin. Nach den Kontexten, in denen die PT den ekliptikalen Streifen nennen, scheinen es Jenseitsvorstellungen gewesen zu sein, die zu seiner Entdeckung führten.

Ein Anlass, die Mondbahn und damit auch den ekliptikalen Streifen genau zu beobachten, könnte die Vorstellung vom Mond als Fährmann der Toten gewesen sein. Einem Beobachter hätte sich gezeigt, dass der Mond in einem bestimmten Bahnstreifen zwischen den Fixsternen wandelt und dabei im Laufe eines Monats von der nördlichen auf die südliche Seite und umgekehrt kreuzt. Mehr oder weniger gleichzeitig sollte ein Beobachter erkannt haben, dass sich auch die Planeten im Bahnstreifen des Mondes bewegen. Ein triviales Beobachtungsergebnis wäre gewesen, dass die hohle Seite des zunehmenden Mondes in die monatliche Bewegungsrichtung von West nach Ost weist und damit nach vorn blickt, die des abnehmenden Mondes aber zurück. Aufgrund dieses einfachen Sachverhaltes liessen sich dem Mond als himmlischen Fährmann die Namen „Rückwärtsblicker" bzw. „Vorwärtsblicker" beilegen. Bei der Ausdeutung der Unterschiede zwischen den nördlichen und südlichen Himmelsteilen dürften sich kalendarisch motivierte Himmelsbeobachtungen und Spekulationen über das himmlische Jenseits vermengt haben. Die Beobachtung des jahreszeitlichen Verschwindens der ekliptikalen und südekliptikalen Fixsterne vom Himmel liess sich im Sinne eines Todesschicksals dieser Sterne deuten, dem die ständige Sichtbarkeit der nördlichen Fixsterne als ein ewiges Leben gegenüberstand.

Zwischen beiden Teilen des Himmels liegt der ekliptikale Streifen, den die Ägypter als einen trennenden Kanal verstanden haben. Aus den am Himmel gemachten Beobachtungen liess sich zurückschliessen, dass nur ganz wenige Gottheiten imstande waren diesen Kanal zu überqueren. Es lag nahe, diese Gottheiten als Fährleute bei der erwünschten Reise des Toten zum nördlichen Himmel in Anspruch zu nehmen. Im allgemeinen ist es so, dass die pyramidentextlichen Ägypter den Sternenhimmel in astrono-

28 P. M. Nilsson, Primitive Time-Reckoning (1920) passim.

misch richtiger Weise beobachtet haben, dass sie aber den jeweiligen Himmelsbereichen und ihren Bewohnern Bedeutungen zuschrieben, die aus dem Bereich jenseitiger Erwartungen und Wünsche übertragen sind.

126. Zur Erklärung des Götterkreises um Osiris. – Die in den PT bezeugten Gleichsetzungen von Osiris mit dem Sternbild Sꜣḥ-Orion und von Isis mit dem Stern Spdt-Sothis gelten in der Ägyptologie als sekundär und irrelevant für die Systematik der Gottheiten des Osiris-Kreises. Die Gleichsetzung von Seth mit Merkur, die schon für die PT und nicht erst für das NR nachweisbar ist, ferner die in den PT evidente Gleichsetzung von Horus-Morgenstern mit Venus–Morgenstern, stellt aber vor eine neue Situation. Im folgenden argumentiere ich dafür, dass die Gottheiten des Osiris-Kreises im Rahmen der PT in einen stellaren Zusammenhang gehören. Die Zusammengehörigkeit dieser Götter als Nachkommen der Nut ist durch die Nennung der Epagomenen als ihre Geburtstage in den PT gewährleistet.[29] Nicht zu vergessen ist schliesslich der Mondgott Thot, dessen enge mythologische Verbundenheit mit den Gottheiten des Osiris-Kreises um so verständlicher ist, wenn diese selbst Sterne darstellen.

So, wie die PT vorliegen, ist Osiris in seiner Gestalt als Sternbild Sꜣḥ-Orion der himmlische Herrscher einer unbestimmt grossen Anzahl von Achu–Totengeistern. Die Identifizierung des Osiris mit Sꜣḥ-Orion ist in den PT bereits in den Texten der Unas-Pyramide belegt und dort in einer Weise, die ein unbestimmt höheres Alter voraussetzt. Hinzu kommt die Gleichsetzung der Isis mit der stellaren Göttin Sothis-Sirius, die nach den PT den Sꜣḥ-Orion am Himmel begleitet. Kees hat zugunsten einer sekundären Gleichsetzung von Osiris mit Orion und von Isis mit Sothis argumentiert:[30] >Das Paar Orion und Sothis ... wurde früh als Seelen grosser Gottheiten erklärt<. Kees meint ferner, dass Osiris speziell über die Vorstellung von der Dat in Verbindung mit Orion geriet:[31] >... das Reich des Osiris, das Innere der Erde, der Gegenhimmel der sog. „unteren Dat", der typische Unterweltsort der Folgezeit, oder der Nachthimmel ... die Dat ist das Reich der Sterne<. Nach Kees eigener Auffassung ist aber die Dat als

29 Vgl. H. G. Griffiths, The Origins of Osiris and His Cult (1980) 114 ff.
30 H. Kees, Totenglauben (1926) 132.
31 H. Kees, Totenglauben (1926) 106 f.

„Reich der Sterne“ ein genuin astronomisches Konzept.[32] Es ist widersprüchlich, wenn Kees Osiris schon in der ältesten erfassbaren Zeit mit einem astronomischen Konzept verbindet, ohne in ihm einen stellaren Gott sehen zu wollen.

Bekanntlich blieb die Vorstellung von Osiris als Sꜣḥ-Orion und von Isis als Spdt-Sothis bis in die Spätzeit erhalten, wogegen sich das Schicksal von Horus als Stern bewegter gestaltete. Für die Frühzeit lässt sich die Vorstellung von Horus als Stern aus den Namen von königlichen Wirtschaftsanlagen ableiten.[33] Insbesondere im Namen von Djosers Wirtschaftsanlage >Stern des Horus, Erster des Himmels<, kann die Qualifizierung als „Erster“ einem besonders hellen Stern gelten. Wenn man von den PT auf frühere Zeiten zurückschliessen darf, dann liegt die Gleichsetzung des thinitischen Horus-Sterns mit dem Venus-Planeten nahe. Wie sich diese Horusform zu den später bezeugten verschiedenen anderen Horusformen verhält ist offen. Hier greife ich die Frage nach der mythologisch–systematischen Bedeutung des Älteren und Jüngeren Horus auf. PT (366) berichtet von der Zeugung der stellaren Horusform Horus-seped, durch Osiris und Isis als Spdt-Sothis. Die PT bezeichnen Horus-seped als Sohn der Sothis, aber auch als nḏ jt.f „Rächer seines Vaters“. Letzteres ist später ein Name des Jüngeren Horus, während die Benennung als Sohn der Sothis (= Isis) von der Sache her der Bezeichnung Harsiese (Horus, Sohn der Isis) entspricht. Nach CT V 387a-400f ist offensichtlich Orion (Osiris) der Vater des Sohnes von Sothis (Isis), der in diesem Text nṯr ḥḏ-tꜣ (Gott der Morgendämmerung) heisst, was sich wahrscheinlich auf den Morgenstern bezieht. Der Morgenstern wiederum ist in den PT als nṯr dwꜣw eine Horusform, die mit dem Planeten Venus identisch ist. Es gibt mithin Anzeichen dafür, dass der Jüngere Horus zumindest dann und wann als Venus-Morgenstern verstanden wurde.

32 Vgl. auch H. Kees, Götterglaube^{2} (1956) 224.

33 Zu diesen Anlagen vgl. W. Helck, Untersuchungen zur Thinitenzeit (1987) 204 f; K. Zibelius, Ägyptische Siedlungen nach Texten des Alten Reiches (1978) 204 ff. Zur Lesung der dabei entscheidenden Hieroglyphe als sbꜣ/Stern und nicht als dwꜣ /Verehrung s. R. Anthes, JNES 18 (1959) 186. Bemerkungen zu diesem Thema finden sich auch in S. Schotts Artikel „Weinbau im Alten Ägypten“, in: Illustrierte Weinzeitung, Jg. 84 (1948) 330.

Auch der Ältere Horus ist nach Angaben der PT und CT ein Himmelsbewohner, den Kees als „Herrscher des Nachthimmels" definiert hat.[34] Nach PT (303) geht der Ältere Horus mit seinem Vater Osiris an den qbḥw-Himmel und erscheint dort als grosser Gott. Umständehalber sollte diese Erscheinungsform ein Stern sein, denn welche andere Erscheinungsform ist im qbḥw-Himmel denkbar? Dass es sich bei dem Älteren Horus nach Auffassung der CT um einen Stern handelt, geht z. B. aus CT II 117 hervor, wo Ḫntj-jrtj, also der Ältere Horus, „Grosser sḥd-Stern" heisst (§ 106).

Nach PT (303) gelten Osiris (Vater) und Hathor (Mutter) als Eltern des Älteren Horus (Ḥrw wr, Harueris). Als Aussagevariante betrachte ich CT VII 19s-t, wo es heisst, dass der Ältere Horus aus Isis hervorgekommen und von Nut geboren sei. Man kann diese Filiation aus der bekannten Stelle bei Plutarch erklären:[35] >Isis und Osiris aber liebten einander schon vor ihrer Geburt und wohnten einander im Mutterleibe in der Finsternis bei. Einige behaupten, auf diese Weise sei Harueris gezeugt worden<. Folglich hätte Isis den Älteren Horus zur Welt bringen können als sie selbst noch im Leib ihrer Mutter Nut weilte, während Nut ihren Enkel wie ihre eigenen Kinder aus ihrem Leib gebären konnte und zwar noch vor seiner Mutter Isis.

Wenn der Jüngere Horus Venus-Morgenstern repräsentiert, dann kann der Ältere Horus Venus-Abendstern verkörpern. Unterstützend lässt sich PT 1703 zitieren, wo es wohl unter Bezug auf zwei verschiedene Horusformen heisst: >Deine Mutter Nut hat dich im Westen geboren, deine Mutter Isis hat dich in Chemmis geboren<. Die Geburt im Westen kann eine Anspielung auf Venus-Abendstern darstellen, der sich nur am abendlichen Westhimmel zeigt. Ferner zitiere ich noch CT VII 20m-n, wo der Ältere Horus zu Re sagt: >Dass ich gehe, ist hinter dir, (o) Re<. Dies lässt sich im Sinne der Bewegung von Venus-Abendstern hinter der Sonne verstehen. Hierher dürfte auch CT IV 149 gehören mit der Aussage, dass Chenti–Chem als Form des Älteren Horus bei Nacht reist und sich bei Tag verbirgt.

34 H. Kees, ZÄS 64 (1929) 106.
35 Th. Hopfner, Plutarch über Isis und Osiris II (1941) 4.

Im Sinne einer Arbeitshypothese spreche ich die Vermutung aus, dass der Ältere Horus auf Venus-Abendstern zu beziehen ist und der Jüngere Horus auf Venus-Morgenstern. Wie angedeutet lässt sich diese Hypothese schon in den PT, vor allem aber in den CT verifizieren. Demgegenüber ist erstmals in den astronomischen Texten und Darstellungen des Senenmut-Grabes TT 353 der Planet Venus mit dem Reiher bnw/Phönix als Osiris identifiziert. Diese Entwicklung setzte in den CT ein und blieb in den von Neugebauer und Parker als Egyptian Astronomical Texts gesammelten funerär-astronomischen Quellen vom Beginn des NR bis in die Spätzeit erhalten.[36] Die Gleichsetzung von Horus mit dem Venus-Planeten geriet aber nicht in Vergessenheit, sondern wurde in anderen Traditionen bewahrt.

In der Mitte des 9. Jh. v.Chr. bietet die Chronik des Prinzen Osorkon folgenden Vergleich zwischen dem König und Horus: >Man sieht seinen Leib auf dem Streitwagen wie einen aufschiessenden Stern, den morgendlichen Horus am Sternenhimmel<.[37] Caminos wollte hier eine Anspielung auf die aufgehende Sonne erkennen:[38] >the rising sun at daybreak, when it moves quickly upwards and the stars are still visible<. Der zitierte Vergleich setzt aber voraus, dass der morgendliche Horus am Sternenhimmel gesehen wird und daher kann nicht die Sonne gemeint sein, deren Licht lange vor ihrem Aufgang die Sterne (mit Ausnahme von Venus-Morgenstern) verlöschen lässt. Folglich kann hier als „morgendlicher Horus“ nur ein Stern unter Sternen gemeint sein. Der Vergleich geht offensichtlich davon aus, dass sich der „morgendliche Horus“ von den anderen Sternen abhebt, was am ehesten auf Venus-Morgenstern als den bei weitem hellsten aller Sterne zutrifft. Sowohl die traditionelle Bezeichnung „Horus“ als auch die Qualifizierung durch „morgendlich“ sprechen dafür, dass die Horusform Venus-Morgenstern gemeint ist.

Auf einen spätptolemäischen Beleg im Tempel von Edfu, für die Gleichsetzung von Horus mit dem Planeten Venus als Morgen- und Abendstern,

36 CT IV 199; vgl. L. Kákosy, LÄ IV (1982) 1032.

37 Übersetzung nach K. Janssen-Winkeln, Ägyptische Biographien der 22. und 23. Dynastie, I, (1985) 292, II (1985) 343.

38 R. Caminos, The Chronicle of Prince Osorkon (1958) 82.

hat bereits Brugsch verwiesen.[39] Etwa ein Jahrhundert später nennt ein demotisches Ostrakon Harsiese (Horus, Sohn der Isis) als Gott des Planeten Venus.[40] Dies entspricht der Identität von Venus-Morgenstern mit dem Jüngeren Horus, wie sie nach meiner Interpretation in den PT und CT vorliegt. Es ist offen, ob hier ein Rückgriff auf ältere Vorstellungen vorliegt. Zu beachten ist noch, dass die demotische Bezeichnung „Morgenstern" auch für Venus-Abendstern gilt.[41]

Während für Horus die stellare Form insbesondere als Morgenstern aus den PT von jeher bekannt war, liegen die Dinge anders bei Seth. Die Speleersche Vermutung, dass Seth in den PT einen Stern darstellt, wurde von Seiten der Ägyptologen nicht aufgegriffen.[42] Speleers selbst hat im Fall von Seth nicht aus der seit dem NR belegten Gleichsetzung mit dem Planeten Merkur auf die PT zurückgeschlossen. Ein solcher Rückschluss rechtfertigt sich aus den in den PT und CT enthaltenen Aussagen über Seth als Himmelsbewohner, der den ḫꜣ-Kanal überquert und durch dessen himmlische Stätten, die horizontnah unterhalb der „Horischen Stätten" liegen, sich morgens die Sonne hindurch bewegt. Den Anspielungen auf himmlische wꜣwt/Wege des Seth, z.B. in PT 1236c, bin ich nicht nachgegangen, weil eine Klärung in erster Linie aufgrund der CT und nicht der PT möglich zu sein scheint. Soweit ich sehe beziehen sich diese „Wege" des Seth und auch des Horus auf die Bahnen der Planeten Merkur und Venus.

Erwähnen will ich hier noch die in den PT und CT bezeugte Funktion des Seth–Merkur als Gewitter- und Sturmgott.[43] Es ist vielleicht nur ein kurioser Zufall, dass der Planet Merkur in einem Strang der antiken Astrologie als verantwortlich galt für >unregelmässige, schnelle und plötzlich umspringende Winde, Donner, zündende Blitze, Erdbeben ...<.[44]

39 H. Brugsch, Thesaurus Inscriptionum Aegyptiacarum I (1883) 73 ff. Eine neue und Brugsch bestätigende Übersetzung dieser Stelle aus den Edfu-Texten hat mir Dieter Kurth für mein Ms. zur Verfügung gestellt; diese Übersetzung ist inzwischen erschienen in: D. Kurth, Treffpunkt der Götter (1994) 215.

40 W. Spiegelberg, OLZ 5 (1902) 6 ff. – Neubearbeitung von O. Neugebauer, JAOS 63 (1943) 121.

41 Vgl. O. Neugebauer/R. A. Parker, EAT III (1969) 180 f.

42 L. Speleers, Comment faut-il lire les Textes des Pyramides Égyptiennes? (1934) 54.

43 J. Zandee, ZÄS 90 (1963) 144 ff.

44 Vgl. W. Gundel/ H. Gundel, RE XX,2 (1950) 2138 f.

In der Tradition der „Egyptian Astronomical Texts“ blieb die Gleichsetzung von Seth und Planet Merkur bis in die ptolemäische Zeit erhalten.[45] Eine Ausnahme bildet die Gleichsetzung des Merkur mit Thot(-Mond) in dem oben zitierten demotischen Ostrakon, das auch die Identifizierung von Venus mit Harsiese enthält.[46] Ich nehme an, dass diese Gleichsetzung von Merkur und Thot nicht innerägyptisch ist, sondern aus zwei griechischen Voraussetzungen folgt. Zum einen ist die Interpretatio Graeca des Thot als Gott Hermes zu nennen und zum andern die griechische Gleichsetzung des Gottes Hermes mit dem Planeten Merkur.

Während sich für Osiris, Horus, Seth und Isis stellare Entsprechungen nachweisen lassen, gelingt dies nicht für Nephthys als fünftes der von Nut geborenen Kinder. Zwar ist Nephthys in den astronomischen Darstellungen seit dem NR als himmlische Begleiterin der Isis zu sehen, doch handelt es sich dabei um Dekanverzeichnisse,[47] die mit den Angaben der PT und CT über stellare Rollen der vier anderen Geschwister nicht vergleichbar sind. Ich ziehe mich im Fall von Nephthys auf das Urteil von Bonnet zurück, nach dem wir über diese Göttin auch sonst fast nichts wissen:[48] >Die Überlieferung sagt nichts von ihrer Heimat und ihrem ursprünglichen Wesen<.

Im Umkreis des Osiris lassen sich mithin folgende stellare Entsprechungen von Gottheiten begründen: Osiris als Orion, Isis als Sothis, Horus als Venus und Seth als Merkur. Bei Orion handelt es sich um das auffallendste und den ägyptischen Himmel beherrschende Sternbild. Sothis ist der hellste Fixstern und Horus-Venus der hellste Planet bzw. der hellste Stern überhaupt am Himmel. Angesichts seiner raschen Bewegung, kurzen Erscheinungszeiten und extremen Helligkeitsschwankungen ist Merkur einer der auffallendsten Himmelskörper[49] und teilt gewisse Eigenschaften mit Venus als dem anderen inneren Planeten, vor allem was die Erscheinung als Abend- oder Morgenstern und die Bewegungsbereiche am West- oder Ost-

45 Vgl. O. Neugebauer/R. A. Parker, EAT III (1969) 180, Pl. 62 (48, Grab des Petosiris).

46 W. Spiegelberg, OLZ 5 (1902) 6 ff.

47 Vgl. beispielsweise O. Neugebauer/R. A. Parker, EAT III (1969) Pl. 3.

48 Bonnet, RÄRG 519.

49 K. Schoch, Planetentafeln (1927) XXIX: >Ungeheurer Betrag von 6 1/2 Grössenklassen<.

himmel angeht. Hinzu tritt Thot-Mond, der als Sohn des Sohnes von Osiris in den Streit zwischen Horus-Venus und Seth-Merkur eingreift.

Motive aus der Mythologie dieser Stern- und Himmelsgötter lassen sich auf die mit ihnen verbundenen astronomischen Phänomene beziehen. Nicht-astronomische Motive können in astronomischen Phänomenen wiedererkannt oder aber es können beoachtete astronomische Phänomene mythologisch ausgedeutet worden sein. Beispielsweise liess sich der Tod des Osiris, der ursprünglich vielleicht in den Rahmen eines Vegetationsmythos gehörte, stellar im Sinne der jahreszeitlichen Unsichtbarkeit des Orion deuten. Auch das chthonische Wesen des Totenherrschers Osiris, das wie zitiert etwa für Kees einen Hinweis auf eine nichtstellare Herkunft dieser Gottheit implizierte, ist aus der saisonalen Unsichtbarkeit des Orion ableitbar, wie man daraus sieht, dass diese Phase als Aufenthalt „in“ der Erde galt (§69).

Die Bewegung der Planeten Merkur und Venus in überlappenden Himmelsbereichen lässt sich im Sinne von Kampf und Rivalität, aber auch von Versöhnung, Freundschaft und gemeinsamen Handeln verstehen.[50] Vor allem der Mythus des durch Seth beschädigten, aber durch Thot geheilten und von ihm wiedergebrachten Horusauges dürfte durch die in gleichen Himmelsgegenden beobachteten Aktivitäten von Venus, Merkur und Mond angeregt sein. Es wäre nachvollziehbar, wenn man den lichtschwachen Rückzug der Venus vom Himmel am Ende einer Morgen- oder Abendsichtbarkeit auf eine Schädigung durch den sich in der Nähe bewegenden Merkur zurückgeführt hätte. Die mit einer Anwesenheit des Mondes am Ost- oder Westhimmel koinzidierende Rückkehr der Venus liess sich als Zurückbringen des Sterns durch Thot-Mond deuten.[51]

50 Vgl. die Zusammenstellung gemeinsamer Aktivitäten bei J. G. Griffiths, Conflict (1960) 12.

51 In den Kombinationen Venus-Abendstern: zunehmender Mond und Venus–Morgenstern: abnehmender Mond.

Exkurs
Zur hypothetisch männlich-weiblichen Natur von Sothis-Sirius[1]

127. Nach Anthes drückt die Formulierung Ḥrw jmj Spdt in PT 632d eine >wesenhafte Gleichsetzung von Horus und Sothis als einer Einheit< aus, die auch die räumliche Vereinigung der beiden im Sirius beinhaltet.[2] Ferner zitierte er PT 458a >dafür, dass der spdt(y)-Stern der Sirius ist wie die Sothis; seine Bezeichnung als „Lebender, Sohn der Sothis" braucht diesem Schluss nicht zu widersprechen, in mythologischem Verständnis<. Zwar räumte Anthes hier einen inneren Widerspruch in seiner Auffassung ein, aber er versuchte diesen Widerspruch in einer inhaltlich nicht spezifizierten Weise abzuschwächen.[3]

128. Als Stütze für seine Auffassung zitierte er zwei Stellen aus den Sargtexten.[4] Die erste Stelle, CT V (469) 389-390, übersetzt er so: >"(i) Meine Mutter Sothis bereitet mir den Weg, (j) sie schlägt die Treppenstufen zum grossen, weiten Gebiet des Himmels, (k) so dass ich aufsteigen kann im Tal des sḥsḥ-Berges am Fruchtland des Deltas (? r mḥt ẖnw jdbwy; a) an dem Platz an dem der Orion aufsteigt,[5] (b) und so finde ich den Orion an meinem Wege stehend, (c) den Stab in seiner Hand". Die Identität des NN als Sirius ist hier einerseits verschleiert durch die Wegweisung seitens seiner Mutter Sothis, ähnlich wie in Pyr. 965, andererseits ist er selbst der geblie-

1 Zum Thema der androgynen Götter, vgl. W. Westendorf, LÄ II (1977) 633-635, sowie L. Troy, Patterns of Queenship (1986) 15-20, und E. Hornung, Conceptions of God in Ancient Egypt, translated by J.Baines (1982) 97, wo auch der hier diskutierte Horus-Sothis genannt ist.

2 R. Anthes, ZÄS 102 (1975) 4.

3 Ablehnend gegenüber der Anthesschen Hypothese, allerdings ohne detaillierte Kritik, hat sich L. Bongrani Fanfoni, Oriens Antiquus 19 (1980) 279-283, geäussert.

4 R. Anthes, ZÄS 102 (1975) 8.

5 Wie verträgt sich mit dieser Lokalisierung die Tatsache, dass Orion in ägyptischen Breiten im Südosten aufgeht? R. O. Faulkner, AECT II 101, übersetzte die fragliche Stelle: >on the north within my river-banks<.

ben, der als Sirius am gleichen Platz wie vor ihm Rigl[6] resp. Orion aufgeht, und zwar zur Nachfolge in der Bahn des Orion<.

Auch hier räumt Anthes ein, dass nach dem Wortlaut des Textes NN nicht Sirius ist, da Sirius als Sothis dem NN den Weg weist. Die behauptete Identität leitet er aus seiner Hypothese ab, dass der Vater des NN im Orion bzw. Rigel verkörpert ist und NN ihm als Sirius nachfolgt bzw. NN als Sirius an der gleichen Horizontstelle aufgeht wie vor ihm Rigel. Wie besprochen geht dieses Argument auf eine Fehlinformation zurück (§ 77).

Methodisch anders liegen die Dinge bei der Interpretation des zweiten der von Anthes zitierten Sargtexte. Und zwar ist in CT VI 319a eine Tochter (zꜣt) des Orion genannt und in den darauf folgenden Versen in CT VI 319c-d ein von Spdt-Sothis geborener Sohn (zꜣ) des Orion. Dieses Nebeneinander von Tochter und Sohn des Orion deutete Anthes in dem Sinn, dass NN >zugleich mit seiner Mutter Sothis geboren (wird), also als Sirius wie sie und in ihr<. Diese Interpretation ist gegenstandslos, weil zꜣt in CT 319a offensichtlich einen Schreiberfehler darstellt.[7] Mithin belegen die Sargtexte die Anthessche Hypothese nicht.

129. Die 1975 von Anthes vorgetragene Hypothese hat Kákosy im folgenden Jahr aufgegriffen und durch weitere Belege zu untermauern versucht;[8] ohne Korrekturen wiederholte er seine Auffassung im Jahre 1982.[9] Die von ihm zitierten Stellen aus Diodor, Plutarch und Lukian sind als Argumente hinsichtlich der Anthesschen Hypothese irrelevant. Diskutierwürdig sind dagegen zwei Belege aus altägyptischen Quellen, einmal die Darstellung von Spdt-Sothis als Mann und zum andern die scheinbar aus Sothis (feminin) und Horus (maskulin) zusammengesetzte Gottheit Sothis-Horus.

Die Darstellung von Sothis als Mann findet sich auf einem Architrav des Ramesseums.[10] Kákosy kommentiert die Darstellung wie folgt:[11] >Am Ar-

6 Transkription ohne e, im Anschluss an die authentische Aussprache dieses arabischen Wortes.

7 Vgl. R. O. Faulkner, AECT II 254, Spell 689 n.1: >At the beginning of the present spell, for sꜣt „daughter“ read sꜣ „son“; the deceased was a man<.

8 L. Kákosy, Studia Aegyptiaca II (1976) 41-46.

9 L. Kákosy, JEA 68 (1982) 293.

10 Neugebauer/Parker, EAT III (1969) 20 (10); III Pl. 6.

11 L. Kákosy, Studia Aegyptiaca II (1976) 41.

chitrav C schliesst die Reihe mit der Gestalt von Sothis, die hier als Mann erscheint. Er beschenkt (dj-f) den König mit Speisen<.

Diesem „Architrav C“ entspricht ein auf einem Architrav erhaltenes Relief mit Dekanen aus der „subgroup Ramses II C“. Die überlieferungsgeschichtlich definierte „subgroup Ramses II C“ ist ihrerseits Teil der „Sety I C family of decans“.[12] Neugebauer und Parker selbst kommentierten den Befund, auf den sich Kákosy bezieht, in dieser Weise:[13] >The decanal deities of the Sety I C family are essentially the same as those of Senmut's subgroup B. The characteristic figures of the deities are present on all ceilings except that of Ramses II D, which substitutes in every case a conventional standing figure, human-headed. On the architraves (Ramses II C) a conventional kneeling figure, human-headed, is substituted<.

Die auf dem Architrav „Ramses II C“ neben Sothis stehenden Planeten und Dekane sind auch in anderen Darstellungen männlich. Eine Parallele zur männlichen Darstellung von Sothis findet sich auf den Blöcken „Ramses II D“,[14] wo eine der Tracht nach männliche Figur den Dekan srt repräsentiert. In allen anderen von Neugebauer und Parker in EAT gesammelten Fällen ist es die Göttin Isis, die in dieser Dekanfamilie den weiblichen Dekan srt vertritt. Weder hier noch im Fall von Sothis bei „Ramses II C“ wird man auf eine sonst nicht bekannte männliche Komponente der beiden weiblichen Dekane schliessen wollen, im Anschluss an Parker und Neugebauer wohl aber auf eine konventionelle, schematisierend männliche Darstellung.

130. Kákosy hat Roeder und Edwards als Gewährsleute für einen männlichen Gott Sothis-Horus angeführt. Roeder sprach aber in der von Kákosy genannten Veröffentlichung eines Bremer MR-Sarges nicht von Sothis-Horus, sondern von „Horus-Sopd“ und meinte damit Spdw (Sopdu) in seiner Falkengestalt.[15] Edwards zitierte Roeders Aussage über den Bremer

12 Neugebauer/Parker, EAT III (1969) 6, 129.

13 Neugebauer/Parker, a.O. 129.

14 Neugebauer/Parker, a.O. Pl. 7.

15 G. Roeder, Ein namenloser Frauensarg des Mittleren Reiches, in: Abhandlungen und Vorträge, hrsg. von der Bremer Wissenschaftlichen Gesellschaft, Jg. 3 H. 4 (1929) 218-220.

Sarg in falscher Weise:[16] >On that coffin the god is called Horus-Sothis<. Im Anschluss an diese Deutung publizierte Edwards aus den „Oracular Amuletic Decrees“ vier von ihm Sothis-Horus gelesene Belege, die so geschrieben sind:

[17]  [18] 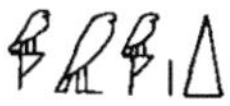 [19]  [20] 

Da  eine geläufige Schreibung für Spdw darstellt,[21] ist der in den „Decrees“ genannte Gottesname Spd(w)-Ḥrw (Sopdu-Horus) zu lesen.[22] Sopdu–Horus ist nach Anthes erst seit der 19. Dynastie sicher belegt,[23] dazu passt die Edwardsche Datierung der „Oracular Amuletic Decrees“ in die 3. Zwischenzeit.[24]

16 I.E.S. Edwards, Oracular Amuletic Decrees of the Late New Kingdom, Hieratic Papyri in the British Museum, Fourth Series I (1960) 24 Anm. 12.

17 Edwards, a.O. I 27; II, Pl. VIIA, B 21.

18 Edwards, a.O. I 64; II Pl. XXIIA 48.

19 Edwards, a.O. I 97; II Pl. XXXVIIA 39.

20 Edwards, a.O. I 114; II Pl. XLVA 19.

21 Vgl. I. Schumacher, Der Gott Sopdu, der Herr der Fremdländer (1988) 4-8.

22 Entsprechendes gilt auch für „Anubis-Sothis“, wie J. Quaegebeur in Studia Aegyptiaca 3 (1977) 121, einen Gottesnamen im Magischen Papyrus Harris wiedergibt. Stattdessen ist mit H. O. Lange, Der magische Papyrus Harris (1927) N. VII 7-8 und O. VII 8, „Anubis-Sopdu“ zu lesen.

23 R. Anthes, ZÄS 102 (1975) 2. Vgl. dazu W. Schenkel, LÄ II (1977) 722, ders., LÄ III (1980) 23; anders, aber ohne alten Beleg für die fragliche Namensform, I. Schumacher, Der Gott Sopdu, der Herr der Fremdländer (1988) 50 f.

24 I. E. S. Edwards, Oracular Amuletic Decrees of the Late New Kingdom, Hieratic Papyri in the British Museum, Fourth Series I (1960) XIII-XV.